たり収量及び収穫量の動向
年産～令和2年産）

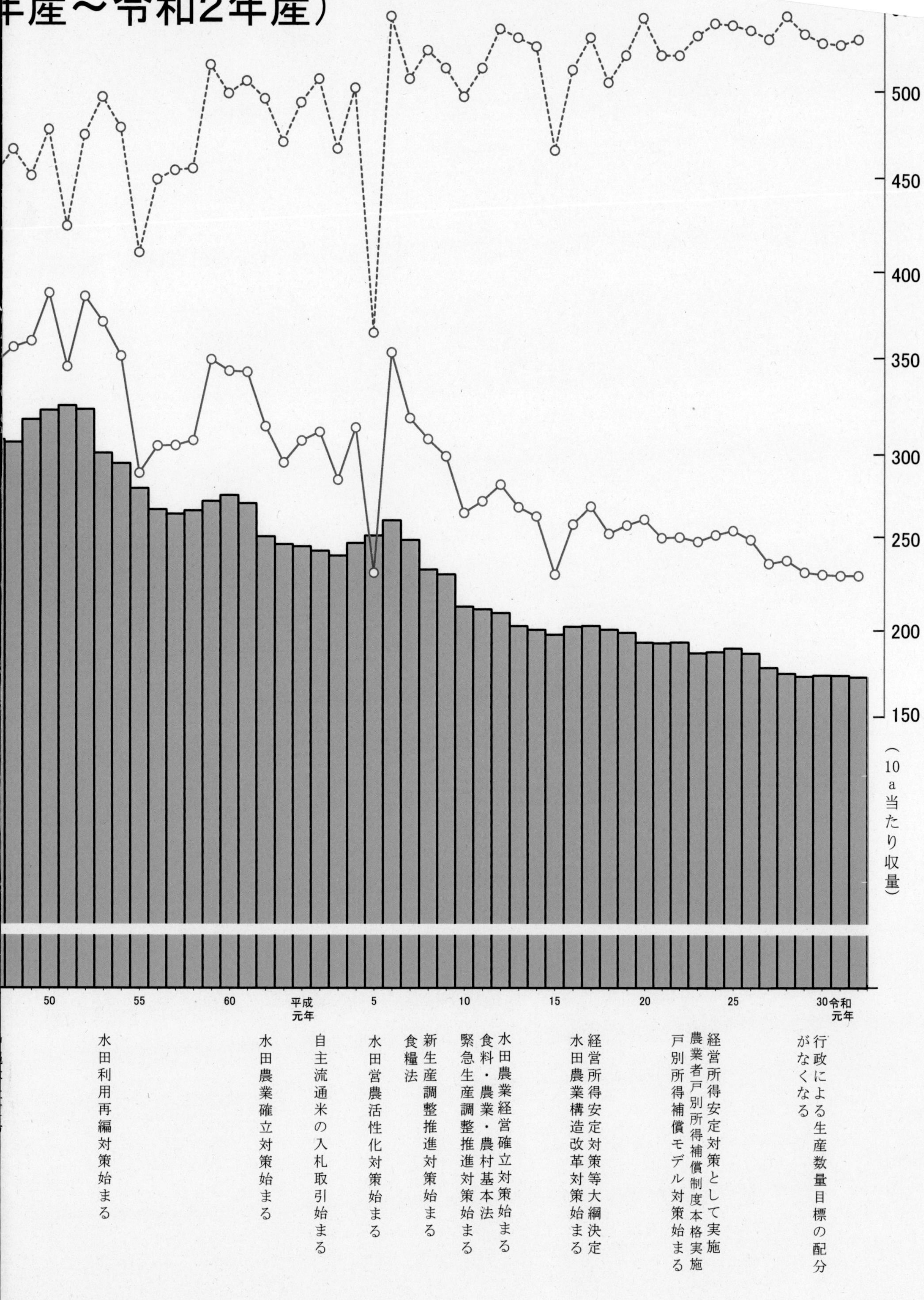

令和２年産

作　物　統　計

（普通作物・飼料作物・工芸農作物）

大臣官房統計部

令　和　３　年　１　１　月

農林水産省

目　　次

（図表）　水稲の作付面積、10 a 当たり収量及び収穫量の動向（全国）（昭和元年産～令和２年産）

利用者のために

Ⅰ　調査結果の概要

Ⅱ　気象の概要

Ⅲ　統計表

Ⅳ　累年統計表

利　用　者　の　た　め　に

1　調査の概要

(1)　調査の目的

本調査は、作物統計調査及び特定作物統計調査の作付面積調査及び収穫量調査として実施し、調査対象作物の生産に関する実態を明らかにすることにより、食料・農業・農村基本計画における生産努力目標の策定及び達成状況の検証、経営所得安定対策の交付金算定、作物の生産振興に資する各種事業（強い農業・担い手づくり総合支援交付金等）の推進、農業保険法（昭和22年法律第185号）に基づく農業共済事業の適切な運営等のための農政の基礎資料を整備することを目的としている。

(2)　調査の根拠

作物統計調査は、統計法（平成19年法律第53号）第９条第１項に基づく総務大臣の承認を受けて実施した基幹統計調査である。

また、特定作物統計調査は、同法第19条第１項に基づく総務大臣の承認を受けて実施した一般統計調査である。

(3)　調査の機構

調査は、農林水産省大臣官房統計部及び地方組織（地方農政局、北海道農政事務所、内閣府沖縄総合事務局及び内閣府沖縄総合事務局の農林水産センター。以下同じ。）を通じて行った。

(4)　調査の体系（枠で囲んだ部分が本書に掲載する範囲）

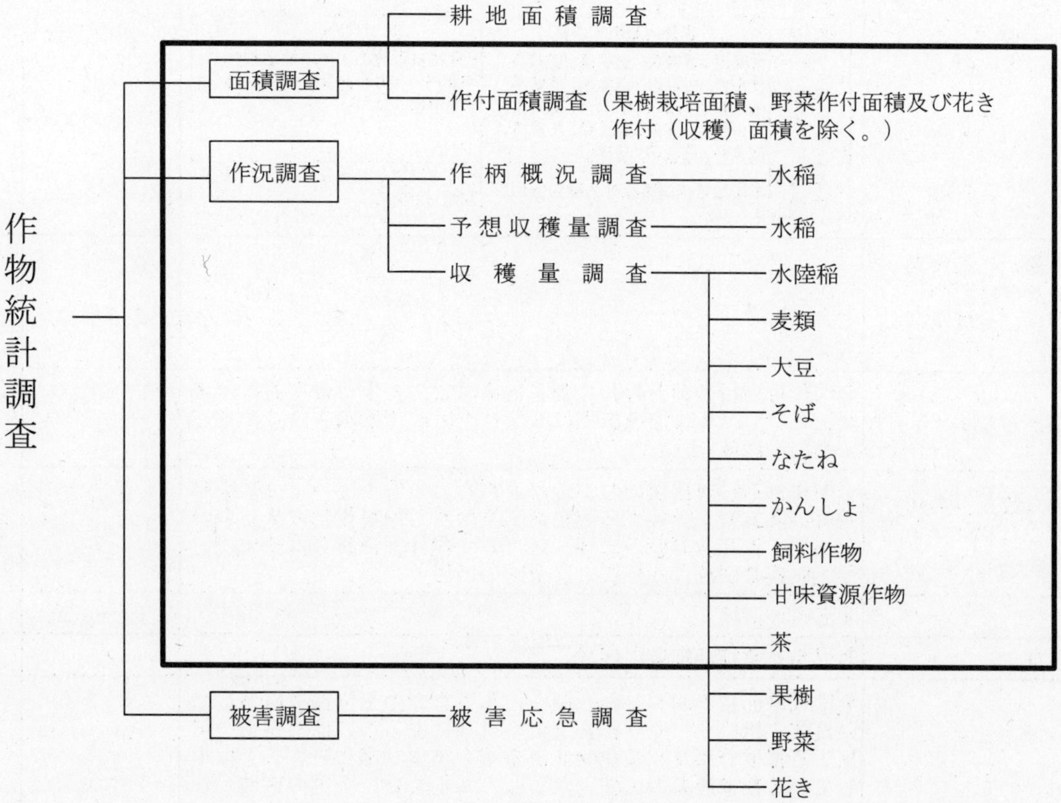

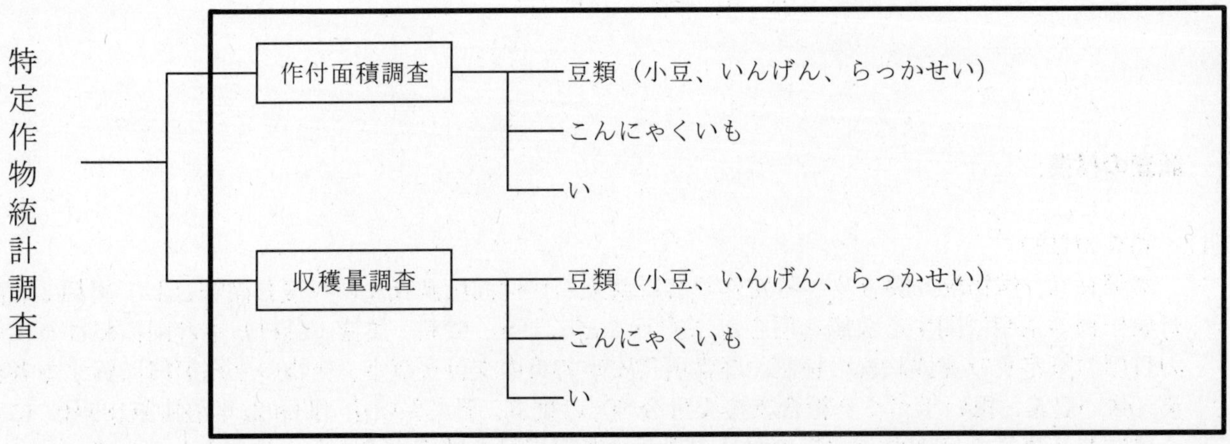

(5)　調査の対象

ア　調査の範囲

次表の左欄に掲げる作物について、それぞれ同表の中欄に掲げる区域のとおりである。

なお、全国の区域を範囲とする調査を３年ごと又は６年ごとに実施する作物について、当該周期年以外の年において調査の範囲とする都道府県の区域を主産県といい、令和２年産において主産県を調査の範囲として実施したものは同表の右欄に「○」を付した。

<table>
<tr><th rowspan="2">作物</th><th rowspan="2">区域</th><th>主産県調査
（令和２年）</th><th>主産県調査
（令和２年産）</th></tr>
<tr><th>作付面積</th><th>収穫量</th></tr>
<tr><td>水稲</td><td>全国の区域
また、作柄概況調査（８月15日現在）においては、都道府県によって生育状況が異なるため、次表の区分に応じて、実施している。
なお、遅場地帯のうち、早期栽培の面積割合がおおむね３割以上を占める徳島県、高知県、宮崎県及び鹿児島県における早期栽培並びに沖縄県の第一期稲については、西南暖地における早期栽培等として別集計している。
<table>
<tr><th>区　分</th><th>調査対象都道府県</th><th>備考</th></tr>
<tr><td>早　場
地　帯</td><td>北海道、青森県、岩手県、宮城県、秋田県、山形県、福島県、茨城県、栃木県、千葉県、新潟県、富山県、石川県、福井県、長野県、三重県、滋賀県、鳥取県、島根県</td><td>8月15日現在の出穂済面積割合が、平年ベースでおおむね8割以上を占める道県</td></tr>
<tr><td>遅　場
地　帯</td><td>早場地帯の道県以外の都府県</td><td>8月15日現在の調査において、実測調査は行わない。</td></tr>
</table></td><td></td><td></td></tr>
<tr><td>麦類（小麦、二条大麦、六条大麦及びはだか麦）、大豆、そば及びなたね</td><td>全国の区域</td><td></td><td></td></tr>
<tr><td>陸稲及びかんしょ</td><td>全国作付面積のおおむね８割を占めるまでの上位都道府県の区域。ただし、作付面積調査は３年ごと、収穫量調査は６年ごとに全国の区域</td><td></td><td>○</td></tr>
<tr><td>飼料作物（牧草、青刈りとうもろこし及びソルゴー）</td><td>全国作付（栽培）面積のおおむね８割を占めるまでの上位都道府県及び農業競争力強化基盤整備事業のうち飼料作物に係るものを実施する都道府県の区域。ただし、作付面積調査は３年ごと、収穫量調査は６年ごとに全国の区域</td><td></td><td>○</td></tr>
<tr><td>てんさい</td><td>北海道の区域</td><td></td><td></td></tr>
<tr><td>さとうきび</td><td>鹿児島県及び沖縄県の区域</td><td></td><td></td></tr>
<tr><td>茶</td><td>全国栽培面積のおおむね８割を占めるまでの上位都道府県、強い農業・担い手づくり総合支援交付金による茶に係る事業を実施する都道府県及び畑作物共済事業を実施し半相殺方式を採用している都道府県の区域。ただし、６年ごとに全国の区域</td><td></td><td></td></tr>
</table>

作物	区域	主産県調査（令和２年）	主産県調査（令和２年産）
		作付面積	収穫量
豆類（小豆、いんげん及びらっかせい）	全国作付面積のおおむね８割を占めるまでの上位都道府県及び畑作物共済事業（らっかせいを除く。）を実施する都道府県の区域。ただし、作付面積調査は３年ごと、収穫量調査は６年ごとに全国の区域	○	○
こんにゃくいも	群馬県の区域。ただし、作付面積調査は３年ごと、収穫量調査は６年ごとに全国の区域	○	○
い	福岡県及び熊本県の区域		

イ　調査対象の選定

(ア)　作付面積調査

a　水稲

水稲の栽培に供された全ての耕地

b　水稲以外の作物

調査対象作物を取り扱っている全ての農協等の関係団体

(イ)　収穫量調査

a　水稲

水稲が栽培されている耕地

b　てんさい及びさとうきび

全ての製糖会社、製糖工場等

なお、製糖会社において所有する複数の製糖工場の実績が把握できる場合には、製糖工場を調査対象とせず、当該製糖会社で一括して調査を実施した。

c　茶

荒茶工場

(a)　荒茶工場母集団の整備・補正

「荒茶工場母集団一覧表」を６年周期で作成し、これを基に中間年については、市町村、普及センター、茶関係団体等関係機関からの情報収集により、荒茶工場の休業・廃止又は新設があった場合には削除又は追加をし、また、茶栽培面積、生葉の移出入等大きな変化があった場合には当該荒茶工場について母集団一覧表を整備・補正した。

(b)　階層分け

母集団一覧表の荒茶工場別の年間計荒茶生産量を指標とし、都道府県別の荒茶工場を全数調査階層と標本調査階層に区分した。

なお、標本調査階層にあっては、最大で３程度の階層に区分した。

(c)　調査対象数の算出

都道府県別の調査対象数は、全数調査階層の荒茶工場数と標本調査階層の荒茶工場数を足したものとし、標本調査階層については、荒茶生産量を指標とした目標精度（５％）が確保できるよう調査対象数を算出した。

この場合、全数調査階層は荒茶生産量規模別の分布状況に応じて一定生産量以上を有する工場の階層とし、残りを標本調査階層とする。

(d)　標本調査階層内の標本配分及び抽出

都道府県別に算出された調査対象数を階層別に配分し、系統抽出法により抽出した。

d　い

「い」を取り扱っている全ての農協等の関係団体

e　ａからｄまでに掲げる作物以外の作物

調査対象作物を取り扱っている全ての農協等の関係団体

また、都道府県ごとの収穫量に占める関係団体の取扱数量の割合が８割に満たない都道府県については、併せて標本経営体調査を実施することとし、2015年農林業センサスにおいて、調査対象作物を販売目的で作付けし、関係団体以外に出荷した農林業経営体の中から作付面積の規模に比例した確率比例抽出や系統抽出により、調査対象経営体を抽出した。

(6)　調査期日

ア　作付面積調査

(ｱ)　水稲及び茶　　　7月15日

(ｲ)　豆類　　　　　　9月1日

(ｳ)　(ｱ)及び(ｲ)に掲げる作物以外の作物　　収穫期

イ　水稲の作況調査

(ｱ)　作柄概況調査　　7月15日現在（注1）、8月15日現在及びもみ数確定期（注2）

注1：　徳島県、高知県、宮崎県及び鹿児島県の早期栽培並びに沖縄県の第一期稲を対象とした。

注2：　令和2年産調査は、9月15日現在で調査を実施した。

(ｲ)　予想収穫量調査　10月15日現在

(ｳ)　収穫量調査　　　収穫期

ウ　水稲以外の作物の収穫量調査　収穫期

(7)　調査事項

ア　作付面積調査

調査対象作物の作付（栽培）面積

イ　収穫量調査

(ｱ)　水稲：穂数・もみ数等の生育状況、登熟状況、10a当たり収量、被害状況、被害種類別被害面積・被害量、耕種条件等

(ｲ)　関係団体調査

a　さとうきび及びこんにゃくいも：栽培面積、収穫面積及び集荷量

b　茶：摘採実面積、摘採延べ面積、生葉集荷（処理）量及び荒茶生産量

c　い：い生産農家数、畳表生産農家数、作付面積、収穫量及び畳表生産量

d　aからcまでに掲げる作物以外の作物：作付（栽培）面積及び集荷量

(ｳ)　標本経営体調査

a　飼料作物（牧草、青刈りとうもろこし及びソルゴー）：作付（栽培）面積及び収穫量

b　こんにゃくいも：栽培面積、収穫面積、出荷量及び「自家用、無償の贈答の量」

c　a及びbに掲げる作物以外の作物：調査対象作物の作付面積、出荷量及び「自家用、無償の贈与、種子用等の量」

(8)　調査・集計方法

調査・集計方法は、以下により行った。

なお、集計は農林水産省大臣官房統計部及び地方組織において行った。

ア　作付面積調査

(ｱ)　水稲

a　母集団の編成

空中写真（衛星画像等）に基づき、全国の全ての土地を隙間なく区分した200m四方（北海道にあっては、400m四方）の格子状の区画のうち、耕地が存在する区画を調査のための「単位区」とし、この単位区（区画内に存する耕地について筆ポリゴン（衛星画像等を基に面積調査用の地理情報システムにより筆（けい畔等で区切られた現況一枚のほ場）ごとの形状に沿って作成した面をいう。）を作成するものをいう。）の集まりを母集団（全国約290万単位区）としている。

なお、筆ポリゴンには、地目（田又は畑）等の情報が登録されている。

母集団は、ほ場整備、宅地への転用等により生じた現況の変化を反映するため、単位区の情報を補正することにより整備している。

b　階層分け

調査精度の向上を図るため、母集団を各単位区内の耕地の地目に基づいて地目階層（「田のみ階層」、「田畑混在階層」及び「畑のみ階層」）に分類し、そのそれぞれの地目階層について、ほ場整備の状況、水田率等の指標に基づいて設定した性格の類似した階層（性格階層）に分類している。

階層分け模式図（例）

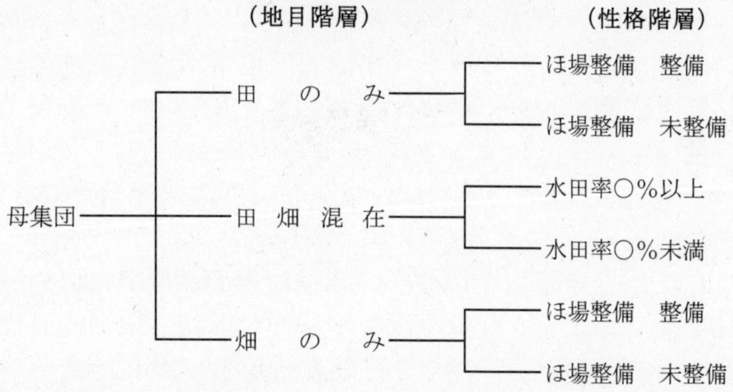

c　標本配分及び抽出

都道府県別の水稲作付面積が的確に把握できるよう階層ごとに調査対象数を配分し、系統抽出法により抽出する。

d　実査（対地標本実測調査）

抽出した標本単位区内の水稲が作付けされている全ての筆について、１筆ごとに作付けの状況及びその範囲を確認する。

e　推定

面積調査用の地理情報システムを使用して求積した「標本単位区の田台帳面積の合計」に対する「実査により得られた標本単位区の現況水稲作付見積り面積の合計」の比率を「母集団（全単位区）田台帳面積の合計」に乗じ、これに台帳補正率（田台帳面積に対する実面積の比率）を乗じることにより、全体の面積を推定している。

$$\text{推定面積}=\frac{\text{標本単位区の現況水稲作付見積り面積合計}}{\text{標本単位区の田台帳面積合計}}\times\text{全単位区の田台帳面積合計}\times\text{台帳補正率}$$

f　その他

遠隔地、離島、市街地等の対地標本実測調査が非効率な地域については、職員による巡回・見積り、情報収集によって把握している。

(ｲ)　てんさい

製糖会社に対する往復郵送調査又はオンライン調査により行った。

集計は、製糖会社に対する調査結果を基に、職員による情報収集により補完している。

(ｳ)　さとうきび

製糖会社、製糖工場等に対する往復郵送調査又はオンライン調査により行った。

栽培面積の集計は、製糖会社、製糖工場等に対する調査結果を基に、職員又は統計調査員による巡回・見積り及び職員による情報収集により補完している。

(ｴ)　こんにゃくいも

関係団体に対する往復郵送調査又はオンライン調査により行った。

栽培面積の集計は、関係団体調査結果を基に、職員又は統計調査員による巡回・見積り及び職員による情報収集により補完している。

(ｵ)　(ｱ)から(ｴ)までに掲げる作物以外の作物

関係団体に対する往復郵送調査又はオンライン調査により行った。

集計は、関係団体調査結果を基に、職員又は統計調査員による巡回・見積り及び職員による情報収集により補完している。

イ　作況調査

(ア)　水稲

a　母集団

アの(ア)のｂにより、「田のみ階層」及び「田畑混在階層」の地目階層に分類される単位区を母集団としている。

b　階層分け

都道府県別に地域行政上必要な水稲の作柄を表示する区域として、水稲の生産力（地形、気象、栽培品種等）により分割した区域を「作柄表示地帯」として設定し、この作柄表示地帯ごとに収量の高低、年次変動、収量に影響する条件等を指標とした階層分けを行っている。

c　標本の配分及び抽出

都道府県別の調査対象数を階層別に水稲の作付面積に10ａ当たり収量の標準偏差を乗じた結果に比例して配分する。

階層別に配分された調査対象数を単位区の水稲作付面積（田台帳面積）に比例した確率で抽出する確率比例抽出法（具体的には単位区を水稲作付面積（田台帳面積）の小さい方から順に並べ、水稲作付面積（田台帳面積）の合計を調査対象数で除した値の整数倍の値を含む単位区を選ぶ方法）により標本単位区を抽出する。抽出された標本単位区内で、水稲が作付けされている筆から１筆を無作為に選定して実測調査を行う筆（以下「作況標本筆」という。）とする。

d　作況標本筆の実測

作況標本筆の対角線上の３か所を系統抽出法により調査箇所に選定し、株数、穂数、もみ数等の実測調査を行う。

e　10ａ当たり玄米重の算定

(a)　作柄概況調査（８月15日現在の遅場地帯を除く）及び予想収穫量調査

刈取りが行われる前に調査を実施するため、穂数、１穂当たりもみ数及び千もみ当たり収量のうち実測可能な項目については実測値、実測が不可能な項目については過去の気象データ、実測データ等を基に作成した予測式により算定した推定値を用いることとし、これらの数値の積により10ａ当たり玄米重を予測する。

(b)　収穫量調査

各作況標本筆について、一定株数（１㎡分×３か所の株数）の稲を刈り取り、脱穀・乾燥・もみすりを行った後に、飯用に供し得る玄米（農産物規格規程（平成13年２月28日農林水産省告示第244号）に定める三等以上の品位を有し、かつ、粒厚が1.70㎜以上であるもの）となるように選別し、10ａ当たり玄米重を決定する。

なお、作柄概況調査及び予想収穫量調査において、収穫期を迎えている場合、同様の方法で、10a当たり玄米重を決定する。

f　10ａ当たり収量の推定

各作況標本筆の10ａ当たり玄米重の平均を基に、都道府県別の10ａ当たり玄米重平均値を推定し、これにコンバインのロス率（コンバインを使用して収穫する際に発生する収穫ロス）や被害データ等を加味して検討を行い、都道府県別の10ａ当たり収量を推定する。

さらに、作況基準筆（10ａ当たり収量を巡回・見積りにより把握する際の基準とするものとして有意に選定した筆をいう。）の実測結果及び特異な被害が発生した際に設置する被害調査筆の実測結果を基準とした巡回・見積り並びに情報収集による作柄及び被害の見積りによって推定値を補完する。

g　収穫量及び被害量

作況標本筆の刈取り調査結果から推定した10ａ当たり収量に作付面積を乗じて収穫量を求める。

被害量は、農作物に被害が発生した後、生育段階に合わせて被害の状況を巡回・見積りで把握する。また、特異な被害が発生した場合は、被害調査筆を設置して調査を実施し把握する。

h　作柄概況調査（８月15日現在）の遅場地帯における作柄予測

遅場地帯（徳島県、高知県、宮崎県及び鹿児島県の早期栽培並びに沖縄県の第一期稲を除く）

においては、気象データ（降水量、気温、日照時間、風速等）及び人工衛星データ（降水量、地表面温度、日射量、植生指数等）を説明変数、10 a 当たり収量を目的変数として予測式（重回帰式）を作成し、作柄を予測したものである。

遅場地帯の作柄予測については実測調査を伴わない予測結果であり、穂数、もみ数等の実測調査及び気象データに基づいた予測とは方法が異なる。

(イ) 茶

標本荒茶工場に対する往復郵送調査又はオンライン調査により行った。

摘採面積、生葉収穫量及び荒茶生産量については、次の方法により集計した。

a　全数調査階層の集計値に標本調査階層の推定値を加えて算出し、必要に応じて職員又は統計調査員による巡回・見積り及び職員による情報収集により補完している。

なお、全数調査階層に欠測値がある場合は、標本調査階層と同様の推定方法により算出した。

b　階層ごとの推定方法については、荒茶生産量（母集団リスト値）と荒茶生産量（調査結果）の相関係数、荒茶生産量（母集団リスト値）の変動係数及び荒茶生産量（調査結果）の変動係数について以下の式を満たす場合には比推定、それ以外の場合は単純推定により算出している。

$$\hat{r}i \geqq \frac{1}{2} \cdot \frac{Ciy}{\hat{C}ix}$$

上記の計算式に用いた記号等は次のとおり。

$\hat{r}i$：i階層の荒茶生産量（母集団リスト値）と荒茶生産量（調査結果）との相関係数の推定値

Ciy：i階層の荒茶生産量（母集団リスト値）の変動係数

$\hat{C}ix$：i階層の荒茶生産量（調査結果）の変動係数の推定値

c　標本調査階層の各階層において、荒茶生産量は以下の推定式を用いて算出した。

i階層の推定（年間計及び一番茶期別に推定）

なお、摘採実面積、摘採延べ面積（年間計のみ）及び生葉収穫量についても荒茶生産量と同様の推定方法により算出した（下記推定式の「x及びX」部分を摘採実面積、摘採延べ面積及び生葉収穫量（調査結果）に置き換えて算出。）。

【単純推定の場合】

$$\hat{X}i = Ni\frac{\sum_{j=1}^{ni} x\,ij}{ni}$$

【比推定の場合】

$$\hat{X}i = \frac{\sum_{j=1}^{ni} x\,ij}{\sum_{j=1}^{ni} y\,ij}Yi$$

上記の計算式に用いた記号等は次のとおり。

Ni：i階層の母集団荒茶工場数

ni：i階層の標本荒茶工場数

$\hat{X}i$：i階層の荒茶生産量の推定値

xij：i階層のj標本の荒茶生産量（調査結果）

Yi：i階層の母集団荒茶工場の荒茶生産量（母集団リスト値）の合計値

yij：i階層のj標本の荒茶生産量（母集団リスト値）

(ウ) てんさい

製糖会社に対する往復郵送調査又はオンライン調査により行った。

収穫量の集計は、製糖会社に対する調査結果を基に、必要に応じて職員による情報収集により補完している。

(ｴ)　さとうきび

製糖会社、製糖工場等に対する往復郵送調査又はオンライン調査により行った。

収穫面積の集計は、製糖会社、製糖工場等に対する調査結果を基に、必要に応じて職員又は統計調査員による巡回・見積り及び職員による情報収集により補完している。

収穫量の集計は、製糖会社、製糖工場等に対する調査結果を基に、必要に応じて職員又は統計調査員による巡回及び職員による情報収集により補完している。

(ｵ)　こんにゃくいも

関係団体に対する往復郵送調査又はオンライン調査により行った。

収穫面積の集計は、関係団体調査結果を基に、必要に応じて職員又は統計調査員による巡回及び職員による情報収集により補完している。

収穫量の集計は、関係団体調査及び標本経営体調査結果から得られた10ａ当たり収量に収穫面積を乗じて算出し、必要に応じて職員又は統計調査員による巡回及び職員による情報収集により補完している。

(ｶ)　い

関係団体に対する往復郵送調査又はオンライン調査により行った。

収穫量の集計は、関係団体調査結果から得られた10ａ当たり収量に作付面積を乗じて算出し、必要に応じて職員又は統計調査員による巡回及び職員による情報収集により補完している。

(ｷ)　(ｱ)から(ｶ)までに掲げる作物以外の作物

関係団体に対する往復郵送調査又はオンライン調査及び標本経営体に対する往復郵送調査により行った。

なお、収穫量の集計は、関係団体調査及び標本経営体調査結果から得られた 10ａ当たり収量に作付面積を乗じて算出し、必要に応じて職員又は統計調査員による巡回及び職員による情報収集により補完している。

ウ　気象データの収集

気象庁から気温、日照時間、降水量等の気象データを収集し、収穫量調査の基礎資料としている。

(9)　全国値の推計方法

令和２年（産）の調査において、主産県を作付面積調査及び収穫量調査の対象とした豆類（小豆、いんげん及びらっかせい）及びこんにゃくいも、主産県を収穫量調査のみ対象とした陸稲、かんしょ及び飼料作物（牧草、青刈りとうもろこし及びソルゴー）については、直近の全国調査年（調査の範囲が全国の区域である年をいう。以下同じ。）の調査結果に基づき次により推計した。

なお、陸稲、かんしょ及び飼料作物（牧草、青刈りとうもろこし及びソルゴー）の作付面積調査については全国調査を実施した。

ア　作付面積調査

豆類（小豆、いんげん及びらっかせい）及びこんにゃくいも（栽培面積）

主産県の作付（栽培）面積の合計値に、推計により算出した主産県以外の都道府県（以下「非主産県」という。）の作付（栽培）面積の計を合計し算出した。

非主産県の作付（栽培）面積は、直近の全国調査年における非主産県の作付（栽培）面積の計と前々回の全国調査年における非主産県の作付（栽培）面積の計を用いて１年当たりの変動率を算出し、この変動率を直近の全国調査年からの経過年数（２年）に応じて非主産県の作付（栽培）面積の計に乗ずることにより推計した。

なお、直近の全国調査を、豆類（小豆、いんげん及びらっかせい）及びこんにゃくいもは、平成30年産に実施した。また、前々回の全国調査を豆類（小豆、いんげん及びらっかせい）は平成28年産、こんにゃくいもは平成27年産に実施した。

イ　収穫量調査

(ｱ)　こんにゃくいも（収穫面積）

主産県の収穫面積の合計値に、推計により算出した非主産県の収穫面積の計を合計し算出した。

非主産県の収穫面積は、アにより算出した非主産県の栽培面積に、主産県の収穫面積の合計値を主産県の栽培面積で除した率を乗じて算出した。

(ｲ) 陸稲、かんしょ、飼料作物（牧草、青刈りとうもろこし及びソルゴー）及びこんにゃくいも

主産県の収穫量の合計値に、推計により算出した非主産県の収穫量の計を合計し算出した。

非主産県の収穫量は、直近の全国調査年における非主産県の10ａ当たり収量に、令和２年産における主産県の10ａ当たり収量を直近の全国調査年における主産県の10ａ当たり収量で除した変動率を乗じて算出した10ａ当たり収量を、令和２年産の非主産県の作付面積に乗じて算出した。

なお、直近の全国調査年を、陸稲、かんしょ及び飼料作物（牧草、青刈りとうもろこし及びソルゴー）は平成29年産、こんにゃくいもは平成30年産に実施した。

(ｳ) 豆類（小豆、いんげん及びらっかせい）

次の式により算出した非主産県の収穫量と主産県の収穫量を合計し算出した。

非主産県の収穫量 ＝ 直近の全国調査年（平成30年産）における非主産県の10ａ当たり収量 × 主産県の10ａ当たり収量の比率(x) × 令和２年産の非主産県の作付面積(y)

x＝令和２年産の主産県10ａ当たり収量÷全国調査年（平成30年産）の主産県10ａ当たり収量

y＝直近の全国調査年（平成30年産）における非主産県の作付面積の計と前々回の全国調査年（平成28年産）における非主産県の作付面積の計を用いて１年当たりの変動率を算出し、この変動率を直近の全国調査年からの経過年数（２年）に応じて非主産県の作付面積の計に乗ずることにより推計

(10) 調査の精度

ア 作付面積調査

(ｱ) 対地標本実測調査における水稲作付面積に係る標本単位区の数及び調査結果（全国）の実績精度を標準誤差率（標準誤差の推定値÷推定値×100）により示すと、次のとおりである。

区　分	標本単位区の数	標準誤差率
水稲作付面積	39,411	0.34

(ｲ) (ｱ)以外の作物については、関係団体に対する全数調査結果等を用いて全国値を算出していることから、実績精度の算出を行っていない。

イ 収穫量調査

(ｱ) 水稲作況調査の標本実測調査における標本筆数及び10ａ当たり玄米重に係る調査結果（全国）の実績精度を標準誤差率（標準誤差の推定値÷推定値×100）により示すと、次のとおりである。

区　分	標本筆数	標準誤差率
10ａ当たり玄米重	9,902	0.16

(ｲ) 調査結果における標本の大きさ及び10ａ当たり収量（茶は荒茶生産量）に係る調査結果（全国）の実績精度を標準誤差率（標準誤差の推定値÷推定値×100）により示すと、次のとおりである。

なお、陸稲、かんしょ、牧草、青刈りとうもろこし、ソルゴー、いんげん、らっかせい及びこんにゃくいもについては、主産県調査結果のものである。

品　目	区　分	標本の大きさ	標準誤差率（％）
陸稲	10ａ当たり収量	346	2.8
いんげん	10ａ当たり収量	136	6.4
らっかせい	10ａ当たり収量	470	3.4
そば	10ａ当たり収量	1,512	1.7
かんしょ	10ａ当たり収量	303	1.6
牧草	10ａ当たり収量	4,319	5.3
青刈りとうもろこし	10ａ当たり収量	4,319	3.2
ソルゴー	10ａ当たり収量	4,319	3.9
茶	荒茶生産量	1,277	3.6
こんにゃくいも	10ａ当たり収量	191	2.4

(ウ)　麦類、大豆、小豆及びなたね

主要な都道府県において関係団体の取扱数量の割合が８割を超え、標本経営体調査を行っていないことから、実績精度の算出は行っていない。

(エ)　てんさい、さとうきび及びい

関係団体に対する全数調査結果を用いて算出していることから、実績精度の算出を行っていない。

(11)　調査対象数

ア　作付面積調査

(ア)　水稲

標本単位区：39,411単位区

(イ)　水稲以外の作物

区分	関係団体調査		
	団体数 ①	回収数 ②	回収率 ③=②/①
	団体	団体	%
陸稲	23	23	100.0
麦類	641	634	98.9
大豆	629	619	98.4
小豆	124	123	99.2
いんげん	48	48	100.0
らっかせい	6	6	100.0
そば	391	388	99.2
かんしょ	164	163	99.4
飼料作物、えん麦	228	226	99.1
茶	181	177	97.8
なたね	67	66	98.5
てんさい	1) 3	1) 3	100.0
さとうきび	2) 87	2) 65	74.7
こんにゃくいも	8	8	100.0
い	3	3	100.0

注：1　1)の単位は、「製糖会社」である。

2　2)の単位は、「製糖会社、製糖工場等」である。

3　てんさい及びさとうきびにおいては、製糖会社において所有する複数の製糖工場の実績が把握できる場合には、製糖工場を調査対象とせず、当該製糖会社で一括して調査を実施した。

4　「飼料作物、えん麦」の「えん麦」は緑肥用であり、作付面積調査のみを実施した。

このため、えん麦（緑肥用）の作付面積については、「耕地及び作付面積統計」を参照。

イ　収穫量調査

(ｱ)　水稲

作況標本筆：9,902筆、作況基準筆：430筆

(ｲ)　水稲以外の作物

区分	関係団体調査			標本経営体調査				
	団体数 ①	有効回収数 ②	有効回収率 ③=②/①	母集団経営体数 ④	標本の大きさ ⑤	抽出率 ⑥=⑤/④	有効回収数 ⑦	有効回収率 ⑧=⑦/⑤
	団体	団体	%	経営体	経営体	%	経営体	%
陸稲	18	11	61.1	1,156	346	29.9	88	25.4
小麦	635	600	94.5	11,945	100	0.8	47	47.0
大麦・はだか麦				4,728	114	2.4	47	41.2
大豆	632	609	96.4	30,611	1,045	3.4	558	53.4
小豆	129	120	93.0	2,136	111	5.2	54	48.6
いんげん	71	42	59.2	931	136	14.6	43	31.6
らっかせい	6	5	83.3	2,202	470	21.3	247	52.6
そば	387	364	94.1	10,297	1,512	14.7	861	56.9
かんしょ	75	67	89.3	7,414	303	4.1	183	60.4
飼料作物	35	25	71.4	42,996	4,319	10.0	2,225	51.5
なたね	67	56	83.6	3,372	380	11.3	25	6.6
てんさい	1) 3	1) 3	100.0					
さとうきび	2) 87	2) 65	74.7					
こんにゃくいも	8	8	100.0	637	191	30.0	111	58.1
い	3	3	100.0					

注：1　有効回収数とは、集計に用いた関係団体及び標本経営体の数であり、回収はされたが、当年産において作付けがなかった団体及び経営体は含まない。

2　1)の単位は、「製糖会社」である。

3　2)の単位は、「製糖会社、製糖工場等」である。

4　てんさい及びさとうきびにおいては、製糖会社において所有する複数の製糖工場の実績が把握できる場合には、製糖工場を調査対象とせず、当該製糖会社で一括して調査を実施した。

区分	母集団荒茶工場数 ⑨	調査対象者数 ⑩	抽出率 ⑪=⑩/⑨	有効回収数 ⑫	有効回収率 ⑬=⑫/⑩
	工場	工場	%	工場	%
茶	4,402	1,277	29.0	1,065	83.4

注：　有効回収数とは、集計に用いた標本荒茶工場の数であり、回収はされたが、当年産において取扱いがなかった荒茶工場は含まない。

(12)　統計の表章範囲

掲載した統計の全国農業地域及び地方農政局の区分とその範囲は、次表のとおりである。

ア　全国農業地域

全国農業地域名	所属都道府県名
北海道	北海道
東北	青森、岩手、宮城、秋田、山形、福島
北陸	新潟、富山、石川、福井
関東・東山	茨城、栃木、群馬、埼玉、千葉、東京、神奈川、山梨、長野
東海	岐阜、静岡、愛知、三重
近畿	滋賀、京都、大阪、兵庫、奈良、和歌山
中国	鳥取、島根、岡山、広島、山口
四国	徳島、香川、愛媛、高知
九州	福岡、佐賀、長崎、熊本、大分、宮崎、鹿児島
沖縄	沖縄

イ　地方農政局

地方農政局名	所属都道府県名
東北農政局	アの東北の所属都道府県と同じ。
北陸農政局	アの北陸の所属都道府県と同じ。
関東農政局	茨城、栃木、群馬、埼玉、千葉、東京、神奈川、山梨、長野、静岡
東海農政局	岐阜、愛知、三重
近畿農政局	アの近畿の所属都道府県と同じ。
中国四国農政局	鳥取、島根、岡山、広島、山口、徳島、香川、愛媛、高知
九州農政局	アの九州の所属都道府県と同じ。

注：　東北農政局、北陸農政局、近畿農政局及び九州農政局の結果については、全国農業地域区分における各地域の結果と同じであることから、統計表章はしていない。

2　定義及び基準

作付面積

は種又は植付けをしてからおおむね1年以内に収穫され、複数年にわたる収穫ができない非永年性作物（水稲、麦等）を作付けしている面積をいう。けい畔に作物を栽培している場合は、その利用部分を見積もり、作付面積として計上した。

栽培面積

茶、さとうきびなど、は種又は植付けの後、複数年にわたって収穫を行うことができる永年性作物を栽培している面積（さとうきびにあっては、当年産の収穫を意図するものに加え、苗取り用、次年産の夏植えの収穫対象とするもの等を含む。）をいう。けい畔に作物を栽培している場合は、その利用部分を見積もり、栽培面積として計上した。

摘採面積

摘採（実）面積とは、茶を栽培している面積のうち、収穫を目的として茶葉の摘取りが行われた（実）面積をいい、摘採延べ面積とは、同一茶園で複数回摘採された場合の延べ面積をいう。

収穫面積

こんにゃくいもにあっては、栽培面積のうち生《き》子《ご》（種いも）として来年に植え付ける目的として収穫された面積を除いた面積をいう。

さとうきびにあっては、当年産の作型（夏植え、春植え及び株出し）の栽培面積のうち実際に収穫された面積をいう。なお、その全てが収穫放棄されたほ場に係る面積は収穫面積には含めない。

年産区分

収穫量の年産区分は収穫した年（通常の収穫最盛期の属する年）をもって表す。ただし、作業、販売等の都合により収穫が翌年に持ち越された場合も翌年産とせず、その年産として計上した。なお、さとうきびにあっては、通常収穫期が2か年にまたがるため、収穫を始めた年をもって表した。

収穫量

収穫し、収納（収穫後、保存又は販売できる状態にして収納舎等に入れることをいう。）がされた一定の基準（品質・規格）以上のものの量をいう。なお、収穫前における見込量を予想収穫量という。

さとうきびにあっては、刈り取った茎からしょう頭部（さとうきびの頂上部分）及び葉を除去したものの量をいう。

飼料作物にあっては、飼料用として収穫された生の状態の量をいう。なお、放牧して直接家畜に与えるものも含む。

10ａ当たり収量　実際に収穫された10ａ当たりの収穫量をいう。

〃　平年収量　作物の栽培を開始する以前に、その年の気象の推移、被害の発生状況等を平年並みとみなし、最近の栽培技術の進歩の度合い、作付変動等を考慮して、実収量のすう勢をもとに作成したその年に予想される10ａ当たり収量をいう。

〃　平均収量　原則として直近７か年のうち、最高及び最低を除いた５か年の平均値をいう。

ただし、直近７か年全ての10ａ当たり収量が確保できない場合は、６か年又は５か年の最高及び最低を除いた平均とし、４か年又は３か年の場合は、単純平均である。

なお、直近７か年のうち、３か年分の10ａ当たり収量が確保できない場合は、作成していない。

〃　平均収量対比　10ａ当たり平均収量に対する当年産の10ａ当たり収量の比率をいう。

作況指数　作柄の良否を表す指標のことをいい、10ａ当たり平年収量に対する10ａ当たり収量（又は予想収量）の比率をいう。

なお、平成26年産以前の作況指数は1.70㎜のふるい目幅で選別された玄米を基に算出し、平成27年産から令和元年産までの作況指数は、全国農業地域ごとに、過去５か年間に農家等が実際に使用したふるい目幅の分布において、大きいものから数えて９割を占めるまでの目幅以上に選別された玄米を基に算出していた。令和２年産以降の作況指数は、都道府県ごとに、過去５か年間に農家等が実際に使用したふるい目幅の分布において、最も多い使用割合の目幅以上に選別された玄米を基に算出した数値である（各都道府県の目幅は次表のとおり）。

令和２年産の作況指数の算出に用いるふるい目幅

都道府県	農家等使用目幅	都道府県	農家等使用目幅	都道府県	農家等使用目幅	都道府県	農家等使用目幅
北海道	1.90㎜	東京	1.80㎜	滋賀	1.90㎜	香川	1.80㎜
青森	1.90㎜	神奈川	1.80㎜	京都	1.85㎜	愛媛	1.85㎜
岩手	1.90㎜	新潟	1.85㎜	大阪	1.80㎜	高知	1.80㎜
宮城	1.90㎜	富山	1.90㎜	兵庫	1.85㎜	福岡	1.85㎜
秋田	1.90㎜	石川	1.85㎜	奈良	1.80㎜	佐賀	1.85㎜
山形	1.90㎜	福井	1.90㎜	和歌山	1.80㎜	長崎	1.80㎜
福島	1.85㎜	山梨	1.80㎜	鳥取	1.85㎜	熊本	1.85㎜
茨城	1.85㎜	長野	1.85㎜	島根	1.90㎜	大分	1.80㎜
栃木	1.85㎜	岐阜	1.80㎜	岡山	1.85㎜	宮崎	1.80㎜
群馬	1.80㎜	静岡	1.80㎜	広島	1.85㎜	鹿児島	1.80㎜
埼玉	1.80㎜	愛知	1.85㎜	山口	1.85㎜	沖縄	1.80㎜
千葉	1.80㎜	三重	1.85㎜	徳島	1.80㎜		

子実用　主に食用（なたねについては、食用として搾油するもの）に供すること（子実生産）を目的とするものをいい、全体から「青刈り」を除いたものをいう。なお、「青刈り」とは、子実の生産以前に刈り取られて飼肥料用等として用いられるもの（稲発酵粗飼料用稲（ホールクロップサイレージ）、わら専用稲等を含む。）のほか、飼料用米及びバイオ燃料用米をいう。

乾燥子実　食用を目的に未成熟（完熟期以前）で収穫されるもの（えだまめ、さやいんげん等）、景観形成用として作付けしたもの（そば）を除いたものをいう。
なお、らっかせいはさやつきのものをいう。

（水稲）

作柄表示地帯　地域行政上必要な水稲の作柄を表示する区域として、都道府県を水稲の生産力（地形、気象、栽培品種等）により分割したものをいう。

水稲の二期作栽培　同一の田に年間２回作付けする栽培方法をいい、第１回の作付けを第一期稲、第２回の作付けを第二期稲という。

（さとうきび）

春植え　（令和２年産の場合）　令和２年２月から４月までに植え付けて、令和２年12月から令和３年４月までに収穫したものをいう。

夏植え　（令和２年産の場合）　令和元年７月から９月までに植え付けて、令和２年12月から令和３年４月までに収穫したものをいう。

株出し　（令和２年産の場合）　令和元年産として収穫した株から発芽させて、令和２年12月から令和３年４月までに収穫したものをいう。

（茶）

茶期区分　茶期は各地方によって異なっており、さらに、その年の作柄、被害、他の農作物等の関係もあってこれを明確に区分することは困難であるため、一番茶期の区分は通常その地域の慣行による茶期区分によることとした。

荒茶　茶葉（生葉）を蒸熱《じょうねつ》、揉《も》み操作、乾燥等の加工処理を行い製造したもので、仕上げ茶として再製する以前のものをいう。

（い）

「い」生産農家数　「い」を生産する全ての農家の数をいう。

畳表生産農家数　「い」の生産から畳表の生産まで一貫して行っている農家の数をいう。

畳表生産量　畳表生産農家が生産した畳表の生産枚数をいう。
なお、令和２年の畳表生産量は、令和元年７月から令和２年６月までの間に生産されたものである。

（被害）

被害　ほ場において、栽培を開始してから収納をするまでの間に、気象的原因、生物的原因その他異常な事象によって農作物に損傷を生じ、基準収量より減収した状態をいう。
なお、平成28年産以前は、水稲の被害面積及び被害量について、気象被害（６種類）、病害（３種類）、虫害（４種類）の被害種類別に調査を実施し、公表していたが、平成29年産からは、６種類（冷害、日照不足、高温障害、いもち病、ウンカ及びカメムシ）としている。

基　準　収　量	農作物にある被害が発生したとき、その被害が発生しなかったと仮定した場合に穫れ得ると見込まれる収量をいう。
被　害　面　積	農作物に損傷が生じ、基準収量より減収した面積をいう。
被　害　量	農作物に損傷を生じ、基準収量から減収した量をいう。
被　害　率	平年収量（作付面積×10ａ当たり平年収量）に対する被害量の割合（百分率）をいう。

3　利用上の注意

(1)　数値の四捨五入について

ここに掲載した統計数値は、下記の方法によって四捨五入しており、全国計と都道府県別数値の積上げ、あるいは合計値と内訳の計が一致しない場合がある。

<table>
<tr><th colspan="2">原　　数</th><th>７桁以上
(100万)</th><th>６桁
(10万)</th><th>５桁
（１万）</th><th>４桁
(1,000)</th><th>３桁以下
(100)</th></tr>
<tr><td colspan="2">四捨五入する桁数
（下から）</td><td>３桁</td><td colspan="2">２桁</td><td>１桁</td><td>四捨五入
しない</td></tr>
<tr><td rowspan="2">例</td><td>四捨五入する前
（原数）</td><td>1,234,567</td><td>123,456</td><td>12,345</td><td>1,234</td><td>123</td></tr>
<tr><td>四捨五入した数値
（統計数値）</td><td>1,235,000</td><td>123,500</td><td>12,300</td><td>1,230</td><td>123</td></tr>
</table>

(2)　表中記号について

統計表中に使用した記号は以下のとおりである。

「０」「0.0」：単位に満たないもの（例：0.4ha→０ha）又は増減がないもの

「－」：事実のないもの

「…」：事実不詳又は調査を欠くもの

「ｘ」：個人又は法人その他の団体に関する秘密を保護するため、統計数値を公表しないもの

「△」：負数又は減少したもの

「nc」：計算不能

(3)　秘匿措置について

統計調査結果について、生産者数が２以下の場合には、個人又は法人その他の団体に関する調査結果の秘密保護の観点から、当該結果を「ｘ」表示とする秘匿措置を施している。

なお、全体（計）からの差引きにより、秘匿措置を講じた当該結果が推定できる場合には、本来秘匿措置を施す必要のない箇所についても「ｘ」表示としている。

(4)　この統計表に記載された数値等を他に転載する場合は、『作物統計』（農林水産省）による旨を記載してください。

(5)　本統計の累年データについては、農林水産省ホームページの「統計情報」の分野別分類「作付面積・生産量、被害、家畜の頭数など」、品目別分類「米」、「麦」、「いも・雑穀・豆」、「工芸農作物」で御覧いただけます。

【 https://www.maff.go.jp/j/tokei/kouhyou/sakumotu/sakkyou_kome/index.html#l 】

4　お問合せ先

農林水産省 大臣官房統計部

○作付面積に関すること

生産流通消費統計課 面積統計班

電話：（代表）03-3502-8111　内線3681

（直通）03-6744-2045

ＦＡＸ：　03-5511-8771

○収穫量に関すること、その他全般に関すること

生産流通消費統計課 普通作物統計班

電話：（代表）03-3502-8111　内線3682

（直通）03-3502-5687

ＦＡＸ：　03-5511-8771

※　本統計書に関する御意見・御要望は、上記問い合わせ先のほか、農林水産省ホームページでも受け付けております。

【 https://www.contactus.maff.go.jp/j/form/tokei/kikaku/160815.html 】

Ⅰ　調査結果の概要

1　米

(1)　要　旨

令和２年産水陸稲の収穫量は、水稲が776万3,000ｔ、陸稲が1,500ｔとなり、合計で776万5,000ｔで、前年産に比べ1,000ｔ増加した。また、水稲の作付面積は、前年産に比べ7,000ha減少した。

水稲の作柄は、北海道、東北及び北陸においては、全もみ数が確保され、登熟も順調に推移したことから、作柄が平年を上回った一方、東海以西においては、トビイロウンカの被害、登熟期の日照不足等により登熟が不良となったこと、さらに九州地方では台風の影響もあり、作柄が平年を下回り、全国の10ａ当たり収量は531 kg（作況指数99）で前年産に比べ３kg増加した（表１－１、図１－１）。

図１－１　水稲の作付面積及び収穫量の推移（全国）

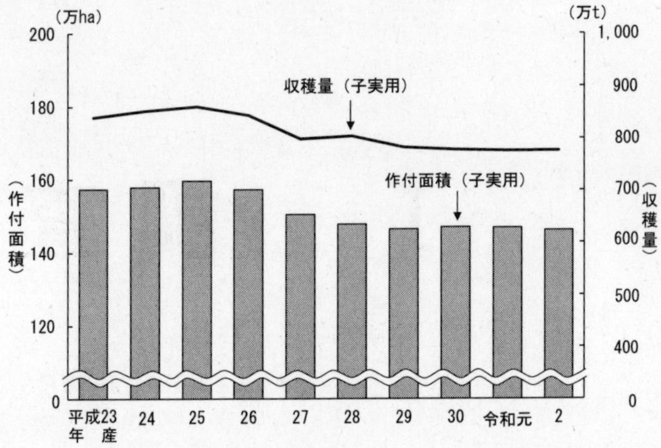

表１－１　令和２年産水陸稲の作付面積、10ａ当たり収量、収穫量

全国農業地域	作付面積（子実用）	10a当たり収量	収穫量（子実用）	前年産との比較 作付面積 対差	作付面積 対比	10a当たり収量 対比	収穫量 対差	収穫量 対比	参考 主食用作付面積	収穫量（主食用）	作況指数（対平年比）
	ha	kg	t	ha	%	%	t	%	ha	t	
水陸稲計	**1,462,000**	**-**	**7,765,000**	**△ 8,000**	**99**	**nc**	**1,000**	**100**	…	…	-
水稲	1,462,000	531	7,763,000	△ 7,000	100	101	1,000	100	1,366,000	7,226,000	99
北海道	102,300	581	594,400	△ 700	99	102	6,300	101	95,300	553,700	106
東北	381,500	586	2,236,000	△ 500	100	100	△ 3,000	100	342,000	2,000,000	104
北陸	206,400	550	1,135,000	△ 100	100	102	20,000	102	185,900	1,021,000	102
関東・東山	269,600	536	1,444,000	△ 1,500	99	103	30,000	102	255,800	1,370,000	101
東海	92,500	480	444,000	△ 600	99	98	△ 13,100	97	89,800	431,500	95
近畿	101,300	490	496,000	△ 1,300	99	97	△ 20,400	96	97,700	478,000	96
中国	101,200	484	489,700	△ 900	99	96	△ 23,500	95	98,200	475,700	92
四国	47,400	470	222,800	△ 900	98	103	2,100	101	46,900	219,900	96
九州	158,600	440	698,500	△ 1,400	99	101	2,100	100	153,200	673,300	85
沖縄	650	322	2,090	△ 27	96	109	90	105	630	2,030	104
陸稲	636	236	1,500	△ 66	91	104	△ 100	94	…	…	100

注：１　作付面積（子実用）とは、青刈り面積（飼料用米等を含む。）を除いた面積である。
　２　主食用作付面積とは、水稲作付面積（青刈り面積を含む。）から、備蓄米、加工用米、新規需要米等の作付面積を除いた面積である。
　３　10ａ当たり収量及び収穫量（子実用）は、1.70㎜のふるい目幅で選別された玄米の重量である。
　４　作況指数とは、10ａ当たり平年収量に対する10ａ当たり収量の比率であり、都道府県ごとに、過去５か年間に農家等が実際に使用したふるい目幅の分布において、最も大きい割合の目幅以上に選別された玄米を基に算出した数値である。
　５　陸稲については、平成30年産から、調査の範囲を全国から主産県に変更し、作付面積調査にあっては３年、収穫量調査にあっては６年ごとに全国調査を実施することとした。令和２年産の収穫量調査は主産県調査年であり、全国調査を行った平成29年の調査結果に基づき、全国値を推計している。
　なお、主産県とは、平成29年における全国の作付面積のおおむね80％を占めるまでの上位都道府県である。
　６　陸稲の作況指数欄は、10ａ当たり平均収量（原則として直近７か年のうち、最高及び最低を除いた５か年の平均値）に対する当年産の10ａ当たり収量の比率である。

(2) 解　説

ア　作付面積（子実用）

(ア)　水　稲

令和２年産水稲（子実用）の作付面積は146万2,000haとなった（表１－１、図１－２）。

(イ)　陸　稲

令和２年産陸稲（子実用）の作付面積は636haとなった（表１－１、図１－２）。

図１－２　水陸稲の作付面積の推移（全国）

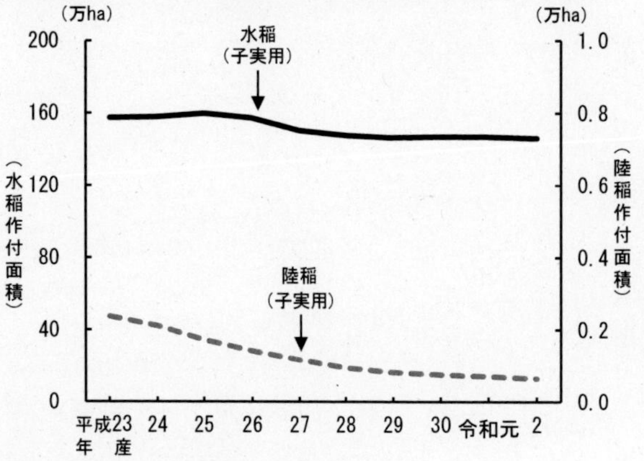

イ　作柄概況

図１－３　令和２年産水稲の都道府県別作況指数

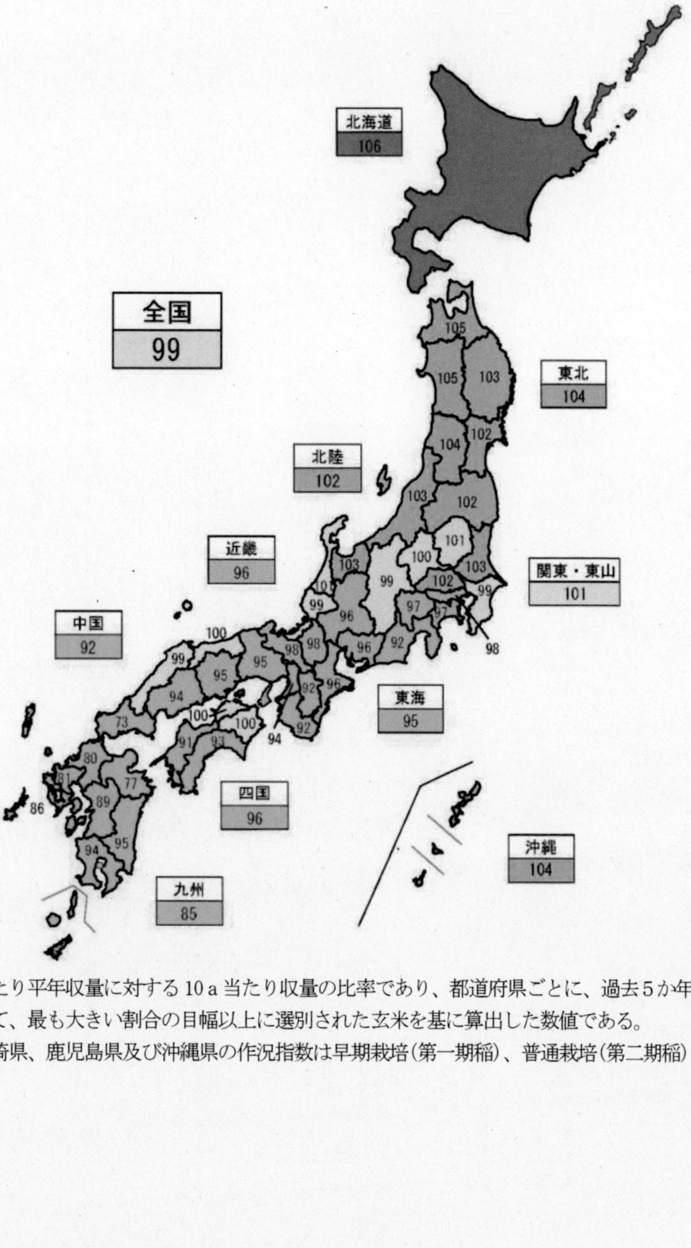

注：１　作況指数は、10ａ当たり平年収量に対する10ａ当たり収量の比率であり、都道府県ごとに、過去５か年間に農家等が実際に使用したふるい目幅の分布において、最も大きい割合の目幅以上に選別された玄米を基に算出した数値である。

２　徳島県、高知県、宮崎県、鹿児島県及び沖縄県の作況指数は早期栽培（第一期稲）、普通栽培（第二期稲）を合算したものである。

(ア) 水　稲

a　北海道

田植期は平年に比べ１日早くなり、出穂期も１日早くなった。

全もみ数は、田植期以降、６月の日照不足で分げつが抑制されたものの、７月上・中旬のえい花分化期の天候に恵まれたこと、穂数が少ないことによる補償作用から「やや多い」となった。

登熟は８月上旬以降はおおむね高温・多湿で経過し開花・受精は順調、９月以降の天候も恵まれ粒の肥大・充実も良好であったため「やや良」となった。

以上のことから、北海道の10ａ当たり収量は581kg（前年産に比べ10kg増加）となった（図１－４、１－５）。

注：　穂数の多少、１穂当たりもみ数の多少、全もみ数の多少及び登熟の良否の平年比較は、「多い・良」が対平年比106％以上、「やや多い・やや良」が105～102％、「平年並み」が101～99％、「やや少ない・やや不良」が98～95％、「少ない・不良」が94％以下に相当する（以下同じ。）。

図１－４　令和２年産水稲の作柄表示地帯別作況指数（北海道）

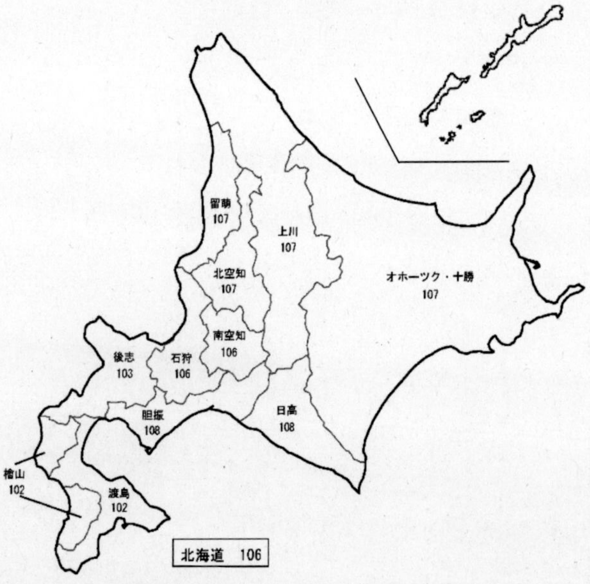

注：　□内の数値は都道府県平均の作況指数である（以下１（２）の各図において同じ。）。

図１－５　令和２年産稲作期間の半旬別気象経過（札幌）

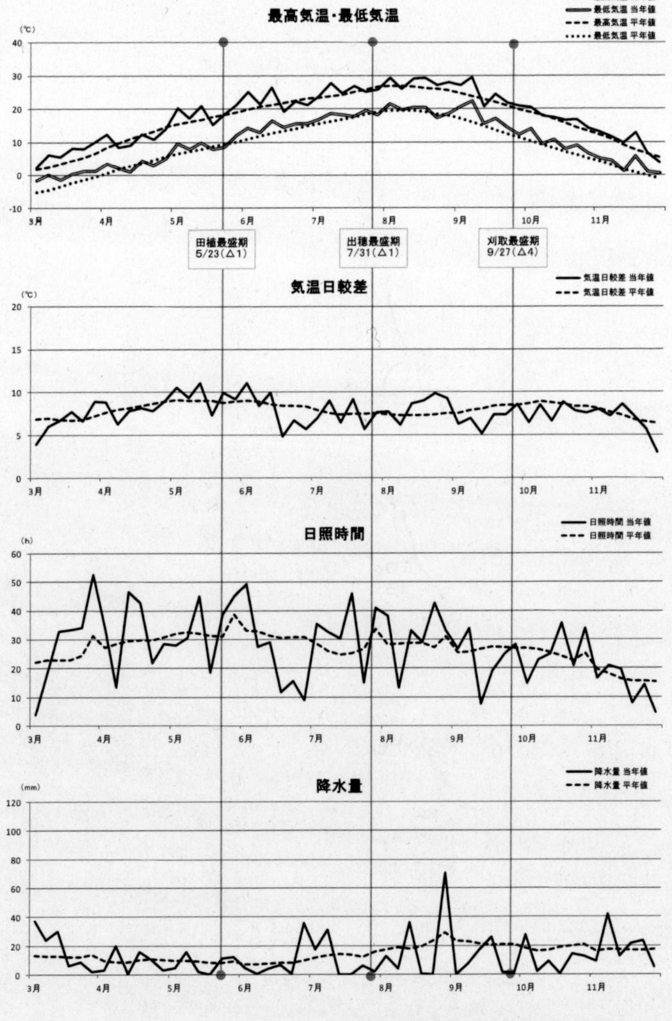

資料：　気象庁『アメダスデータ』を農林水産省大臣官房統計部において組み替えた結果による（以下１（２）の各図において同じ。）。

注：　耕種期日はそれぞれ最盛期である。（　）内の数値は平年と比較し、その遅速を日数で表しているものであり、△は平年より早いことを示す（以下１（２）の各図において同じ。）。

b　東　北

田植期は、青森県で平年に比べ２日、福島県で１日早くなり、岩手県及び山形県では平年並み、宮城県及び秋田県では１日遅くなった。出穂期は、秋田県では平年に比べ１日早くなり、青森県は平年並み、岩手県、山形県及び福島県では１日、宮城県では５日遅くなった。

全もみ数は、７月が日照不足であったものの、田植期以降の天候に恵まれ初期生育が順調であったことから、青森県及び山形県で「多い」、その他の県で「やや多い」となった。

登熟は、全もみ数が多いことによる相反作用で、岩手県で「やや不良」となったものの、出穂期以降の天候が概ね順調に推移したことから、その他の県では「平年並み」となった。

以上のことから、10ａ当たり収量は、青森県で628kg（前年産に比べ１kg増加）、岩手県で553kg（同１kg減少）、宮城県で552kg（同１kg増加）、秋田県で602kg（前年産に比べ２kg増加）、山形県で622kg（同５kg減少）、福島県で562kg（同２kg増加）となり、東北平均で586kg（前年と同値）となった（図１－６、１－７）。

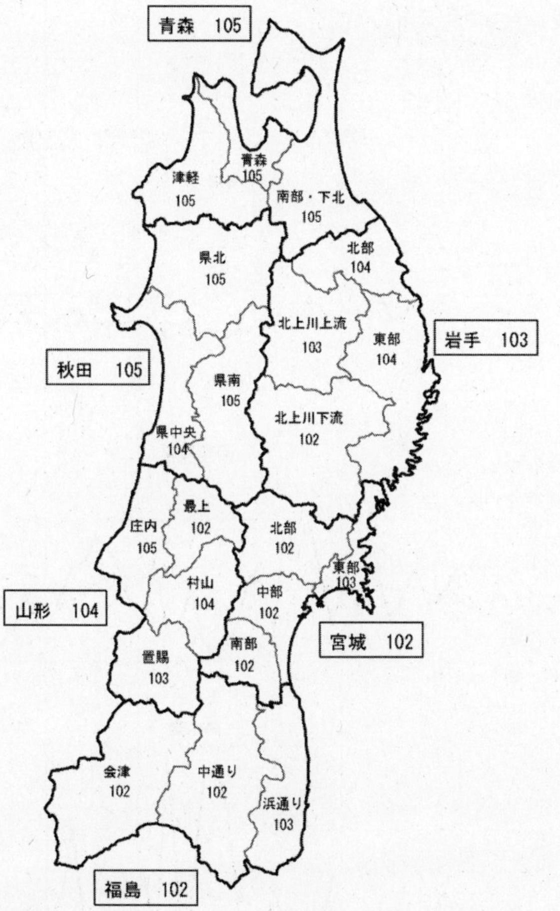

図１－６　令和２年産水稲の作柄表示地帯別作況指数（東北）

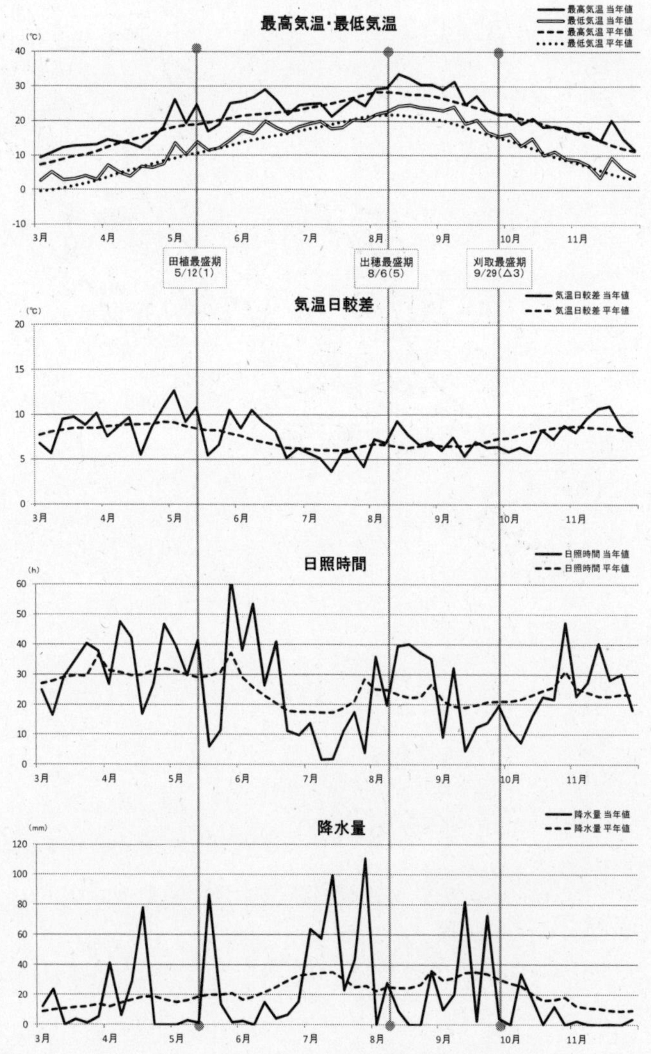

図１－７　令和２年産稲作期間の半旬別気象経過（仙台）

c　北　陸

田植期は、富山県で平年に比べ１日早く、新潟県では１日遅くなり、その他の県では平年並みとなった。出穂期は、新潟県及び石川県で平年に比べて１日、富山県及び福井県で４日遅くなった。

全もみ数は、７月が日照不足であったものの、田植期以降の天候に恵まれ初期生育が順調であったことから、新潟県及び富山県では「やや多い」、石川県及び福井県では「平年並み」となった。

登熟は、倒伏や９月上旬の高温のため福井県で「やや不良」となったものの、概ね天候に恵まれたことから新潟県及び富山県では「平年並み」、石川県では「やや良」となった。

以上のことから、10ａ当たり収量は、新潟県で558kg（前年産に比べ16kg増加）、富山県で556kg（同３kg増加）、石川県で530kg（同２kg減少）、福井県で518kg（同２kg減少）となり、北陸平均で550kg（同10kg増加）となった（図１－８、１－９）。

図１－８　令和２年産水稲の作柄表示地帯別作況指数（北陸）

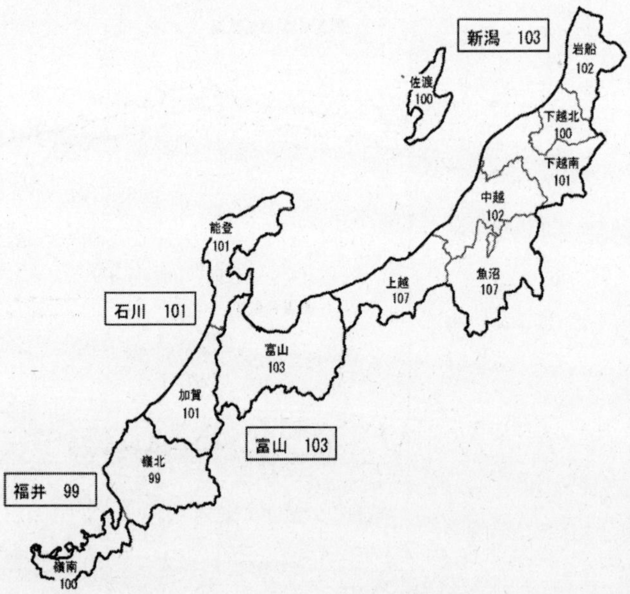

図１－９　令和２年産稲作期間の半旬別気象経過（新潟）

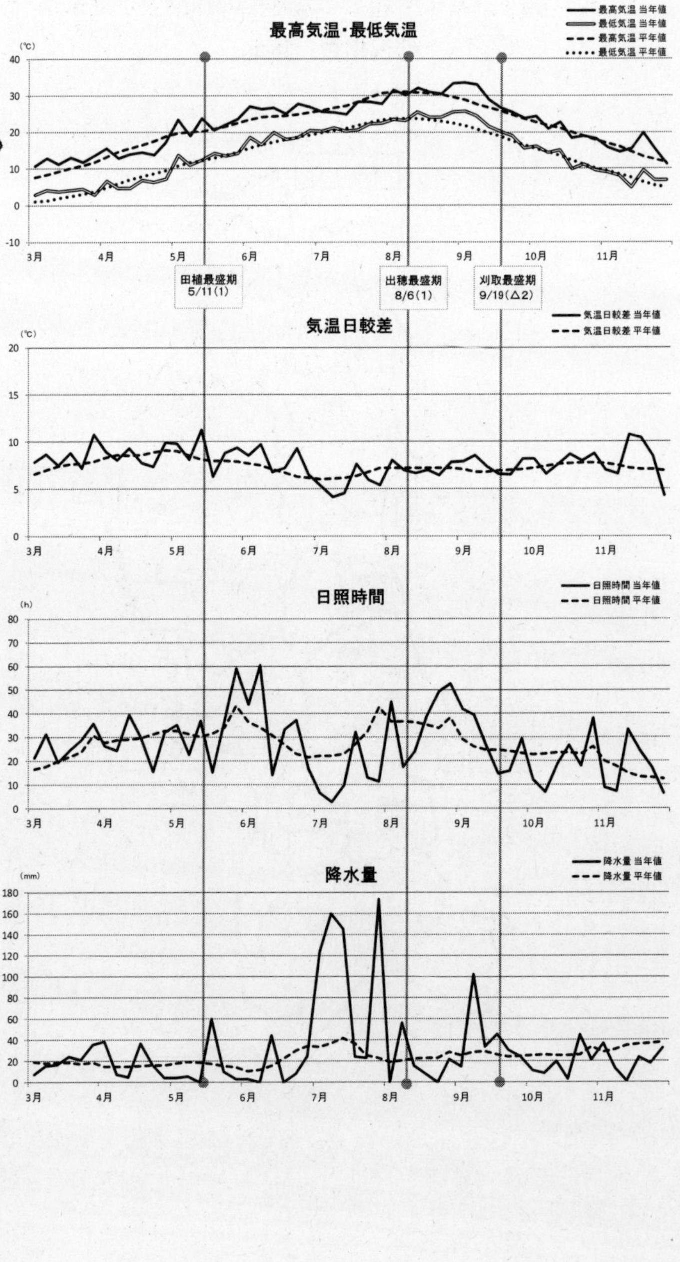

d　関東・東山

田植期は、東京都で平年に比べ２日、山梨県で１日早くなり、栃木県、埼玉県、千葉県、神奈川県及び長野県では平年並み、茨城県及び群馬県では１日遅くなった。出穂期は、千葉県で２日、神奈川県で１日早くなり、東京都は平年並み、群馬県及び埼玉県では２日、山梨県及び長野県で３日、茨城県で４日、栃木県で５日遅くなった。

全もみ数は、栃木県、埼玉県及び千葉県で「やや多い」、茨城県及び長野県で「平年並み」となったものの、７月の日照不足で群馬県、東京都及び山梨県で「やや少ない」、神奈川県で「少ない」となった。

登熟は、７月の日照不足や全もみ数が多いことによる相反作用で千葉県及び長野県で「やや不良」となったものの、概ね順調に推移したことから栃木県、東京都及び山梨県で「平年並み」、茨城県、群馬県、埼玉県及び神奈川県で「やや良」となった。

以上のことから、10ａ当たり収量は、茨城県で531kg（前年産に比べ27kg増加）、栃木県で538kg（同12kg増加）、群馬県で496kg（同10kg増加）、 埼玉県で496kg（同14kg増加）、千葉県で537kg（同21kg増加）、東京都で400kg（同２kg減少）、神奈川県で474kg（同４kg増加）、山梨県で529kg（同12kg減少）、長野県で606kg（同14kg減少）となり、関東・東山平均で536kg（同14kg増加）となった（図１－10、１－11）。

図１－10　令和２年産水稲の作柄表示地帯別作況指数（関東・東山）

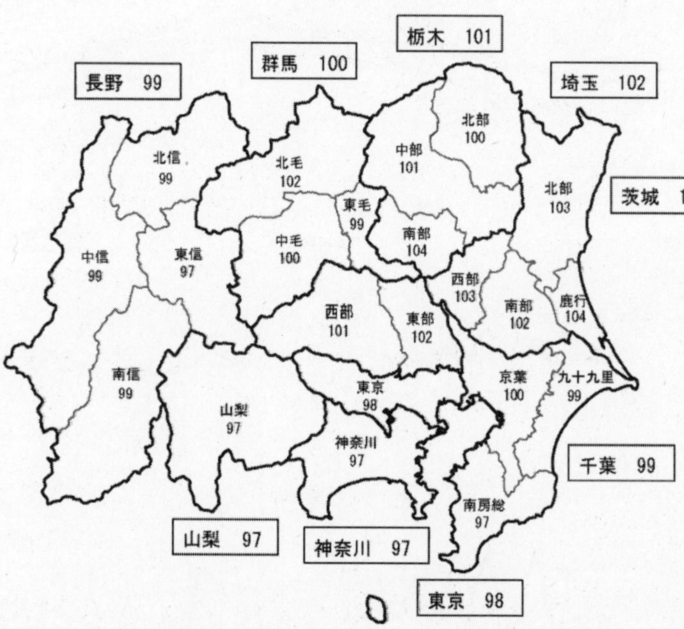

図１－11　令和２年産稲作期間の半旬別気象経過（水戸）

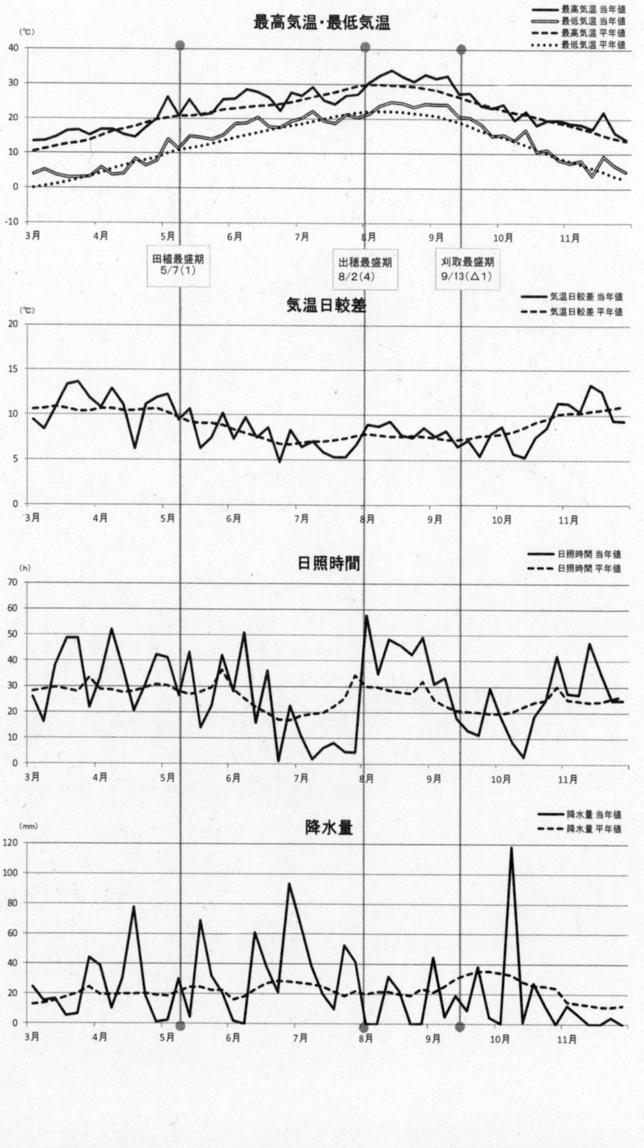

e　東海及び近畿

田植期は、静岡県、三重県及び奈良県で平年に比べ１日早くなり、岐阜県、愛知県、京都府、大阪府及び兵庫県で平年並み、滋賀県及び和歌山県では平年に比べ２日遅くなった。出穂期は、三重県、大阪府、奈良県及び和歌山県で平年に比べ１日早くなり、静岡及び京都府で平年並み、岐阜県で平年に比べ１日、愛知県、滋賀県及び兵庫県で２日遅くなった。

全もみ数は、７月の低温・日照不足の影響により愛知県、三重県、滋賀県及び和歌山県で「やや少ない」となったものの、分げつ抑制の補償作用により静岡県で「やや多い」、その他の府県で「平年並み」となった。

登熟は、三重県及び滋賀県で「平年並み」となったものの、９月以降の日照不足、トビイロウンカによる被害等で岐阜県、愛知県、京都府、兵庫県及び和歌山県で「やや不良」、静岡県、大阪府及び奈良県で「不良」となった。

以上のことから、10ａ当たり収量は、岐阜県で470kg（前年産に比べ12kg減少）、静岡県で478kg（同39kg減少）、愛知県で490kg（同９kg減少）、三重県で479kg（前年産に比べ２kg増加）、滋賀県で509kg（前年と同値）、京都府で501kg（同４kg減少）、大阪府で472kg（同30kg減少）、兵庫県で477kg（同20kg減少）、奈良県で482kg（同33kg減少）、和歌山県で462kg（同32kg減少）となり、東海平均で480kg（同11kg減少）、近畿平均で490kg（同13kg減少）となった（図１－12、１－13）。

図１－12　令和２年産水稲の作柄表示地帯別作況指数（東海及び近畿）

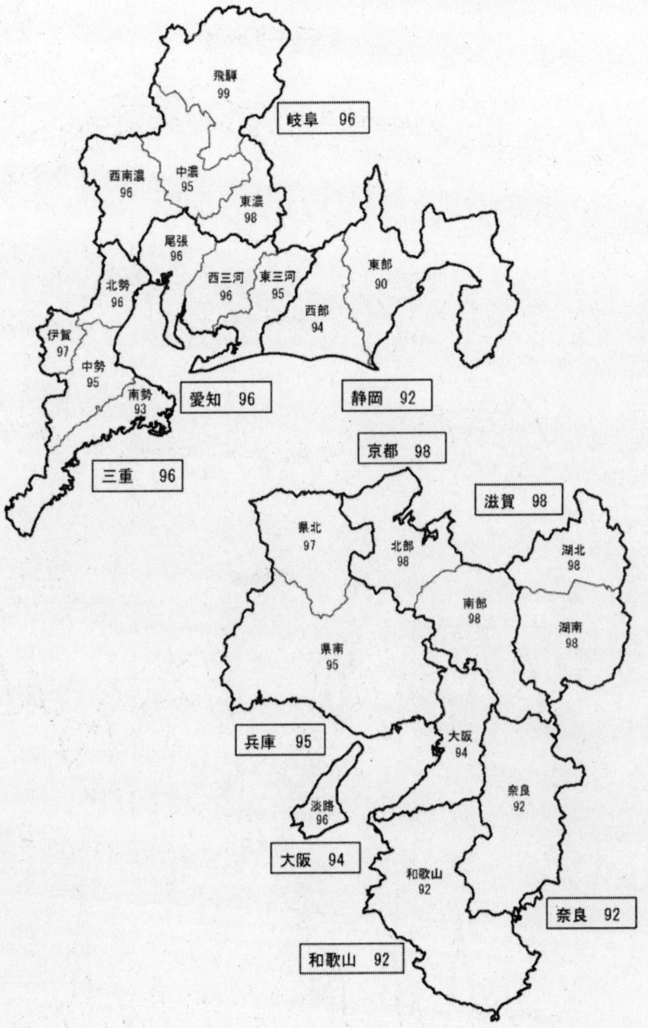

図１－13　令和２年産稲作期間の半旬別気象経過（名古屋）

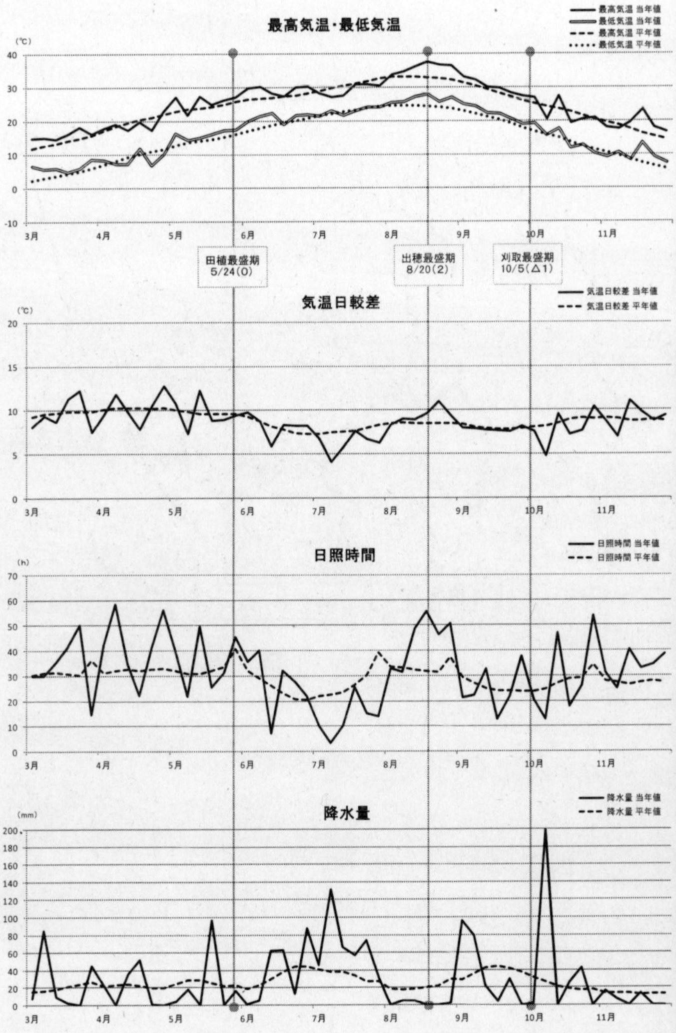

f　中国及び四国

田植期は、島根県で平年に比べ３日、徳島県（早期栽培）及び徳島県（普通栽培）で２日、鳥取県、山口県、香川県、高知県（早期栽培）及び高知県（普通栽培）で１日早くなり、その他の県では平年並みとなった。出穂期は、徳島県（早期栽培）、香川県及び高知県（普通栽培）で平年に比べ１日早くなり、徳島県（普通栽培）、愛媛県及び高知県（早期栽培）で平年並み、岡山県で平年に比べ１日、広島県で２日、鳥取県及び山口県で３日、島根県で４日遅くなった。

全もみ数は、島根県、徳島県（普通栽培）、愛媛県、高知県（早期栽培）及び高知県（普通栽培）で「やや多い」、徳島県（早期栽培）で「やや少ない」、その他の県で「平年並み」となった。

登熟は、徳島県（早期栽培）では「やや良」、鳥取県及び香川県で「平年並み」となったものの、出穂後の高温による登熟期間短縮、９月以降の日照不足、台風による潮風害、トビイロウンカによる被害等により、島根県及び徳島県（普通栽培）で「やや不良」、岡山県、広島県、山口県、愛媛県、高知県（早期栽培）及び高知県（普通栽培）で「不良」となった。

以上のことから、10ａ当たり収量は、鳥取県で512kg（前年産に比べ２kg減少）、島根県で511kg（同５kg増加）、岡山県で505kg（同12kg減少）、広島県で499kg（前年と同値）、山口県で386kg（同88kg減少）、徳島県で476kg（同12kg増加）、香川県で496kg（同25kg増加）、愛媛県で474kg（同４kg増加）、高知県で433kg（同13kg増加）となり、中国平均で484kg（同19kg減少）、四国平均で470kg（同13kg増加）となった（図１－14、１－15）。

図１－14　令和２年産水稲の作柄表示地帯別作況指数（中国及び四国）

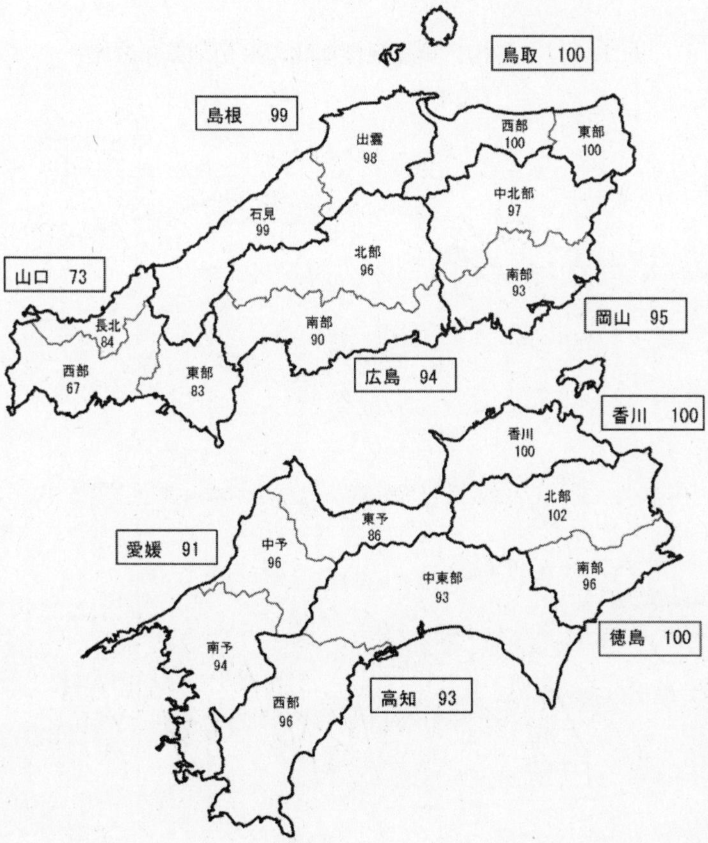

図１－15　令和２年産稲作期間の半旬別気象経過（岡山）

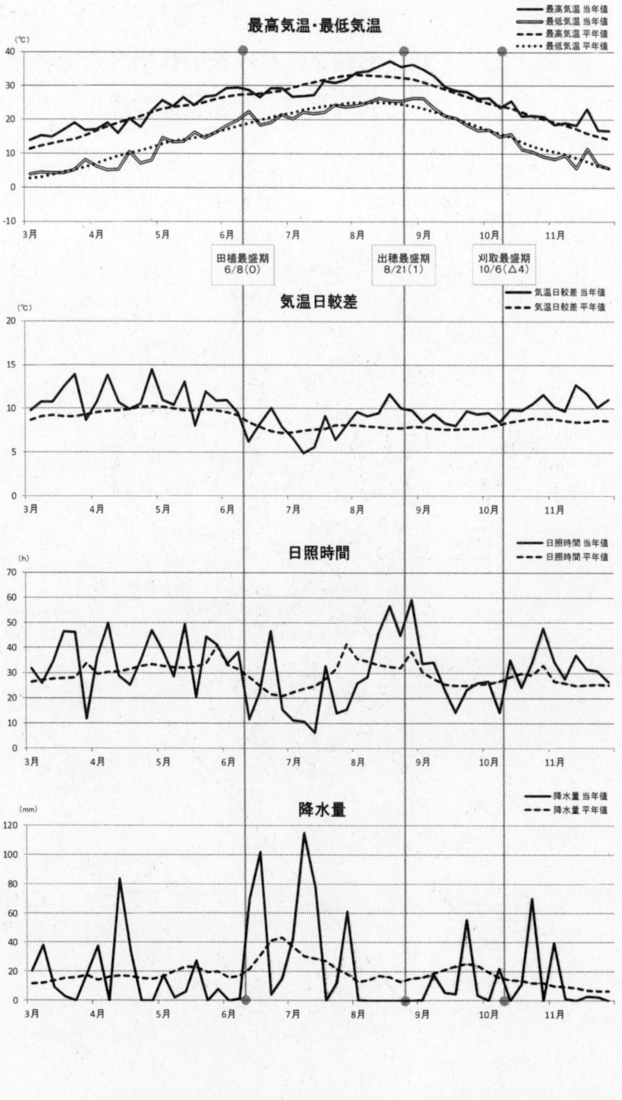

g　九州及び沖縄

九州においては、田植期は、鹿児島県（早期栽培）で平年に比べ２日、福岡県、長崎県、熊本県、宮崎県（早期栽培）、宮崎県（普通栽培）及び鹿児島県（普通栽培）で１日早くなり、佐賀県及び大分県で平年並みとなった。出穂期は、大分県、宮崎県（普通栽培）及び鹿児島県（普通栽培）で平年に比べ２日、熊本県で１日早くなり、福岡県、長崎県、宮崎県（早期栽培）及び鹿児島県（早期栽培）で平年並み、佐賀県で平年に比べ２日遅くなった。

全もみ数は、６月下旬から７月の日照不足により分げつが抑制され佐賀県及び長崎県で「少ない」、福岡県、大分県及び鹿児島県（早期栽培）で「やや少ない」となった一方、補償作用や８月の天候に恵まれたことから宮崎県（早期栽培）及び鹿児島県（普通栽培）で「平年並み」、熊本県及び宮崎県（普通栽培）で「やや多い」となった。

登熟については、鹿児島県（早期栽培）で「平年並み」となったものの、９月以降の日照不足、台風による潮風害、トビイロウンカによる被害等により、宮崎県（早期栽培）及び鹿児島県（普通栽培）で「やや不良」、その他の県で「不良」となった。

以上のことから、10ａ当たり収量は、福岡県で416kg（前年産に比べ38kg減少）、佐賀県で436kg（同138kg増加）、長崎県で422kg（同33kg減少）、熊本県で470kg（同13kg減少）、大分県で403kg（同32kg減少）、宮崎県で475kg（同10kg増加）、鹿児島県で458kg（同４kg増加）となり、九州平均で440kg（同５kg増加）となった。

沖縄県は、田植期以降、概ね天候に恵まれたことから、全もみ数はやや多く、登熟も天候に恵まれ生育は良好だったことから、第一期稲は367kg（前年産に比べ36kg増加）、第二期稲は197kg（同９kg増加）となり、県計の10ａ当たり収量は322kg（同27kg増加）となった（図１－16、１－17）。

図１－16　令和２年産水稲の作柄表示地帯別作況指数（九州及び沖縄）

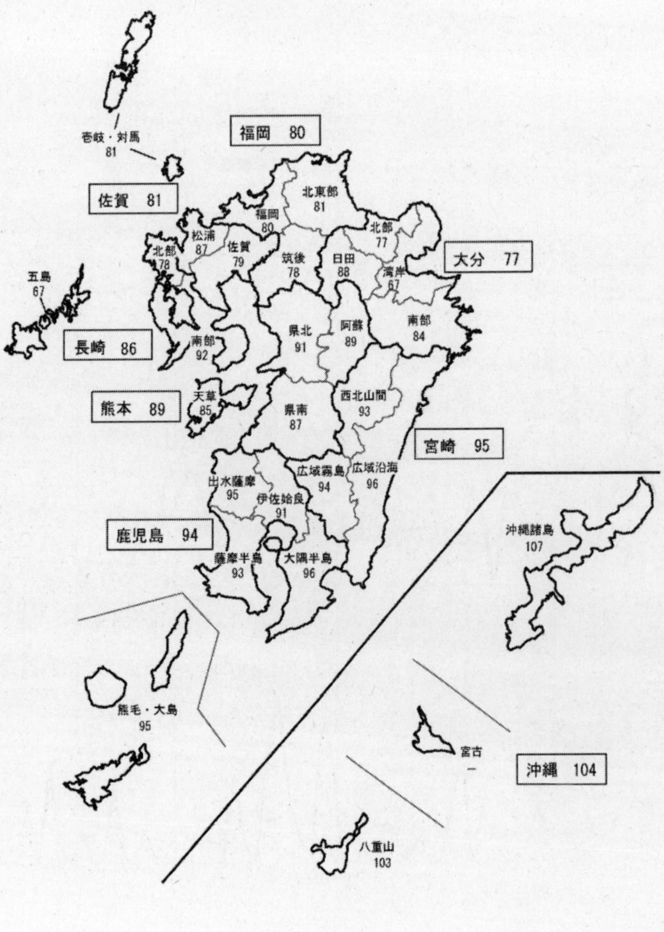

図１－17　令和２年産稲作期間の半旬別気象経過（熊本）

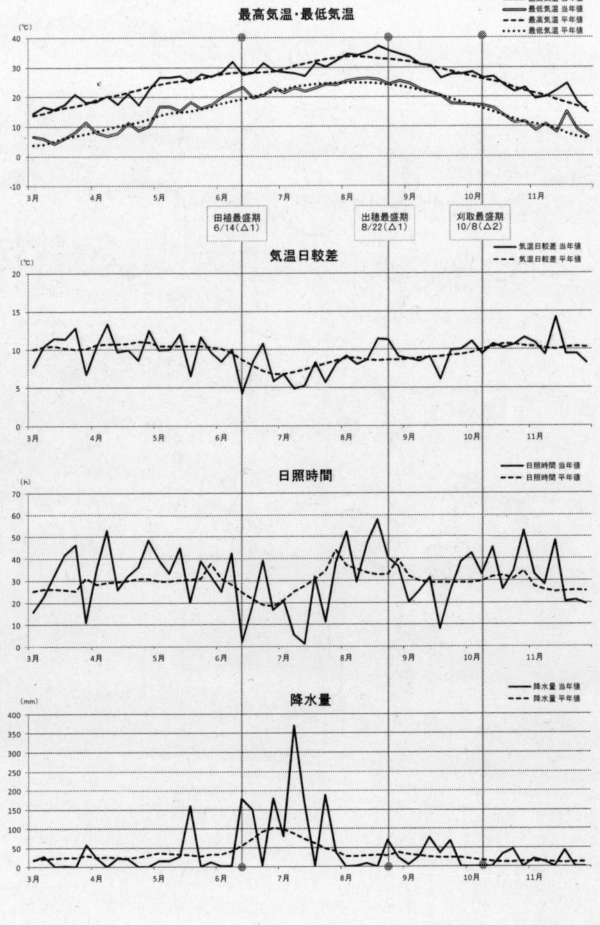

(ｲ) 陸　稲

10ａ当たり収量は236kgで、前年産に比べ４％上回った（表１－２）。

表１－２　令和２年産陸稲の作付面積、10ａ当たり収量及び収穫量

区　　分	作付面積（子実用）	10ａ当たり収量	収穫量（子実用）	前年産との比較					（参考）10ａ当たり平均収量対比
				作付面積		10ａ当たり収量	収穫量		
				対差	対比	対比	対差	対比	
	ha	kg	t	ha	%	%	t	%	%
全　　国	**636**	**236**	**1,500**	**△ 66**	**91**	**104**	**△ 100**	**94**	**100**
うち　茨城	447	245	1,100	△ 40	92	102	△ 70	94	101
栃木	165	211	348	△ 14	92	100	△ 30	92	91

注：１　陸稲については、平成30年産から、調査の範囲を全国から主産県に変更し、作付面積調査にあっては３年、収穫量調査にあっては６年ごとに全国調査を実施することとした。令和２年産の収穫量調査は主産県調査年であり、全国調査を行った平成29年の調査結果に基づき、全国値を推計している。

なお、主産県とは、平成29年における全国の作付面積のおおむね80%を占めるまでの上位都道府県である。

２　「（参考）10ａ当たり平均収量対比」とは、10ａ当たり平均収量（原則として直近７か年のうち、最高及び最低を除いた５か年の平均値）に対する当年産の10ａ当たり収量の比率である。

2　麦　類

(1)　要　旨

ア　作付面積

令和２年産４麦（小麦、二条大麦、六条大麦及びはだか麦）の子実用作付面積は27万6,200haで、前年産に比べ3,200ha（１%）増加した。

このうち、北海道は12万4,200ha、都府県は15万2,100haで、前年産に比べてそれぞれ900ha（１%）、2,300ha（２%）増加した（表２－１、図２－１）。

図２－１　４麦（子実用）の作付面積及び収穫量の推移（全国）

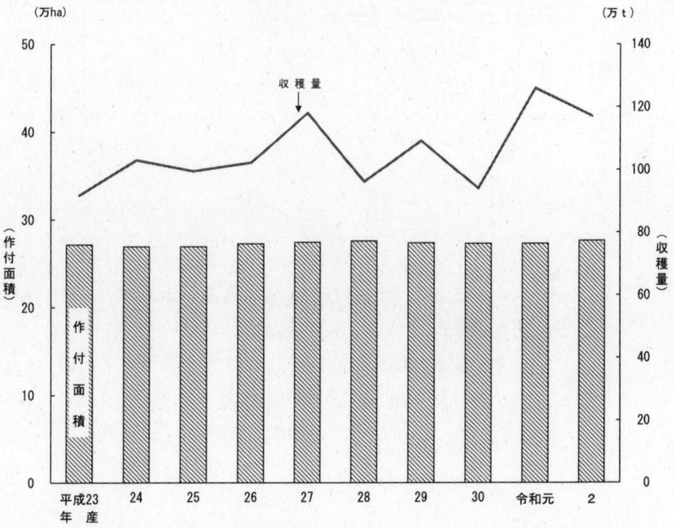

イ　収穫量

令和２年産４麦の子実用収穫量は117万1,000ｔで、前年産に比べ８万9,000ｔ（７%）減少した。

これは、小麦、二条大麦及びはだか麦が、天候に恵まれ、生育が順調で登熟も良好であったものの、特に作柄の良かった前年産の10ａ当たり収量を下回ったためである（表２－１、図２－１）。

表２－１　令和２年産４麦（子実用）の作付面積、10ａ当たり収量及び収穫量

区分	作付面積	10ａ当たり収量	収穫量	前年産との比較 作付面積 対差	作付面積 対比	10ａ当たり収量 対比	収穫量 対差	収穫量 対比	（参考）10a当たり平均収量対比	（参考）10a当たり平均収量
	ha	kg	t	ha	%	%	t	%	%	kg
全国										
４麦計	276,200	…	1,171,000	3,200	101	nc	△ 89,000	93	nc	…
小麦	212,600	447	949,300	1,000	100	91	△ 87,700	92	109	411
二条大麦	39,300	368	144,700	1,300	103	95	△ 1,900	99	120	306
六条大麦	18,000	314	56,600	300	102	100	800	101	108	290
はだか麦	6,330	322	20,400	550	110	92	100	100	124	260
北海道										
４麦計	124,200	…	638,100	900	101	nc	△ 47,600	93	nc	…
小麦	122,200	515	629,900	800	101	92	△ 47,800	93	109	474
二条大麦	1,760	432	7,600	60	104	96	△ 20	100	120	361
六条大麦	19	142	27	2	112	32	△ 48	36	42	337
はだか麦	195	286	557	46	131	134	240	176	92	311
都府県										
４麦計	152,100	…	533,000	2,300	102	nc	△ 41,100	93	nc	…
小麦	90,400	353	319,400	200	100	89	△ 40,000	89	110	322
二条大麦	37,500	366	137,100	1,200	103	96	△ 1,900	99	120	304
六条大麦	18,000	314	56,600	300	102	100	900	102	108	290
はだか麦	6,140	324	19,900	510	109	91	△ 100	100	125	260

注：１　「（参考）10ａ当たり平均収量対比」とは、10ａ当たり平均収量（原則として直近７か年のうち、最高及び最低を除いた５か年の平均値をいう。ただし、直近７か年全ての10ａ当たり収量が確保できない場合は、６か年又は５か年の最高及び最低を除いた平均とし、４か年又は３か年の場合は、単純平均である。）に対する当年産の10ａ当たり収量の比率である。なお、直近７か年のうち、３か年分の10ａ当たり収量のデータが確保できない場合は、10ａ当たり平均収量を作成していない（以下各統計表において同じ。）。

２　全国農業地域別（都府県を除く。）の10ａ当たり平均収量は、各都府県の10ａ当たり平均収量に当年の作付面積を乗じて求めた収穫量（平均収穫量）を全国農業地域別に積み上げ、当年の全国農業地域別作付面積で除して算出している（以下各統計表において同じ。）。

表２－２　令和２年産４麦（子実用）の作付面積、10ａ当たり収量及び収穫量（全国農業地域別）

全国農業地域	４麦計		小麦					二条大麦					六条大麦					はだか麦				
	作付面積	収穫量	作付面積	10a当たり収量	収穫量	（参考）10a当たり平均収量対比		作付面積	10a当たり収量	収穫量	（参考）10a当たり平均収量対比		作付面積	10a当たり収量	収穫量	（参考）10a当たり平均収量対比		作付面積	10a当たり収量	収穫量	（参考）10a当たり平均収量対比	
	ha	t	ha	kg	t	%		ha	kg	t	%		ha	kg	t	%		ha	kg	t	%	
全国	276,200	1,171,000	212,600	447	949,300	109		39,300	368	144,700	120		18,000	314	56,600	108		6,330	322	20,400	124	
北海道	124,200	638,100	122,200	515	629,900	109		1,760	432	7,600	120		19	142	27	42		195	286	557	92	
都府県	152,100	533,000	90,400	353	319,400	110		37,500	366	137,100	120		18,000	314	56,600	108		6,140	324	19,900	125	
東北	7,660	20,600	6,300	254	16,000	110		14	250	35	97		1,340	344	4,610	nc		x	100	x	nc	
北陸	9,740	28,700	355	177	627	83		2	250	5	167		9,380	300	28,100	102		2	150	3	nc	
関東・東山	37,600	126,600	20,500	340	69,800	91		12,200	344	42,000	95		4,520	299	13,500	97		x	291	x	nc	
東海	17,000	68,500	16,200	407	65,900	118		11	200	22	171		703	333	2,340	127		x	252	x	nc	
近畿	10,400	34,700	8,090	319	25,800	124		x	330	x	nc		1,930	397	7,670	142		x	294	x	nc	
中国	6,580	22,700	2,690	348	9,370	124		2,860	374	10,700	118		x	216	x	113		927	257	2,380	140	
四国	5,130	19,400	2,400	387	9,290	116		x	467	x	nc		x	x	x	x		2,710	369	10,000	133	
九州	58,000	211,700	33,900	361	122,500	110		22,300	376	83,800	135		19	363	69	105		1,760	305	5,370	119	
沖縄	x	x	13	146	19	92		x	x	x	nc		－	－	－	nc		－	－	－	nc	

(2)　解　説

ア　小麦（子実用）

(ｱ)　作付面積

小麦の作付面積は21万2,600haで、前年産並みとなった。

このうち、北海道は12万2,200haで、前年産に比べ800ha（１％）増加した。

また、都府県は９万400haで、前年産並みとなった（表２－１、２－２、図２－２）。

図２－２　小麦の作付面積、収穫量及び10ａ当たり収量の推移（全国）

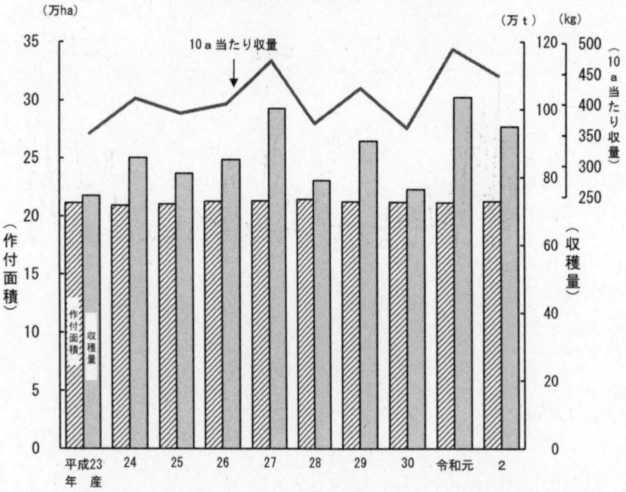

(ｲ)　10ａ当たり収量

10ａ当たり収量は447kgで、前年産を９％下回った。

これは、天候に恵まれ、生育が順調で登熟も良好であったものの、特に作柄の良かった前年産の10ａ当たり収量を下回ったためである。

このうち、北海道は515kgで、前年産を８％下回った。

また、都府県は353kgで、前年産を11％下回った（表２－１、２－２、図２－２、２－３、２－４）。

(ｳ)　収穫量

収穫量は94万9,300ｔで、前年産に比べ８万7,700ｔ（８％）減少した。

このうち、北海道の収穫量は62万9,900ｔで、前年産に比べ４万7,800ｔ（７％）減少した。

また、都府県の収穫量は31万9,400ｔで、前年産に比べ４万ｔ（11％）減少した（表２－１、２－２、図２－２）。

図２－３　令和２年産麦作期間の半旬別気象経過（帯広）

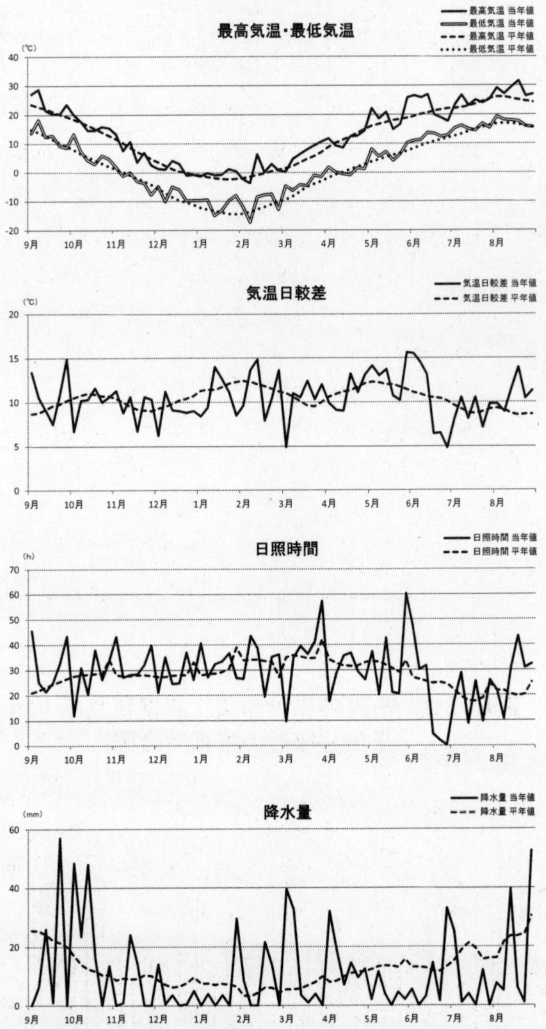

図２－４　令和２年産麦作期間の半旬別気象経過（福岡）

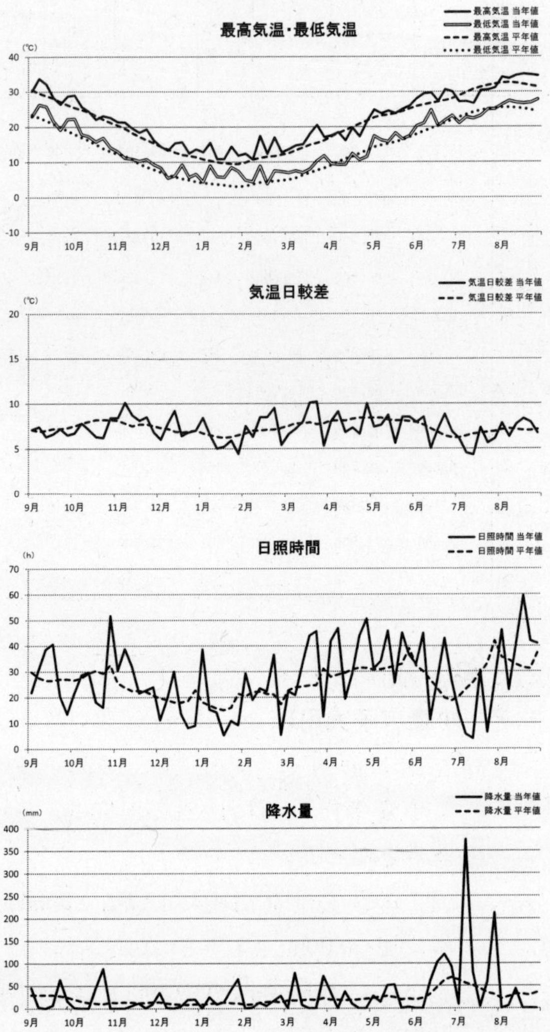

イ　二条大麦（子実用）

(ｱ)　作付面積

二条大麦の作付面積は３万9,300haで、前年産に比べ1,300ha（３％）増加した。

このうち、北海道は1,760haで、前年産に比べ60ha（４％）増加した。

一方、都府県は３万7,500haで、前年産に比べ1,200ha（３％）増加した（表２－１、２－２、図２－５）。

図２－５　二条大麦の作付面積、収穫量及び10ａ当たり収量の推移（全国）

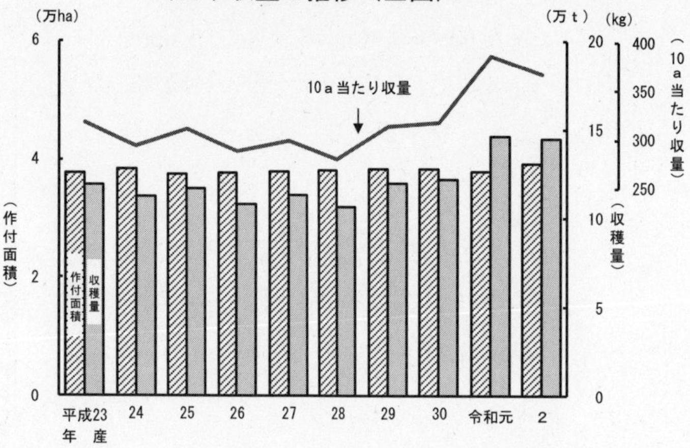

(ｲ)　10ａ当たり収量

10ａ当たり収量は368kgで、前年産を５％下回った。

これは、天候に恵まれ、生育が順調で登熟も良好であったものの、特に作柄の良かった前年産の10ａ当たり収量を下回ったためである（表２－１、２－２、図２－５、２－６、２－７）。

(ｳ)　収穫量

収穫量は14万4,700ｔで、前年産に比べ1,900ｔ（１％）減少した（表２－１、２－２、図２－５）。

図２－６　令和２年産麦作期間の半旬別気象経過（栃木）

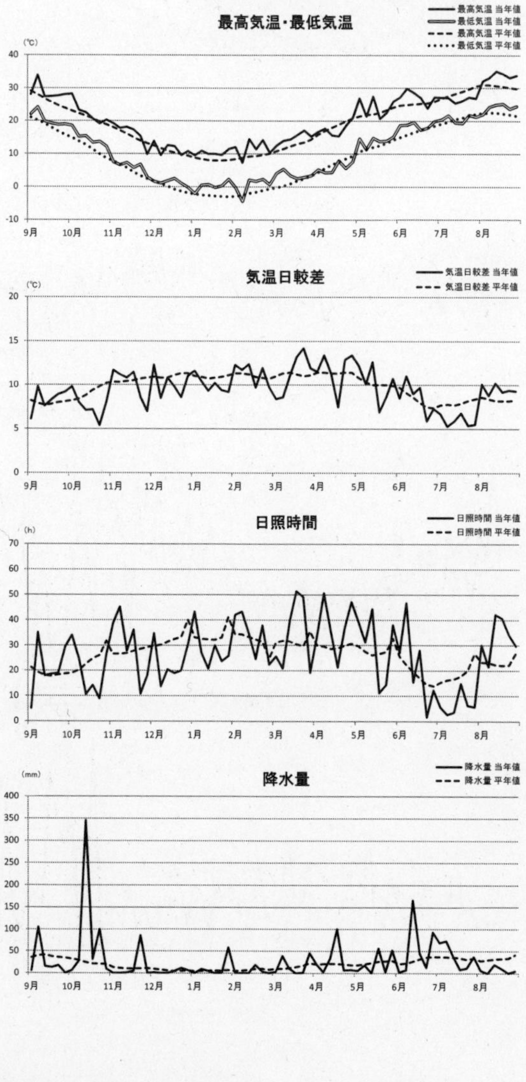

図２－７　令和２年産麦作期間の半旬別気象経過（佐賀）

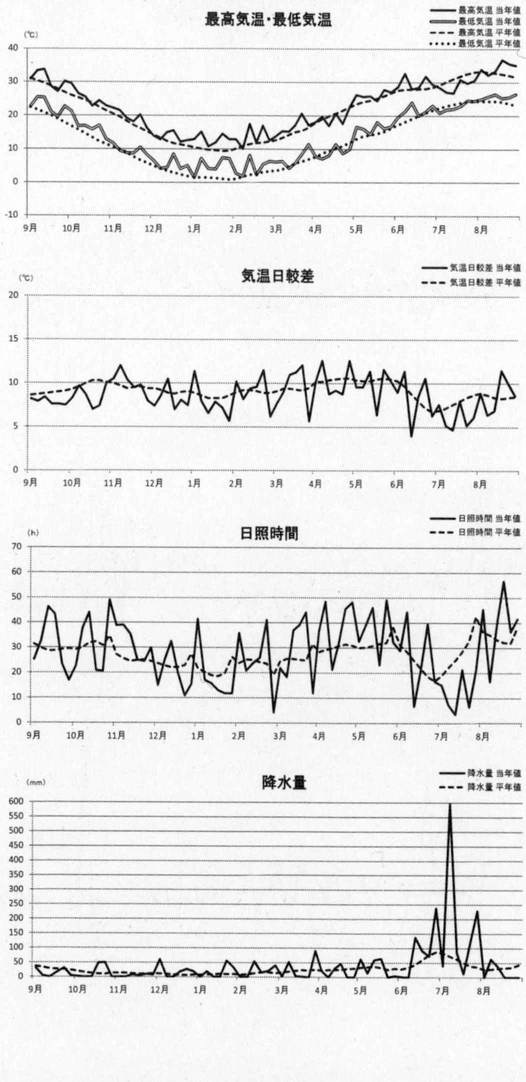

ウ　六条大麦（子実用）

(ｱ)　作付面積

六条大麦の作付面積は１万8,000haで、前年産に比べ300ha（２％）増加した（表２－１、２－２、図２－８）。

(ｲ)　10ａ当たり収量

10ａ当たり収量は314kgで、前年産並みとなった（表２－１、２－２、図２－８、２－９、２－10）。

(ｳ)　収穫量

収穫量は５万6,600ｔで、前年産に比べ800ｔ（１％）増加した（表２－１、２－２、図２－８）。

図２－８　六条大麦の作付面積、収穫量及び10ａ当たり収量の推移（全国）

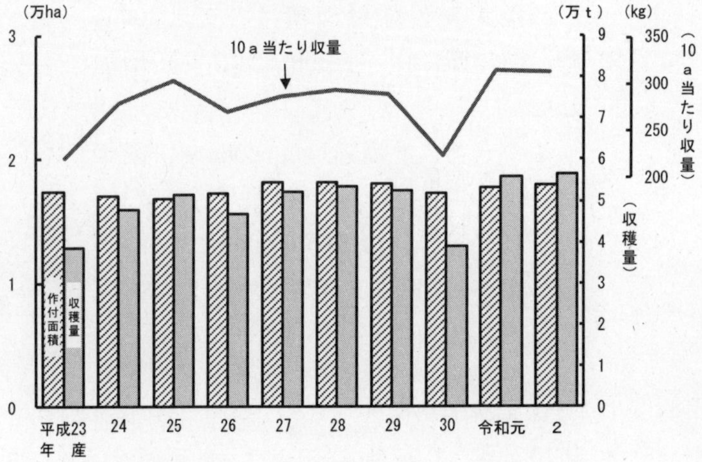

図２－９　令和２年産麦作期間の半旬別気象経過（富山）

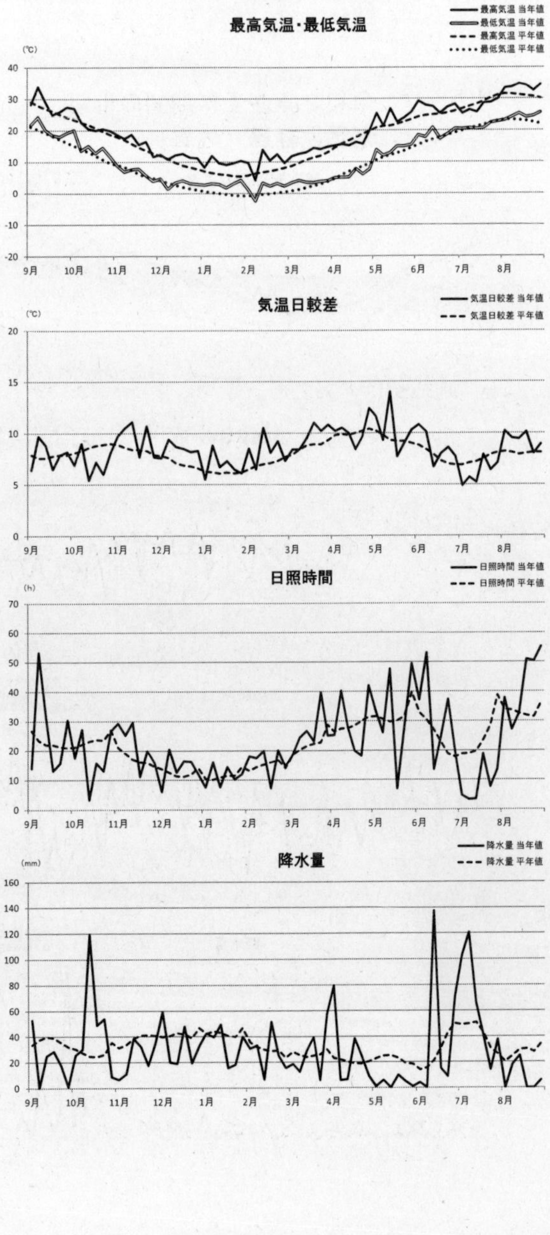

図２－10　令和２年産麦作期間の半旬別気象経過（福井）

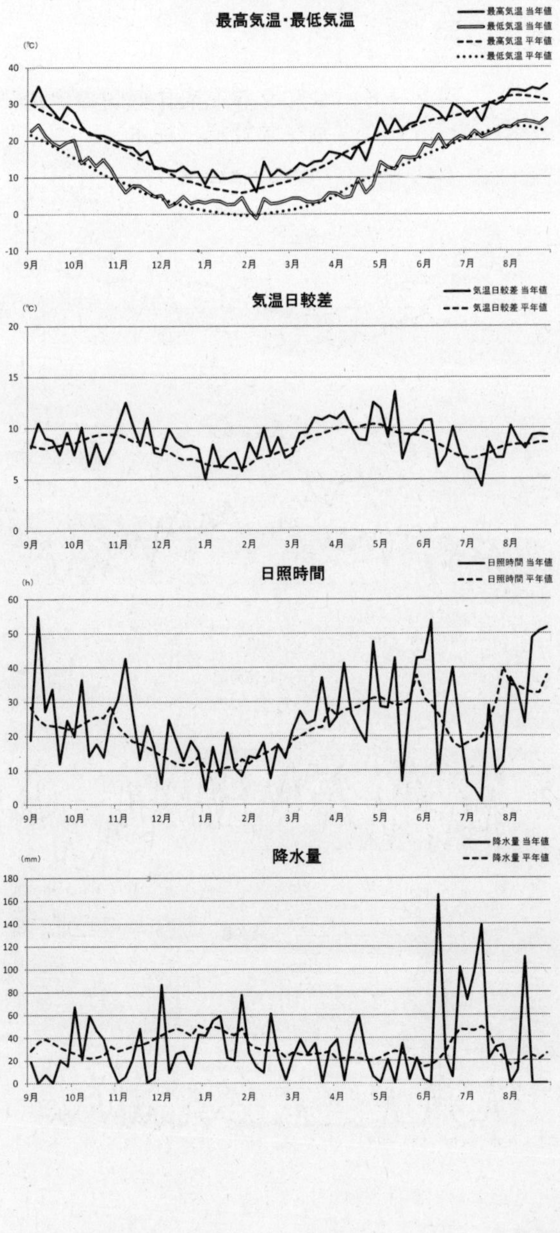

エ　はだか麦（子実用）

(ア)　作付面積

はだか麦の作付面積は6,330haで、前年産に比べ550ha（10%）増加した（表２－１、２－２、図２－11）。

(イ)　10ａ当たり収量

10ａ当たり収量は322kgで、前年産を８%下回った。

これは、天候に恵まれ、生育が順調で登熟も良好であったものの、特に作柄の良かった前年産の10ａ当たり収量を下回ったためである（表２－１、２－２、図２－11、２－12、２－13）。

図２－11　はだか麦の作付面積、収穫量及び10ａ当たり収量の推移（全国）

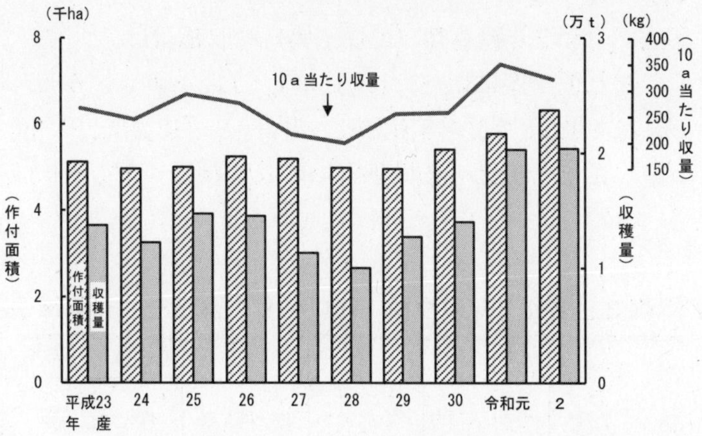

(ウ)　収穫量

収穫量は２万400ｔで、前年産並みとなった（表２－１、２－２、図２－11）。

図２－12　令和２年産麦作期間の半旬別気象経過（愛媛）

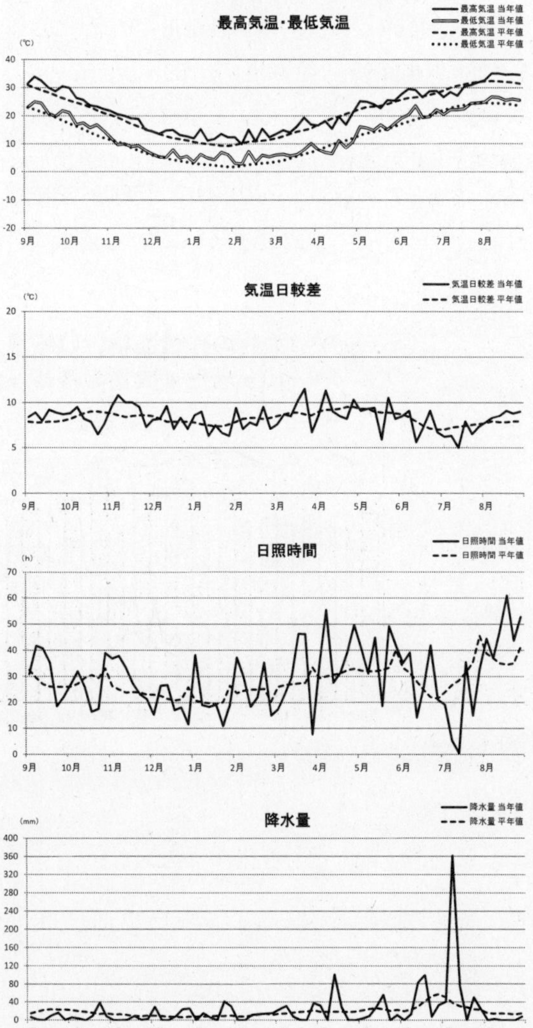

図２－13　令和２年産麦作期間の半旬別気象経過（大分）

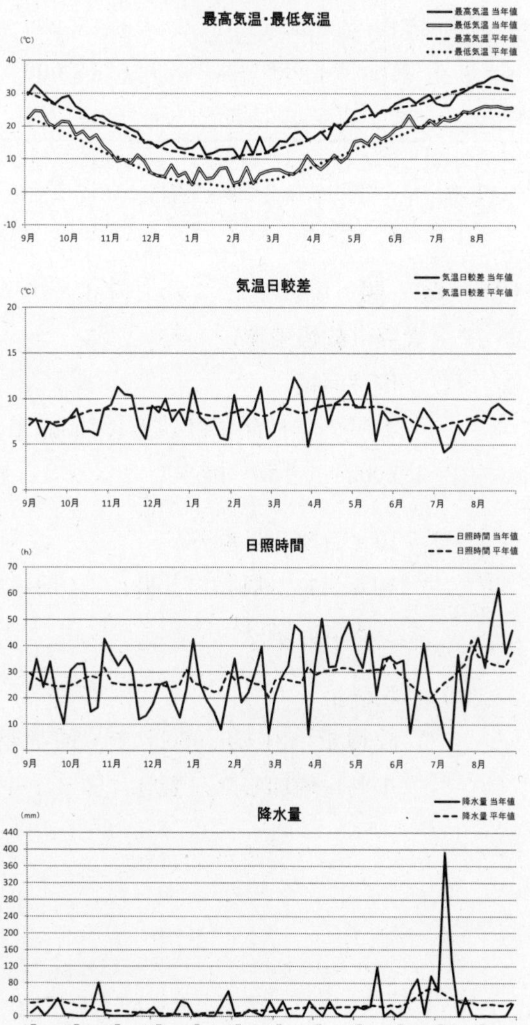

3　豆類・そば

(1)　要　旨

令和２年産豆類（乾燥子実）の収穫量は、大豆が21万8,900ｔ、らっかせいは１万3,200ｔで、それぞれ前年産に比べ1,100ｔ（１％）、800ｔ（６％）増加した。一方、小豆が５万1,900ｔ、いんげんは4,920ｔで、前年産に比べ7,200ｔ（12％）、8,480ｔ（63％）減少した。

また、そば（乾燥子実）の収穫量は４万4,800ｔで、前年産に比べ2,200ｔ（５％）増加した（表３）。

表３　令和２年産豆類（乾燥子実）及びそば（乾燥子実）の作付面積、10ａ当たり収量及び収穫量

区　分	作付面積	10ａ当たり収量	収穫量	前年産との比較					（参考）	
				作付面積		10ａ当たり収量	収穫量		10ａ当たり平均収量対比	10ａ当たり平均収量
				対差	対比	対比	対差	対比		
	ha	kg	t	ha	%	%	t	%	%	kg
大　豆	141,700	154	218,900	△ 1,800	99	101	1,100	101	96	161
小　豆	26,600	195	51,900	1,100	104	84	△ 7,200	88	89	218
うち北海道	22,100	220	48,600	1,200	106	83	△ 6,800	88	87	252
いんげん	7,370	67	4,920	510	107	34	△ 8,480	37	35	191
うち北海道	6,880	68	4,680	540	109	34	△ 8,020	37	34	198
らっかせい	6,220	212	13,200	△ 110	98	108	800	106	93	228
うち千葉	4,980	220	11,000	△ 80	98	111	900	109	95	231
そ　ば	66,600	67	44,800	1,200	102	103	2,200	105	124	54

注：　小豆、いんげん及びらっかせいの作付面積調査及び収穫量調査は主産県調査であり、３年又は６年周期で全国調査を実施している。令和２年産調査については主産県を対象に調査を実施した。なお、全国値は、主産県の調査結果から推計したものである。

(2)　解　説

ア　大豆（乾燥子実）

(ｱ)　作付面積

大豆の作付面積は14万1,700haで、前年産に比べ1,800ha（１％）減少した（表３、図３－１）。

(ｲ)　10ａ当たり収量

10ａ当たり収量は154kgで、前年産を１％上回った（表３、図３－１）。

(ｳ)　収穫量

収穫量は21万8,900ｔで、前年産に比べ1,100ｔ（１％）増加した（表３、図３－１）。

図３－１　大豆の作付面積、収穫量及び10ａ当たり収量の推移（全国）

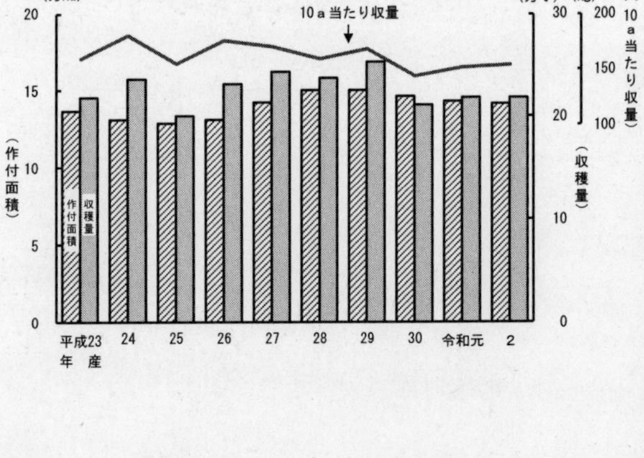

イ　小豆（乾燥子実）

(ア)　作付面積

小豆の作付面積は２万6,600haで、前年産に比べ1,100ha（４％）増加した。

このうち、主産地である北海道の作付面積は２万2,100haで、他作物からの転換等により、前年産に比べ1,200ha（６％）増加した（表３、図３－２）。

図３－２　小豆の作付面積、収穫量及び10ａ当たり収量の推移（全国）

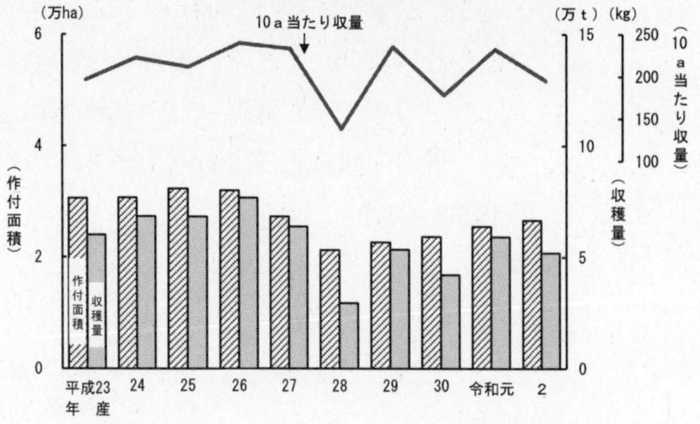

(イ)　10ａ当たり収量

10ａ当たり収量は195kgで、前年産を16％下回った。

これは、主産地である北海道において、登熟期の高温により粒の肥大が抑制されたことに加え、収穫期の降雨による被害粒が発生したためである（表３、図３－２）。

(ウ)　収穫量

収穫量は５万1,900ｔで、前年産に比べ7,200ｔ（12％）減少した（表３、図３－２）。

ウ　いんげん（乾燥子実）

(ア)　作付面積

いんげんの作付面積は7,370haで、前年産に比べ510ha（７％）増加した。

このうち、北海道の作付面積は6,880haで、他作物からの転換等により、前年産に比べ540ha（９％）増加した（表３、図３－３）。

図３－３　いんげんの作付面積、収穫量及び10ａ当たり収量の推移（全国）

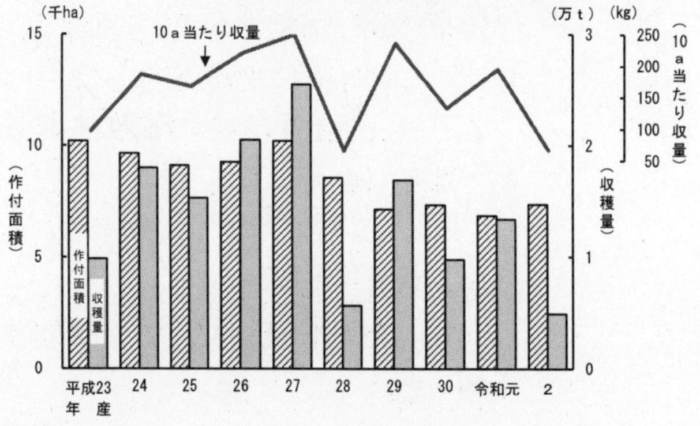

(イ)　10ａ当たり収量

10ａ当たり収量は67kgで、前年産を66％下回った。

これは、主産地である北海道において、登熟期の高温により粒の肥大が抑制されたことに加え、収穫期の降雨、日照不足による着色不良等の被害粒が発生したためである（表３、図３－３）。

(ウ)　収穫量

収穫量は4,920ｔで、前年産に比べ8,480ｔ（63％）減少した（表３、図３－３）。

エ　らっかせい（乾燥子実）

(ア)　作付面積

らっかせいの作付面積は6,220haで、前年産に比べ110ha（２％）減少した。

このうち、千葉県の作付面積は4,980haで、前年産に比べ80ha（２％）減少した（表３、図３－４）。

図３－４　らっかせいの作付面積、収穫量及び10ａ当たり収量の推移（全国）

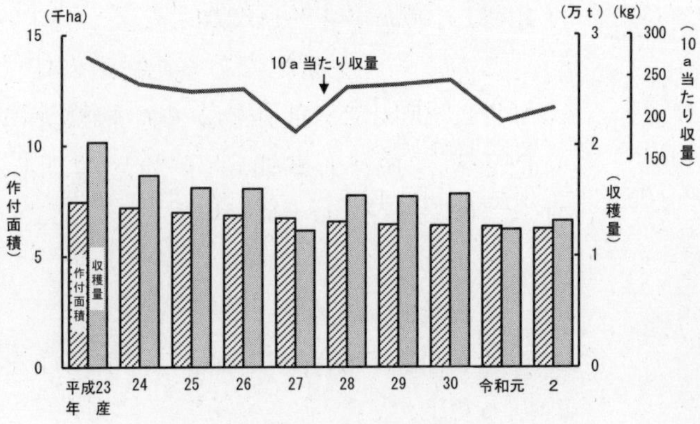

(イ)　10ａ当たり収量

10ａ当たり収量は212kgで、前年産を８％上回った。

これは、主産地である千葉県において、降雨、日照不足による影響はあったものの、前年産において作柄低下の要因となった台風被害がなかったためである（表３、図３－４）。

(ウ)　収穫量

収穫量は１万3,200ｔで、前年産に比べ800ｔ（６％）増加した（表３、図３－４）。

オ　そば（乾燥子実）

(ア)　作付面積

そばの作付面積は６万6,600haで、前年産に比べ1,200ha（２％）増加した。

これは、他作物からの転換等があったためである（表３、図３－５）。

図３－５　そばの作付面積、収穫量及び10ａ当たり収量の推移（全国）

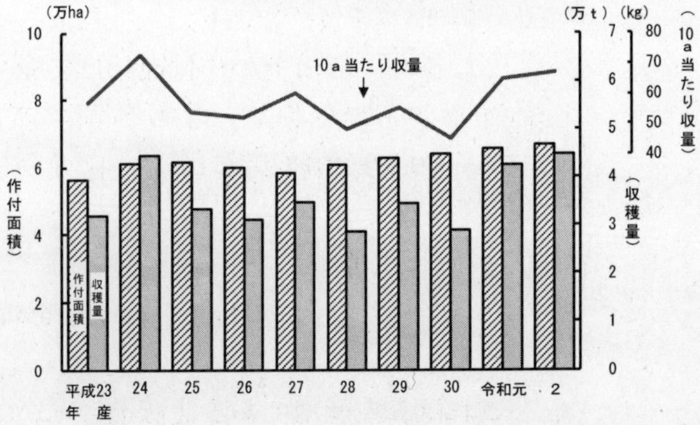

(イ)　10ａ当たり収量

10ａ当たり収量は67kgで、前年産を３％上回った。

これは、生育期間の天候がおおむね良好で、台風等による被害が少なかったためである（表３、図３－５）。

(ウ)　収穫量

収穫量は４万4,800ｔで、前年産に比べ2,200ｔ（５％）増加した（表３、図３－５）。

4　かんしょ

(1)　作付面積

かんしょの作付面積は３万3,100haで、前年産に比べ1,200ha（３％）減少した。

これは、高齢化による労力不足に伴う作付中止や他作物への転換等があったためである（表４、図４）。

図４　かんしょの作付面積、収穫量及び10ａ当たり収量の推移（全国）

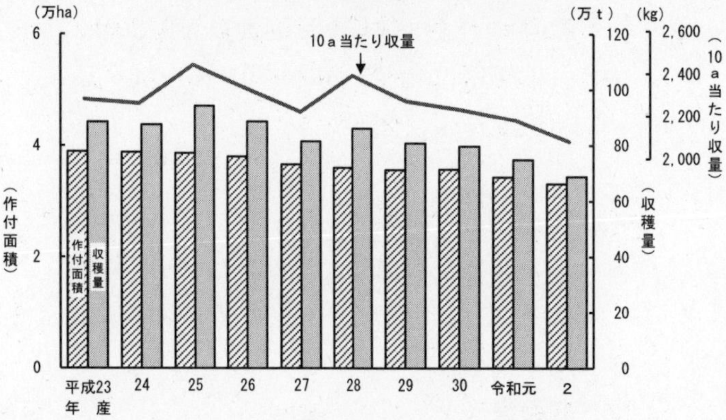

(2)　10ａ当たり収量

10ａ当たり収量は2,080kgで、前年産を５％下回った。

これは、主に宮崎県及び鹿児島県において生育期間の日照不足等に加えて、サツマイモ基腐病の拡大があったためである（表４、図４）。

(3)　収穫量

収穫量は68万7,600ｔで、前年産に比べ６万1,100ｔ（８％）減少した（表４、図４）。

表４　令和２年産かんしょの作付面積、10ａ当たり収量及び収穫量

区　分	作付面積	10ａ当たり収量	収穫量	前年産との比較					（参考）	
				作付面積		10ａ当たり収量	収穫量		10ａ当たり平均収量対比	10ａ当たり平均収量
				対差	対比	対比	対差	対比		
	ha	kg	t	ha	%	%	t	%	%	kg
全国	**33,100**	**2,080**	**687,600**	**△ 1,200**	**97**	**95**	**△ 61,100**	**92**	**91**	**2,290**
うち茨城	7,000	2,600	182,000	140	102	106	13,900	108	102	2,560
千葉	3,940	2,290	90,200	△ 100	98	99	△ 3,500	96	93	2,460
徳島	1,090	2,490	27,100	0	100	100	△ 200	99	100	2,490
熊本	824	2,100	17,300	△ 73	92	98	△ 2,000	90	94	2,240
宮崎	2,990	2,310	69,100	△ 370	89	96	△ 11,500	86	92	2,520
鹿児島	10,900	1,970	214,700	△ 300	97	85	△ 46,300	82	80	2,460

注：　かんしょの作付面積調査及び収穫量調査は主産県調査であり、３年又は６年周期で全国調査を実施している。令和２年産調査については、作付面積調査は全国、収穫量調査は主産県を対象に調査を実施した。なお、全国の収穫量については、主産県の調査結果から推計したものである。

5　飼料作物

(1)　牧草

ア　作付（栽培）面積

牧草の作付（栽培）面積は71万9,200haで、前年産に比べ5,200ha（１%）減少した（表５－１、図５－１）。

イ　10ａ当たり収量

10ａ当たり収量は3,370kgで、前年産を２%下回った（表５－１、図５－１）。

ウ　収穫量

収穫量は2,424万4,000ｔで、前年産に比べ60万6,000ｔ（２%）減少した（表５－１、図５－１）。

図５－１　牧草の作付（栽培）面積、収穫量及び10ａ当たり収量の推移（全国）

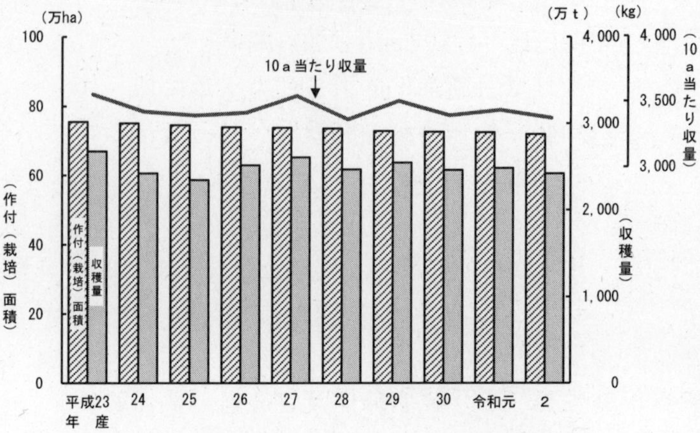

注：　平成24年産及び平成25年産の10ａ当たり収量及び収穫量については、全国値の推計を行っていないため、主産県計の数値である。

表５－１　令和２年産牧草の作付（栽培）面積、10ａ当たり収量及び収穫量

区分	作付(栽培)面積	10ａ当たり収量	収穫量	前年産との比較					(参考)	
				作付（栽培）面積		10ａ当たり収量	収穫量		10ａ当たり平均収量対比	10ａ当たり平均収量
				対差	対比	対比	対差	対比		
	ha	kg	t	ha	%	%	t	%	%	kg
全国	719,200	3,370	24,244,000	△ 5,200	99	98	△ 606,000	98	98	3,430
うち北海道	530,400	3,200	16,973,000	△ 2,400	100	98	△ 450,000	97	98	3,250

注：　牧草の作付面積調査及び収穫量調査は主産県調査であり、３年又は６年周期で全国調査を実施している。令和２年産調査については、作付面積調査は全国、収穫量調査は主産県を対象に調査を実施した。なお、全国の収穫量については、主産県の調査結果から推計したものである。

(2)　青刈りとうもろこし

ア　作付面積

青刈りとうもろこしの作付面積は９万5,200haで、前年産に比べ500ha（１%）増加した（表５－２、図５－２）。

イ　10ａ当たり収量

10ａ当たり収量は4,960kgで、前年産を３%下回った（表５－２、図５－２）。

図５－２　青刈りとうもろこしの作付面積、収穫量及び10ａ当たり収量の推移（全国）

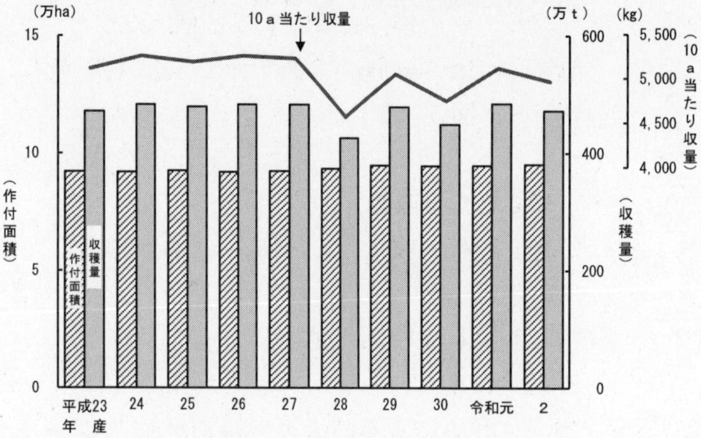

ウ　収穫量

収穫量は471万8,000ｔで、前年産に比べ12万3,000ｔ（３%）減少した（表５－２、図５－２）。

表５－２　令和２年産青刈りとうもろこしの作付面積、10ａ当たり収量及び収穫量

区分	作付面積	10ａ当たり収量	収穫量	前年産との比較					（参考）	
				作付面積		10ａ当たり収量	収穫量		10ａ当たり平均収量対比	10ａ当たり平均収量
				対差	対比	対比	対差	対比		
	ha	kg	t	ha	%	%	t	%	%	kg
全国	95,200	4,960	4,718,000	500	101	97	△ 123,000	97	98	5,060
うち北海道	57,400	5,400	3,100,000	1,100	102	98	△ 13,000	100	100	5,390

注：　青刈りとうもろこしの作付面積調査及び収穫量調査は主産県調査であり、３年又は６年周期で全国調査を実施している。令和２年産調査については、作付面積調査は全国、収穫量調査は主産県を対象に調査を実施した。なお、全国の収穫量については、主産県の調査結果から推計したものである。

(3) ソルゴー

ア　作付面積

ソルゴーの作付面積は１万3,000haで、前年産に比べ300ha（２%）減少した（表５－３、図５－３）。

イ　10ａ当たり収量

10ａ当たり収量は4,140kgで、前年産を５%下回った。

これは、主に九州地域において、日照不足等により、生育が抑制されたことに加え、台風による倒伏等の被害が発生したためである（表５－３、図５－３）。

図５－３　ソルゴーの作付面積、収穫量及び10ａ当たり収量の推移（全国）

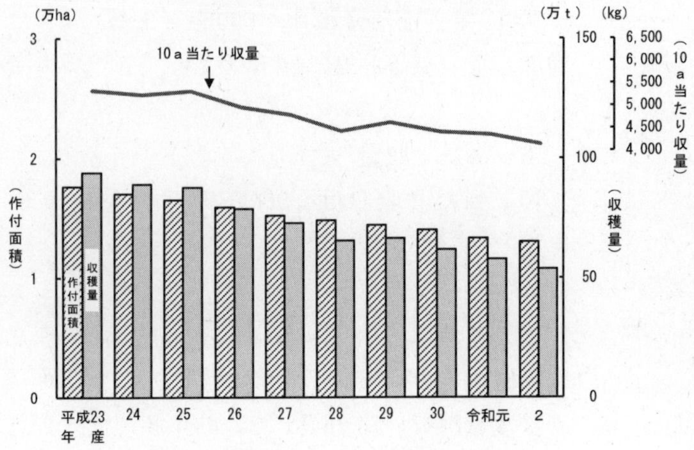

ウ　収穫量

収穫量は53万7,600ｔで、前年産に比べ４万500ｔ（７%）減少した（表５－３、図５－３）。

表５－３　令和２年産ソルゴーの作付面積、10ａ当たり収量及び収穫量

区分	作付面積	10ａ当たり収量	収穫量	前年産との比較 作付面積 対差	前年産との比較 作付面積 対比	前年産との比較 10ａ当たり収量 対比	前年産との比較 収穫量 対差	前年産との比較 収穫量 対比	（参考）10ａ当たり平均収量対比	（参考）10ａ当たり平均収量
	ha	kg	t	ha	%	%	t	%	%	kg
全国	13,000	4,140	537,600	△ 300	98	95	△ 40,500	93	89	4,640

注：　ソルゴーの作付面積調査及び収穫量調査は主産県調査であり、３年又は６年周期で全国調査を実施している。令和２年産調査については、作付面積調査は全国、収穫量調査は主産県を対象に調査を実施した。なお、全国の収穫量については、主産県の調査結果から推計したものである。

6　工芸農作物

(1)　茶

ア　栽培面積

全国の茶の栽培面積は３万9,100haで、前年産に比べ1,500ha（４％）減少した（表６－１）。

表６－１　茶の栽培面積（全国）

単位：ha

区　　分	栽　培　面　積
令和元年	40,600
2	39,100
対前年産比（%）	96

注：　茶の栽培面積については、令和元年調査は主産県、２年調査は全国調査であり、元年の全国値は主産県の調査結果から推計したものである。

イ　摘採実面積

全国の摘採実面積は３万4,300haであった（表６－２）。

ウ　生葉収穫量

全国の生葉収穫量は32万8,800ｔであった（表６－２）。

エ　荒茶生産量

全国の荒茶生産量は６万9,800ｔで、前年産に比べ１万1,900ｔ（15%）減少した。

都府県別にみると、静岡県が２万5,200ｔ（全国に占める割合は36%）、次いで鹿児島県が２万3,900ｔ（同34%）、三重県が5,080ｔ（同７%）、宮崎県が3,060ｔ（同４%）となっている（表６－２、図６－１）。

図６－１　荒茶生産量割合（全国）

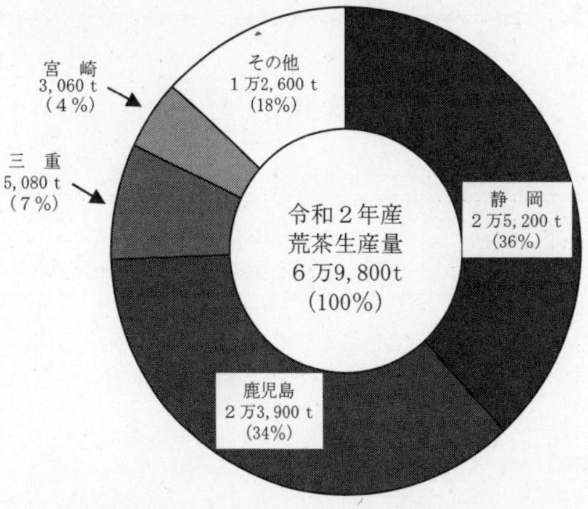

注：　数値及び割合については、表示単位未満を四捨五入しているため、合計値と内訳の計が一致しない。

表６－２　令和２年産茶の摘採面積、10ａ当たり生葉収量、生葉収穫量及び荒茶生産量（全国）

区　分	摘採面積		10ａ当たり生葉収量		生葉収穫量		荒茶生産量	
	実面積	延べ面積		一番茶		一番茶		一番茶
	ha	ha	kg	kg	t	t	t	t
令和元年産	…	…	…	…	…	…	81,700	…
2	34,300	77,800	959	405	328,800	138,600	69,800	27,500
対前年産比（%）	nc	nc	nc	nc	nc	nc	85	nc

注：　茶の収穫量調査は主産県調査であり、６年周期で全国調査を実施している。令和元年産調査については主産県、２年産調査については全国を対象に調査を実施した。なお、令和元年産の荒茶生産量については、主産県の調査結果から推計したものである。

(2) なたね（子実用）

ア 作付面積

なたねの作付面積は1,830haで、前年産に比べ70ha（４%）減少した。

これは、連作障害等による作付中止と他作物への作付転換があったためである（表６－３、図６－２）。

図６－２ なたねの作付面積、収穫量及び10ａ当たり収量の推移（全国）

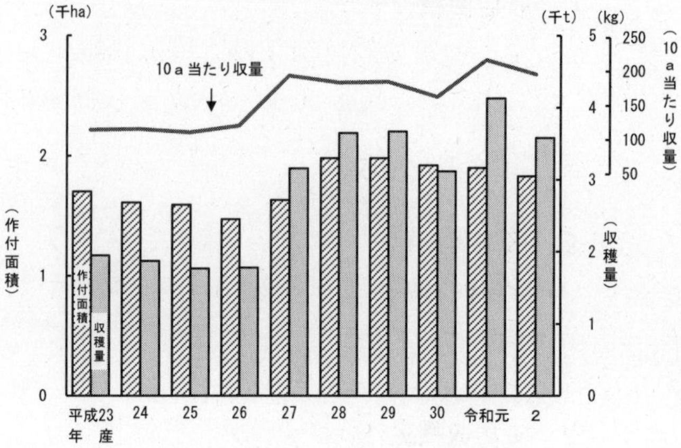

イ 10ａ当たり収量

10ａ当たり収量は196kgで、特に作柄の良かった前年産を10%下回った（表６－３、図６－２）。

ウ 収穫量

収穫量は3,580ｔで、前年産に比べ550ｔ（13%）減少した（表６－３、図６－２）。

表６－３ 令和２年産なたねの作付面積、10ａ当たり収量及び収穫量

区分	作付面積	10ａ当たり収量	収穫量	前年産との比較					（参考）	
				作付面積		10ａ当たり収量	収穫量		10ａ当たり平均収量対比	10ａ当たり平均収量
				対差	対比	対比	対差	対比		
	ha	kg	t	ha	%	%	t	%	%	kg
全国	1,830	196	3,580	△ 70	96	90	△ 550	87	116	169

(3)　てんさい（北海道）

ア　作付面積

北海道のてんさいの作付面積は５万6,800haで、前年産並みとなった（表６－４、図６－３）。

イ　10ａ当たり収量

北海道の10ａ当たり収量は6,890kgで、特に作柄の良かった前年産を２％下回った（表６－４、図６－３）。

ウ　収穫量

北海道の収穫量は391万2,000ｔで、前年産に比べ７万4,000ｔ（２％）減少した（表６－４、図６－３）。

図６－３　てんさいの作付面積、収穫量及び10ａ当たり収量の推移（北海道）

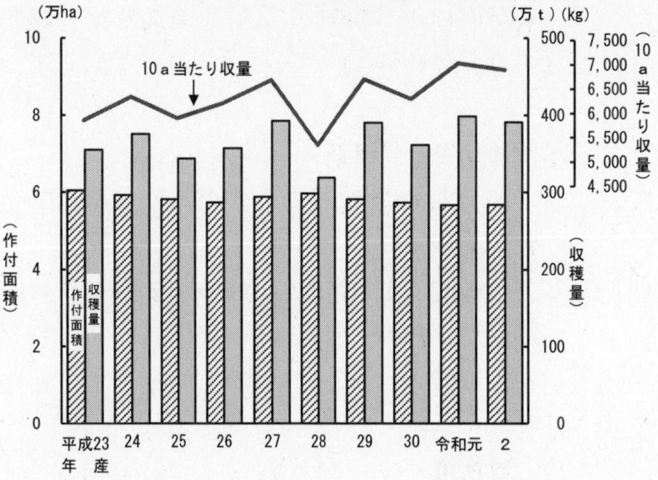

表６－４　令和２年産てんさいの作付面積、10ａ当たり収量及び収穫量（北海道）

都道府県	作付面積	10ａ当たり収量	収穫量	前年産との比較 作付面積 対差	前年産との比較 作付面積 対比	前年産との比較 10ａ当たり収量 対比	前年産との比較 収穫量 対差	前年産との比較 収穫量 対比	（参考）10ａ当たり平均収量対比	（参考）10ａ当たり平均収量
	ha	kg	t	ha	%	%	t	%	%	kg
北海道	56,800	6,890	3,912,000	100	100	98	△ 74,000	98	108	6,360

注：てんさいの収穫量調査は、北海道を対象に実施した。

(4) さとうきび

ア 収穫面積

さとうきびの収穫面積は２万2,500haで、前年産に比べ400ha（２％）増加した（表６－５、図６－４）。

イ 10ａ当たり収量

10ａ当たり収量は5,940kgで、前年産を12%上回った。

これは、生育期間の天候がおおむね良好に経過し、台風等の被害が軽微であったためである（表６－５、図６－４）。

ウ 収穫量

収穫量は133万6,000ｔで、前年産に比べ16万2,000ｔ（14%）増加した（表６－５、図６－４）。

図６－４　さとうきびの収穫面積、収穫量及び10ａ当たり収量の推移

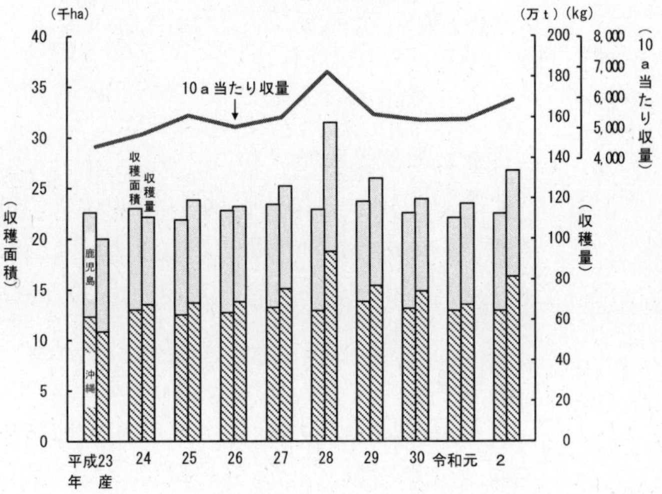

表６－５　令和２年産さとうきびの作型別栽培・収穫面積、10ａ当たり収量及び収穫量

区分	栽培面積	収穫面積				10ａ当たり収量			
		計	夏植え	春植え	株出し	計	夏植え	春植え	株出し
	ha	ha	ha	ha	ha	kg	kg	kg	kg
全国 令和元年産	27,200	22,100	4,680	2,940	14,500	5,310	6,660	5,110	4,910
2	**27,900**	**22,500**	**4,590**	**3,210**	**14,600**	**5,940**	**7,730**	**5,320**	**5,550**
対前年産比（％）	103	102	98	109	101	112	116	104	113
鹿児島	11,000	9,600	1,190	1,800	6,610	5,440	7,070	5,370	5,170
対前年産比（％）	104	105	101	103	106	100	99	101	101
沖縄	16,900	12,900	3,400	1,410	8,040	6,310	7,960	5,250	5,830
対前年産比（％）	102	100	97	118	98	120	122	109	122

区分	収穫量			
	計	夏植え	春植え	株出し
	t	t	t	t
全国 令和元年産	1,174,000	311,600	150,100	712,100
2	**1,336,000**	**354,900**	**170,700**	**810,800**
対前年産比（％）	114	114	114	114
鹿児島	522,500	84,100	96,700	341,700
対前年産比（％）	105	100	105	106
沖縄	813,900	270,800	74,000	469,100
対前年産比（％）	120	119	128	120

注：さとうきびの作付面積調査及び収穫量調査は、鹿児島県及び沖縄県を対象に実施した。

(5)　こんにゃくいも

ア　栽培面積・収穫面積

全国のこんにゃくいもの栽培面積は3,570haで前年産に比べ90ha（２％）減少した。

また、全国の収穫面積は2,140haで、前年産並みとなった（表６－６、図６－５）。

イ　10ａ当たり収量

全国の10ａ当たり収量は2,510kgで、前年産を９％下回った。

これは、主産地である群馬県において、８月の高温・少雨の影響等により、いもの肥大が抑制されたためである（表６－６、図６－５）。

ウ　収穫量

全国の収穫量は５万3,700ｔで、前年産に比べ5,400ｔ（９％）減少した（表６－６、図６－５）。

図６－５　こんにゃくいもの収穫面積、収穫量及び10ａ当たり収量の推移（主産県）

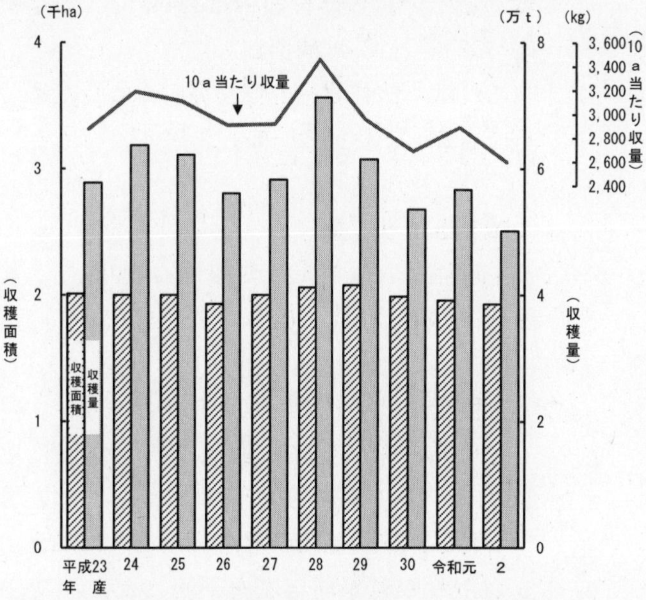

注：　こんにゃくいもの全国値が全て揃わないため、主産県計で作成している。また、令和２年産については、群馬県のみの値である。

表６－６　令和２年産こんにゃくいもの栽培・収穫面積、10ａ当たり収量及び収穫量

区分	栽培面積	収穫面積	10ａ当たり収量	収穫量	前年産との比較							（参考）	
					栽培面積		収穫面積		10ａ当たり収量	収穫量		10ａ当たり平均収量対比	10ａ当たり平均収量
					対差	対比	対差	対比	対比	対差	対比		
	ha	ha	kg	t	ha	%	ha	%	%	t	%	%	kg
全国	3,570	2,140	2,510	53,700	△ 90	98	△ 10	100	91	△ 5,400	91	92	2,720
うち群馬	3,210	1,930	2,600	50,200	△ 40	99	30	102	89	△ 5,100	91	88	2,970

注：　こんにゃくいもの作付面積調査及び収穫量調査は主産県調査であり、３年又は６年周期で全国調査を実施している。令和２年産調査については、主産県を対象に調査を実施した。主産県とは、令和元年産までは栃木県及び群馬県の２県であったが、令和２年産からは群馬県のみである。なお、全国値は、主産県の調査結果から推計したものである。

(6) い（主産県）

ア　作付面積

主産県（福岡県及び熊本県。以下同じ。）における「い」の作付面積は424haで、前年産に比べ52ha（11%）減少した。

これは、他作物への転換等があったためである（表6－7、図6－6）。

図6－6　「い」の収穫面積、収穫量及び10ａ当たり収量の推移（主産県）

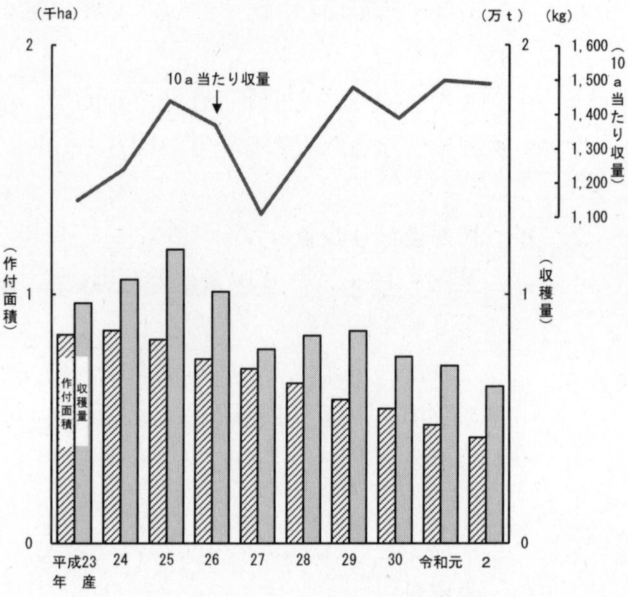

イ　10ａ当たり収量

主産県の10ａ当たり収量は1,490kgで、前年産を１%下回った（表6－7、図6－6）。

ウ　収穫量

主産県の収穫量は6,300ｔで、前年産に比べ830ｔ（12%）減少した。

これは、作付面積が減少したことに加え、10ａ当たり収量が前年産を下回ったためである（表6－7、図6－6）。

エ　畳表生産農家数及び畳表生産量

主産県の「い」の生産農家数は363戸で、前年産に比べ43戸（11%）減少した。

このうち、畳表の生産まで一貫して行っている畳表生産農家数は360戸で、前年に比べ42戸（10%）減少した。

なお、令和元年７月から令和２年６月までの畳表生産量は2,260千枚で、前年に比べ240千枚（10%）減少した（表6－7）。

表6－7　令和２年産「い」の作付面積、10ａ当たり収量、収穫量等（主産県）

区分	「い」生産農家数	作付面積	10ａ当たり収量	収穫量	前年産との比較 作付面積 対差	前年産との比較 作付面積 対比	前年産との比較 10ａ当たり収量 対比	前年産との比較 収穫量 対差	前年産との比較 収穫量 対比	（参考）10ａ当たり平均収量対比	（参考）10ａ当たり平均収量	畳表生産農家数	畳表生産量
	戸	ha	kg	t	ha	%	%	t	%	%	kg	戸	千枚
主産県計	**363**	**424**	**1,490**	**6,300**	**△ 52**	**89**	**99**	**△ 830**	**88**	**106**	**1,400**	**360**	**2,260**
福岡	6	4	1,100	44	△ 1	80	89	△ 18	71	89	1,230	7	20
熊本	357	420	1,490	6,260	△ 51	89	99	△ 810	89	106	1,400	353	2,240

注：1　「い」の調査は、福岡県及び熊本県を対象に実施した。
2　い生産農家数は、令和２年産の「い」の生産を行った農家の数である。
3　畳表生産農家数は、「い」の生産から畳表の生産まで一貫して行っている農家で、令和元年７月から令和２年６月までに畳表の生産を行った農家の数である。
4　畳表生産量は、畳表生産農家によって令和元年７月から令和２年６月までに生産されたものである。
5　主産県計の10ａ当たり平均収量は、各県の10ａ当たり平均収量に当年産の作付面積を乗じて求めた平均収穫量を積み上げ、当年産の主産県計作付面積で除して算出している。

Ⅱ　気象の概要

1　令和２年の日本の天候

（気象庁報道発表資料等から抜粋）

(1)　概況

2020年は、全国的に気温の高い状態が続き、低温は一時的だった。冬は東日本以西、春は北日本、夏は東日本と沖縄・奄美、秋は北日本と沖縄・奄美でかなり高かった。特に東・西日本では冬の平均気温が1946年の統計開始以来、最も高かった。このため、年平均気温は全国的にかなり高く、東日本では平年差＋1.2℃と、1946年の統計開始以来、最も高くなった。全国的に冬の降雪量はかなり少なく、北・東日本日本海側では最も少ない記録を更新した（統計開始1961/62年冬）。７月は活発な梅雨前線の影響で、東・西日本を中心に各地で長期間にわたって大雨となり（「令和２年７月豪雨」）、東・西日本で記録的な大雨と日照不足となった。梅雨明けは沖縄地方を除き全国的に遅く、東北北部では梅雨明けが特定できなかった。12月は中旬に強い寒気が入り、日本海側中心に大雪となり、群馬県北部など一部で記録的な大雪となった。

季節別の特徴は以下のとおり。

冬（2019年12月～2020年２月）の日本の天候は、冬型の気圧配置が続かず、全国的に寒気の流入が弱かったため高温となる時期が多く、東日本以西では冬の平均気温がかなり高かった。特に東・西日本では最も高い記録を更新した（統計開始1946/47年冬）。また、全国的に冬の降雪量はかなり少なく、北・東日本日本海側では最も少ない記録を更新した（統計開始1961/62年冬）。

春（３月～５月）の日本の天候は、３月から４月にかけて、西日本を中心に移動性高気圧に覆われる日が多かったことから、春の日照時間は、東日本太平洋側と西日本でかなり多かった。一方、北日本では、発達しながら通過した低気圧や前線、湿った空気の影響を受けやすかったため、沖縄・奄美では３月と５月に前線や暖かく湿った空気の影響を受けやすく、春の降水量は多かった。３月と５月は、南からの暖かい空気が流れ込みやすかったため、春の平均気温は北日本でかなり高かった。

夏（６月～８月）の日本の天候は、７月は活発な梅雨前線の影響で、東・西日本を中心に各地で長期間にわたって大雨となった（「令和２年７月豪雨」）。梅雨明けは沖縄地方を除き全国的に遅く、東北北部では梅雨明けが特定できなかった。７月の月降水量は東日本太平洋側、西日本日本海側、西日本太平洋側で７月として最も多い記録を更新した。７月の月間日照時間も東・西日本（それぞれ日本海側、太平洋側）で７月としてもっとも少ない記録を更新した（統計開始はともに1946年）。このため、東・西日本の夏の降水量はかなり多かった。また、沖縄・奄美では、期間を通して前線や湿った空気の影響を受けやすかったため、降水量はかなり多かった。暖かい空気に覆われる時期が多かったため、全国的に夏の平均気温は高く東日本と沖縄・奄美ではかなり高かった。特に６月と８月の平均気温は東・西日本でその月としてもっとも高い記録を更新した（統計開始1946年、西日本はともにタイ記録）。

秋（９月～11月）の日本の天候は、西日本太平洋側では、９月上旬に大型で非常に強い勢力で接近した台風第10号をはじめ、秋の前半を中心に台風や低気圧と前線などの影響を受けたため、秋の降水量は多かった。一方、北日本太平洋側と東日本日本海側、沖縄・奄美では、低気圧の影響を受けにくかったため、秋の降水量は少なかった。北日本では９月前半と11月後半を中心に南から暖かい空気が流れ込みやすかったため、沖縄・奄美では11月を中心に暖かい空気に覆われたため、秋の平均気温はかなり高かった。

平均気温：　年平均気温（2020年１月〜12月）は、全国的にかなり高かった。山形（山形県）、富山（富山県）、三島（静岡県）等の12地点で年平均気温の高い方からの１位の値を更新し、帯広（北海道）、長野（長野県）、奈良（奈良県）等の24地点で１位タイの値を記録した。

降 水 量：　年降水量は、西日本日本海側でかなり多く、北日本日本海側、東・西日本太平洋側、沖縄・奄美で多かった。佐賀（佐賀県）で年降水量の多い方からの１位の値を更新した。北日本太平洋側、東日本日本海側で平年並だった。

日照時間：　年間日照時間は、東日本太平洋側、西日本で多かった。一方、北日本太平洋側で少なかった。北・東日本日本海側、沖縄・奄美で平年並だった。

令和２年の天候の特徴は以下のとおりとなった。

①　気温の高い状態が続き、年平均気温は全国的にかなり高かった。

②　全国的に暖冬で、東・西日本で記録的な高温、日本海側で記録的な少雪となった。

③　「令和２年７月豪雨」など７月は東・西日本で記録的な大雨と日照不足となった。

図１　　令和２年の地域平均気温平年差の５日移動平均時系列図

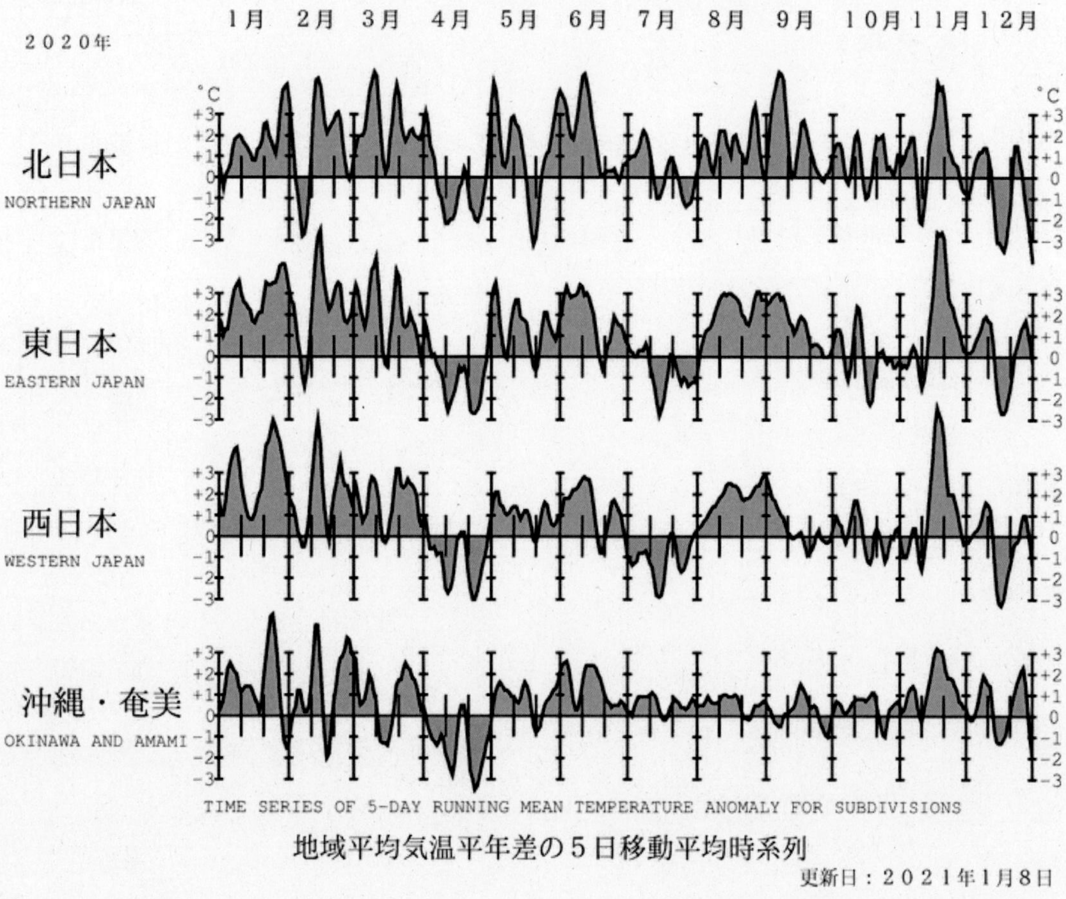

地域平均気温平年差の５日移動平均時系列

更新日：２０２１年1月8日

図２　年平均気温、年降水量、年日照時間の地域平均平年差（比）

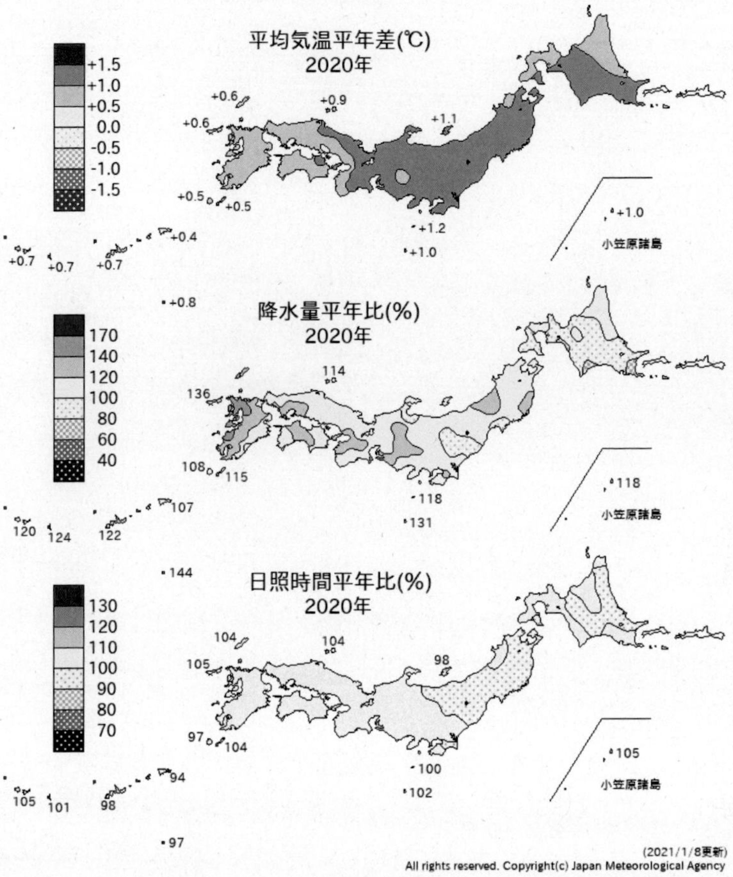

表１　年平均気温、年降水量、年日照時間の地域平均平年差（比）と階級（2020年）

	気温 平年差 ℃（階級）	降水量 平年比 %（階級）	日照時間 平年比 %（階級）		気温 平年差 ℃（階級）	降水量 平年比 %（階級）	日照時間 平年比 %（階級）
北日本	1.1 (+)*	100 (0)	99 (0)	北海道	1.0 (+)*	93 (−)	100 (0)
日本海側		105 (+)	100 (0)	日本海側		98 (0)	101 (0)
太平洋側		96 (0)	97 (−)	オホーツク海側		101 (0)	96 (−)
				太平洋側		83 (−)	101 (0)
				東北	1.2 (+)*	110 (+)	97 (−)
				日本海側		115 (+)	99 (0)
				太平洋側		106 (+)	95 (−)
東日本	1.2 (+)*	111 (+)	103 (+)	関東甲信	1.2 (+)*	109 (+)	102 (0)
日本海側		106 (0)	102 (0)	北陸	1.1 (+)*	106 (0)	102 (0)
太平洋側		112 (+)	103 (+)	東海	1.2 (+)*	116 (+)	104 (+)
西日本	0.8 (+)*	121 (+)*	106 (+)*	近畿	1.0 (+)*	117 (+)	104 (+)
日本海側		125 (+)*	106 (+)	日本海側		111 (+)	104 (+)
太平洋側		117 (+)	105 (+)	太平洋側		119 (+)	104 (+)
				中国	0.9 (+)*	113 (+)	106 (+)
				山陰		111 (+)	105 (+)
				山陽		116 (+)	107 (+)
				四国	0.8 (+)*	115 (+)	107 (+)*
				九州北部	0.7 (+)	133 (+)*	107 (+)*
				九州南部・奄美	0.6 (+)*	117 (+)	102 (+)
				九州南部	0.6 (+)*	120 (+)*	104 (+)
沖縄・奄美	0.6 (+)*	114 (+)	99 (0)	奄美	0.5 (+)*	106 (+)	94 (−)*
				沖縄	0.7 (+)*	118 (+)	100 (0)

階級表示
気温　(−)*：かなり低い、(−)：低い、(0)：平年並み、(+)：高い、(+)*：かなり高い
降水量　(−)*：かなり少ない、(−)：少ない、(0)：平年並み、(+)：多い、(+)*：かなり多い
日照時間　(−)*：かなり少ない、(−)：少ない、(0)：平年並み、(+)：多い、(+)*：かなり多い

表２　　月平均気温、月降水量、月日照時間の記録を更新した地点数

単位：地点

	高温	低温	多雨	少雨	多照	寡照
2020年１月	92		2	3		
２月	19			2	1	
３月	26					
４月			5	2	26	
５月	2		1	6		
６月	36			1		
７月	1		17		1	45
８月	42		1	4	12	
９月	1					
10月	1					
11月				1	4	
12月			3	5	6	4

(2)　月別の気象と特徴

令和２年１月

冬型の気圧配置が続かず、低気圧や前線が本州付近を通過することが多かったため、全国的に天気は数日の周期で変わり、日照時間は東日本太平洋側ではかなり少なく、西日本でも少なかった。一方、寒気の影響が小さかった北日本日本海側では多かった。また、冬型の気圧配置が続かず、全国的に寒気の南下が弱かったため、北・東・西日本の降雪量はかなり少なかった。北日本日本海側の降雪量平年比は31％、東・西日本日本海側では０％となり、１月としては1961年の統計開始以降で少ない記録を更新した。また、西日本太平洋側も０％となり、1972年と同値だった。北日本日本海側は降水量もかなり少なくなり、平年比64％と１月としては1946年以降で最も少なかった。沖縄・奄美は、高気圧に覆われやすかったため、降水量はかなり少なく、日照時間はかなり多かった。

気温は、全国的に期間を通して寒気の南下が弱く、上旬後半と下旬には低気圧に向かって暖かい空気が流れ込んで顕著に高くなった。このため、月平均気温は東・西日本と沖縄・奄美ではかなり高く、北日本では高かった。東・西日本ではそれぞれ平年差＋2.7℃、＋2.8℃と１月としては1946年以降で１位の高温となった。地点でみると、全国の気象官署153地点のうち105地点で高い方から１位の値を記録した（タイを含む）。

平均気温：　東・西日本と沖縄・奄美でかなり高く、北日本で高かった。高山（岐阜県）、豊岡（兵庫県）等の92地点で月平均気温の高い方からの１位の値を更新し、青森（青森県）、鹿児島（鹿児島県）、那覇（沖縄県）等の13地点で１位タイの値を記録した。

降 水 量：　北日本日本海側と沖縄・奄美でかなり少なかった。小樽、浦河、江差（以上、北海道）で月降水量の少ない方からの１位の値を更新し、稚内（北海道）で１位タイの値を記録した。一方、北・東日本太平洋側と西日本で多く、館野（茨城県）と平戸（長崎県）では月降水量の多い方からの１位の値を更新した。東日本日本海側では平年並だった。

日照時間：　沖縄・奄美でかなり多く、北日本日本海側で多かった。一方、東日本太平洋側でかなり少なく、西日本で少なかった。北日本太平洋側と東日本日本海側では平年並だった。

降雪・積雪：　降雪の深さ月合計は北・東・西日本でかなり少なかった。
月最深積雪は全国的に少ない地点が多かった。

2　月

上旬には北日本で強い寒気の影響を受けた時期があったほか、中旬には低気圧や前線、一時的な寒気の影響で北日本から西日本で曇りや雪または雨の日が多い所があったものの、全般に日本付近は高気圧と低気圧が交互に通過し、冬型の気圧配置となる日が少なかった。このため、天気は数日の周期で変わり、北・東・西日本日本海側では曇りや雪または雨の日が少なかった。南から暖かい空気が流れ込んだ時期もあったため、月平均気温は東日本でかなり高く、北・西日本と沖縄・奄美で高かった。月降雪量は北日本日本海側、東日本、西日本太平洋側でかなり少なく、北日本太平洋側と西日本日本海側で少なかった。沖縄・奄美では、移動性高気圧や日本の南海上の高気圧に覆われることが多かったため、月降水量がかなり少なく、月間日照時間はかなり多かった。

平均気温：　東日本でかなり高く、北・西日本と沖縄・奄美で高かった。仙台（宮城県）、金沢（石川県）、横浜（神奈川県）等の19地点で月平均気温の高い方からの１位の値を更新し、山形（山形県）、前橋（群馬県）等の４地点で１位タイの値を記録した。

降水量：　沖縄・奄美でかなり少なかった。日光（栃木県）、那覇（沖縄県）の２地点で月降水量の少ない方からの１位の値を更新した。一方、西日本日本海側では多く、北・東日本と西日本太平洋側では平年並だった。

日照時間：　沖縄・奄美でかなり多く、北・東日本日本海側と西日本で多かった。石垣島（沖縄県）で月間日照時間の多い方からの１位の値を更新した。北・東日本太平洋側では平年並だった。

降雪・積雪：　降雪の深さ月合計は北日本日本海側、東日本、西日本太平洋側でかなり少なく、北日本太平洋側と西日本日本海側で少なかった。
月最深積雪は北日本太平洋側で平年並の地点が多かったが、全国的に少ない地点が多かった。

3　月

高気圧と低気圧が日本付近を交互に通過し、全国的に天気は数日の周期で変化した。低気圧は日本海から北日本付近や本州南岸を通過しやすく、北日本と東日本太平洋側、西日本日本海側、沖縄・奄美では、低気圧や前線、南からの湿った空気の影響で月降水量が多く、北日本太平洋側ではかなり多くなった。特に日本海から北日本付近にかけては、たびたび低気圧が発達しながら通過し、北日本を中心に大雨や暴風、高波となった日もあった。一方、全国的に上旬は低気圧の影響を受けやすかったが、中旬以降は大陸から移動してきた高気圧に覆われて晴れた日が多かったため、月間日照時間は北・西日本と東日本日本海側では多かった。気温は、中旬に大陸から寒気が流れ込んで、沖縄・奄美を中心に平年を下回る時期もあった。また、29日は南岸低気圧の影響で東日本を中心に寒気が流れ込み、大雪となった所があった。全体としては、冬型の気圧配置は現れにくく、南から暖かい空気が流れ込みやすかったため、気温は全国的に高く、北・東・西日本ではかなり高くなった。特に北日本では、月平均気温平年差が＋2.5℃となり、３月としては1946年以降で１位の高温となった。

平均気温：　北・東・西日本でかなり高く、沖縄・奄美で高かった。秋田（秋田県)、新潟（新潟県)、彦根（滋賀県）等の26地点で月平均気温の高い方からの１位の値を更新し、山形（山形県)、長野（長野県)、神戸（兵庫県）等の12地点で１位タイの値を記録した。

降水量：　北日本太平洋側でかなり多く、北・西日本日本海側、東日本太平洋側及び沖縄・奄美で多かった。東日本日本海側と西日本太平洋側では平年並だった。

日照時間：　北・西日本と東日本日本海側で多かった。東日本太平洋側と沖縄・奄美では平年並だった。

降雪・積雪：　降雪の深さ月合計は北・東・西日本日本海側でかなり少なく、北・西日本太平洋側で少なかった。東日本太平洋側では平年並だった。

月最深積雪は北・東日本太平洋側で多い地点があったが、全国的に少ない地点が多かった。

４　月

高気圧と低気圧が日本付近を交互に通過し、全国的に天気は数日の周期で変わった。上旬は北日本付近、中旬は本州付近を低気圧が発達しながらたびたび通過したため、北・東・西日本では大荒れの天気となり、まとまった雨や雪となった所もあった。また、上空の寒気の影響で下旬を中心に大気の状態が不安定となり、関東甲信地方を中心に雷雨となった所もあった。このため、北・東日本の降水量は多かった。一方、沖縄・奄美では湿った空気の影響を受けにくかったため、降水量はかなり少なかった。東日本太平洋側と西日本は移動性高気圧に覆われる日が多かったため、日照時間はかなり多かった。

気温は、大陸からの寒気の影響を受けやすかったため、全国的に低く、特に西日本と沖縄・奄美では、それぞれ平年差−1.2℃、−1.5℃となり、４月の気温としては2011年以来９年ぶりにかなり低くなった。

平均気温：　西日本と沖縄・奄美でかなり低く、北・東日本で低かった。

降水量：　沖縄・奄美でかなり少なかった。種子島、沖永良部（以上、鹿児島県）の２地点で月降水量の少ない方からの１位の値を更新した。一方、北・東日本で多かった。東京（東京都)、豊岡（兵庫県)、新庄（山形県）等、５地点で月降水量の多い方からの１位の値を更新した。西日本では平年並だった。

日照時間：　東日本太平洋側と西日本でかなり多く、北日本、東日本日本海側、沖縄・奄美では平年並だった。勝浦（千葉県)、浜松（静岡県)、名古屋（愛知県)、潮岬（和歌山県)、高知（高知県)、鹿児島（鹿児島県）等、26地点で月間日照時間の多い方からの１位の値を更新した。

５　月

北・東・西日本では、月の前半は、低気圧と高気圧が交互に通過し、天気は数日の周期で変わったが、低気圧は日本海から北海道付近を通過しやすかった。後半は、オホーツク海高気圧が発生し、北日本太平洋側を中心に冷たく湿った気流の影響を受けた時期があった。また、低気圧や前線の影響で九州南部で日降水量が200㎜を超えた所があるなど、西日本から東日本太平洋側にかけて大雨となった所もあったが、東日本を中心に高気圧に覆われ晴れる日が多かった。月降水量は、南からの湿った空気の影響を受けにくかった東日本日本海側でかなり少なく、北・東日本太平洋側で少なかった。月間日照時間は、高気圧に覆われやすかった東日本太平洋側で多かった。気温は、オホーツク海高気圧の影響を受けた時期があったものの、月を通して見ると南からの暖かい空気に覆われやすかったため全国的に高く、晴れやすい時期のあった北・東・西日本ではかなり高かった。

沖縄・奄美では、月を通して、前線や南からの暖かく湿った空気の影響を受けやすく、曇りや雨の日が多く、大雨となった所もあったため、月降水量はかなり多く、月間日照時間は少なかった。

平均気温：　北・東・西日本でかなり高く、沖縄・奄美で高かった。銚子（千葉県）、洲本（兵庫県）で月平均気温の高い方からの１位の値を更新した。

降 水 量：　沖縄・奄美でかなり多かった。南大東島（沖縄県）で月降水量の多い方からの１位の値を更新した。一方、東日本日本海側でかなり少なく、北・東日本太平洋側で少なかった。広尾（北海道）、富山（富山県）、尾鷲（三重県）等、６地点で月降水量の少ない方からの１位の値を更新した。北日本日本海側と西日本では平年並だった。

日照時間：　東日本太平洋側で多かった。一方、沖縄・奄美で少なかった。北・西日本と東日本日本海側では平年並だった。

６　月

北・東・西日本では、上旬を中心に高気圧に覆われて晴れの日が多かったが、中旬は梅雨前線が本州付近に停滞しやすく、曇りや雨の降る日が多かった。沖縄・奄美では、上旬は梅雨前線の影響で曇りや雨の日が多かったが、中旬を中心に高気圧に覆われて晴れの日が多かった。このため、月間日照時間は東日本日本海側でかなり多く、東日本太平洋側と西日本日本海側、沖縄・奄美で多かった。一方、太平洋高気圧は日本の南海上で西へ張り出しやすく、高気圧の縁を回って日本付近に湿った空気が入りやすい時期もあったことから、梅雨前線の活動が一時的に活発となって、沖縄・奄美と西日本では土砂災害や浸水害を伴う大雨となった所があった。このため、月降水量は沖縄・奄美でかなり多く、東日本太平洋側と西日本で多かった。また、下旬を中心に北日本では低気圧の影響を受けやすい時期があったため、北日本日本海側の月降水量も多かった。

気温は、太平洋高気圧が日本の南海上で西へ張り出し、日本付近には暖かい空気が入りやすく、晴れて強い日射の影響を受けた日もあったため、全国的にかなり高かった。東・西日本では平年差がそれぞれ＋1.9℃、＋1.4℃で、東日本では1946年の統計開始以来６月として１位の高温となり、西日本では2005年と並び最も高温となった。

平均気温：　全国的にかなり高かった。苫小牧（北海道）、洲本（兵庫県）、佐賀（佐賀県）等の36地点で月平均気温の高い方からの１位の値を更新し、釧路（北海道）、前橋（群馬県）等の14地点で１位タイの値を記録した。

降水量：　沖縄・奄美でかなり多く、北日本日本海側と東日本太平洋側、西日本で多かった。北日本太平洋側と東日本日本海側では平年並だった。仙台（宮城県）で月降水量の少ない方からの１位の値を更新した。

日照時間：　東日本日本海側でかなり多く、東日本太平洋側と西日本日本海側、沖縄・奄美で多かった。一方、北日本日本海側で少なかった。北・西日本太平洋側では平年並だった。

表３　令和２年（2020年）の梅雨

地域名	梅雨入り		梅雨明け		梅雨期間の降水量平年比と階級
	令和２年（2020年）	平年	令和２年（2020年）	平年	
沖縄	５月16日頃(+)	５月９日頃	６月12日頃(-)＊	６月23日頃	182％(+)＊
奄美	５月17日頃(+)	５月11日頃	７月20日頃(+)＊	６月29日頃	126％(+)
九州南部	５月30日頃(0)	５月31日頃	７月28日頃(+)＊	７月14日頃	176％(+)＊
九州北部	６月11日頃(+)	６月５日頃	７月30日頃(+)＊	７月19日頃	195％(+)＊
四国	６月10日頃(+)	６月５日頃	７月29日頃(+)＊	７月18日頃	157％(+)＊
中国	６月10日頃(+)	６月７日頃	７月31日頃(+)＊	７月21日頃	167％(+)＊
近畿	６月10日頃(+)	６月７日頃	８月１日頃(+)＊	７月21日頃	180％(+)＊
東海	６月10日頃(+)	６月８日頃	８月１日頃(+)＊	７月21日頃	194％(+)＊
関東甲信	６月11日頃(+)	６月８日頃	８月１日頃(+)	７月21日頃	178％(+)＊
北陸	６月11日頃(0)	６月12日頃	８月１日頃(+)	７月24日頃	162％(+)＊
東北南部	６月11日頃(0)	６月12日頃	８月２日頃(+)	７月25日頃	160％(+)＊
東北北部	６月25日頃	６月14日頃	特定できない	７月28日頃	142％(+)＊

注：１　梅雨入り・明けには平均的に５日間程度の遷移期間があり、その遷移期間のおおむね中日をもって「○○日頃」と表現した。記号の意味は、(+)＊：かなり遅い、(+)：遅い、(0)：平年並み、(-)：早い、(-)＊：かなり早い、の階級区分を表す。

２　全国153の気象台・測候所等での観測値を用い、梅雨の時期（６～７月。沖縄と奄美は５～６月。）の地域平均降水量を平年比で示した。記号の意味は、(+)＊：かなり多い、(+)：多い、(0)：平年並み、(-)：少ない、(-)＊：かなり少ない、の階級区分を表す。

７　月

太平洋高気圧は日本の南海上で強く、その縁辺を回る湿った空気が流れ込みやすかったため、活動が活発な梅雨前線が本州付近に停滞した日が多かった。特に、上旬は日本付近で偏西風の蛇行が続いて黄海付近が気圧の谷となり、梅雨前線の活動が非常に活発となって東・西日本付近に停滞し続けたため、東・西日本を中心に各地で長期間にわたって大雨となった。熊本県、鹿児島県、福岡県、佐賀県、長崎県、岐阜県、長野県では大雨特別警報が発表されるなど、７月を通して断続的に河川の氾濫や土砂災害などの甚大な被害が発生した（「令和２年７月豪雨」）。東・西日本の月降水量はかなり多く、東日本太平洋側、西日本日本海側、西日本太平洋側の月降水量はそれぞれ平年比245％、222％、240％となり、７月として1946年の統計開始以来第１位の多雨となった。

梅雨前線や東からの湿った気流の影響を受けやすかったため、東北地方から東・西日本では曇りや雨の日が多かった。このため、月間日照時間は北日本太平洋側と東・西日本でかなり少なかった。東日本日本海側、東日本太平洋側、西日本日本海側、西日本太平洋側の月間日照時間はそれぞれ平年比40％、41％、50％、57％となり、７月として1946年の統計開始以来第１位の寡照となった。一方、高気圧に覆われて晴れた時期もあった北日本日本海側の日照時間は平年並だった。

曇りや雨の日が多かったため日射が少なく、北からの冷たい空気の影響を受ける時期もあったため、月平均気温は西日本でかなり低く、東日本で低かった。７月として西日本でかなり低くなったのは、2003年以来17年ぶりだった。

沖縄・奄美では、暖かく湿った空気が流れ込みやすく曇りや雨の日が多かったため、月降水量は多く、月間日照時間は少なかったが、上旬後半から中旬前半や下旬を中心に太平洋高気圧に覆われて晴れた時期もあり、月平均気温は高くなった。

平均気温：　西日本でかなり低く、東日本で低かった。一方、沖縄・奄美で高かった。北日本では平年並だった。与那国島（沖縄県）で月平均気温の高い方からの１位の値を更新し、父島（東京都）で１位タイの値を記録した。

降水量：　東・西日本でかなり多く、北日本と沖縄・奄美で多かった。高山（岐阜県）、三宅島（東京都）、牛深（熊本県）等、17地点で月降水量の多い方からの１位の値を更新した。

日照時間：　北日本太平洋側と東・西日本でかなり少なく、沖縄・奄美で少なかった。小名浜（福島県）、高田（新潟県）、豊岡（兵庫県）等、45地点で月間日照時間の少ない方からの１位の値を更新し、三宅島（東京都）で１位タイの値を記録した。一方、北日本日本海側では平年並だった。留萌（北海道）で月間日照時間の多い方からの１位の値を更新した。

８　月

東・西日本では、勢力の強い太平洋高気圧に覆われて晴れた日が多かった。一方、北日本では、天気は数日の周期で変わり、月の前半は低気圧や前線の影響で日本海側を中心に曇りや雨の日が多かった。全国的に暖かい空気に覆われやすかったため、気温は高かった。月平均気温は、特に厳しい暑さの日が多かった東・西日本ではかなり高くなり、東日本は平年差＋2.1℃で、1946年の統計開始以来、８月として１位の高温となり、西日本でも平年差＋1.7℃で2010年と並んで１位タイの高温となった。10日から22日にかけてと25日以降には、全国921地点中100地点以上が猛暑日となる日が続き、17日には浜松（静岡県）で歴代全国１位タイの41.1℃を観測するなど、全国の気象官署のうち11地点で通年の日最高気温の高い方から１位の値を記録した。また、50地点で、通年及び８月としての月平均気温の高い方から１位の値を記録した（日最高気温、月平均気温ともタイを含む）。

湿った空気の影響を受けにくく晴れた日が多かったことから、東・西日本太平洋側では月降水量がかなり少なく、月間日照時間がかなり多かった。東日本太平洋側と西日本太平洋側の月降水量は、それぞれ平年比29％、32％となり、1946年の統計開始以来、８月として、東日本太平洋側で１位、西日本太平洋側で1967年と並んで１位タイの少雨となった。また、西日本太平洋側の月間日照時間は平年比131％となり、８月として1947年と並んで１位タイの多照となった。東・西日本日本海側も月降水量は少なく、北日本太平洋側と東・西日本日本海側で月間日照時間は多かった。北日本日本海側では、上旬を中心に低気圧や前線の影響を受けやすかったため、月降水量は平年より多かった。

沖縄・奄美では、上旬と下旬に台風や湿った空気の影響を受けやすかったことから、月降水量はかなり多かった。特に22日から24日にかけては、台風第８号の影響で大雨や大荒れとなった所があった。一方、中旬は高気圧に覆われて晴れの日が多かったことから、月間日照時間は平年並だった。

平均気温：　東・西日本でかなり高く、北日本と沖縄・奄美で高かった。前橋（群馬県）、奈良（奈良県）、高松（香川県）等、42地点で月平均気温の高い方からの１位の値を更新し、岐阜（岐阜県）、千葉（千葉県）、彦根（滋賀県）等、８地点で１位タイの値を記録した。

降水量：　東・西日本太平洋側でかなり少なく、東・西日本日本海側で少なかった。広島（広島県）、洲本（兵庫県）等、４地点で月降水量の少ない方からの１位の値を更新し、呉（広島県）で１位タイの値を記録した。一方、沖縄・奄美でかなり多く、北日本日本海側で多かった。稚内（北海道）で月降水量の多い方からの１位の値を更新した。北日本太平洋側では平年並だった。

日照時間：　東・西日本太平洋側でかなり多く、北日本太平洋側と東・西日本日本海側で多かった。水戸（茨城県）、横浜（神奈川県）、宿毛（高知県）等、12地点で月間日照時間の多い方からの１位の値を更新した。北日本日本海側と沖縄・奄美では平年並だった。

９　月

本州付近に前線が停滞しやすく、高気圧の縁辺を回って湿った空気が入りやすかったため、太平洋側を中心に、曇りや雨の日が多かった。また、上旬には台風第９号と第10号が相次いで沖縄・奄美を通過し東シナ海を北上した。６日には西米良（宮崎県）で日降水量が364.5mm、７日には野母崎（長崎県）で日最大瞬間風速が59.4m/s と、ともに観測史上１位の値を更新するなど、西日本や沖縄・奄美を中心に大雨や大荒れとなった所があった。このため、月降水量は西日本日本海側で多かった。月間日照時間は西日本太平洋側と沖縄・奄美でかなり少なく、北・東日本太平洋側と西日本日本海側で少なかったが、湿った空気の影響を受けにくかった東日本日本海側では多かった。

気温は、上旬を中心に高気圧の縁辺を回って暖かい空気が流入しやすかったことや、台風に向かって強い南風が吹き込んだ時期があったため北・東日本でかなり高く、西日本で高かった。また、北陸地方を中心にフェーン現象が発生し、３日には三条（新潟県）で日最高気温が40.4℃と、全国の気象官署及びアメダスで、９月として初めて40℃を超えた。

平均気温：　北・東日本でかなり高く、西日本で高かった。父島（東京都）で月平均気温の高い方からの１位の値を更新した。沖縄・奄美では平年並だった。

降水量：　西日本日本海側で多かった。北・東日本と西日本太平洋側、沖縄・奄美では平年並だった。

日照時間：　西日本太平洋側と沖縄・奄美でかなり少なく、北・東日本太平洋側と西日本日本海側で少なかった。一方、東日本日本海側で多かった。北日本日本海側では平年並だった。

10　月

北・東日本では、上旬を中心に低気圧や前線、湿った空気の影響を受けやすく、曇りや雨の日が多かったため、月間日照時間は北日本と東日本太平洋側で少なかった。また、台風第14号が10日頃にかけて本州の南海上をゆっくり東進し、本州南岸に停滞する前線の活動が活発化した影響等で、東・西日本太平洋側を中心に大雨となった所があったため、月降水量は東・西日本太平洋側で多かった。一方、上旬は沖縄・奄美、中旬は東日本日本海側、下旬は西日本を中心に高気圧に覆われやすかったため、月降水量は東日本日本海側でかなり少なく、月間日照時間は西日本と沖縄・奄美で多かった。

気温は、中旬を中心に北・東・西日本で寒気の影響を受ける時期があったものの、北日本を中心に断続的に暖かい空気が流れ込んだため、北日本で高かった。

平均気温：　北日本で高かった。根室（北海道）で月平均気温の高い方からの１位の値を更新した。東・西日本と沖縄・奄美では平年並だった。

降 水 量：　東日本日本海側でかなり少なかった。一方、東・西日本太平洋側で多かった。北日本、西日本日本海側と沖縄・奄美では平年並だった。

日照時間：　北日本と東日本太平洋側で少なかった。一方、西日本と沖縄・奄美で多かった。東日本日本海側では平年並だった。

11　月

日本付近は高気圧と低気圧や前線の影響を交互に受けたため、全国的に天気は数日の周期で変わったが、低気圧は北日本以北を通過することが多く、本州付近は移動性高気圧に覆われた日が多かった。このため、北日本日本海側で曇りや雨または雪の日が多かったほかは、全国的に晴れた日が多く、東日本日本海側の月間日照時間はかなり多かった。また、日本付近は低気圧の影響を受けにくかったため、月降水量は北日本日本海側と西日本太平洋側を除いて全国的に少なく、東日本太平洋側ではかなり少なかった。

気温は、日本付近に一時的に寒気の流れ込んだ日があったが、中旬の後半を中心に北日本以北を通過する低気圧に向かって南から暖かい空気が流れ込んだため、全国的に高く、東・西日本と沖縄・奄美ではかなり高くなった。特に、18日から20日にかけては本州の広い範囲で夏日となり、11月としての日最高気温の高い方からの１位の記録を更新した所もあった。

平均気温：　東・西日本と沖縄・奄美でかなり高く、北日本で高かった。大島（東京都）で月平均気温の高い方から　１位タイの値を記録した。

降 水 量：　東日本太平洋側でかなり少なく、北日本太平洋側、東・西日本日本海側と沖縄・奄美で少なかった。横浜（神奈川県）で月降水量の少ない方からの１位の値を更新した。一方、北日本日本海側で多く、西日本太平洋側では平年並だった。

日照時間：　東日本日本海側でかなり多く、東日本太平洋側、西日本と沖縄・奄美で多かった。飯田（長野県）、多度津（香川県）等、４地点で月間日照時間の多い方からの　１位の値を更新した。一方、北日本日本海側で少なく、北日本太平洋側では平年並だった。

12　月

低気圧が数日の周期で日本付近を通過した後、冬型の気圧配置となる日が多く、中旬と下旬後半は日本付近に強い寒気が流れ込んだ。このため、月平均気温は北・西日本で低かった。また、日本海側では曇りや雪または雨の日が多く、北日本日本海側では月間日照時間がかなり少なく、東日本日本海側でも少なかった。15日から16日にかけては冬型の気圧配置が強まったため、東日本日本海側を中心に大雪となり、群馬県藤原や新潟県湯沢では24時間降雪量が１ｍを超えるなど、記録的な大雪となった所があった。この大雪のため、関越自動車道では多数の車両が立ち往生するなど、大規模な交通障害が発生した。また、農業用ハウスが倒壊するなどの農業施設被害も発生した。30日から31日にかけては、冬型の気圧配置が再び強まったため、日本海側では大雪となった所があり、31日時点での積雪は平年を上回った地点が多かった。一方、太平洋側は低気圧の影響を受けにくかったため、月降水量は北日本太平洋側でかなり少なく、東・西日本太平洋側では少なかった。北日本太平洋側の月降水量は平年比38％となり、1946年の統計開始以来12月として１位の少雨となった。

沖縄・奄美では、月を通して前線や湿った空気の影響を受けやすかったため、月間日照時間はかなり少なく、平年比は38％と1946年の統計開始以来12月として１位の寡照となった。また、月降水量はかなり多く、８日から９日にかけては前線の活動が活発となり大雨となった所があった。

平均気温：　北・西日本で低かった。一方、沖縄・奄美で高かった。東日本では平年並だった。

降 水 量：　北日本太平洋側でかなり少なく、東・西日本太平洋側で少なかった。札幌、帯広、釧路（以上、北海道）など５地点で月降水量の少ない方からの１位の値を更新し、宇都宮（栃木県）、秩父（埼玉県）など４地点で月降水量の少ない方からの１位タイの値を記録した。一方、沖縄・奄美でかなり多く、東日本日本海側で多かった。岩見沢（北海道）、宮古島、名護（以上、沖縄県）の３地点で月降水量の多い方からの１位の値を更新した。北・西日本日本海側では平年並だった。

日照時間：　西日本で多かった。根室（北海道）、津山（岡山県）、雲仙岳（長崎県）など６地点で月間日照時間の多い方からの１位の値を更新した。一方、北日本日本海側と沖縄・奄美でかなり少なく、東日本日本海側で少なかった。岩見沢（北海道）、名瀬（鹿児島県）、父島（東京都）など４地点で月間日照時間の少ない方からの１位の値を更新した。北・東日本太平洋側では平年並だった。

降雪・積雪：　降雪の深さ月合計は西日本日本海側で多かった。北・東日本と西日本太平洋側では平年並だった。

月最深積雪は日本海側で大きい地点が多く、太平洋側では平年並の地点が多かった。岩見沢（北海道）で月最深積雪の大きい方からの１位の値を更新した。

(3) 台風

令和２年の台風の発生数は平年より少ない23個であった。日本への接近数は平年より少ない７個で、上陸数は０個でした。

表４　台風発生数、日本への上陸数、日本への接近数

		1月	2	3	4	5	6	7	8	9	10	11	12	年間
平　年	発生数	0.3	0.1	0.3	0.6	1.1	1.7	3.6	5.9	4.8	3.6	2.3	1.2	25.6
	上陸数					0.0	0.2	0.5	0.9	0.8	0.2	0.0		2.7
	接近数				0.2	0.6	0.8	2.1	3.4	2.9	1.5	0.6	0.1	11.4
2019年	発生数	1	1				1	4	5	6	4	6	1	29
	上陸数							1	2	1	1			5
	接近数						1	2	3	5	4	1		15
2020年	発生数					1	1		8	3	6	3	1	23
	上陸数													0
	接近数								5	1	1			7

資料：気象庁ホームページ

注：１　本表は台風の発生月別にとりまとめたもの。台風によっては発生月と接近・上陸月が違う場合があるがここでは示さない。

２　台風の中心が北海道、本州、四国、九州の海岸線に達した場合を「上陸」としている（小さい島や半島を横切って短時間で再び海に出る場合は「通過」）。

３　台風の中心がそれぞれの地域のいずれかの気象官署（ただし南鳥島を除く）から300km 以内に入った場合を「接近」としている。

４　日本への接近は２か月にまたがる場合があり、各月を合計した数は年間接近数と一致しないことがある。

５　平年値は、昭和56年（1981年）から平成22年（2010年）の30年の平均である。

６　値が空白となっている月は、該当する台風が１例もなかったことを示している。

図３　令和２年に日本列島に上陸・接近した台風経路図

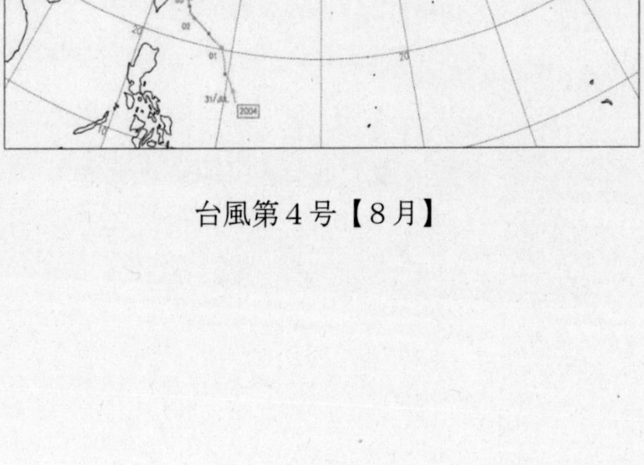

台風第４号【８月】

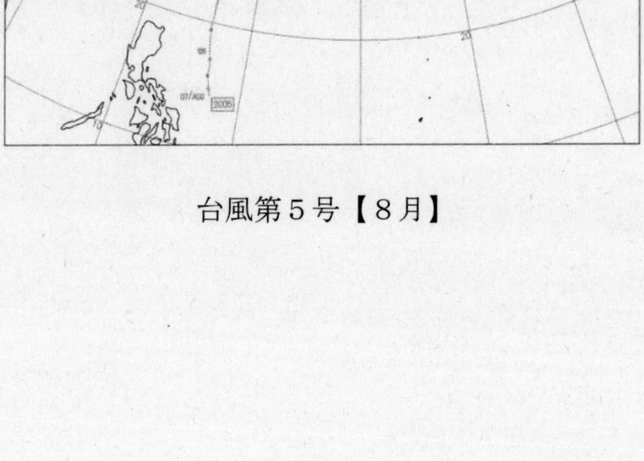

台風第５号【８月】

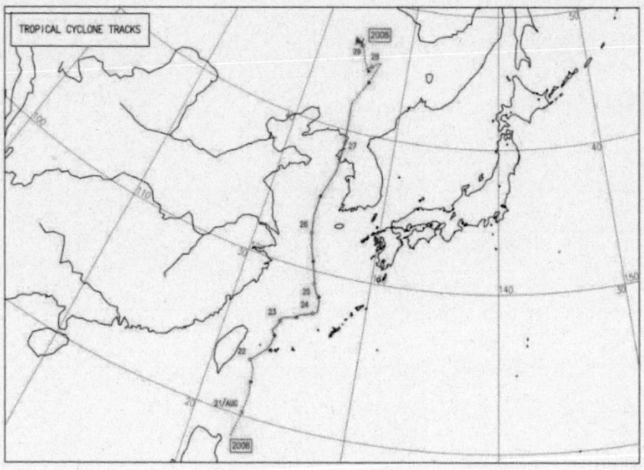

台風第８号【８月】

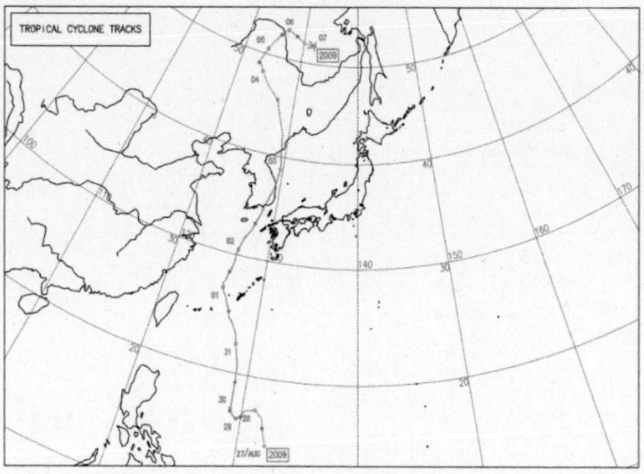

台風第９号【８月】

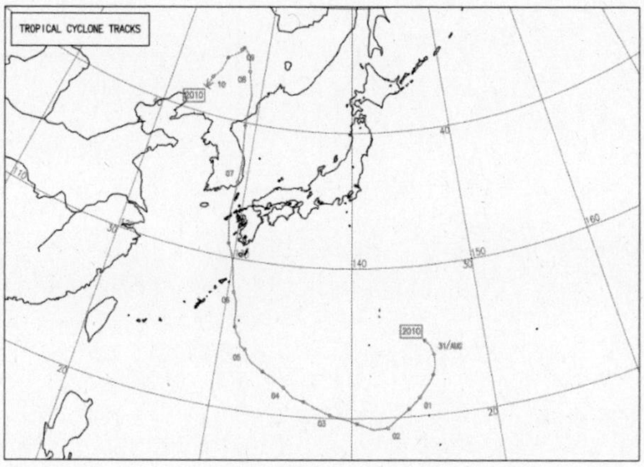

台風第 10 号【８月】

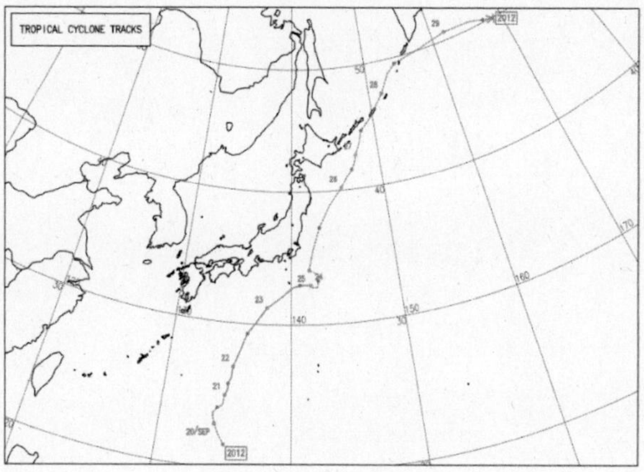

台風第 12 号【９月】

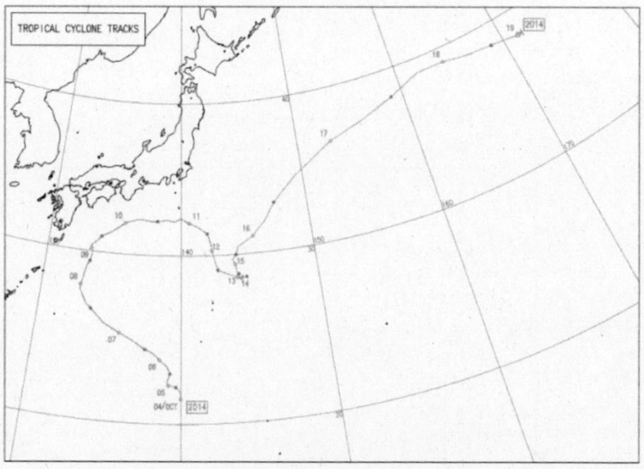

台風第 14 号【10 月】

注：１　気象庁「台風経路図　令和２年（2020 年）」(https://www.data.jma.go.jp/fcd/yoho/typhoon/route_map/bstv2020.html) より、令和２年に日本列島に上陸・接近した台風の台風経路図を引用した。

２　【】内は台風の発生した月を示している。

３　経路上の○印は傍らに記した日の午前９時、●印は午後９時の位置で→|は消滅を示している。また、経路の実線は台風、破線は熱帯低気圧・温帯低気圧の期間を示している。

― 台風の大きさと強さ ―

強さの階級分け

階　級	最大風速
強い	33m/s（64ノット）以上～44m/s（85ノット）未満
非常に強い	44m/s（85ノット）以上～54m/s（105ノット）未満
猛烈な	54m/s（105ノット）以上

大きさの階級分け

階　級	風速15m/s以上の半径
大型（大きい）	500km以上～800km未満
超大型（非常に大きい）	800km以上

2　過去の台風による被害（全国）

年次及び台風名		気象資料（最大値）					農作物		うち水陸稲		
		本邦に上陸した日	10分間平均最大風速	観測地点	総降水量	観測地点	被害面積	(参考)被害見込金額	被害面積	被害量	(参考)被害見込金額
		(1)	(2)	(3)	(4)	(5)	(6)	(7)	(8)	(9)	(10)
			m/s		mm		千ha	100万円	千ha	千t	100万円
平成元年	台風第11号	7月27日	33	油津 (宮崎)	429	都城					
	〃 12〃	上陸なし	17	沖永良部	322	名瀬	175.8	15,800	95.5	18.6	5,500
	〃 13〃 (豪雨を含む。)	8月6日	21	銚子	419	筆甫 (宮城)					
	〃 17〃	8月27日	34	室戸岬	464	窪川 (高知)	102.9	6,250	83.3	13.9	4,090
	〃 22〃	9月19日	36	種子島	317	色川 (和歌山)	26.2	1,850	12.5	2.8	795
2	台風第11号	8月10日	22	石廊崎	475	日光市	54.1	2,440	47.9	6.1	1,830
	〃 14〃	8月22日	26	室戸岬	231	宿毛市	69.7	6,550	45.3	8.5	2,490
	〃 19〃	9月19日	43	室戸岬	545	名瀬	368.7	43,300	156.2	49.8	14,600
	(秋雨前線豪雨を含む。)										
	〃 20〃	9月30日	47	室戸岬	620	宮崎市	46.3	5,070	10.0	2.6	735
	〃 21〃	10月8日	28	那覇市	299	延岡市	74.5	8,730	11.5	1.5	423
	(10月上・中旬の長雨を含む。)										
	〃 28〃	11月30日	32	室戸岬	410	尾鷲市	13.0	2,590	—	—	—
3	台風第9号	上陸なし	30	那覇	307	那覇	93.5	7,190	56.4	5.2	1,480
	〃 12〃	上陸なし	24	室戸岬	480	名瀬	35.6	2,900	22.6	7.0	2,210
	〃 14〃	8月31日	18	伊豆大島	229	日光	13.0	1,050	13.0	3.4	1,020
	〃 15〃	上陸なし	28	八丈島	248	八丈島	10.5	1,190	10.2	3.5	1,090
	〃 17〃	9月14日	38	那覇	252	静岡					
	〃 18〃	上陸なし	24	室戸岬	537	尾鷲	768.6	212,800	479.5	213.4	61,700
	〃 19〃	9月27日	45	野母崎	255	福江					
	〃 21〃	上陸なし	24	三宅島	671	三宅島	48.3	15,700	12.7	8.9	2,630
4	台風第3号	上陸なし	28	那覇	239	種子島	13.5	1,280	0.1	0.0	4
	〃 10〃	8月8日	33	枕崎	296	名瀬	288.2	17,900	205.6	23.0	6,490
	〃 11〃	8月18日	29	室戸岬	456	尾鷲	18.9	1,550	15.3	3.7	1,050
	〃 17〃	上陸なし	20	銚子	259	根室	13.2	4,160	0.3	0.2	43
5	台風第4号	7月25日	19	室戸岬	209	館山市					
	〃 5〃	7月27日	24	日南市油津	417	高知市	964.9	155,900	695.1	301.1	87,700
	〃 6〃	7月29日	24	牛深市	154	都城市					
	〃 7〃	上陸なし	29	日南市油津	235	宇和島市					
	(長雨、豪雨及び暴風雨(5月下旬～8月中旬)を含む。)										
	〃 11〃	8月28日	21	三宅島	294	東京大手町	25.0	3,560	20.0	7.7	2,340
	〃 13〃	9月3日	37	久米島	422	大分市	453.9	49,300	333.0	93.5	28,000
6	台風第26号 (9月中・下旬の長雨、集中豪雨を含む。)	9月29日	37	室戸岬	469	尾鷲	12.9	19,700	5.4	2.2	6,900
7	台風第12号	上陸なし	35	三宅島	357	千葉県 大多喜町	18.3	2,400	9.9	1.7	613
	〃 14〃	9月24日	37	沖縄県 多良間村	366	宮崎県 高千穂町	42.2	2,400	29.3	3.6	1,200
8	台風第6号	7月18日	32	油津	722	宮崎県 えびの市	70.9	11,400	34.5	5.3	1,750
	〃 12〃	8月14日	37	鹿児島	657	宮崎県 田野町 鰐塚山	214.5	14,000	13.8	14.2	4,460
	〃 17〃	上陸なし	36	銚子	411	南大東島	30.2	5,910	10.6	12.8	386
9	台風第7号	6月20日	32	室戸岬	351	静岡県 中伊豆町					
	〃 8〃	6月28日	30	室戸岬	311	鳥取県 鹿野町	72.1	8,720	30.3	5.0	1,500
	〃 9〃	7月26日	28	室戸岬	734	奈良県 上北山村	96.6	6,560	79.8	12.7	3,540
	〃 11〃	上陸なし	29	那覇市	504	渡嘉敷島	34.0	7,420	1.6	0.5	143
	〃 13〃	上陸なし	29	那覇市	244	南大東島	15.6	1,160	—	—	—
	〃 19〃	9月16日	31	油津	688	宮崎県 えびの市	119.6	9,350	69.0	13.6	4,020

注：1　農作物の被害面積等は「農作物災害種類別被害統計」から、農作物の被害見込金額が10億円以上のものについて整理した。
　　2　気象資料は気象庁資料による（以下各統計表において同じ。）。

2　過去の台風による被害（全国）（続き）

年次及び台風名		気象資料（最大値）					農作物		うち水陸稲		
		本邦に上陸した日	10分間平均最大風速	観測地点	総降水量	観測地点	被害面積	(参考)被害見込金額	被害面積	被害量	(参考)被害見込金額
		(1)	(2)	(3)	(4)	(5)	(6)	(7)	(8)	(9)	(10)
			m/s		mm		千ha	100万円	千ha	千t	100万円
平成10年	台風第5号	9月16日	28	銚子	346	北海道広尾					
	〃 6〃	上陸なし	20	油津	303	高知県東津野村					
	〃 7〃	9月22日	44	室戸岬	…	…					
	〃 8〃	9月21日	22	津	314	奈良県上北山村	347.9	77,700	210.4	87.1	25,200
	〃 9〃	上陸なし	…	…	250	徳島県上勝町					
	〃 10〃	10月17日	42	室戸岬	352	徳島県上勝町	94.0	10,200	17.6	4.5	1,250
11	台風第5号	上陸なし	25	油津	1,067	高知県本川					
	〃 7〃	上陸なし	…	…	885	高知県船戸	62.7	3,290	33.2	7.9	2,040
	〃 8〃	上陸なし	30	室戸岬	957	高知県上北山					
	〃 16〃	9月14日	27	室戸岬	517	岐阜県蛭ヶ野	383.2	69,500	237.9	113.6	29,100
	〃 18〃	9月24日	35	那覇	623	岐阜県萩原					
12	台風第3号	上陸なし	25	八丈島	414	大島	18.9	1,120	3.7	0.2	67
	〃 8〃	上陸なし	39	南大東島	384	沖永良部	11.5	1,110	—	—	—
	〃 14〃	上陸なし	30	沖永良部	328	高知	24.6	2,520	5.3	1.7	416
	(秋雨前線の大雨を含む。)										
13	台風第11号	8月21日	35	室戸岬	745	尾鷲	68.1	2,960	53.5	7.3	1,770
	〃 15〃	9月11日	24	石廊崎	896	日光	36.0	3,190	20.0	3.4	786
	〃 21〃	上陸なし	31	与那国島	401	延岡	20.7	1,580	0.3	0.2	54
14	台風第6号	7月11日	27	八丈島	464	日光	58.1	4,650	23.2	5.7	1,360
	〃 7〃	7月16日	32	沖永良部	299	相川					
	(梅雨前線豪雨を含む。)										
	〃 13〃	上陸なし	28	三宅島	331	大島	19.4	1,450	18.8	5.8	1,360
	〃 15〃	上陸なし	22	沖永良部	337	尾鷲	96.1	3,330	69.5	8.1	1,900
	〃 16〃	上陸なし	32	那覇	438	那覇	22.1	1,780	0.0	0.0	0
	〃 21〃	10月1日	31	石廊崎	220	秩父	30.9	7,720	5.5	0.7	162
15	台風第6号	上陸なし	30	西表島	305	人吉	28.5	2,600	8.7	0.5	109
	〃 10〃	8月8日	50	室戸岬	438	尾鷲	122.4	8,090	60.8	10.9	2,470
	〃 14〃	上陸なし	38	宮古島	463	宮古島	32.8	5,020	4.4	0.6	136
16	台風第4号	6月11日	29	宮古島	302	那覇市	22.1	1,290	1.2	0.1	12
	〃 6〃	6月21日	44	室戸岬	431	宮川村	60.7	6,150	21.0	1.0	237
	〃 10〃	7月31日	48	室戸岬	1,822	北山村	23.0	1,900	16.9	4.2	1,020
	〃 11〃	8月4日	…	…	…	…					
	〃 15〃	8月20日	34	酒田市	610	四国中央市					
	〃 16〃	8月30日	47	室戸岬	821	えびの市	911.7	128,600	652.1	269.1	68,700
	〃 18〃	9月7日	48	瀬戸町	905	諸塚村					
	〃 21〃	9月29日	32	鹿児島市	904	尾鷲市	148.9	7,280	94.5	12.8	3,150
	〃 22〃	10月9日	39	熱海市	418	御前崎市	6.1	1,700	0.6	0.2	54
	〃 23〃	10月20日	45	室戸岬	550	上勝町	121.5	20,200	24.8	2.6	628
17	台風第11号	8月26日	33	神津島村	694	箱根町	16.7	1,390	14.1	4.6	1,150
	〃 14〃	9月6日	36	喜界町	1,321	南郷村	344.3	18,800	228.9	42.2	10,500
18	台風第13号	9月17日	48	石垣市	402	伊万里市	227.4	45,900	148.5	148.6	35,600
19	台風第4号	7月14日	34	和泊町	913	美郷町	94.4	12,800	61.0	33.2	8,150
	(梅雨前線の大雨を含む。)	7月14日	34	日南市	…	…					
	〃 5〃	8月2日	30	伊方町	522	日之影村	62.3	2,080	52.2	5.5	1,300
	〃 9〃	9月6日	55	石廊崎	694	小河内	42.8	3,240	27.7	3.9	918
20	—	—	—	—	—	—	—	—	—	—	—
21	台風第18号	10月8日	59	南大東島	383	色川	49.7	9,050	5.1	0.5	118
22	—	—	—	—	—	—	—	—	—	—	—
23	台風第1号	上陸なし	23.4	えりも岬	341	鹿野					
	〃 2〃	上陸なし	41.8	北原	521	屋久島	90.9	11,800	3.4	1.0	201
	〃 5〃	上陸なし	29.1	下地	280	本山					
	(梅雨前線の大雨を含む。)										
	〃 6〃	7月19日	39.4	室戸岬	1,181	魚梁瀬	42.4	3,320	31.2	7.8	1,590
	〃 9〃	上陸なし	32.2	宮城島	725	本部	18.6	1,140	—	—	—
	〃 12〃	9月3日	24.3	日和佐	1,809	上北山	93.4	5,890	70.2	8.7	1,820
	〃 15〃	9月21日	35.4	えりも岬	1,128	神門	79.3	4,760	46.4	5.7	1,250
24	台風第4号	6月19日	29.3	三宅坪田	406	宮川	12.7	1,390	1.1	0.0	9
	〃 15〃	上陸なし	30.5	沖永良部	626	沖永良部	31.0	1,320	11.3	0.3	81
	〃 16〃	上陸なし	42.1	与論島	646	宮川	38.9	1,770	16.5	1.6	356
	〃 17〃	9月30日	43.6	北原	576	仲筋	34.1	3,030	1.8	0.3	73
	〃 19〃	上陸なし	21.0	八重見ヶ原	294	八丈島					

年次及び台風名		気象資料（最大値）					農作物		うち水陸稲		
		本邦に上陸した日	10分間平均最大風速	観測地点	総降水量	観測地点	被害面積	(参考)被害見込金額	被害面積	被害量	(参考)被害見込金額
		(1)	(2)	(3)	(4)	(5)	(6)	(7)	(8)	(9)	(10)
			m/s		mm		千ha	100万円	千ha	千t	100万円
平成25年	台風第18号	9月16日	28.0	三宅島	576	大台町	47.1	4,540	22.6	4.7	1,070
	〃 26〃	上陸なし	34.9	えりも岬	824	伊豆大島	18.7	2,300	0.1	0.0	5
	〃 27〃	上陸なし	28.4	南大東島	678	仁淀川町					
26	台風第8号（梅雨前線の大雨を含む。）	7月10日	35.3	渡嘉敷村	535	えびの市	28.7	1,500	4.1	0.5	107
	〃 11〃	8月10日	42.1	室戸岬	1,081	馬路村	35.0	3,380	16.0	3.3	791
	〃 12〃（前線の大雨含む。）	上陸なし	29.7	奄美市	1,366	香美市					
	〃 18〃	10月6日	32.2	南伊豆町	489	伊豆市	24.5	1,400	2.5	0.4	106
	〃 19〃	10月13日	35.1	宮城島	527	国頭村	34.6	2,060	4.8	0.6	134
27	台風第6号	上陸なし	45.8	宮古島	156	石垣島	14.2	2,920	0.3	0.0	2
	〃 15〃	8月25日	47.9	石垣島	681	大台町	162.0	7,850	104.8	10.7	2,380
	〃 18〃（豪雨を含む。）	9月9日	22.8	えりも岬	602	日光市	21.3	4,840	14.1	17.2	3,450
28	台風第7号	8月17日	31.8	釧路市	243	浦河町	52.9	6,910	23.6	2.2	426
	〃 11〃	8月21日	31.5	勝浦市	449	伊豆市					
	〃 9〃	8月22日									
	〃 10〃	8月30日	25.3	酒田市	271	上士幌町	25.4	4,530	0.9	0.7	113
29	台風第3号（梅雨前線の大雨を含む。）	7月4日	38.4	室戸岬	849	室谷	9.0	3,480	5.0	5.4	1,120
	〃 18〃	9月17日	39.1	室戸岬	619	田野	61.1	2,490	18.3	1.4	308
	〃 21〃	10月23日	35.5	三宅坪田	889	新宮	51.8	7,330	2.9	0.5	108
	〃 22〃	上陸なし	32.3	笠利	484	赤江					
30	台風第7号（梅雨前線の大雨を含む。）	上陸なし	35.2	下地	1,853	魚梁瀬	26.0	7,350	14.1	8.9	1,960
	〃 21〃	9月4日	48.2	室戸岬	379	茶臼山	50.0	5,110	21.4	1.1	251
	〃 24〃	9月30日	40.0]	笠利	460	鳥形山	59.4	5,800	8.0	0.7	144
令和元	台風第15号	9月9日	43.4	神津島	442	天城山	21.6	6,710	8.8	4.0	895
	〃 17〃	上陸なし	32.9	渡嘉敷	538	木頭	42.8	2,870	31.8	9.8	2,090
	〃 19〃（大雨を含む。）	10月12日	34.8	羽田	1,300	箱根	29.2	9,500	4.6	6.5	1,300
2	台風第9号	上陸なし	40.7	北原	261.5	粟国	48.4	3,130	20.0	3.6	771
	〃 10〃	上陸なし	44.2	野母崎	599.0	神門					

注：　]については、期間内のデータに欠測の時間帯がある資料不足値である。

Ⅲ　統　計　表

1　米

(1)　令和２年産水陸稲の収穫量（全国農業地域別・都道府県別）

ア　水稲

全国農業地域・都道府県	作付面積（子実用）	10 a 当たり収量	収穫量（子実用）	(参考)農家等が使用しているふるい目幅で選別		参考	
				10 a 当たり収量	作況指数	主食用作付面積	収穫量（主食用）
	(1)	(2)	(3)	(4)	(5)	(6)	(7)
	ha	kg	t	kg		ha	t
全国 (1)	**1,462,000**	**531**	**7,763,000**	**508**	**99**	**1,366,000**	**7,226,000**
（全国農業地域）							
北海道 (2)	102,300	581	594,400	557	106	95,300	553,700
都府県 (3)	1,359,000	527	7,168,000	504	99	1,270,000	6,672,000
東北 (4)	381,500	586	2,236,000	559	104	342,000	2,000,000
北陸 (5)	206,400	550	1,135,000	531	102	185,900	1,021,000
関東・東山 (6)	269,600	536	1,444,000	523	101	255,800	1,370,000
東海 (7)	92,500	480	444,000	463	95	89,800	431,500
近畿 (8)	101,300	490	496,000	465	96	97,700	478,000
中国 (9)	101,200	484	489,700	455	92	98,200	475,700
四国 (10)	47,400	470	222,800	447	96	46,900	219,900
九州 (11)	158,600	440	698,500	404	85	153,200	673,300
沖縄 (12)	650	322	2,090	312	104	630	2,030
（都道府県）							
北海道 (13)	102,300	581	594,400	557	106	95,300	553,700
青森 (14)	45,200	628	283,900	600	105	38,300	240,500
岩手 (15)	50,400	553	278,700	527	103	48,200	266,500
宮城 (16)	68,300	552	377,000	527	102	64,500	356,000
秋田 (17)	87,600	602	527,400	566	105	75,300	453,300
山形 (18)	64,700	622	402,400	592	104	56,500	351,400
福島 (19)	65,300	562	367,000	544	102	59,200	332,700
茨城 (20)	67,800	531	360,000	519	103	65,500	347,800
栃木 (21)	59,200	538	318,500	520	101	54,900	295,400
群馬 (22)	15,500	496	76,900	481	100	13,600	67,500
埼玉 (23)	31,900	496	158,200	487	102	30,600	151,800
千葉 (24)	55,400	537	297,500	528	99	52,500	281,900
東京 (25)	124	400	496	394	98	124	496
神奈川 (26)	2,990	474	14,200	464	97	2,990	14,200
新潟 (27)	119,500	558	666,800	542	103	106,700	595,400
富山 (28)	37,100	556	206,300	535	103	33,200	184,600
石川 (29)	24,800	530	131,400	515	101	22,600	119,800
福井 (30)	25,100	518	130,000	482	99	23,300	120,700
山梨 (31)	4,880	529	25,800	516	97	4,800	25,400
長野 (32)	31,800	606	192,700	590	99	30,700	186,000
岐阜 (33)	22,500	470	105,800	459	96	21,400	100,600
静岡 (34)	15,500	478	74,100	469	92	15,400	73,600
愛知 (35)	27,400	490	134,300	469	96	26,400	129,400
三重 (36)	27,100	479	129,800	458	96	26,700	127,900
滋賀 (37)	31,100	509	158,300	475	98	29,700	151,200
京都 (38)	14,300	501	71,600	484	98	13,800	69,100
大阪 (39)	4,700	472	22,200	448	94	4,700	22,200
兵庫 (40)	36,500	477	174,100	455	95	34,800	166,000
奈良 (41)	8,480	482	40,900	462	92	8,430	40,600
和歌山 (42)	6,250	462	28,900	446	92	6,250	28,900
鳥取 (43)	12,900	512	66,000	497	100	12,800	65,500
島根 (44)	17,100	511	87,400	476	99	16,800	85,800
岡山 (45)	29,800	505	150,500	475	95	28,900	145,900
広島 (46)	22,600	499	112,800	475	94	22,000	109,800
山口 (47)	18,900	386	73,000	350	73	17,800	68,700
徳島 (48)	11,000	476	52,400	464	100	10,700	50,900
早期栽培 (49)	4,260	453	19,300	443	98	…	…
普通栽培 (50)	6,710	492	33,000	478	102	…	…
香川 (51)	11,700	496	58,000	480	100	11,600	57,500
愛媛 (52)	13,400	474	63,500	429	91	13,300	63,000
高知 (53)	11,300	433	48,900	417	93	11,200	48,500
早期栽培 (54)	6,380	454	29,000	442	94	…	…
普通栽培 (55)	4,950	407	20,100	387	93	…	…
福岡 (56)	34,900	416	145,200	365	80	34,400	143,100
佐賀 (57)	23,900	436	104,200	394	81	23,400	102,000
長崎 (58)	11,100	422	46,800	397	86	11,000	46,400
熊本 (59)	33,300	470	156,500	428	89	32,300	151,800
大分 (60)	20,200	403	81,400	369	77	20,000	80,600
宮崎 (61)	16,000	475	76,000	457	95	14,300	67,900
早期栽培 (62)	6,140	469	28,800	459	98	…	…
普通栽培 (63)	9,870	479	47,300	457	93	…	…
鹿児島 (64)	19,300	458	88,400	442	94	17,800	81,500
早期栽培 (65)	4,450	443	19,700	431	97	…	…
普通栽培 (66)	14,900	462	68,800	444	93	…	…
沖縄 (67)	650	322	2,090	312	104	630	2,030
第一期稲 (68)	479	367	1,760	359	102	…	…
第二期稲 (69)	171	197	337	174	119	…	…
関東農政局 (70)	285,100	532	1,518,000	520	100	271,200	1,444,000
東海農政局 (71)	77,000	480	369,900	462	96	74,500	357,900
中国四国農政局 (72)	148,600	479	712,500	453	93	145,100	695,600

注：1　作付面積（子実用）とは、青刈り面積（飼料用米等を含む。）を除いた面積である（以下１(1)及び(2)の各統計表において同じ。）。
　　2　10 a 当たり収量及び収穫量（子実用）は、1.70mmのふるい目幅で選別された玄米の重量である。
　　3　主食用作付面積とは、水稲作付面積（青刈り面積を含む。）から、備蓄米、加工用米、新規需要米等の作付面積を除いた面積である。
　　4　収穫量（子実用）及び収穫量（主食用）については都道府県ごとの積上げ値であるため、表頭の計算は一致しない場合がある。

前年産との比較						10ａ当たり平年収量	平年収量（子実用）	(参考)農家等が使用しているふるい目幅で選別		
作付面積		10ａ当たり収量		収穫量				10ａ当たり平年収量	平年収量（子実用）	
対差	対比	対差	対比	対差	対比					
(8)	(9)	(10)	(11)	(12)	(13)	(14)	(15)	(16)	(17)	
ha	%	kg	%	t	%	kg	t	kg	t	
△ 7,000	**100**	**3**	**101**	**1,000**	**100**	**535**	**7,822,000**	**512**	**7,485,000**	(1)
△ 700	99	10	102	6,300	101	550	562,700	524	536,100	(2)
△ 7,000	99	2	100	△ 6,000	100	533	7,243,000	511	6,944,000	(3)
△ 500	100	0	100	△ 3,000	100	566	2,159,000	540	2,060,000	(4)
△ 100	100	10	102	20,000	102	538	1,110,000	519	1,071,000	(5)
△ 1,500	99	14	103	30,000	102	537	1,448,000	520	1,402,000	(6)
△ 600	99	△ 11	98	△ 13,100	97	502	464,400	487	450,500	(7)
△ 1,300	99	△ 13	97	△ 20,400	96	508	514,600	484	490,300	(8)
△ 900	99	△ 19	96	△ 23,500	95	518	524,200	495	500,900	(9)
△ 900	98	13	103	2,100	101	482	228,500	465	220,400	(10)
△ 1,400	99	5	101	2,100	100	501	794,600	474	751,800	(11)
△ 27	96	27	109	90	105	309	2,010	299	1,940	(12)
△ 700	99	10	102	6,300	101	550	562,700	524	536,100	(13)
200	100	1	100	1,700	101	597	269,800	570	257,600	(14)
△ 100	100	△ 1	100	△ 1,100	100	539	271,700	514	259,100	(15)
△ 100	100	1	100	100	100	540	368,800	515	351,700	(16)
△ 200	100	2	100	600	100	575	503,700	541	473,900	(17)
200	100	△ 5	99	△ 2,000	100	598	386,900	568	367,500	(18)
△ 500	99	2	100	△ 1,500	100	550	359,200	533	348,000	(19)
△ 500	99	27	105	15,800	105	524	355,300	505	342,400	(20)
0	100	12	102	7,100	102	540	319,700	515	304,900	(21)
0	100	10	102	1,600	102	498	77,200	482	74,700	(22)
△ 100	100	14	103	4,000	103	492	156,900	477	152,200	(23)
△ 600	99	21	104	8,500	103	544	301,400	534	295,800	(24)
△ 5	96	△ 2	100	△ 23	96	414	513	403	500	(25)
△ 50	98	4	101	△ 100	99	494	14,800	477	14,300	(26)
300	100	16	103	20,700	103	544	650,100	527	629,800	(27)
△ 100	100	3	101	600	100	544	201,800	519	192,500	(28)
△ 200	99	△ 2	100	△ 1,600	99	523	129,700	509	126,200	(29)
0	100	△ 2	100	△ 500	100	519	130,300	486	122,000	(30)
△ 10	100	△ 12	98	△ 700	97	547	26,700	532	26,000	(31)
△ 200	99	△ 14	98	△ 5,700	97	619	196,800	598	190,200	(32)
0	100	△ 12	98	△ 2,700	98	486	109,400	476	107,100	(33)
△ 200	99	△ 39	92	△ 7,100	91	520	80,600	511	79,200	(34)
△ 100	100	△ 9	98	△ 2,900	98	507	138,900	491	134,500	(35)
△ 200	99	2	100	△ 400	100	500	135,500	479	129,800	(36)
△ 600	98	0	100	△ 3,100	98	518	161,100	483	150,200	(37)
△ 100	99	△ 4	99	△ 1,100	98	511	73,100	494	70,600	(38)
△ 150	97	△ 30	94	△ 2,100	91	495	23,300	479	22,500	(39)
△ 300	99	△ 20	96	△ 8,800	95	502	183,200	477	174,100	(40)
△ 10	100	△ 33	94	△ 2,800	94	513	43,500	500	42,400	(41)
△ 110	98	△ 32	94	△ 2,500	92	497	31,100	486	30,400	(42)
200	102	△ 2	100	700	101	514	66,300	495	63,900	(43)
△ 200	99	5	101	△ 100	100	511	87,400	483	82,600	(44)
△ 300	99	△ 12	98	△ 5,100	97	526	156,700	501	149,300	(45)
△ 100	100	0	100	△ 500	100	528	119,300	508	114,800	(46)
△ 400	98	△ 88	81	△ 18,500	80	504	95,300	481	90,900	(47)
△ 300	97	12	103	0	100	474	52,100	462	50,800	(48)
△ 80	98	△ 3	99	△ 500	97	463	19,700	453	19,300	(49)
△ 230	97	22	105	400	101	481	32,300	467	31,300	(50)
△ 300	98	25	105	1,500	103	496	58,000	478	55,900	(51)
△ 200	99	4	101	△ 400	99	498	66,700	469	62,800	(52)
△ 100	99	13	103	1,000	102	456	51,500	447	50,500	(53)
△ 60	99	△ 1	100	△ 300	99	479	30,600	472	30,100	(54)
△ 30	99	32	109	1,400	107	426	21,100	415	20,500	(55)
△ 100	100	△ 38	92	△ 13,700	91	496	173,100	459	160,200	(56)
△ 200	99	138	146	32,400	145	519	124,000	488	116,600	(57)
△ 300	97	△ 33	93	△ 5,100	90	482	53,500	464	51,500	(58)
0	100	△ 13	97	△ 4,300	97	513	170,800	480	159,800	(59)
△ 400	98	△ 32	93	△ 8,200	91	499	100,800	477	96,400	(60)
△ 100	99	10	102	1,100	101	496	79,400	482	77,100	(61)
△ 160	97	10	102	△ 100	100	478	29,300	470	28,900	(62)
90	101	10	102	1,400	103	508	50,100	490	48,400	(63)
△ 200	99	4	101	△ 100	100	484	93,400	470	90,700	(64)
80	102	5	101	600	103	453	20,200	443	19,700	(65)
△ 300	98	4	101	△ 800	99	493	73,500	478	71,200	(66)
△ 27	96	27	109	90	105	309	2,010	299	1,940	(67)
△ 27	95	36	111	90	105	358	1,710	351	1,680	(68)
0	100	9	105	16	105	165	282	146	250	(69)
△ 1,600	99	11	102	23,000	102	537	1,531,000	519	1,480,000	(70)
△ 400	99	△ 6	99	△ 6,000	98	498	383,500	482	371,100	(71)
△ 1,800	99	△ 9	98	△ 21,400	97	507	753,400	485	720,700	(72)

5　（参考）の農家等が使用しているふるい目幅で選別された10ａ当たり収量、作況指数、10ａ当たり平年収量及び平年収量（子実用）は、都道府県ごとに、過去５か年間に農家等が実際に使用したふるい目幅の分布において、最も大きい割合の目幅以上に選別された玄米を基に算出した数値である。

6　徳島県、高知県、宮崎県、鹿児島県及び沖縄県の作期別の主食用作付面積は、備蓄米、加工用米、新規需要米等の面積を把握していないことから「…」で示している。

7　10ａ当たり収量及び収穫量の前年産との比較は、1.70㎜のふるい目幅で選別された玄米の重量で比較している。

1　米（続き）

(1)　令和２年産水陸稲の収穫量（全国農業地域別・都道府県別）（続き）

イ　水陸稲計・陸稲

全国農業地域・都道府県	水陸稲計 作付面積（子実用）	水陸稲計 収穫量（子実用）	陸稲 作付面積（子実用）	陸稲 10a当たり収量	陸稲 収穫量（子実用）	陸稲 前年産との比較 作付面積 対差	陸稲 前年産との比較 作付面積 対比	陸稲 前年産との比較 10a当たり収量 対差	陸稲 前年産との比較 10a当たり収量 対比	陸稲 前年産との比較 収穫量 対差	陸稲 前年産との比較 収穫量 対比	陸稲 参考 10a当たり平均収量対比	陸稲 参考 10a当たり平均収量
	(1)	(2)	(3)	(4)	(5)	(6)	(7)	(8)	(9)	(10)	(11)	(12)	(13)
	ha	t	ha	kg	t	ha	%	kg	%	t	%	%	kg
全国	**1,462,000**	**7,765,000**	**636**	**236**	**1,500**	**△ 66**	**91**	**8**	**104**	**△ 100**	**94**	**100**	**236**
（全国農業地域）													
北海道	102,300	…	0	…	…	nc	nc	nc	nc	nc	nc	nc	…
都府県	1,360,000	…	636	…	…	nc	nc	nc	nc	nc	nc	nc	…
東北	381,500	…	1	…	…	nc	nc	nc	nc	nc	nc	nc	…
北陸	206,400	…	x	…	…	nc	nc	nc	nc	nc	nc	nc	…
関東・東山	270,200	…	x	…	…	nc	nc	nc	nc	nc	nc	nc	…
東海	92,500	…	0	…	…	nc	nc	nc	nc	nc	nc	nc	…
近畿	101,300	496,000	−	−	−	nc	nc	nc	nc	nc	nc	nc	…
中国	101,200	489,700	−	−	−	nc	nc	nc	nc	nc	nc	nc	…
四国	47,400	222,800	−	−	−	nc	nc	nc	nc	nc	nc	nc	…
九州	158,600	…	0	…	…	nc	nc	nc	nc	nc	nc	nc	…
沖縄	650	2,090	−	−	−	nc	nc	nc	nc	nc	nc	nc	…
（都道府県）													
北海道	102,300	…	0	…	…	nc	nc	nc	nc	nc	nc	nc	…
青森	45,200	…	0	…	…	nc	nc	nc	nc	nc	nc	nc	222
岩手	50,400	…	0	…	…	nc	nc	nc	nc	nc	nc	nc	183
宮城	68,300	377,000	−	−	−	nc	nc	nc	nc	nc	nc	nc	…
秋田	87,600	527,400	−	−	−	nc	nc	nc	nc	nc	nc	−	169
山形	64,700	402,400	−	−	−	nc	nc	nc	nc	nc	nc	−	156
福島	65,300	…	1	…	…	nc	nc	nc	nc	nc	nc	nc	178
茨城	68,200	361,100	447	245	1,100	△ 40	92	5	102	△ 70	94	101	243
栃木	59,300	318,800	165	211	348	△ 14	92	0	100	△ 30	92	91	232
群馬	15,500	…	x	…	…	nc	nc	nc	nc	nc	nc	nc	160
埼玉	31,900	…	0	…	…	nc	nc	nc	nc	nc	nc	nc	130
千葉	55,400	…	19	…	…	nc	nc	nc	nc	nc	nc	nc	185
東京	125	…	1	…	…	nc	nc	nc	nc	nc	nc	nc	158
神奈川	2,990	…	x	…	…	nc	nc	nc	nc	nc	nc	nc	182
新潟	119,500	…	x	…	…	nc	nc	nc	nc	nc	nc	nc	232
富山	37,100	206,300	−	−	−	nc	nc	nc	nc	nc	nc	nc	…
石川	24,800	…	x	…	…	nc	nc	nc	nc	nc	nc	nc	…
福井	25,100	130,000	−	−	−	nc	nc	nc	nc	nc	nc	nc	…
山梨	4,880	25,800	−	−	−	nc	nc	nc	nc	nc	nc	nc	…
長野	31,800	192,700	−	−	−	nc	nc	nc	nc	nc	nc	nc	…
岐阜	22,500	105,800	−	−	−	nc	nc	nc	nc	nc	nc	nc	…
静岡	15,500	…	0	…	…	nc	nc	nc	nc	nc	nc	nc	216
愛知	27,400	134,300	−	−	−	nc	nc	nc	nc	nc	nc	nc	…
三重	27,100	129,800	−	−	−	nc	nc	nc	nc	nc	nc	−	127
滋賀	31,100	158,300	−	−	−	nc	nc	nc	nc	nc	nc	nc	…
京都	14,300	71,600	−	−	−	nc	nc	nc	nc	nc	nc	nc	…
大阪	4,700	22,200	−	−	−	nc	nc	nc	nc	nc	nc	nc	…
兵庫	36,500	174,100	−	−	−	nc	nc	nc	nc	nc	nc	nc	…
奈良	8,480	40,900	−	−	−	nc	nc	nc	nc	nc	nc	nc	…
和歌山	6,250	28,900	−	−	−	nc	nc	nc	nc	nc	nc	nc	…
鳥取	12,900	66,000	−	−	−	nc	nc	nc	nc	nc	nc	nc	…
島根	17,100	87,400	−	−	−	nc	nc	nc	nc	nc	nc	nc	…
岡山	29,800	150,500	−	−	−	nc	nc	nc	nc	nc	nc	nc	…
広島	22,600	112,800	−	−	−	nc	nc	nc	nc	nc	nc	nc	…
山口	18,900	73,000	−	−	−	nc	nc	nc	nc	nc	nc	nc	…
徳島	11,000	52,400	−	−	−	nc	nc	nc	nc	nc	nc	nc	…
香川	11,700	58,000	−	−	−	nc	nc	nc	nc	nc	nc	nc	…
愛媛	13,400	63,500	−	−	−	nc	nc	nc	nc	nc	nc	nc	…
高知	11,300	48,900	−	−	−	nc	nc	nc	nc	nc	nc	nc	…
福岡	34,900	145,200	−	−	−	nc	nc	nc	nc	nc	nc	nc	…
佐賀	23,900	104,200	−	−	−	nc	nc	nc	nc	nc	nc	nc	…
長崎	11,100	46,800	−	−	−	nc	nc	nc	nc	nc	nc	−	253
熊本	33,300	156,500	−	−	−	nc	nc	nc	nc	nc	nc	−	139
大分	20,200	81,400	−	−	−	nc	nc	nc	nc	nc	nc	−	175
宮崎	16,000	…	0	…	…	nc	nc	nc	nc	nc	nc	nc	177
鹿児島	19,300	88,400	−	−	−	nc	nc	nc	nc	nc	nc	−	167
沖縄	650	2,090	−	−	−	nc	nc	nc	nc	nc	nc	nc	…
関東農政局	285,700	…	x	…	…	nc	nc	nc	nc	nc	nc	nc	…
東海農政局	77,000	369,900	−	−	−	nc	nc	nc	nc	nc	nc	nc	…
中国四国農政局	148,600	712,500	−	−	−	nc	nc	nc	nc	nc	nc	nc	…

注：1　陸稲の作付面積調査及び収穫量調査は主産県調査であり、３年又は６年周期で全国調査を実施している。
　　2　令和２年産調査については、作付面積調査は全国、収穫量調査は主産県を対象に調査を実施した。
　　3　主産県とは、直近の全国調査年である平成29年産調査における全国の作付面積のおおむね80％を占めるまでの上位都道府県である。
　　4　全国の収穫量については、主産県の調査結果から推計したものである。
　　5　「（参考）10ａ当たり平均収量対比」とは、10ａ当たり平均収量（原則として直近７か年のうち、最高及び最低を除いた５か年の平均値）に対する当年産の10ａ当たり収量の比率である。

(2) 令和２年産水稲の時期別作柄及び収穫量（全国農業地域別・都道府県別）

全国農業地域・都道府県	作付面積(子実用)	8月15日現在	9月15日現在			10月15日現在				収穫期			
		作柄の良否(作況指数)	10a当たり予想収量	(参考)農家等が使用しているふるい目幅で選別		10a当たり予想収量	(参考)農家等が使用しているふるい目幅で選別		予想収穫量(子実用)	10a当たり収量	(参考)農家等が使用しているふるい目幅で選別		収穫量(子実用)
				10a当たり予想収量	作況指数		10a当たり予想収量	作況指数			10a当たり収量	作況指数	
	(1)	(2)	(3)	(4)	(5)	(6)	(7)	(8)	(9)	(10)	(11)	(12)	(13)
	ha		kg	kg		kg	kg		t	kg	kg		t
全国	**1,462,000**	…	**539**	**517**	**101**	**531**	**508**	**99**	**7,767,000**	**531**	**508**	**99**	**7,763,000**
（全国農業地域）													
北海道	102,300	やや良	581	551	105	581	557	106	594,400	581	557	106	594,400
都府県	1,359,000	…	536	514	101	528	504	99	7,172,000	527	504	99	7,168,000
東北	381,500	…	586	558	103	586	559	104	2,236,000	586	559	104	2,236,000
北陸	206,400	…	551	532	103	550	531	102	1,135,000	550	531	102	1,135,000
関東・東山	269,600	…	538	524	101	536	523	101	1,444,000	536	523	101	1,444,000
東海	92,500	…	487	473	97	480	463	95	444,000	480	463	95	444,000
近畿	101,300	…	504	479	99	490	466	96	496,500	490	465	96	496,000
中国	101,200	…	503	479	97	484	455	92	489,700	484	455	92	489,700
四国	47,400	…	484	466	100	470	447	96	222,800	470	447	96	222,800
九州	158,600	…	483	457	96	443	405	85	702,100	440	404	85	698,500
沖縄	650	…	314	303	101	314	303	101	2,040	322	312	104	2,090
（都道府県）													
北海道	102,300	やや良	581	551	105	581	557	106	594,400	581	557	106	594,400
青森	45,200	やや良	623	595	104	628	600	105	283,900	628	600	105	283,900
岩手	50,400	やや良	558	528	103	553	527	103	278,700	553	527	103	278,700
宮城	68,300	平年並み	552	527	102	552	527	102	377,000	552	527	102	377,000
秋田	87,600	やや良	601	566	105	602	566	105	527,400	602	566	105	527,400
山形	64,700	やや良	621	590	104	622	592	104	402,400	622	592	104	402,400
福島	65,300	平年並み	564	546	102	562	544	102	367,000	562	544	102	367,000
茨城	67,800	やや不良	532	520	103	531	519	103	360,000	531	519	103	360,000
栃木	59,200	やや不良	538	519	101	538	520	101	318,500	538	520	101	318,500
群馬	15,500	やや不良[注1]	495	479	99	496	481	100	76,900	496	481	100	76,900
埼玉	31,900	やや不良[注1]	502	490	103	496	487	102	158,200	496	487	102	158,200
千葉	55,400	やや不良	537	528	99	537	528	99	297,500	537	528	99	297,500
東京	124	やや不良[注1]	405	394	98	400	394	98	496	400	394	98	496
神奈川	2,990	やや不良[注1]	477	464	97	474	464	97	14,200	474	464	97	14,200
新潟	119,500	平年並み	561	544	103	558	542	103	666,800	558	542	103	666,800
富山	37,100	平年並み	554	535	103	556	535	103	206,300	556	535	103	206,300
石川	24,800	平年並み	530	516	101	530	515	101	131,400	530	515	101	131,400
福井	25,100	平年並み	519	486	100	518	482	99	130,000	518	482	99	130,000
山梨	4,880	やや不良[注1]	532	517	97	529	517	97	25,800	529	516	97	25,800
長野	31,800	やや不良	617	596	100	606	590	99	192,700	606	590	99	192,700
岐阜	22,500	やや不良[注1]	477	467	98	470	459	96	105,800	470	459	96	105,800
静岡	15,500	平年並み[注1]	503	494	97	478	469	92	74,100	478	469	92	74,100
愛知	27,400	やや不良[注1]	495	479	98	490	469	96	134,300	490	469	96	134,300
三重	27,100	やや不良	479	459	96	479	458	96	129,800	479	458	96	129,800
滋賀	31,100	やや不良	509	474	98	509	475	98	158,300	509	475	98	158,300
京都	14,300	やや不良[注1]	503	486	98	501	484	98	71,600	501	484	98	71,600
大阪	4,700	平年並み[注1]	499	483	101	472	448	94	22,200	472	448	94	22,200
兵庫	36,500	やや不良[注1]	499	474	99	477	455	95	174,100	477	455	95	174,100
奈良	8,480	平年並み[注1]	520	507	101	488	468	94	41,400	482	462	92	40,900
和歌山	6,250	平年並み[注1]	485	474	98	462	446	92	28,900	462	446	92	28,900
鳥取	12,900	平年並み	520	501	101	512	497	100	66,000	512	497	100	66,000
島根	17,100	平年並み	522	488	101	511	476	99	87,400	511	476	99	87,400
岡山	29,800	平年並み[注1]	526	501	100	505	475	95	150,500	505	475	95	150,500
広島	22,600	やや不良[注1]	510	492	97	499	475	94	112,800	499	475	94	112,800
山口	18,900	平年並み[注1]	427	401	83	386	350	73	73,000	386	350	73	73,000
徳島	11,000	…	476	465	101	476	464	100	52,400	476	464	100	52,400
早期栽培	4,260	98	453	443	98	453	443	98	19,300	453	443	98	19,300
普通栽培	6,710	平年並み[注1]	490	478	102	492	478	102	33,000	492	478	102	33,000
香川	11,700	平年並み[注1]	511	492	103	496	480	100	58,000	496	480	100	58,000
愛媛	13,400	平年並み[注1]	497	469	100	474	429	91	63,500	474	429	91	63,500
高知	11,300	…	447	435	97	433	417	93	48,900	433	417	93	48,900
早期栽培	6,380	94	454	442	94	454	442	94	29,000	454	442	94	29,000
普通栽培	4,950	やや不良[注1]	438	427	103	407	387	93	20,100	407	387	93	20,100
福岡	34,900	やや不良[注1]	471	436	95	416	365	80	145,200	416	365	80	145,200
佐賀	23,900	やや不良[注1]	484	455	93	450	400	82	107,600	436	394	81	104,200
長崎	11,100	やや不良[注1]	450	433	93	422	397	86	46,800	422	397	86	46,800
熊本	33,300	平年並み[注1]	505	473	99	470	429	89	156,500	470	428	89	156,500
大分	20,200	やや不良[注1]	479	458	96	403	369	77	81,400	403	369	77	81,400
宮崎	16,000	…	490	475	99	475	457	95	76,000	475	457	95	76,000
早期栽培	6,140	98	469	459	98	469	459	98	28,800	469	459	98	28,800
普通栽培	9,870	平年並み[注1]	503	485	99	479	457	93	47,300	479	457	93	47,300
鹿児島	19,300	…	480	466	99	459	440	94	88,600	458	442	94	88,400
早期栽培	4,450	97	443	431	97	443	431	97	19,700	443	431	97	19,700
普通栽培	14,900	平年並み[注1]	492	477	100	463	442	92	69,000	462	444	93	68,800
沖縄	650	…	314	303	101	314	303	101	2,040	322	312	104	2,090
第一期稲	479	102	367	359	102	367	359	102	1,760	367	359	102	1,760
第二期稲	171	…	…	…	…	…	…	…	…	197	174	119	337
関東農政局	285,100	…	536	522	101	532	520	100	1,518,000	532	520	100	1,518,000
東海農政局	77,000	…	484	468	97	480	462	96	369,900	480	462	96	369,900
中国四国農政局	148,600	…	497	474	98	479	453	93	712,500	479	453	93	712,500

注：1　8月15日現在の作柄の良否（遅場地帯）は、気象データ（降水量、気温、日照時間、風速等）及び人工衛星データ（降水量、地表面温度、日射量、植生指数等）を説明変数、10a当たり収量を目的変数として予測式（重回帰式）を作成し、作柄を予測したものである。遅場地帯の作柄の良否については実測調査を伴わない予測結果であり、穂数、もみ数等の実測調査及び気象データに基づき予測を行っている早場地帯とは予測の仕方が異なる。
2　早場地帯とは、8月15日現在の出穂面積割合が、平年ベースでおおむね8割以上を占める道県であり、遅場地帯は早場地帯の道県以外の都府県である。
3　8月15日現在の作況指数は、早期栽培の面積割合がおおむね3割以上を占める徳島県、高知県、宮崎県及び鹿児島県における早期栽培並びに沖縄県の第一期稲を対象に算出している。
4　沖縄県の第二期稲については、8月15日現在では田植期前の地域があるため、8月15日現在の作柄予測を行っていない。
5　8月15日現在の作況指数、（参考）の農家等が使用しているふるい目幅で選別された10a当たり予想収量、10a当たり収量及び作況指数は、都道府県ごとに、過去5か年間に農家等が実際に使用したふるい目幅の分布において、最も大きい割合の目幅以上に選別された玄米を基に算出した数値である。
6　9月15日現在の10a当たり予想収量、10月15日現在の10a当たり予想収量及び予想収穫量（子実用）並びに収穫期の10a当たり収量及び収穫量（子実用）は1.70mmのふるい目幅で選別された玄米の重量である。
7　沖縄県計の作況指数の算出について、9月15日現在及び10月15日現在については、第一期稲は10a当たり収量を、第二期稲は未確定の要素が多いことから、10a当たり平年収量を用いた。

1 米（続き）

(3) 令和２年産水稲の収量構成要素（水稲作況標本筆調査成績）（全国農業地域別・都道府県別）

全国農業地域・都道府県	1㎡当たり株数		1株当たり有効穂数		1㎡当たり有効穂数		1穂当たりもみ数		1㎡当たり全もみ数		千もみ当
	本年	対平年比	本年	対平年比	本年	対平年比	本年	対平年比	本年	対平年比	本年
	(1)	(2)	(3)	(4)	(5)	(6)	(7)	(8)	(9)	(10)	(11)
	株	%	本	%	本	%	粒	%	100粒	%	g
全国 (1)	**17.2**	**99**	**23.1**	**100**	**397**	**99**	**76.8**	**103**	**305**	**102**	**17.9**
（全国農業地域）											
北海道 (2)	21.9	99	24.6	98	538	96	64.5	107	347	103	17.2
都府県 (3)	16.9	99	22.9	100	387	99	78.0	103	302	102	17.9
東北 (4)	18.2	99	24.7	104	450	104	71.8	101	323	105	18.5
北陸 (5)	17.5	101	21.6	98	378	99	79.9	105	302	104	18.7
関東・東山 (6)	16.4	98	22.7	99	373	98	82.8	103	309	101	17.7
東海 (7)	16.4	99	21.4	96	351	94	78.6	104	276	99	17.9
近畿 (8)	16.0	98	21.1	97	337	95	83.1	104	280	98	17.8
中国 (9)	15.7	98	22.2	100	348	98	81.6	103	284	101	17.6
四国 (10)	15.0	97	24.0	100	360	98	78.6	104	283	101	17.0
九州 (11)	16.1	99	22.0	93	355	92	80.8	106	287	97	15.9
沖縄 (12)	…	nc	…	nc	…	nc	…	nc	…	nc	…
（都道府県）											
北海道 (13)	21.9	99	24.6	98	538	96	64.5	107	347	103	17.2
青森 (14)	19.6	100	22.6	106	442	105	81.2	101	359	107	17.9
岩手 (15)	17.4	99	25.9	106	450	104	67.1	101	302	105	18.7
宮城 (16)	17.2	101	26.0	99	448	100	67.9	103	304	102	18.6
秋田 (17)	18.8	99	23.7	106	445	105	73.3	100	326	104	18.8
山形 (18)	19.3	99	26.4	108	509	108	66.8	99	340	106	18.7
福島 (19)	16.8	97	24.0	105	404	102	77.0	102	311	103	18.5
茨城 (20)	15.7	98	24.1	101	378	98	81.0	101	306	99	17.7
栃木 (21)	17.1	99	20.8	99	356	99	87.6	103	312	102	17.6
群馬 (22)	16.5	97	20.5	95	338	93	85.2	105	288	98	17.5
埼玉 (23)	16.1	99	22.8	100	367	98	80.9	104	297	102	17.4
千葉 (24)	15.9	99	24.2	100	384	99	81.5	103	313	102	17.5
東京 (25)	…	nc	…	nc	…	nc	…	nc	…	nc	…
神奈川 (26)	16.9	98	18.5	94	312	92	83.3	102	260	94	18.5
新潟 (27)	16.8	100	22.1	97	372	98	83.3	108	310	105	18.6
富山 (28)	19.7	105	19.1	98	377	104	76.7	99	289	102	19.7
石川 (29)	17.9	102	21.7	98	388	99	74.0	100	287	99	18.8
福井 (30)	17.5	99	22.9	101	400	100	73.5	102	294	101	18.0
山梨 (31)	16.6	97	22.7	98	377	95	78.0	103	294	97	18.2
長野 (32)	17.7	98	22.6	97	400	95	83.0	106	332	101	18.6
岐阜 (33)	15.6	97	21.9	98	341	95	77.4	104	264	99	18.2
静岡 (34)	17.2	98	20.4	96	351	94	82.1	108	288	102	17.1
愛知 (35)	16.8	98	21.3	96	358	94	77.9	104	279	98	18.0
三重 (36)	16.1	100	21.9	94	352	94	78.7	103	277	97	17.8
滋賀 (37)	16.8	101	21.3	94	357	94	81.5	102	291	96	17.8
京都 (38)	16.5	100	20.2	97	334	97	84.1	103	281	100	18.1
大阪 (39)	15.0	94	23.3	104	349	98	82.8	103	289	101	16.5
兵庫 (40)	15.4	96	20.6	98	317	94	83.9	105	266	99	18.3
奈良 (41)	15.6	96	22.1	100	344	96	86.0	105	296	101	16.6
和歌山 (42)	15.6	96	21.5	96	335	93	81.5	104	273	96	17.3
鳥取 (43)	16.1	99	22.6	103	364	101	75.8	100	276	101	19.1
島根 (44)	16.4	99	21.2	100	347	99	84.1	105	292	104	17.8
岡山 (45)	15.1	97	22.5	100	340	97	84.1	104	286	101	18.1
広島 (46)	15.1	96	23.0	101	348	97	81.9	103	285	99	17.9
山口 (47)	16.3	99	21.3	98	348	97	79.9	103	278	99	15.0
徳島 (48)	15.2	96	24.6	104	374	100	77.3	101	289	101	16.7
早期栽培 (49)	14.6	97	24.8	100	362	97	74.0	99	268	96	17.2
普通栽培 (50)	15.6	95	24.4	106	381	101	79.3	103	302	104	16.6
香川 (51)	15.4	96	23.2	97	357	93	80.4	107	287	100	17.7
愛媛 (52)	15.0	99	23.8	100	357	99	81.8	104	292	103	16.6
高知 (53)	14.3	97	24.7	102	353	99	74.8	104	264	103	16.7
早期栽培 (54)	14.6	98	26.0	100	380	98	71.3	105	271	103	17.0
普通栽培 (55)	13.9	96	22.8	105	317	101	80.1	102	254	103	16.4
福岡 (56)	16.3	100	21.0	91	342	91	81.6	104	279	95	15.6
佐賀 (57)	16.5	97	22.0	91	363	88	79.3	106	288	93	15.8
長崎 (58)	16.3	99	20.7	90	338	89	80.5	105	272	93	16.1
熊本 (59)	15.3	99	24.2	96	371	95	82.5	107	306	102	15.8
大分 (60)	15.0	97	22.3	95	334	92	85.3	105	285	97	14.7
宮崎 (61)	16.3	98	23.2	97	378	95	77.0	107	291	101	16.6
早期栽培 (62)	17.7	99	24.7	98	438	98	64.4	102	282	100	16.9
普通栽培 (63)	15.4	97	22.1	96	340	93	87.1	110	296	102	16.5
鹿児島 (64)	17.4	98	20.2	93	352	92	78.4	107	276	98	17.1
早期栽培 (65)	19.9	103	20.5	94	407	96	68.8	100	280	97	16.0
普通栽培 (66)	16.7	97	20.2	93	337	90	81.6	109	275	99	17.3
沖縄 (67)	…	nc	…	nc	…	nc	…	nc	…	nc	…
関東農政局 (68)	16.4	98	22.6	99	371	97	83.0	103	308	101	17.7
東海農政局 (69)	16.2	98	21.7	96	351	94	78.1	104	274	98	18.0
中国四国農政局 (70)	15.5	97	22.6	100	351	98	80.9	104	284	101	17.4

注：1　対平年比とは、過年次の水稲作況標本筆結果から作成した各収量構成要素（1㎡当たり株数等）の平年値との対比である。
　　2　徳島県、高知県、宮崎県及び鹿児島県については作期別（早期栽培・普通栽培）の平均値である。
　　3　東京都及び沖縄県については、水稲作況標本筆を設置していないことから「…」で示した。
　　4　千もみ当たり収量、玄米千粒重及び10ａ当たり玄米重は、1.70㎜のふるい目で選別された玄米の重量である。

たり収量	粗玄米粒数歩合		玄米粒数歩合		玄米千粒重		10a当たり未調製乾燥もみ重		10a当たり粗玄米重		玄米重歩合		10a当たり玄米重		
対平年比	本年	対平年比	本年	対平年比	本年	対平年比	本年	対平年比	本年	対平年比	本年	対平年比	本年	対平年比	
(12)	(13)	(14)	(15)	(16)	(17)	(18)	(19)	(20)	(21)	(22)	(23)	(24)	(25)	(26)	
%	%	%	%	%	g	%	kg	%	kg	%	%	%	kg	%	
98	**88.5**	**100**	**95.9**	**100**	**21.0**	**97**	**701**	**99**	**557**	**99**	**97.8**	**100**	**545**	**100**	(1)
102	81.6	101	96.5	101	21.9	101	753	104	608	105	98.4	101	598	105	(2)
97	89.1	100	95.9	100	21.0	97	697	99	553	99	97.8	100	541	99	(3)
99	90.1	101	96.9	101	21.2	97	763	103	609	103	98.4	100	599	104	(4)
99	91.1	100	96.7	101	21.2	98	713	102	574	102	98.4	101	565	103	(5)
99	90.0	100	96.8	102	20.4	97	705	99	557	99	98.4	101	548	100	(6)
98	86.6	100	96.2	100	21.4	97	642	97	502	96	98.2	100	493	96	(7)
98	89.3	101	95.2	100	21.0	97	653	96	512	96	97.5	100	499	96	(8)
94	88.0	99	95.2	99	21.0	95	649	95	512	94	97.5	100	499	94	(9)
97	86.6	98	93.5	99	21.0	100	631	98	499	98	96.2	99	480	98	(10)
91	83.3	96	92.1	98	20.7	97	616	91	478	90	95.2	99	455	89	(11)
nc	…	nc	…	nc	…	nc	…	nc	…	nc	…	nc	…	nc	(12)
102	81.6	101	96.5	101	21.9	101	753	104	608	105	98.4	101	598	105	(13)
99	85.5	100	96.7	101	21.6	98	835	107	653	105	98.3	100	642	105	(14)
98	91.7	101	96.4	100	21.2	97	710	102	575	103	98.3	100	565	103	(15)
100	91.1	102	97.5	101	20.9	96	723	101	571	101	98.8	101	564	102	(16)
100	90.8	102	97.0	101	21.4	98	776	104	625	104	98.2	100	614	104	(17)
98	91.5	100	97.4	102	21.0	97	811	104	646	104	98.6	101	637	104	(18)
99	90.0	101	96.1	101	21.4	97	732	103	587	102	98.0	100	575	102	(19)
102	89.9	102	97.5	102	20.3	99	696	100	550	100	98.7	101	543	101	(20)
98	90.7	99	96.8	102	20.0	96	705	99	559	99	98.2	101	549	99	(21)
101	90.6	104	94.6	103	20.4	95	674	99	523	98	96.6	101	505	99	(22)
101	90.2	101	96.6	103	20.0	97	684	103	528	102	97.9	102	517	103	(23)
97	86.9	98	96.7	101	20.8	98	695	97	556	98	98.4	101	547	99	(24)
nc	…	nc	…	nc	…	nc	…	nc	…	nc	…	nc	…	nc	(25)
102	90.0	99	95.7	103	21.5	100	643	96	491	94	98.0	102	481	96	(26)
98	91.6	100	96.5	101	21.0	97	729	103	586	103	98.3	101	576	103	(27)
99	92.7	101	97.8	101	21.7	99	710	100	574	102	99.0	100	568	102	(28)
102	89.5	103	97.3	101	21.6	99	683	101	548	101	98.5	100	540	101	(29)
98	89.8	100	95.5	101	21.0	98	670	99	544	100	97.4	100	530	100	(30)
99	89.8	99	97.0	102	20.9	99	700	96	544	96	98.3	101	535	97	(31)
97	92.5	101	97.1	101	20.7	95	789	98	628	97	98.4	101	618	98	(32)
98	86.0	101	96.0	100	22.0	96	620	97	490	97	98.0	100	480	97	(33)
91	85.1	96	96.3	99	20.8	95	651	95	502	93	98.0	100	492	93	(34)
99	86.0	100	96.3	100	21.7	99	654	98	511	97	98.2	100	502	97	(35)
99	87.7	100	96.3	101	21.1	99	642	98	504	97	98.0	100	494	97	(36)
102	87.3	102	96.5	102	21.1	98	663	97	527	97	98.3	101	518	98	(37)
98	89.3	100	95.2	100	21.3	98	655	97	518	97	98.3	101	509	98	(38)
94	89.3	100	93.4	100	19.8	94	651	98	500	96	95.6	99	478	95	(39)
96	92.5	102	94.7	100	20.9	95	649	96	503	95	97.0	100	488	95	(40)
93	87.5	101	93.8	98	20.2	94	658	96	512	95	95.7	99	490	94	(41)
98	87.2	101	95.0	101	20.9	95	610	93	488	93	96.9	100	473	94	(42)
99	91.3	102	96.8	101	21.6	96	666	99	535	100	98.5	101	527	101	(43)
96	88.7	100	96.9	101	20.7	95	666	99	530	99	98.1	100	520	99	(44)
96	89.2	99	95.3	100	21.3	96	673	97	531	97	97.4	100	517	96	(45)
95	89.1	101	96.9	100	20.8	94	659	95	521	94	98.1	100	511	94	(46)
82	81.3	91	91.2	96	20.2	94	575	87	441	83	94.3	97	416	81	(47)
99	82.7	99	95.4	100	21.2	101	628	100	495	100	97.8	100	484	100	(48)
102	82.8	99	95.9	100	21.6	103	592	98	470	98	97.9	100	460	98	(49)
98	82.5	98	95.6	100	21.0	100	651	102	511	102	97.8	100	500	102	(50)
101	89.2	98	92.2	100	21.6	102	663	97	532	100	95.7	101	509	101	(51)
93	88.7	99	92.3	98	20.3	96	649	97	508	97	95.5	99	485	95	(52)
91	84.8	95	93.8	98	21.0	99	580	96	457	95	96.7	99	442	94	(53)
91	83.8	92	95.2	98	21.4	101	597	96	475	95	97.3	99	462	94	(54)
92	86.2	98	92.7	98	20.5	95	557	97	434	96	95.9	98	416	94	(55)
91	82.4	95	92.2	99	20.5	96	582	87	457	86	95.0	99	434	85	(56)
92	82.3	96	90.3	98	21.2	98	626	87	480	87	94.6	99	454	85	(57)
94	85.7	100	90.6	96	20.8	98	595	90	466	90	94.2	98	439	88	(58)
90	82.7	94	92.5	99	20.6	98	653	94	505	93	95.6	99	483	92	(59)
84	81.1	93	90.9	97	19.9	94	593	87	443	83	94.4	98	418	82	(60)
94	86.6	99	92.1	97	20.9	99	639	97	506	97	95.7	99	484	96	(61)
98	83.3	97	94.9	99	21.4	102	606	98	489	98	97.5	99	477	98	(62)
93	88.5	99	90.8	97	20.5	96	660	97	516	96	94.6	98	488	94	(63)
97	85.1	98	94.9	99	21.1	99	621	95	485	95	97.1	100	471	95	(64)
99	80.4	98	95.6	100	20.9	102	589	96	461	96	97.4	100	449	96	(65)
96	86.5	98	94.5	99	21.2	98	630	95	492	95	97.0	100	477	94	(66)
nc	…	nc	…	nc	…	nc	…	nc	…	nc	…	nc	…	nc	(67)
99	89.6	100	96.7	102	20.4	97	702	99	554	99	98.4	101	545	100	(68)
99	86.5	100	96.2	100	21.6	98	640	98	502	97	98.2	100	493	97	(69)
95	87.3	98	94.8	100	21.0	96	644	96	508	96	97.0	99	493	95	(70)

1　米（続き）

(4)　令和２年産水稲の都道府県別作柄表示地帯別作況指数（農家等使用ふるい目幅ベース）

都道府県・作柄表示地帯	作況指数	都道府県・作柄表示地帯	作況指数	都道府県・作柄表示地帯	作況指数	都道府県・作柄表示地帯	作況指数
北海道	**106**	**栃木**	**101**	**静岡**	**92**	**愛媛**	**91**
石狩	106	北部	100	東部	90	東予	86
南空知	106	中部	101	西部	94	中予	96
北空知	107	南部	104	**愛知**	**96**	南予	94
上川	107	**群馬**	**100**	尾張	96	**高知**	**93**
留萌	107	中毛	100	西三河	96	中東部	93
渡島	102	北毛	102	東三河	95	西部	96
檜山	102	東毛	99	**三重**	**96**	**福岡**	**80**
後志	103	**埼玉**	**102**	北勢	96	福岡	80
胆振	108	東部	102	中勢	95	北東部	81
日高	108	西部	101	南勢	93	筑後	78
オホーツク・十勝	107	**千葉**	**99**	伊賀	97	**佐賀**	**81**
青森	**105**	京葉	100	**滋賀**	**98**	佐賀	79
青森	105	九十九里	99	湖南	98	松浦	87
津軽	105	南房総	97	湖北	98	**長崎**	**86**
南部・下北	105	**東京**	**98**	**京都**	**98**	南部	92
岩手	**103**	**神奈川**	**97**	南部	98	北部	78
北上川上流	103	**新潟**	**103**	北部	98	五島	67
北上川下流	102	岩船	102	**大阪**	**94**	壱岐・対馬	81
東部	104	下越北	100	**兵庫**	**95**	**熊本**	**89**
北部	104	下越南	101	県南	95	県北	91
宮城	**102**	中越	102	県北	97	阿蘇	89
南部	102	魚沼	107	淡路	96	県南	87
中部	102	上越	107	**奈良**	**92**	天草	85
北部	102	佐渡	100	**和歌山**	**92**	**大分**	**77**
東部	103	**富山**	**103**	**鳥取**	**100**	北部	77
秋田	**105**	**石川**	**101**	東部	100	湾岸	67
県北	105	加賀	101	西部	100	南部	84
県中央	104	能登	101	**島根**	**99**	日田	88
県南	105	**福井**	**99**	出雲	98	**宮崎**	**95**
山形	**104**	嶺北	99	石見	99	広域沿海	96
村山	104	嶺南	100	**岡山**	**95**	広域霧島	94
最上	102	**山梨**	**97**	南部	93	西北山間	93
置賜	103	**長野**	**99**	中北部	97	**鹿児島**	**94**
庄内	105	東信	97	**広島**	**94**	薩摩半島	93
福島	**102**	南信	99	南部	90	出水薩摩	95
中通り	102	中信	99	北部	96	伊佐姶良	91
浜通り	103	北信	99	**山口**	**73**	大隅半島	96
会津	102	**岐阜**	**96**	東部	83	熊毛・大島	95
茨城	**103**	西南濃	96	西部	67	**沖縄**	**104**
北部	103	中濃	95	長北	84	沖縄諸島	107
鹿行	104	東濃	98	**徳島**	**100**	八重山	103
南部	102	飛騨	99	北部	102		
西部	103			南部	96		
				香川	**100**		

注：１　作況指数は、10ａ当たり平年収量に対する10ａ当たり収量の比率であり、都道府県ごとに、過去５か年間に農家等が実際に使用したふるい目幅の分布において、最も大きい割合の目幅以上に選別された玄米を基に算出した数値である。

２　徳島県、高知県、宮崎県、鹿児島県及び沖縄県の作況指数は早期栽培（第一期稲）と普通栽培（第二期稲）を合算したものである。

(5) 令和２年産水稲玄米のふるい目幅別重量分布（全国農業地域別・都道府県別）

単位：%

全国農業地域・都道府県	計	1.70mm以上 1.75mm未満	1.75～1.80	1.80～1.85	1.85～1.90	1.90～2.00	2.00mm 以上
	(1)	(2)	(3)	(4)	(5)	(6)	(7)
全国	**100.0**	**0.7**	**1.4**	**1.9**	**2.9**	**14.4**	**78.7**
（全国農業地域）							
北海道	100.0	0.5	0.8	1.1	1.7	9.9	86.0
都府県	100.0	0.8	1.4	1.9	2.9	14.8	78.2
東北	100.0	0.4	1.0	1.4	2.3	11.5	83.4
北陸	100.0	0.5	1.0	1.3	2.1	12.0	83.1
関東・東山	100.0	0.6	1.0	1.5	2.4	16.1	78.4
東海	100.0	0.8	1.3	2.0	2.5	11.9	81.5
近畿	100.0	1.0	1.8	2.1	3.1	14.3	77.7
中国	100.0	1.0	1.9	2.6	3.7	16.7	74.1
四国	100.0	1.4	2.4	3.1	3.9	18.9	70.3
九州	100.0	2.0	3.7	4.4	6.7	26.4	56.8
沖縄	100.0	0.3	0.7	1.1	1.6	10.3	86.0
（都道府県）							
北海道	100.0	0.5	0.8	1.1	1.7	9.9	86.0
青森	100.0	0.5	0.9	1.3	1.8	10.4	85.1
岩手	100.0	0.5	0.8	1.4	2.0	9.3	86.0
宮城	100.0	0.3	0.9	1.2	2.1	14.0	81.5
秋田	100.0	0.4	1.2	1.7	2.7	9.7	84.3
山形	100.0	0.4	1.0	1.2	2.3	12.6	82.5
福島	100.0	0.4	1.2	1.6	2.5	13.1	81.2
茨城	100.0	0.5	0.8	0.9	2.1	14.1	81.6
栃木	100.0	0.6	1.0	1.7	2.4	17.3	77.0
群馬	100.0	1.2	1.9	3.2	4.2	21.9	67.6
埼玉	100.0	0.7	1.2	1.8	2.9	19.9	73.5
千葉	100.0	0.7	0.9	1.5	2.4	15.7	78.8
東京	100.0	0.6	1.0	1.6	2.4	15.2	79.2
神奈川	100.0	0.8	1.4	1.7	2.6	15.1	78.4
新潟	100.0	0.5	1.0	1.4	2.1	12.4	82.6
富山	100.0	0.4	0.7	0.9	1.8	9.9	86.3
石川	100.0	0.6	1.0	1.2	1.9	10.6	84.7
福井	100.0	0.9	1.4	1.8	2.9	14.5	78.5
山梨	100.0	0.9	1.5	1.7	3.0	15.9	77.0
長野	100.0	0.5	1.0	1.1	2.1	13.2	82.1
岐阜	100.0	0.9	1.4	1.9	2.5	12.9	80.4
静岡	100.0	0.7	1.1	2.0	3.0	16.5	76.7
愛知	100.0	0.8	1.3	2.2	3.1	10.9	81.7
三重	100.0	0.9	1.4	2.0	1.7	9.5	84.5
滋賀	100.0	0.9	1.5	1.8	2.4	11.4	82.0
京都	100.0	0.8	1.1	1.4	2.2	10.1	84.4
大阪	100.0	1.7	3.4	5.6	6.8	23.0	59.5
兵庫	100.0	0.9	1.8	1.9	3.2	16.0	76.2
奈良	100.0	1.3	2.9	3.5	4.7	19.3	68.3
和歌山	100.0	1.2	2.2	2.6	3.1	15.8	75.1
鳥取	100.0	0.5	1.2	1.3	2.3	11.2	83.5
島根	100.0	0.7	1.3	2.1	2.7	15.0	78.2
岡山	100.0	1.0	1.8	3.2	3.9	17.6	72.5
広島	100.0	0.9	1.9	2.1	3.0	14.8	77.3
山口	100.0	1.9	3.4	3.9	7.1	24.6	59.1
徳島	100.0	0.9	1.7	2.4	2.4	13.8	78.8
香川	100.0	1.3	2.0	2.9	3.7	21.1	69.0
愛媛	100.0	1.9	3.5	4.0	5.8	22.3	62.5
高知	100.0	1.3	2.3	2.9	3.3	17.3	72.9
福岡	100.0	2.5	4.4	5.3	7.9	26.6	53.3
佐賀	100.0	2.3	3.5	3.9	6.4	26.0	57.9
長崎	100.0	1.9	4.0	4.5	8.5	29.7	51.4
熊本	100.0	1.8	3.4	3.7	5.9	25.9	59.3
大分	100.0	2.9	5.5	6.5	9.6	31.2	44.3
宮崎	100.0	1.3	2.4	3.6	4.9	23.1	64.7
鹿児島	100.0	1.2	2.3	3.8	4.8	24.3	63.6
沖縄	100.0	0.3	0.7	1.1	1.6	10.3	86.0
関東農政局	100.0	0.6	1.0	1.5	2.5	16.1	78.3
東海農政局	100.0	0.9	1.4	2.0	2.4	11.0	82.3
中国四国農政局	100.0	1.1	2.1	2.8	3.8	17.4	72.8

注： 未熟粒・被害粒等の混入が多く農産物規格規程に定める三等の品位に達しない場合は、再選別を行っており、その選別後の値を含んでいる（以下1(5)から(7)の各統計表において同じ。）。

1　米（続き）

(6)　令和２年産水稲玄米のふるい目幅別10ａ当たり収量（全国農業地域別・都道府県別）

単位：kg

全国農業地域・都道府県	1.70mm以上 (1)	1.75mm以上 (2)	1.80mm以上 (3)	1.85mm以上 (4)	1.90mm以上 (5)	2.00mm以上 (6)
全国	**531**	**527**	**520**	**510**	**494**	**418**
（全国農業地域）						
北海道	581	578	573	567	557	500
都府県	527	523	515	505	490	412
東北	586	584	578	570	556	489
北陸	550	547	542	535	523	457
関東・東山	536	533	527	519	507	420
東海	480	476	470	460	448	391
近畿	490	485	476	466	451	381
中国	484	479	470	457	439	359
四国	470	463	452	438	419	330
九州	440	431	415	396	366	250
沖縄	322	321	319	315	310	277
（都道府県）						
北海道	581	578	573	567	557	500
青森	628	625	619	611	600	534
岩手	553	550	546	538	527	476
宮城	552	550	545	539	527	450
秋田	602	600	592	582	566	507
山形	622	620	613	606	592	513
福島	562	560	553	544	530	456
茨城	531	528	524	519	508	433
栃木	538	535	529	520	507	414
群馬	496	490	481	465	444	335
埼玉	496	493	487	478	463	365
千葉	537	533	528	520	507	423
東京	400	398	394	387	378	317
神奈川	474	470	464	456	443	372
新潟	558	555	550	542	530	461
富山	556	554	550	545	535	480
石川	530	527	522	515	505	449
福井	518	513	506	497	482	407
山梨	529	524	516	507	491	407
長野	606	603	597	590	578	498
岐阜	470	466	459	450	439	378
静岡	478	475	469	460	445	367
愛知	490	486	480	469	454	400
三重	479	475	468	458	450	405
滋賀	509	504	497	488	475	417
京都	501	497	491	484	473	423
大阪	472	464	448	421	389	281
兵庫	477	473	464	455	440	363
奈良	482	476	462	445	422	329
和歌山	462	456	446	434	420	347
鳥取	512	509	503	497	485	428
島根	511	507	501	490	476	400
岡山	505	500	491	475	455	366
広島	499	495	485	475	460	386
山口	386	379	366	350	323	228
徳島	476	472	464	452	441	375
香川	496	490	480	465	447	342
愛媛	474	465	448	429	402	296
高知	433	427	417	405	391	316
福岡	416	406	387	365	332	222
佐賀	436	426	411	394	366	252
長崎	422	414	397	378	342	217
熊本	470	462	446	428	400	279
大分	403	391	369	343	304	179
宮崎	475	469	457	440	417	307
鹿児島	458	453	442	425	403	291
沖縄	322	321	319	315	310	277
関東農政局	532	529	523	516	502	417
東海農政局	480	476	469	459	448	395
中国四国農政局	479	474	464	450	432	349

注：　ふるい目幅別の10ａ当たり収量とは、全国、全国農業地域別、都道府県別又は地方農政局別の10ａ当たり収量にふるい目幅別重量割合を乗じて算出したものである。

(7) 令和２年産水稲玄米のふるい目幅別収穫量（子実用）（全国農業地域別・都道府県別）

単位：t

全国農業地域 ・ 都道府県	1.70mm 以上	1.75mm 以上	1.80mm 以上	1.85mm 以上	1.90mm 以上	2.00mm 以上
	(1)	(2)	(3)	(4)	(5)	(6)
全国	**7,763,000**	**7,709,000**	**7,600,000**	**7,452,000**	**7,227,000**	**6,109,000**
（全国農業地域）						
北海道	594,400	591,400	586,700	580,100	570,000	511,200
都府県	7,168,000	7,111,000	7,010,000	6,874,000	6,666,000	5,605,000
東北	2,236,000	2,227,000	2,205,000	2,173,000	2,122,000	1,865,000
北陸	1,135,000	1,129,000	1,118,000	1,103,000	1,079,000	943,200
関東・東山	1,444,000	1,435,000	1,421,000	1,399,000	1,365,000	1,132,000
東海	444,000	440,400	434,700	425,800	414,700	361,900
近畿	496,000	491,000	482,100	471,700	456,300	385,400
中国	489,700	484,800	475,500	462,800	444,600	362,900
四国	222,800	219,700	214,300	207,400	198,700	156,600
九州	698,500	684,500	658,700	628,000	581,200	396,700
沖縄	2,090	2,080	2,070	2,050	2,010	1,800
（都道府県）						
北海道	594,400	591,400	586,700	580,100	570,000	511,200
青森	283,900	282,500	279,900	276,200	271,100	241,600
岩手	278,700	277,300	275,100	271,200	265,600	239,700
宮城	377,000	375,900	372,500	368,000	360,000	307,300
秋田	527,400	525,300	519,000	510,000	495,800	444,600
山形	402,400	400,800	396,800	391,900	382,700	332,000
福島	367,000	365,500	361,100	355,300	346,100	298,000
茨城	360,000	358,200	355,300	352,100	344,500	293,800
栃木	318,500	316,600	313,400	308,000	300,300	245,200
群馬	76,900	76,000	74,500	72,100	68,800	52,000
埼玉	158,200	157,100	155,200	152,300	147,800	116,300
千葉	297,500	295,400	292,700	288,300	281,100	234,400
東京	496	493	488	480	468	393
神奈川	14,200	14,100	13,900	13,600	13,300	11,100
新潟	666,800	663,500	656,800	647,500	633,500	550,800
富山	206,300	205,500	204,000	202,200	198,500	178,000
石川	131,400	130,600	129,300	127,700	125,200	111,300
福井	130,000	128,800	127,000	124,700	120,900	102,100
山梨	25,800	25,600	25,200	24,700	24,000	19,900
長野	192,700	191,700	189,800	187,700	183,600	158,200
岐阜	105,800	104,800	103,400	101,400	98,700	85,100
静岡	74,100	73,600	72,800	71,300	69,100	56,800
愛知	134,300	133,200	131,500	128,500	124,400	109,700
三重	129,800	128,600	126,800	124,200	122,000	109,700
滋賀	158,300	156,900	154,500	151,700	147,900	129,800
京都	71,600	71,000	70,200	69,200	67,700	60,400
大阪	22,200	21,800	21,100	19,800	18,300	13,200
兵庫	174,100	172,500	169,400	166,100	160,500	132,700
奈良	40,900	40,400	39,200	37,800	35,800	27,900
和歌山	28,900	28,600	27,900	27,200	26,300	21,700
鳥取	66,000	65,700	64,900	64,000	62,500	55,100
島根	87,400	86,800	85,700	83,800	81,500	68,300
岡山	150,500	149,000	146,300	141,500	135,600	109,100
広島	112,800	111,800	109,600	107,300	103,900	87,200
山口	73,000	71,600	69,100	66,300	61,100	43,100
徳島	52,400	51,900	51,000	49,800	48,500	41,300
香川	58,000	57,200	56,100	54,400	52,300	40,000
愛媛	63,500	62,300	60,100	57,500	53,800	39,700
高知	48,900	48,300	47,100	45,700	44,100	35,600
福岡	145,200	141,600	135,200	127,500	116,000	77,400
佐賀	104,200	101,800	98,200	94,100	87,400	60,300
長崎	46,800	45,900	44,000	41,900	38,000	24,100
熊本	156,500	153,700	148,400	142,600	133,300	92,800
大分	81,400	79,000	74,600	69,300	61,500	36,100
宮崎	76,000	75,000	73,200	70,500	66,700	49,200
鹿児島	88,400	87,300	85,300	81,900	77,700	56,200
沖縄	2,090	2,080	2,070	2,050	2,010	1,800
関東農政局	1,518,000	1,509,000	1,494,000	1,471,000	1,433,000	1,189,000
東海農政局	369,900	366,600	361,400	354,000	345,100	304,400
中国四国農政局	712,500	704,700	689,700	669,800	642,700	518,700

注： ふるい目幅別の収穫量(子実用)とは、全国、全国農業地域別、都道府県別又は地方農政局別の収穫量にふるい目幅別重量割合を乗じて算出したものである。

1　米（続き）

(8)　令和２年産水稲における農家等が使用した選別ふるい目幅の分布（全国農業地域別・都道府県別）

単位：％

全国農業地域・都道府県	計	1.70㎜以上 1.75㎜未満	1.75～1.80	1.80～1.85	1.85～1.90	1.90～2.00	2.00㎜以上
	(1)	(2)	(3)	(4)	(5)	(6)	(7)
全国	**100.0**	**0.1**	**2.3**	**24.8**	**37.6**	**34.5**	**0.7**
（全国農業地域）							
北海道	100.0	-	-	-	19.2	77.9	2.9
都府県	100.0	0.1	2.4	26.5	38.9	31.5	0.6
東北	100.0	-	0.1	0.7	16.0	83.0	0.2
北陸	100.0	0.1	0.2	1.5	36.4	60.3	1.5
関東・東山	100.0	0.1	5.3	40.2	51.6	2.4	0.4
東海	100.0	0.1	2.1	25.4	62.0	9.9	0.5
近畿	100.0	0.5	8.0	40.7	32.7	16.3	1.8
中国	100.0	0.2	0.4	18.0	58.3	22.7	0.4
四国	100.0	0.2	6.2	75.1	18.3	0.2	-
九州	100.0	0.2	1.0	45.5	46.3	6.9	0.1
沖縄	100.0	-	16.7	83.3	-	-	-
（都道府県）							
北海道	100.0	-	-	-	19.2	77.9	2.9
青森	100.0	-	-	-	0.9	99.1	-
岩手	100.0	-	0.3	0.6	2.4	96.7	-
宮城	100.0	-	-	-	4.4	95.6	-
秋田	100.0	-	-	0.9	17.5	81.0	0.6
山形	100.0	-	-	0.3	15.9	83.2	0.6
福島	100.0	-	-	2.6	59.0	38.4	-
茨城	100.0	-	0.4	15.8	82.3	1.5	-
栃木	100.0	-	-	6.0	93.0	1.0	-
群馬	100.0	0.8	5.4	87.5	4.7	0.8	0.8
埼玉	100.0	-	30.2	61.6	7.7	0.5	-
千葉	100.0	-	2.5	87.4	8.7	0.7	0.7
東京	100.0	-	50.0	50.0	-	-	-
神奈川	100.0	-	12.1	81.9	3.0	3.0	-
新潟	100.0	0.2	0.5	2.6	63.9	30.0	2.8
富山	100.0	-	-	0.9	9.5	87.3	2.3
石川	100.0	-	-	0.4	46.2	53.4	-
福井	100.0	-	-	1.3	2.1	96.6	-
山梨	100.0	-	7.0	37.2	55.8	-	-
長野	100.0	-	-	10.4	79.3	9.2	1.1
岐阜	100.0	0.6	1.1	46.4	49.7	1.1	1.1
静岡	100.0	-	8.4	37.1	53.3	0.6	0.6
愛知	100.0	-	0.5	7.8	63.0	28.7	-
三重	100.0	-	-	17.5	76.6	5.5	0.4
滋賀	100.0	-	0.5	10.6	39.6	49.3	-
京都	100.0	-	-	28.9	51.9	19.2	-
大阪	100.0	1.5	23.9	67.1	6.0	1.5	-
兵庫	100.0	0.4	4.7	42.3	42.7	3.0	6.9
奈良	100.0	1.9	5.7	74.3	18.1	-	-
和歌山	100.0	-	34.6	63.5	-	1.9	-
鳥取	100.0	0.8	0.8	3.3	93.5	1.6	-
島根	100.0	-	0.5	2.0	9.6	87.4	0.5
岡山	100.0	-	0.4	44.5	53.5	0.4	1.2
広島	100.0	-	0.5	25.9	70.7	2.9	-
山口	100.0	0.5	-	1.1	79.5	18.9	-
徳島	100.0	0.6	14.2	76.2	9.0	-	-
香川	100.0	-	8.1	82.5	9.4	-	-
愛媛	100.0	-	1.3	55.5	42.6	0.6	-
高知	100.0	-	0.7	88.0	11.3	-	-
福岡	100.0	-	-	17.0	81.5	1.5	-
佐賀	100.0	-	-	0.5	59.6	39.4	0.5
長崎	100.0	2.2	8.8	56.0	27.5	5.5	
熊本	100.0	0.4	1.1	47.4	51.1	-	-
大分	100.0	-	1.0	39.3	59.7	-	-
宮崎	100.0	-	-	99.5	0.5	-	-
鹿児島	100.0	-	-	97.6	2.4	-	-
沖縄	100.0	-	16.7	83.3	-	-	-
関東農政局	100.0	0.1	5.6	39.9	51.8	2.2	0.4
東海農政局	100.0	0.2	0.5	22.1	64.3	12.4	0.5
中国四国農政局	100.0	0.2	2.6	40.1	42.8	14.0	0.3

注：1　水稲作況標本（基準）筆農家からの聞き取り結果である。
　　2　農家等が使用した選別ふるい目幅の分布とは、水稲作況標本（基準）で農家が使用した選別ふるい目幅別の農家数割合を示したものである。

(9)　令和２年産水稲の作況標本筆の10ａ当たり玄米重の分布状況（全国農業地域別・都道府県別）

単位：%

全国農業地域 ・ 都道府県	計	100kg 未満	100～200	200～300	300～400	400～500	500～600	600～700	700～800	800kg 以上
	(1)	(2)	(3)	(4)	(5)	(6)	(7)	(8)	(9)	(10)
全国	**100.0**	**0.4**	**0.7**	**2.0**	**8.1**	**25.0**	**39.0**	**21.0**	**3.6**	**0.2**
(全国農業地域)										
北海道	100.0	－	－	0.2	0.7	12.8	37.2	44.1	5.0	－
都府県	100.0	0.4	0.7	2.2	8.6	25.7	39.2	19.5	3.5	0.2
東北	100.0	－	0.2	0.4	2.4	9.9	37.0	38.4	11.0	0.7
北陸	100.0	0.2	－	0.2	2.4	18.3	50.2	27.1	1.5	0.1
関東・東山	100.0	－	0.1	0.7	6.2	21.3	44.0	23.2	4.2	0.3
東海	100.0	－	0.4	1.3	11.9	37.9	39.4	8.7	0.4	－
近畿	100.0	－	0.5	2.0	8.6	38.2	41.3	9.2	0.2	－
中国	100.0	1.3	1.7	3.6	11.2	29.3	36.4	14.4	1.9	0.2
四国	100.0	0.3	1.0	3.6	15.6	37.1	33.6	8.0	0.8	－
九州	100.0	1.6	2.2	6.5	17.4	36.2	31.0	4.8	0.3	－
沖縄	…	…	…	…	…	…	…	…	…	…
(都道府県)										
北海道	100.0	－	－	0.2	0.7	12.8	37.2	44.1	5.0	－
青森	100.0	－	0.3	0.3	2.4	5.8	23.7	39.9	25.5	2.1
岩手	100.0	－	0.6	1.5	3.5	13.2	46.5	33.5	1.2	－
宮城	100.0	－	－	0.3	3.6	13.9	49.8	31.8	0.6	－
秋田	100.0	－	－	－	1.3	8.1	27.8	50.9	11.9	－
山形	100.0	－	－	0.3	1.6	5.0	25.0	45.9	20.3	1.9
福島	100.0	－	－	－	2.0	13.3	49.9	28.0	6.5	0.3
茨城	100.0	－	－	0.4	3.2	19.6	60.0	16.1	0.7	－
栃木	100.0	－	－	0.4	2.9	21.4	51.0	21.8	2.5	－
群馬	100.0	－	－	－	13.6	39.3	27.1	19.3	0.7	－
埼玉	100.0	－	－	2.2	13.3	29.4	39.5	15.0	0.6	－
千葉	100.0	－	0.4	0.4	5.0	19.3	49.5	23.9	1.5	－
東京	…	…	…	…	…	…	…	…	…	…
神奈川	100.0	－	－	1.7	16.7	36.7	36.5	6.7	1.7	－
新潟	100.0	0.2	－	0.2	1.6	12.3	48.0	35.0	2.5	0.2
富山	100.0	0.5	－	0.5	0.9	16.8	44.5	34.5	2.3	－
石川	100.0	－	－	－	3.2	24.1	53.6	18.6	0.5	－
福井	100.0	－	－	－	4.8	25.8	56.7	12.7	－	－
山梨	100.0	－	－	2.5	8.8	21.3	42.4	17.5	7.5	－
長野	100.0	－	0.4	0.4	2.6	6.9	28.1	44.0	16.1	1.5
岐阜	100.0	－	0.5	1.1	15.2	38.7	35.3	9.2	－	－
静岡	100.0	－	－	0.6	15.0	38.1	36.9	9.4	－	－
愛知	100.0	－	－	1.4	5.7	37.1	47.7	8.1	－	－
三重	100.0	－	0.9	1.7	12.6	37.8	37.4	8.3	1.3	－
滋賀	100.0	－	0.5	0.5	5.2	31.0	49.0	13.3	0.5	－
京都	100.0	－	0.7	2.1	4.3	35.0	45.8	12.1	－	－
大阪	100.0	－	－	2.0	16.0	38.0	38.0	6.0	－	－
兵庫	100.0	－	－	1.7	9.6	45.7	37.8	5.2	－	－
奈良	100.0	－	－	3.0	11.0	38.0	37.0	11.0	－	－
和歌山	100.0	－	2.0	5.0	13.0	41.0	33.0	5.0	1.0	－
鳥取	100.0	－	－	4.0	8.7	23.5	39.0	22.8	2.0	－
島根	100.0	－	－	0.5	10.3	28.7	45.1	12.3	3.1	－
岡山	100.0	－	0.8	2.9	7.5	31.7	39.1	16.7	1.3	－
広島	100.0	0.5	0.5	2.7	12.3	30.0	32.7	17.7	2.7	0.9
山口	100.0	6.7	7.8	8.3	17.8	30.4	25.6	2.8	0.6	－
徳島	100.0	－	2.0	3.3	12.0	38.0	34.0	10.7	－	－
香川	100.0	0.7	－	－	14.0	32.0	38.6	12.0	2.7	－
愛媛	100.0	－	1.3	4.0	15.3	34.7	36.0	8.0	0.7	－
高知	100.0	0.6	0.6	6.9	20.6	43.1	26.3	1.9	－	－
福岡	100.0	3.8	0.8	6.2	22.7	41.9	20.8	3.8	－	－
佐賀	100.0	1.0	2.9	5.7	19.0	37.1	31.0	3.3	－	－
長崎	100.0	3.4	6.8	8.1	10.8	37.1	29.7	4.1	－	－
熊本	100.0	0.4	1.1	7.9	12.6	30.0	39.3	8.3	0.4	－
大分	100.0	2.2	3.8	11.5	27.3	27.3	23.0	3.8	1.1	－
宮崎	100.0	0.5	0.5	1.9	14.3	39.9	34.8	7.6	0.5	－
鹿児島	100.0	0.5	1.5	4.5	14.5	40.0	37.5	1.5	－	－
沖縄	…	…	…	…	…	…	…	…	…	…
関東農政局	100.0	－	0.1	0.7	7.1	22.9	43.2	21.9	3.9	0.2
東海農政局	100.0	－	0.5	1.4	11.1	37.8	40.2	8.5	0.5	－
中国四国農政局	100.0	0.9	1.4	3.6	12.9	32.2	35.4	12.0	1.5	0.1

注：1　10ａ当たり玄米重は、1.70㎜のふるい目幅で選別された玄米の重量である。
　　2　東京都及び沖縄県については、水稲作況標本筆を設置していないことから「…」で示した。

1　米（続き）

(10)　令和２年産水稲の玄米品位の状況（重量割合）（全国農業地域別）

単位：%

全国農業地域	整粒	未熟粒	乳白粒・腹白粒	被害粒	死米・着色粒
	(1)	(2)	(3)	(4)	(5)
全国	**68.6**	**24.9**	**2.9**	**6.5**	**0.7**
北海道	69.7	23.0	3.4	7.3	0.5
東北	74.8	21.3	1.4	3.9	0.6
北陸	67.6	24.5	3.1	7.9	0.8
関東・東山	65.0	25.2	2.1	9.8	0.8
東海	67.2	26.6	2.5	6.2	1.0
近畿	63.6	28.3	4.9	8.1	0.5
中国	70.3	26.4	4.1	3.3	0.5
四国	68.6	28.0	4.9	3.4	0.8
九州	59.7	33.1	5.5	7.2	1.8

注：1　作況基準筆の刈取試料を穀粒判別器を用いて品位分析したものである（九州には沖縄県のデータを含む。）。
　　2　当該品位分析は、都道府県ごとに、過去５か年間に農家等が実際に使用したふるい目幅の分布において、最も大きい割合の目幅以上に選別された玄米を基に算出した数値である。

1 米（続き）

(11) 令和２年産水稲の被害面積及び被害量（全国農業地域別・都道府県別）

全国農業地域・都道府県		気象被害											
		冷害				日照不足				高温障害			
		被害面積	被害量	被害率		被害面積	被害量	被害率		被害面積	被害量	被害率	
				実数	対前年差			実数	対前年差			実数	対前年差
		(1)	(2)	(3)	(4)	(5)	(6)	(7)	(8)	(9)	(10)	(11)	(12)
		ha	t	%	ポイント	ha	t	%	ポイント	ha	t	%	ポイント
全国	**(1)**	**47,000**	**8,720**	**0.1**	**△ 0.1**	**1,235,000**	**238,100**	**3.0**	**0.0**	**568,400**	**63,200**	**0.8**	**△ 0.4**
(全国農業地域)													
北海道	(2)	35,900	3,800	0.7	△ 0.8	82,200	14,400	2.6	0.2	5,520	303	0.1	0.0
都府県	(3)	11,100	4,920	0.1	0.0	1,153,000	223,700	3.1	0.0	562,800	62,900	0.9	△ 0.4
東北	(4)	2,950	1,710	0.1	0.1	381,500	48,200	2.2	0.2	112,100	4,970	0.2	△ 0.7
北陸	(5)	−	−	−	−	158,300	12,200	1.1	0.1	129,800	6,460	0.6	△ 1.3
関東・東山	(6)	7,990	3,160	0.2	0.0	178,000	42,000	2.9	△ 0.4	90,300	16,100	1.1	△ 1.1
東海	(7)	146	49	0.0	△ 0.1	81,400	15,700	3.4	0.8	53,300	6,280	1.4	0.7
近畿	(8)	−	−	−	−	69,200	13,100	2.5	0.6	40,500	5,670	1.1	0.2
中国	(9)	−	−	−	−	85,000	14,400	2.7	△ 1.4	44,000	6,990	1.3	0.0
四国	(10)	−	−	−	−	43,100	8,200	3.6	△ 1.6	30,300	3,340	1.5	0.5
九州	(11)	−	−	−	−	156,400	69,900	8.8	0.5	62,500	13,000	1.6	1.2
沖縄	(12)	−	−	−	−	−	−	−	△ 2.4	−	−	−	△ 0.7
(都道府県)													
北海道	(13)	35,900	3,800	0.7	△ 0.8	82,200	14,400	2.6	0.2	5,520	303	0.1	0.0
青森	(14)	1,630	1,500	0.6	0.6	45,200	3,000	1.1	1.1	1,210	178	0.1	△ 1.9
岩手	(15)	316	67	0.0	0.0	50,400	7,610	2.8	△ 0.6	4,600	266	0.1	0.0
宮城	(16)	−	−	−	0.0	68,300	14,800	4.0	△ 0.2	5,800	238	0.1	△ 0.6
秋田	(17)	−	−	−	−	87,600	7,550	1.5	0.0	13,300	561	0.1	△ 0.5
山形	(18)	−	−	−	−	64,700	4,780	1.2	△ 0.2	44,000	2,120	0.5	△ 0.3
福島	(19)	1,000	140	0.0	△ 0.1	65,300	10,500	2.9	1.4	43,200	1,610	0.4	△ 1.1
茨城	(20)	−	−	−	−	25,900	10,400	2.9	△ 2.0	13,400	3,130	0.9	△ 1.5
栃木	(21)	−	−	−	−	59,200	12,200	3.8	1.1	24,500	950	0.3	△ 3.7
群馬	(22)	128	73	0.1	△ 0.1	4,440	2,450	3.2	△ 2.0	2,710	1,890	2.4	0.7
埼玉	(23)	−	−	−	−	11,300	1,070	0.7	△ 1.7	31,400	6,320	4.0	0.2
千葉	(24)	−	−	−	−	48,000	9,500	3.2	△ 0.4	7,500	2,200	0.7	△ 0.1
東京	(25)	−	−	−	−	50	15	2.9	0.7	−	−	−	−
神奈川	(26)	−	−	−	△ 3.6	2,990	414	2.8	2.0	845	192	1.3	△ 0.3
新潟	(27)	−	−	−	−	88,900	9,250	1.4	0.0	87,500	3,970	0.6	△ 1.9
富山	(28)	−	−	−	−	37,100	740	0.4	0.1	37,100	1,860	0.9	△ 0.6
石川	(29)	−	−	−	−	24,800	1,250	1.0	0.8	1,500	150	0.1	△ 0.9
福井	(30)	−	−	−	−	7,500	920	0.7	0.3	3,650	480	0.4	△ 0.1
山梨	(31)	420	180	0.7	0.0	2,200	370	1.4	0.3	1,990	330	1.2	0.3
長野	(32)	7,440	2,910	1.5	0.5	23,900	5,560	2.8	1.4	7,950	1,090	0.6	0.2
岐阜	(33)	−	−	−	−	19,300	3,180	2.9	0.5	8,480	669	0.6	0.2
静岡	(34)	146	49	0.1	△ 0.3	7,640	3,050	3.8	1.5	14,900	2,340	2.9	1.1
愛知	(35)	−	−	−	−	27,400	4,080	2.9	0.1	8,140	625	0.4	△ 0.5
三重	(36)	−	−	−	−	27,100	5,430	4.0	1.3	21,800	2,650	2.0	2.0
滋賀	(37)	−	−	−	−	12,700	3,880	2.4	0.2	10,200	1,670	1.0	△ 0.1
京都	(38)	−	−	−	−	14,300	2,010	2.7	0.0	3,580	394	0.5	0.0
大阪	(39)	−	−	−	−	2,540	150	0.6	△ 0.7	460	25	0.1	△ 0.1
兵庫	(40)	−	−	−	−	31,100	5,450	3.0	1.3	22,000	3,130	1.7	0.4
奈良	(41)	−	−	−	−	5,390	350	0.8	0.2	400	40	0.1	0.0
和歌山	(42)	−	−	−	−	3,190	1,250	4.0	2.5	3,880	412	1.3	0.7
鳥取	(43)	−	−	−	−	3,670	710	1.1	△ 3.0	3,710	760	1.1	0.5
島根	(44)	−	−	−	−	17,100	2,260	2.6	△ 0.5	5,150	1,080	1.2	0.1
岡山	(45)	−	−	−	−	22,700	3,470	2.2	△ 0.3	12,600	2,300	1.5	0.4
広島	(46)	−	−	−	−	22,600	5,030	4.2	△ 1.1	12,600	1,920	1.6	0.2
山口	(47)	−	−	−	−	18,900	2,950	3.1	△ 3.0	9,960	930	1.0	△ 1.2
徳島	(48)	−	−	−	−	11,000	1,080	2.1	△ 2.6	8,290	407	0.8	0.8
香川	(49)	−	−	−	−	8,550	1,900	3.3	△ 2.6	6,350	850	1.5	1.3
愛媛	(50)	−	−	−	−	12,200	1,940	2.9	△ 2.1	10,700	1,340	2.0	△ 1.0
高知	(51)	−	−	−	−	11,300	3,280	6.4	1.0	4,950	740	1.4	0.8
福岡	(52)	−	−	−	−	34,900	18,100	10.5	3.0	25,500	8,320	4.8	4.5
佐賀	(53)	−	−	−	−	23,200	9,760	7.9	△ 3.4	6,560	685	0.6	△ 0.4
長崎	(54)	−	−	−	−	11,100	2,620	4.9	1.0	−	−	−	−
熊本	(55)	−	−	−	−	33,300	14,900	8.7	1.4	12,200	747	0.4	0.3
大分	(56)	−	−	−	−	18,600	10,100	10.0	△ 0.4	5,060	2,330	2.3	1.4
宮崎	(57)	−	−	−	−	16,000	6,970	8.8	△ 0.5	4,010	407	0.5	0.5
鹿児島	(58)	−	−	−	−	19,300	7,410	7.9	0.5	9,210	555	0.6	0.6
沖縄	(59)	−	−	−	−	−	−	−	△ 2.4	−	−	−	△ 0.7
関東農政局	(60)	8,130	3,210	0.2	0.0	185,600	45,000	2.9	△ 0.3	105,200	18,400	1.2	△ 1.0
東海農政局	(61)	−	−	−	−	73,800	12,700	3.3	0.7	38,400	3,940	1.0	0.6
中国四国農政局	(62)	−	−	−	−	128,000	22,600	3.0	△ 1.4	74,300	10,300	1.4	0.2

注：$\text{被害率}=\dfrac{\text{被害量}}{\text{平年収量}}\times 100$

病害				虫害								
いもち病				ウンカ				カメムシ				
被害面積	被害量	被害率		被害面積	被害量	被害率		被害面積	被害量	被害率		
		実数	対前年差			実数	対前年差			実数	対前年差	
(13)	(14)	(15)	(16)	(17)	(18)	(19)	(20)	(21)	(22)	(23)	(24)	
ha	t	%	ポイント	ha	t	%	ポイント	ha	t	%	ポイント	
294,200	**78,200**	**1.0**	**0.3**	**128,400**	**70,600**	**0.9**	**0.4**	**140,700**	**17,000**	**0.2**	**0.0**	(1)
1,220	74	0.0	0.0	804	52	0.0	0.0	3,450	257	0.0	△ 0.1	(2)
293,000	78,100	1.1	0.3	127,600	70,600	1.0	0.4	137,300	16,800	0.2	0.0	(3)
92,900	27,600	1.3	0.9	1,820	86	0.0	0.0	34,900	3,820	0.2	0.1	(4)
17,500	2,430	0.2	0.1	4,950	414	0.0	0.0	14,400	910	0.1	0.0	(5)
58,400	16,200	1.1	0.2	11,400	1,460	0.1	0.0	26,100	3,890	0.3	△ 0.1	(6)
21,500	4,870	1.0	△ 0.1	11,500	9,070	2.0	1.7	20,300	2,610	0.6	0.1	(7)
15,600	4,390	0.9	0.1	21,000	11,300	2.2	1.7	11,800	1,650	0.3	0.1	(8)
19,800	5,210	1.0	0.1	26,200	24,700	4.7	3.6	8,020	1,540	0.3	0.0	(9)
14,300	3,080	1.3	△ 0.1	10,400	3,870	1.7	0.4	10,900	687	0.3	0.0	(10)
53,100	14,300	1.8	△ 0.2	40,300	19,700	2.5	△ 0.7	10,700	1,670	0.2	0.0	(11)
15	12	0.6	0.1	0	0	0.0	0.0	15	7	0.3	0.3	(12)
1,220	74	0.0	0.0	804	52	0.0	0.0	3,450	257	0.0	△ 0.1	(13)
3,580	1,370	0.5	0.5	650	32	0.0	0.0	5,580	1,220	0.5	0.1	(14)
14,400	5,470	2.0	1.7	70	3	0.0	0.0	3,750	650	0.2	0.2	(15)
10,200	2,450	0.7	0.2	70	2	0.0	0.0	5,270	600	0.2	0.1	(16)
31,600	8,710	1.7	1.2	300	3	0.0	0.0	6,690	340	0.1	0.0	(17)
17,400	5,190	1.3	0.6	410	20	0.0	0.0	5,940	436	0.1	0.0	(18)
15,700	4,370	1.2	1.0	320	26	0.0	0.0	7,700	570	0.2	0.1	(19)
10,200	2,850	0.8	0.2	880	230	0.1	0.0	8,260	1,720	0.5	△ 0.6	(20)
19,000	5,000	1.6	0.6	2,990	470	0.1	△ 0.1	5,500	880	0.3	0.2	(21)
1,980	788	1.0	△ 0.3	1,770	322	0.4	0.0	656	119	0.2	0.1	(22)
7,440	1,570	1.0	0.6	2,300	211	0.1	△ 0.3	2,840	181	0.1	0.0	(23)
7,500	2,550	0.8	△ 0.5	100	30	0.0	0.0	5,800	450	0.1	△ 0.1	(24)
19	2	0.4	0.4	3	1	0.2	0.2	6	0	0.0	0.0	(25)
99	6	0.0	0.0	200	70	0.5	0.5	51	1	0.0	0.0	(26)
12,300	1,670	0.3	0.2	4,100	385	0.1	0.0	7,600	610	0.1	0.0	(27)
1,000	43	0.0	0.0	275	2	0.0	0.0	1,240	75	0.0	0.0	(28)
460	46	0.0	△ 0.1	50	1	0.0	0.0	500	15	0.0	0.0	(29)
3,740	670	0.5	0.4	520	26	0.0	0.0	5,100	210	0.2	0.0	(30)
1,050	500	1.9	0.2	140	25	0.1	0.0	230	42	0.2	0.1	(31)
11,100	2,970	1.5	0.8	3,000	100	0.1	0.0	2,800	500	0.3	0.1	(32)
6,000	1,900	1.7	0.4	2,420	692	0.6	0.4	6,070	921	0.8	0.0	(33)
2,970	689	0.9	0.1	4,110	4,100	5.1	3.9	3,630	428	0.5	0.1	(34)
6,150	1,080	0.8	△ 0.4	4,100	4,140	3.0	2.9	4,970	353	0.3	△ 0.1	(35)
6,390	1,200	0.9	△ 0.1	910	142	0.1	0.0	5,600	903	0.7	0.4	(36)
7,200	1,850	1.1	△ 0.1	4,920	977	0.6	0.0	3,090	214	0.1	0.0	(37)
430	43	0.1	0.0	1,010	354	0.5	0.3	1,150	138	0.2	0.1	(38)
600	300	1.3	0.1	2,200	1,400	6.0	4.3	250	32	0.1	0.0	(39)
4,660	650	0.4	0.2	7,100	3,770	2.1	1.9	5,930	1,110	0.6	0.4	(40)
1,760	1,250	2.9	0.1	3,560	3,050	7.0	6.6	620	80	0.2	0.0	(41)
938	295	0.9	0.1	2,200	1,750	5.6	4.3	750	78	0.3	△ 0.1	(42)
1,030	502	0.8	0.5	617	225	0.3	0.2	880	75	0.1	0.0	(43)
1,850	470	0.5	△ 0.7	1,350	500	0.6	0.0	830	100	0.1	0.0	(44)
9,970	2,590	1.7	0.8	7,280	3,720	2.4	1.0	3,470	521	0.3	0.0	(45)
4,920	971	0.8	△ 0.3	6,250	3,070	2.6	1.8	1,450	587	0.5	0.2	(46)
2,000	680	0.7	△ 0.1	10,700	17,200	18.0	16.0	1,390	261	0.3	△ 0.1	(47)
3,720	312	0.6	△ 0.2	553	91	0.2	0.2	3,090	177	0.3	0.1	(48)
3,650	840	1.4	△ 0.3	4,540	470	0.8	0.4	2,400	150	0.3	0.0	(49)
3,500	735	1.1	0.1	2,820	2,340	3.5	2.5	1,480	200	0.3	△ 0.1	(50)
3,400	1,190	2.3	△ 0.1	2,480	970	1.9	△ 2.1	3,960	160	0.3	△ 0.1	(51)
9,100	1,660	1.0	△ 0.2	9,690	2,890	1.7	0.4	2,260	253	0.1	△ 0.1	(52)
3,370	860	0.7	△ 1.3	1,470	1,520	1.2	△ 4.2	540	46	0.0	0.0	(53)
1,670	348	0.7	△ 0.7	2,380	1,540	2.9	△ 0.4	865	102	0.2	0.1	(54)
9,750	2,600	1.5	0.1	9,200	4,980	2.9	0.5	645	62	0.0	0.0	(55)
11,000	3,060	3.0	0.7	9,480	4,520	4.5	1.1	1,300	102	0.1	0.0	(56)
9,040	2,710	3.4	△ 0.2	3,700	1,630	2.1	△ 1.7	2,520	331	0.4	△ 0.1	(57)
9,160	3,070	3.3	△ 0.1	4,390	2,590	2.8	△ 1.3	2,610	778	0.8	0.0	(58)
15	12	0.6	0.1	0	0	0.0	0.0	15	7	0.3	0.3	(59)
61,400	16,900	1.1	0.2	15,500	5,560	0.4	0.2	29,800	4,320	0.3	△ 0.1	(60)
18,500	4,180	1.1	0.0	7,430	4,970	1.3	1.2	16,600	2,180	0.6	0.1	(61)
34,000	8,290	1.1	0.0	36,600	28,600	3.8	2.7	19,000	2,230	0.3	0.0	(62)

2　麦類

(1)　令和２年産麦類（子実用）の収穫量（全国農業地域別・都道府県別）

ア　４麦計

全国農業地域・都道府県	作付面積	収穫量	前年産との比較 作付面積 対差	前年産との比較 作付面積 対比	前年産との比較 収穫量 対差	前年産との比較 収穫量 対比
	(1)	(2)	(3)	(4)	(5)	(6)
	ha	t	ha	%	t	%
全　国	**276,200**	**1,171,000**	**3,200**	**101**	**△ 89,000**	**93**
（全国農業地域）						
北海道	124 200	638,100	900	101	△ 47,600	93
都府県	152,100	533,000	2,300	102	△ 41,100	93
東北	7,660	20,600	△ 30	100	△ 2,300	90
北陸	9,740	28,700	80	101	100	100
関東・東山	37,600	126,600	△ 500	99	△ 14,200	90
東海	17,000	68,500	200	101	△ 2,600	96
近畿	10,400	34,700	100	101	1,900	106
中国	6,580	22,700	540	109	0	100
四国	5,130	19,400	210	104	△ 1,000	95
九州	58,000	211,700	1,600	103	△ 23,000	90
沖縄	x	x	x	x	x	x
（都道府県）						
北海道	124,200	638,100	900	101	△ 47,600	93
青森	779	2,170	△ 15	98	370	121
岩手	3,810	7,950	△ 10	100	△ 2,250	78
宮城	2,270	8,490	△ 40	98	△ 360	96
秋田	284	848	x	x	x	x
山形	x	x	x	x	x	x
福島	431	965	62	117	△ 35	97
茨城	7,590	19,400	△ 270	97	△ 5,600	78
栃木	12,700	43,900	100	101	△ 3,200	93
群馬	7,650	29,800	0	100	△ 400	99
埼玉	5,990	22,300	△ 110	98	△ 3,600	86
千葉	772	1,790	x	x	x	x
東京	x	x	x	x	x	x
神奈川	44	107	0	100	△ 16	87
新潟	x	x	x	x	x	x
富山	3,270	8,800	40	101	△ 630	93
石川	1,430	5,030	0	100	120	102
福井	4,800	14,200	70	101	700	105
山梨	114	328	△ 5	96	△ 19	95
長野	2,750	8,960	△ 60	98	△ 210	98
岐阜	3,600	12,000	60	102	△ 200	98
静岡	x	x	x	x	x	x
愛知	5,720	30,300	△ 30	99	△ 1,900	94
三重	6,910	24,500	230	103	200	101
滋賀	7,680	27,300	100	101	2,100	108
京都	247	559	△ 1	100	30	106
大阪	2	2	x	x	x	x
兵庫	2,350	6,540	40	102	△ 220	97
奈良	114	272	x	x	x	x
和歌山	x	x	x	x	x	x
鳥取	x	x	x	x	x	x
島根	674	1,840	x	x	x	x
岡山	3,250	13,400	320	111	800	106
広島	x	x	x	x	x	x
山口	2,120	6,120	110	105	△ 790	89
徳島	x	x	x	x	x	x
香川	2,900	11,200	130	105	△ 1,000	92
愛媛	2,110	7,840	100	105	△ 50	99
高知	x	x	x	x	x	x
福岡	22,100	85,000	600	103	△ 11,900	88
佐賀	21,200	80,800	500	102	△ 9,500	89
長崎	1,970	6,200	90	105	△ 420	94
熊本	7,170	23,300	280	104	△ 1,000	96
大分	5,110	15,200	140	103	△ 400	97
宮崎	x	x	x	x	x	x
鹿児島	x	x	x	x	x	x
沖縄	x	x	x	x	x	x
関東農政局	38,300	128,300	△ 600	98	△ 14,900	90
東海農政局	16,200	66,800	200	101	△ 1,900	97
中国四国農政局	11,700	42,100	700	106	△ 1,100	97

イ　小麦

全国農業地域・都道府県	作付面積	10a当たり収量	収穫量	前年産との比較					(参考)	
				作付面積		10a当たり収量	収穫量		10a当たり平均収量対比	10a当たり平均収量
				対差	対比	対比	対差	対比		
	(1)	(2)	(3)	(4)	(5)	(6)	(7)	(8)	(9)	(10)
	ha	kg	t	ha	%	%	t	%	%	kg
全国	**212,600**	**447**	**949,300**	**1,000**	**100**	**91**	**△ 87,700**	**92**	**109**	**411**
(全国農業地域)										
北海道	122,200	515	629,900	800	101	92	△ 47,800	93	109	474
都府県	90,400	353	319,400	200	100	89	△ 40,000	89	110	322
東北	6,300	254	16,000	△ 70	99	88	△ 2,500	86	110	230
北陸	355	177	627	△ 21	94	94	△ 78	89	83	212
関東・東山	20,500	340	69,800	△ 300	99	87	△ 11,200	86	91	372
東海	16,200	407	65,900	200	101	95	△ 2,700	96	118	344
近畿	8,090	319	25,800	△ 340	96	103	△ 300	99	124	257
中国	2,690	348	9,370	150	106	90	△ 410	96	124	281
四国	2,400	387	9,290	130	106	88	△ 650	93	116	333
九州	33,900	361	122,500	500	101	83	△ 22,200	85	110	327
沖縄	13	146	19	△ 3	81	155	4	127	92	158
(都道府県)										
北海道	122,200	515	629,900	800	101	92	△ 47,800	93	109	474
青森	716	261	1,870	△ 31	96	114	160	109	120	218
岩手	3,740	207	7,740	△ 20	99	78	△ 2,260	77	107	193
宮城	1,100	401	4,410	△ 30	97	96	△ 320	93	105	382
秋田	275	306	842	△ 11	96	104	1	100	172	178
山形	68	246	167	△ 17	80	90	△ 66	72	106	233
福島	409	227	928	51	114	84	△ 39	96	112	202
茨城	4,610	267	12,300	20	100	76	△ 3,900	76	82	324
栃木	2,300	339	7,800	10	100	83	△ 1,540	84	91	373
群馬	5,500	403	22,200	△ 70	99	98	△ 700	97	96	420
埼玉	5,020	374	18,800	△ 150	97	85	△ 3,800	83	95	394
千葉	731	228	1,670	△ 62	92	66	△ 1,080	61	72	318
東京	15	247	37	△ 2	88	136	6	119	96	257
神奈川	43	242	104	0	100	87	△ 16	87	87	279
新潟	61	234	143	△ 7	90	117	7	105	114	205
富山	48	133	64	1	102	78	△ 16	80	62	213
石川	93	233	217	8	109	115	45	126	127	183
福井	153	133	203	△ 23	87	74	△ 114	64	57	232
山梨	74	324	240	△ 4	95	105	△ 2	99	113	287
長野	2,180	305	6,650	△ 60	97	100	△ 200	97	94	325
岐阜	3,330	341	11,400	50	102	96	△ 200	98	113	303
静岡	727	226	1,640	△ 64	92	75	△ 760	68	103	220
愛知	5,590	533	29,800	△ 30	99	95	△ 1,800	94	123	434
三重	6,550	352	23,100	230	104	97	100	100	117	300
滋賀	6,160	339	20,900	△ 290	96	105	100	100	124	274
京都	159	199	316	4	103	109	32	111	152	131
大阪	1	156	2	0	100	79	0	100	119	131
兵庫	1,650	263	4,340	△ 60	96	96	△ 350	93	128	206
奈良	113	240	271	△ 1	99	84	△ 54	83	107	225
和歌山	2	104	2	1	200	81	0	100	83	125
鳥取	71	342	243	2	103	116	39	119	133	257
島根	121	164	198	1	101	81	△ 46	81	107	153
岡山	888	454	4,030	104	113	97	370	110	135	337
広島	149	167	249	△ 9	94	75	△ 102	71	84	198
山口	1,470	316	4,650	60	104	84	△ 670	87	118	267
徳島	53	302	160	11	126	98	31	124	108	280
香川	2,100	395	8,300	100	105	89	△ 560	94	118	335
愛媛	248	333	826	24	111	79	△ 117	88	106	315
高知	4	160	6	△ 1	80	101	△ 2	75	98	163
福岡	14,700	387	56,900	0	100	83	△ 12,000	83	112	346
佐賀	10,600	369	39,100	300	103	82	△ 7,100	85	110	336
長崎	599	270	1,620	16	103	82	△ 290	85	104	260
熊本	5,010	329	16,500	110	102	87	△ 2,000	89	108	305
大分	2,770	288	7,980	△ 10	100	90	△ 920	90	112	258
宮崎	113	346	391	10	110	133	122	145	171	202
鹿児島	32	179	57	△ 1	97	107	2	104	117	153
沖縄	13	146	19	△ 3	81	155	4	127	92	158
関東農政局	21,200	337	71,400	△ 400	98	87	△ 12,000	86	92	367
東海農政局	15,500	415	64,300	300	102	95	△ 1,900	97	119	349
中国四国農政局	5,100	367	18,700	290	106	90	△ 1,000	95	121	304

注：1　「（参考）10 a 当たり平均収量対比」とは、10 a 当たり平均収量（原則として直近７か年のうち、最高及び最低を除いた５か年の平均値をいう。ただし、直近７か年全ての10 a 当たり収量が確保できない場合は、６か年又は５か年の最高及び最低を除いた平均とし、４か年又は３か年の場合は、単純平均である。）に対する当年産の10 a 当たり収量の比率である。なお、直近７か年のうち、３か年分の10 a 当たり収量のデータが確保できない場合は、10 a 当たり平均収量を作成していない（以下各統計表において同じ。）。

2　全国農業地域別（都府県を除く。）の10 a 当たり平均収量は、各都府県の10 a 当たり平均収量に当年産の作付面積を乗じて求めた平均収穫量を全国農業地域別に積み上げ、当年産の全国農業地域別作付面積で除して算出している（以下各統計表において同じ。）。

2　麦類（続き）

(1)　令和２年産麦類（子実用）の収穫量（全国農業地域別・都道府県別）（続き）

ウ　二条大麦

全国農業地域・都道府県	作付面積	10a当たり収量	収穫量	前年産との比較 作付面積 対差	作付面積 対比	10a当たり収量 対比	収穫量 対差	収穫量 対比	（参考）10a当たり平均収量対比	（参考）10a当たり平均収量
	(1)	(2)	(3)	(4)	(5)	(6)	(7)	(8)	(9)	(10)
	ha	kg	t	ha	%	%	t	%	%	kg
全国	**39,300**	**368**	**144,700**	**1,300**	**103**	**95**	**△ 1,900**	**99**	**120**	**306**
（全国農業地域）										
北海道	1,760	432	7,600	60	104	96	△ 20	100	120	361
都府県	37,500	366	137,100	1,200	103	96	△ 1,900	99	120	304
東北	14	250	35	0	100	81	△ 8	81	97	257
北陸	2	250	5	0	100	250	3	250	167	150
関東・東山	12,200	344	42,000	0	100	96	△ 1,600	96	95	361
東海	11	200	22	7	275	267	19	733	171	117
近畿	x	330	x	x	x	108	x	x	nc	…
中国	2,860	374	10,700	160	106	94	0	100	118	317
四国	x	467	x	x	x	93	x	x	nc	…
九州	22,300	376	83,800	1,100	105	95	△ 400	100	135	278
沖縄	x	x	x	x	x	x	x	x	nc	…
（都道府県）										
北海道	1,760	432	7,600	60	104	96	△ 20	100	120	361
青森	-	-	-	-	nc	nc	-	nc	nc	-
岩手	-	-	-	x	x	x	x	x	-	333
宮城	11	273	30	0	100	83	△ 6	83	97	281
秋田	x	x	x	x	x	x	x	x	x	191
山形	-	-	-	-	nc	nc	-	nc	nc	-
福島	x	x	x	x	x	x	x	x	x	154
茨城	1,160	238	2,760	△ 50	96	90	△ 430	87	92	260
栃木	8,660	357	30,900	△ 70	99	96	△ 1,500	95	95	375
群馬	1,630	357	5,820	50	103	102	270	105	103	348
埼玉	695	354	2,460	25	104	98	40	102	89	396
千葉	-	-	-	x	x	x	x	x	-	246
東京	x	215	x	x	x	105	x	x	108	199
神奈川	x	x	x	x	x	x	x	x	x	200
新潟	x	x	x	x	x	x	x	x	x	84
富山	x	x	x	x	x	x	x	x	x	143
石川	x	x	x	x	x	x	x	x	x	184
福井	-	-	-	-	nc	nc	-	nc	nc	-
山梨	-	-	-	-	nc	nc	-	nc	-	221
長野	7	200	14	5	350	65	8	233	64	313
岐阜	-	-	-	-	nc	nc	-	nc	nc	-
静岡	11	200	22	7	275	267	19	733	171	117
愛知	-	-	-	-	nc	nc	-	nc	-	223
三重	-	-	-	-	nc	nc	-	nc	nc	-
滋賀	59	415	245	6	111	109	44	122	107	387
京都	88	276	243	△ 5	95	105	△ 2	99	146	189
大阪	x	x	x	x	x	x	x	x	nc	…
兵庫	1	108	1	1	nc	nc	1	nc	nc	-
奈良	x	x	x	x	x	x	x	x	nc	…
和歌山	-	-	-	-	nc	nc	-	nc	nc	-
鳥取	93	358	333	△ 1	99	113	34	111	131	274
島根	497	305	1,520	23	105	88	△ 120	93	112	272
岡山	2,070	403	8,340	100	105	96	110	101	119	339
広島	x	x	x	x	x	x	x	x	x	100
山口	195	271	528	34	121	90	43	109	121	224
徳島	13	515	67	1	108	97	3	105	177	291
香川	x	x	x	x	x	x	x	x	nc	…
愛媛	-	-	-	-	nc	nc	-	nc	nc	-
高知	x	x	x	x	x	x	x	x	x	304
福岡	6,880	385	26,500	530	108	94	400	102	135	285
佐賀	10,300	396	40,800	200	102	93	△ 2,300	95	138	287
長崎	1,310	341	4,470	90	107	91	△ 110	98	126	270
熊本	2,000	323	6,460	170	109	109	1,020	119	121	268
大分	1,550	314	4,870	90	106	104	460	110	140	225
宮崎	60	344	206	2	103	114	30	117	130	265
鹿児島	172	272	468	23	115	105	84	122	136	200
沖縄	x	x	x	x	x	x	x	x	nc	…
関東農政局	12,200	344	42,000	0	100	96	△ 1,600	96	95	361
東海農政局	-	-	-	-	nc	nc	-	nc	nc	-
中国四国農政局	2,870	376	10,800	150	106	96	100	101	nc	…

エ　六条大麦

全国農業地域・都道府県	作付面積	10a当たり収量	収穫量	前年産との比較 作付面積 対差	前年産との比較 作付面積 対比	前年産との比較 10a当たり収量 対比	前年産との比較 収穫量 対差	前年産との比較 収穫量 対比	（参考） 10a当たり平均収量対比	（参考） 10a当たり平均収量
	(1)	(2)	(3)	(4)	(5)	(6)	(7)	(8)	(9)	(10)
	ha	kg	t	ha	%	%	t	%	%	kg
全国	**18,000**	**314**	**56,600**	**300**	**102**	**100**	**800**	**101**	**108**	**290**
（全国農業地域）										
北海道	19	142	27	2	112	32	△ 48	36	42	337
都府県	18,000	314	56,600	300	102	100	900	102	108	290
東北	1,340	344	4,610	40	103	103	250	106	nc	…
北陸	9,380	300	28,100	100	101	100	200	101	102	293
関東・東山	4,520	299	13,500	△ 210	96	94	△ 1,600	89	97	308
東海	703	333	2,340	△ 6	99	101	10	100	127	262
近畿	1,930	397	7,670	410	127	105	1,920	133	142	279
中国	x	216	x	x	x	89	x	x	113	191
四国	x	x	x	x	x	x	x	x	x	216
九州	19	363	69	x	x	94	x	x	105	347
沖縄	−	−	−	−	nc	nc	−	nc	nc	−
（都道府県）										
北海道	19	142	27	2	112	32	△ 48	36	42	337
青森	63	474	299	16	134	242	207	325	nc	…
岩手	74	278	206	8	112	114	45	128	115	241
宮城	1,160	349	4,050	0	100	100	△ 10	100	115	303
秋田	x	x	x	x	x	x	x	x	x	214
山形	13	154	20	△ 2	87	126	2	111	136	113
福島	20	168	34	10	200	52	1	103	57	297
茨城	1,530	231	3,530	△ 300	84	88	△ 1,270	74	91	253
栃木	1,670	302	5,040	100	106	90	△ 220	96	95	318
群馬	515	341	1,760	21	104	95	△ 20	99	101	337
埼玉	176	407	716	△ 18	91	109	△ 6	99	100	406
千葉	32	303	97	△ 2	94	95	△ 11	90	106	287
東京	−	−	−	−	nc	nc	−	nc	nc	−
神奈川	x	x	x	x	x	x	x	x	x	290
新潟	175	323	565	△ 21	89	98	△ 80	88	146	221
富山	3,210	272	8,730	30	101	93	△ 620	93	90	302
石川	1,340	359	4,810	△ 10	99	102	70	101	120	299
福井	4,650	300	14,000	100	102	103	800	106	104	288
山梨	40	220	88	△ 1	98	86	△ 17	84	103	214
長野	562	409	2,300	△ 8	99	101	△ 10	100	110	371
岐阜	262	243	637	5	102	114	87	116	143	170
静岡	7	157	11	0	100	183	5	183	102	154
愛知	110	392	431	△ 6	95	84	△ 112	79	97	405
三重	324	389	1,260	△ 5	98	104	30	102	134	290
滋賀	1,380	420	5,800	370	137	109	1,920	149	140	299
京都	−	−	−	−	nc	nc	−	nc	−	102
大阪	x	x	x	x	x	x	x	x	x	85
兵庫	546	343	1,870	38	107	93	0	100	150	229
奈良	x	x	x	x	x	x	x	x	x	95
和歌山	x	x	x	x	x	x	x	x	x	127
鳥取	x	x	x	x	x	x	x	x	x	157
島根	15	139	21	x	x	x	x	x	109	128
岡山	x	102	x	x	x	73	x	x	63	162
広島	92	228	210	9	111	90	1	100	113	201
山口	−	−	−	−	nc	nc	−	nc	nc	−
徳島	x	x	x	x	x	x	x	x	x	216
香川	−	−	−	−	nc	nc	−	nc	nc	−
愛媛	−	−	−	−	nc	nc	−	nc	nc	−
高知	−	−	−	−	nc	nc	−	nc	nc	−
福岡	−	−	−	−	nc	nc	−	nc	nc	−
佐賀	−	−	−	−	nc	nc	−	nc	nc	−
長崎	−	−	−	−	nc	nc	−	nc	nc	−
熊本	9	356	32	x	x	x	x	x	108	330
大分	8	343	27	3	160	90	8	142	95	360
宮崎	x	x	x	x	x	x	x	x	x	−
鹿児島	x	x	x	x	x	x	x	x	x	327
沖縄	−	−	−	−	nc	nc	−	nc	nc	−
関東農政局	4,530	298	13,500	△ 210	96	93	△ 1,600	89	97	307
東海農政局	696	335	2,330	△ 6	99	102	10	100	127	263
中国四国農政局	x	217	x	x	x	89	x	x	114	191

2 麦類（続き）

(1) 令和2年産麦類（子実用）の収穫量（全国農業地域別・都道府県別）（続き）

オ はだか麦

全国農業地域・都道府県	作付面積	10a当たり収量	収穫量	前年産との比較 作付面積 対差	前年産との比較 作付面積 対比	前年産との比較 10a当たり収量 対比	前年産との比較 収穫量 対差	前年産との比較 収穫量 対比	（参考）10a当たり平均収量対比	（参考）10a当たり平均収量
	(1)	(2)	(3)	(4)	(5)	(6)	(7)	(8)	(9)	(10)
	ha	kg	t	ha	%	%	t	%	%	kg
全国	**6,330**	**322**	**20,400**	**550**	**110**	**92**	**100**	**100**	**124**	**260**
（全国農業地域）										
北海道	195	286	557	46	131	134	240	176	92	311
都府県	6,140	324	19,900	510	109	91	△ 100	100	125	260
東北	x	100	x	x	x	30	x	x	nc	…
北陸	2	150	3	x	x	x	x	x	nc	…
関東・東山	x	291	x	x	x	91	x	x	nc	…
東海	x	252	x	x	x	76	x	x	nc	…
近畿	x	294	x	x	x	86	x	x	nc	…
中国	927	257	2,380	220	131	88	310	115	140	184
四国	2,710	369	10,000	80	103	93	△ 400	96	133	277
九州	1,760	305	5,370	20	101	93	△ 320	94	119	256
沖縄	−	−	−	−	nc	nc	−	nc	nc	−
（都道府県）										
北海道	195	286	557	46	131	134	240	176	92	311
青森	−	−	−	−	nc	nc	−	nc	nc	−
岩手	−	−	−	−	nc	nc	−	nc	nc	−
宮城	−	−	−	x	x	x	x	x	nc	…
秋田	−	−	−	−	nc	nc	−	nc	nc	−
山形	x	x	x	x	x	x	x	x	x	39
福島	x	x	x	x	x	x	x	x	x	110
茨城	291	273	794	62	127	81	18	102	90	303
栃木	41	307	126	△ 3	93	128	21	120	148	207
群馬	3	184	6	△ 2	60	72	△ 7	46	nc	…
埼玉	102	349	356	40	165	113	165	186	113	310
千葉	9	222	20	1	113	77	△ 3	87	89	250
東京	x	x	x	x	x	x	x	x	x	200
神奈川	x	x	x	x	x	x	x	x	x	145
新潟	−	−	−	−	nc	nc	−	nc	nc	−
富山	x	x	x	x	x	x	x	x	x	140
石川	−	−	−	−	nc	nc	−	nc	nc	−
福井	x	x	x	x	x	x	x	x	x	−
山梨	−	−	−	−	nc	nc	−	nc	nc	−
長野	−	−	−	−	nc	nc	−	nc	nc	−
岐阜	−	−	−	−	nc	nc	−	nc	nc	…
静岡	x	x	x	x	x	x	x	x	nc	…
愛知	19	237	45	4	127	91	6	115	98	241
三重	37	259	96	12	148	70	3	103	114	227
滋賀	75	469	352	9	114	93	20	106	139	338
京都	−	−	−	−	nc	nc	−	nc	nc	−
大阪	−	−	−	−	nc	nc	−	nc	nc	…
兵庫	157	210	330	67	174	95	131	166	130	161
奈良	x	x	x	x	x	x	x	x	x	159
和歌山	0	101	0	0	nc	75	0	nc	nc	…
鳥取	9	200	18	2	129	100	4	129	88	228
島根	41	243	100	15	158	70	10	111	114	214
岡山	290	355	1,030	115	166	86	309	143	145	244
広島	123	234	288	61	198	101	145	201	168	139
山口	464	203	942	27	106	81	△ 158	86	130	156
徳島	50	251	126	△ 16	76	134	2	102	138	182
香川	802	358	2,870	29	104	83	△ 450	86	118	304
愛媛	1,860	377	7,010	70	104	97	60	101	141	267
高知	3	247	7	1	150	58	△ 2	78	161	153
福岡	481	340	1,640	△ 7	99	86	△ 280	85	121	281
佐賀	252	362	912	2	101	91	△ 78	92	122	297
長崎	69	162	112	0	100	89	△ 14	89	99	164
熊本	146	197	288	△ 15	91	89	△ 69	81	95	207
大分	774	302	2,340	44	106	99	110	105	121	249
宮崎	15	177	27	△ 4	79	104	△ 5	84	148	120
鹿児島	22	223	49	△ 2	92	142	11	129	145	154
沖縄	−	−	−	−	nc	nc	−	nc	nc	−
関東農政局	x	291	x	x	x	91	x	x	nc	…
東海農政局	56	252	141	16	140	76	9	107	109	232
中国四国農政局	3,640	341	12,400	300	109	91	△ 100	99	135	253

(2) 令和２年産小麦の秋まき、春まき別収穫量（北海道）

区分	作付面積	10ａ当たり収量	収穫量	前年産との比較					（参考）	
				作付面積		10ａ当たり収量	収穫量		10ａ当たり平均収量対比	10ａ当たり平均収量
				対差	対比	対比	対差	対比		
	(1)	(2)	(3)	(4)	(5)	(6)	(7)	(8)	(9)	(10)
	ha	kg	t	ha	%	%	t	%	%	kg
北海道	**122,200**	**515**	**629,900**	**800**	**101**	**92**	**△ 47,800**	**93**	**109**	**474**
秋まき	105,400	540	569,200	500	100	92	△ 47,200	92	109	495
春まき	16,800	361	60,700	300	102	97	△ 600	99	112	321

3 豆類・そば

(1) 令和２年産豆類（乾燥子実）及びそば（乾燥子実）の収穫量（全国農業地域別・都道府県別）

ア 大豆

全国農業地域・都道府県	作付面積	10a当たり収量	収穫量	前年産との比較					（参考）	
				作付面積		10a当たり収量	収穫量		10a当たり平均収量対比	10a当たり平均収量
				対差	対比	対比	対差	対比		
	(1)	(2)	(3)	(4)	(5)	(6)	(7)	(8)	(9)	(10)
	ha	kg	t	ha	%	%	t	%	%	kg
全国	**141,700**	**154**	**218,900**	**△ 1,800**	**99**	**101**	**1,100**	**101**	**96**	**161**
（全国農業地域）										
北海道	38,900	239	93,000	△ 200	99	106	4,600	105	103	233
都府県	102,700	123	125,900	△ 1,700	98	99	△ 3,500	97	90	137
東北	34,900	133	46,400	△ 200	99	90	△ 5,700	89	94	142
北陸	11,900	127	15,100	△ 500	96	86	△ 3,300	82	79	161
関東・東山	9,570	126	12,100	△ 320	97	110	700	106	91	139
東海	11,800	94	11,100	△ 100	99	93	△ 900	93	87	108
近畿	9,100	114	10,400	△ 310	97	107	300	103	88	129
中国	4,250	93	3,960	△ 80	98	93	△ 390	91	84	111
四国	493	132	650	4	101	96	△ 18	97	120	110
九州	20,800	126	26,200	△ 200	99	130	5,800	128	84	150
沖縄	x	x	x	x	x	x	x	x	x	39
（都道府県）										
北海道	38,900	239	93,000	△ 200	99	106	4,600	105	103	233
青森	4,840	125	6,050	80	102	78	△ 1,610	79	92	136
岩手	4,320	131	5,660	30	101	89	△ 650	90	96	136
宮城	10,800	174	18,800	△ 200	98	127	3,700	125	116	150
秋田	8,650	100	8,650	90	101	62	△ 5,250	62	73	137
山形	4,830	115	5,550	△ 120	98	74	△ 2,120	72	79	146
福島	1,390	121	1,680	△ 110	93	122	190	113	96	126
茨城	3,350	115	3,850	△ 100	97	120	540	116	96	120
栃木	2,250	155	3,490	△ 90	96	102	△ 70	98	93	167
群馬	275	141	388	△ 16	95	106	1	100	111	127
埼玉	657	88	578	21	103	102	31	106	84	105
千葉	822	88	723	△ 49	94	205	348	193	81	108
東京	4	175	7	△ 2	67	132	△ 1	88	142	123
神奈川	37	157	58	△ 3	93	114	3	105	101	155
新潟	4,180	141	5,890	△ 230	95	81	△ 1,780	77	80	177
富山	4,270	128	5,470	△ 210	95	88	△ 1,030	84	84	153
石川	1,630	118	1,920	△ 30	98	95	△ 140	93	84	141
福井	1,800	101	1,820	△ 10	99	83	△ 370	83	63	160
山梨	216	107	231	△ 7	97	89	△ 37	86	88	122
長野	1,960	143	2,800	△ 70	97	102	△ 40	99	86	166
岐阜	2,860	99	2,830	10	100	88	△ 390	88	92	108
静岡	223	76	169	△ 28	89	100	△ 22	88	83	92
愛知	4,370	110	4,810	△ 120	97	98	△ 220	96	85	130
三重	4,350	75	3,260	60	101	91	△ 260	93	87	86
滋賀	6,510	124	8,070	△ 180	97	106	240	103	89	140
京都	302	117	353	△ 5	98	104	6	102	104	113
大阪	15	87	13	0	100	77	△ 4	76	75	116
兵庫	2,110	86	1,810	△ 110	95	106	10	101	91	95
奈良	137	96	132	△ 6	96	135	30	129	83	116
和歌山	28	89	25	0	100	96	△ 1	96	91	98
鳥取	624	91	568	△ 17	97	78	△ 182	76	68	133
島根	780	123	959	24	103	94	△ 31	97	97	127
岡山	1,540	91	1,400	△ 40	97	114	140	111	90	101
広島	430	72	310	△ 47	90	78	△ 129	71	73	98
山口	870	83	722	△ 1	100	79	△ 193	79	79	105
徳島	10	80	8	△ 7	59	205	1	114	151	53
香川	60	97	58	0	100	126	12	126	109	89
愛媛	348	155	539	10	103	90	△ 46	92	122	127
高知	75	60	45	1	101	146	15	150	111	54
福岡	8,220	125	10,300	△ 30	100	117	1,470	117	82	152
佐賀	7,750	130	10,100	△ 70	99	163	3,840	161	77	168
長崎	409	37	151	10	103	71	△ 56	73	38	97
熊本	2,420	155	3,750	△ 30	99	123	660	121	107	145
大分	1,410	94	1,330	△ 130	92	115	70	106	102	92
宮崎	223	125	279	4	102	80	△ 65	81	105	119
鹿児島	346	75	260	21	106	60	△ 146	64	71	105
沖縄	x	x	x	x	x	x	x	x	x	39
関東農政局	9,790	126	12,300	△ 310	97	111	800	107	91	138
東海農政局	11,600	94	10,900	0	100	92	△ 900	92	87	108
中国四国農政局	4,740	97	4,610	△ 70	99	93	△ 410	92	87	111

イ　小豆

全国農業地域・都道府県	作付面積	10a当たり収量	収穫量	前年産との比較					(参考)	
				作付面積		10a当たり収量	収穫量		10a当たり平均収量対比	10a当たり平均収量
				対差	対比	対比	対差	対比		
	(1)	(2)	(3)	(4)	(5)	(6)	(7)	(8)	(9)	(10)
	ha	kg	t	ha	%	%	t	%	%	kg
全国	**26,600**	**195**	**51,900**	**1,100**	**104**	**84**	**△ 7,200**	**88**	**89**	**218**
(全国農業地域)										
北海道	22,100	220	48,600	1,200	106	83	△ 6,800	88	87	252
都府県	…	…	…	nc	nc	nc	nc	nc	nc	…
東北	…	…	…	nc	nc	nc	nc	nc	nc	…
北陸	…	…	…	nc	nc	nc	nc	nc	nc	…
関東・東山	…	…	…	nc	nc	nc	nc	nc	nc	…
東海	…	…	…	nc	nc	nc	nc	nc	nc	…
近畿	…	…	…	nc	nc	nc	nc	nc	nc	…
中国	…	…	…	nc	nc	nc	nc	nc	nc	…
四国	…	…	…	nc	nc	nc	nc	nc	nc	…
九州	…	…	…	nc	nc	nc	nc	nc	nc	…
沖縄	…	…	…	nc	nc	nc	nc	nc	nc	…
(都道府県)										
北海道	22,100	220	48,600	1,200	106	83	△ 6,800	88	87	252
青森	…	…	…	nc	nc	nc	nc	nc	nc	…
岩手	…	…	…	nc	nc	nc	nc	nc	nc	…
宮城	…	…	…	nc	nc	nc	nc	nc	nc	…
秋田	…	…	…	nc	nc	nc	nc	nc	nc	…
山形	…	…	…	nc	nc	nc	nc	nc	nc	…
福島	…	…	…	nc	nc	nc	nc	nc	nc	…
茨城	…	…	…	nc	nc	nc	nc	nc	nc	…
栃木	…	…	…	nc	nc	nc	nc	nc	nc	…
群馬	…	…	…	nc	nc	nc	nc	nc	nc	…
埼玉	…	…	…	nc	nc	nc	nc	nc	nc	…
千葉	…	…	…	nc	nc	nc	nc	nc	nc	…
東京	…	…	…	nc	nc	nc	nc	nc	nc	…
神奈川	…	…	…	nc	nc	nc	nc	nc	nc	…
新潟	…	…	…	nc	nc	nc	nc	nc	nc	…
富山	…	…	…	nc	nc	nc	nc	nc	nc	…
石川	…	…	…	nc	nc	nc	nc	nc	nc	…
福井	…	…	…	nc	nc	nc	nc	nc	nc	…
山梨	…	…	…	nc	nc	nc	nc	nc	nc	…
長野	…	…	…	nc	nc	nc	nc	nc	nc	…
岐阜	…	…	…	nc	nc	nc	nc	nc	nc	…
静岡	…	…	…	nc	nc	nc	nc	nc	nc	…
愛知	…	…	…	nc	nc	nc	nc	nc	nc	…
三重	…	…	…	nc	nc	nc	nc	nc	nc	…
滋賀	191	102	195	82	175	132	111	232	144	71
京都	451	58	262	4	101	107	21	109	114	51
大阪	…	…	…	nc	nc	nc	nc	nc	nc	…
兵庫	807	80	646	21	103	131	167	135	123	65
奈良	…	…	…	nc	nc	nc	nc	nc	nc	…
和歌山	…	…	…	nc	nc	nc	nc	nc	nc	…
鳥取	…	…	…	nc	nc	nc	nc	nc	nc	…
島根	…	…	…	nc	nc	nc	nc	nc	nc	…
岡山	…	…	…	nc	nc	nc	nc	nc	nc	…
広島	…	…	…	nc	nc	nc	nc	nc	nc	…
山口	…	…	…	nc	nc	nc	nc	nc	nc	…
徳島	…	…	…	nc	nc	nc	nc	nc	nc	…
香川	…	…	…	nc	nc	nc	nc	nc	nc	…
愛媛	…	…	…	nc	nc	nc	nc	nc	nc	…
高知	…	…	…	nc	nc	nc	nc	nc	nc	…
福岡	…	…	…	nc	nc	nc	nc	nc	nc	…
佐賀	…	…	…	nc	nc	nc	nc	nc	nc	…
長崎	…	…	…	nc	nc	nc	nc	nc	nc	…
熊本	…	…	…	nc	nc	nc	nc	nc	nc	…
大分	…	…	…	nc	nc	nc	nc	nc	nc	…
宮崎	…	…	…	nc	nc	nc	nc	nc	nc	…
鹿児島	…	…	…	nc	nc	nc	nc	nc	nc	…
沖縄	…	…	…	nc	nc	nc	nc	nc	nc	…
関東農政局	…	…	…	nc	nc	nc	nc	nc	nc	…
東海農政局	…	…	…	nc	nc	nc	nc	nc	nc	…
中国四国農政局	…	…	…	nc	nc	nc	nc	nc	nc	…

注：1　小豆の作付面積調査及び収穫量調査は主産県調査であり、3年又は6年周期で全国調査を実施している。
　　2　令和2年産調査については、作付面積調査及び収穫量調査ともに主産県を対象に調査を実施した。
　　3　主産県とは、直近の全国調査年である平成30年産調査における全国の作付面積のおおむね80%を占めるまでの上位都道府県及び畑作物共済事業を実施する都道府県である。
　　4　全国の作付面積及び収穫量については、主産県の調査結果から推計したものである。

3　豆類・そば（続き）

(1)　令和２年産豆類（乾燥子実）及びそば（乾燥子実）の収穫量（全国農業地域別・都道府県別）（続き）

ウ　いんげん

全国農業地域・都道府県	作付面積	10 a 当たり収量	収穫量	前年産との比較 作付面積 対差	前年産との比較 作付面積 対比	前年産との比較 10 a 当たり収量 対比	前年産との比較 収穫量 対差	前年産との比較 収穫量 対比	（参考）10 a 当たり平均収量対比	（参考）10 a 当たり平均収量
	(1)	(2)	(3)	(4)	(5)	(6)	(7)	(8)	(9)	(10)
	ha	kg	t	ha	%	%	t	%	%	kg
全　国	**7,370**	**67**	**4,920**	**510**	**107**	**34**	**△ 8,480**	**37**	**35**	**191**
（全国農業地域）										
北海道	6,880	68	4,680	540	109	34	△ 8,020	37	34	198
都府県	…	…	…	nc	nc	nc	nc	nc	nc	…
東北	…	…	…	nc	nc	nc	nc	nc	nc	…
北陸	…	…	…	nc	nc	nc	nc	nc	nc	…
関東・東山	…	…	…	nc	nc	nc	nc	nc	nc	…
東海	…	…	…	nc	nc	nc	nc	nc	nc	…
近畿	…	…	…	nc	nc	nc	nc	nc	nc	…
中国	…	…	…	nc	nc	nc	nc	nc	nc	…
四国	…	…	…	nc	nc	nc	nc	nc	nc	…
九州	…	…	…	nc	nc	nc	nc	nc	nc	…
沖縄	…	…	…	nc	nc	nc	nc	nc	nc	…
（都道府県）										
北海道	6,880	68	4,680	540	109	34	△ 8,020	37	34	198
青森	…	…	…	nc	nc	nc	nc	nc	nc	…
岩手	…	…	…	nc	nc	nc	nc	nc	nc	…
宮城	…	…	…	nc	nc	nc	nc	nc	nc	…
秋田	…	…	…	nc	nc	nc	nc	nc	nc	…
山形	…	…	…	nc	nc	nc	nc	nc	nc	…
福島	…	…	…	nc	nc	nc	nc	nc	nc	…
茨城	…	…	…	nc	nc	nc	nc	nc	nc	…
栃木	…	…	…	nc	nc	nc	nc	nc	nc	…
群馬	…	…	…	nc	nc	nc	nc	nc	nc	…
埼玉	…	…	…	nc	nc	nc	nc	nc	nc	…
千葉	…	…	…	nc	nc	nc	nc	nc	nc	…
東京	…	…	…	nc	nc	nc	nc	nc	nc	…
神奈川	…	…	…	nc	nc	nc	nc	nc	nc	…
新潟	…	…	…	nc	nc	nc	nc	nc	nc	…
富山	…	…	…	nc	nc	nc	nc	nc	nc	…
石川	…	…	…	nc	nc	nc	nc	nc	nc	…
福井	…	…	…	nc	nc	nc	nc	nc	nc	…
山梨	…	…	…	nc	nc	nc	nc	nc	nc	…
長野	…	…	…	nc	nc	nc	nc	nc	nc	…
岐阜	…	…	…	nc	nc	nc	nc	nc	nc	…
静岡	…	…	…	nc	nc	nc	nc	nc	nc	…
愛知	…	…	…	nc	nc	nc	nc	nc	nc	…
三重	…	…	…	nc	nc	nc	nc	nc	nc	…
滋賀	…	…	…	nc	nc	nc	nc	nc	nc	…
京都	…	…	…	nc	nc	nc	nc	nc	nc	…
大阪	…	…	…	nc	nc	nc	nc	nc	nc	…
兵庫	…	…	…	nc	nc	nc	nc	nc	nc	…
奈良	…	…	…	nc	nc	nc	nc	nc	nc	…
和歌山	…	…	…	nc	nc	nc	nc	nc	nc	…
鳥取	…	…	…	nc	nc	nc	nc	nc	nc	…
島根	…	…	…	nc	nc	nc	nc	nc	nc	…
岡山	…	…	…	nc	nc	nc	nc	nc	nc	…
広島	…	…	…	nc	nc	nc	nc	nc	nc	…
山口	…	…	…	nc	nc	nc	nc	nc	nc	…
徳島	…	…	…	nc	nc	nc	nc	nc	nc	…
香川	…	…	…	nc	nc	nc	nc	nc	nc	…
愛媛	…	…	…	nc	nc	nc	nc	nc	nc	…
高知	…	…	…	nc	nc	nc	nc	nc	nc	…
福岡	…	…	…	nc	nc	nc	nc	nc	nc	…
佐賀	…	…	…	nc	nc	nc	nc	nc	nc	…
長崎	…	…	…	nc	nc	nc	nc	nc	nc	…
熊本	…	…	…	nc	nc	nc	nc	nc	nc	…
大分	…	…	…	nc	nc	nc	nc	nc	nc	…
宮崎	…	…	…	nc	nc	nc	nc	nc	nc	…
鹿児島	…	…	…	nc	nc	nc	nc	nc	nc	…
沖縄	…	…	…	nc	nc	nc	nc	nc	nc	…
関東農政局	…	…	…	nc	nc	nc	nc	nc	nc	…
東海農政局	…	…	…	nc	nc	nc	nc	nc	nc	…
中国四国農政局	…	…	…	nc	nc	nc	nc	nc	nc	…

注：1　いんげんの作付面積調査及び収穫量調査は主産県調査であり、３年又は６年周期で全国調査を実施している。
　　2　令和２年産調査については、作付面積調査及び収穫量調査ともに主産県を対象に調査を実施した。
　　3　主産県とは、直近の全国調査年である平成30年産調査における全国の作付面積のおおむね80%を占めるまでの上位都道府県及び畑作物共済事業を実施する都道府県である。
　　4　全国の作付面積及び収穫量については、主産県の調査結果から推計したものである。

エ　らっかせい

全国農業地域・都道府県	作付面積	10a当たり収量	収穫量	前年産との比較 作付面積 対差	前年産との比較 作付面積 対比	前年産との比較 10a当たり収量 対比	前年産との比較 収穫量 対差	前年産との比較 収穫量 対比	10a当たり平均収量対比	（参考） 10a当たり平均収量
	(1)	(2)	(3)	(4)	(5)	(6)	(7)	(8)	(9)	(10)
	ha	kg	t	ha	%	%	t	%	%	kg
全国	**6,220**	**212**	**13,200**	**△ 110**	**98**	**108**	**800**	**106**	**93**	**228**
（全国農業地域）										
北海道	…	…	…	nc	nc	nc	nc	nc	nc	…
都府県	…	…	…	nc	nc	nc	nc	nc	nc	…
東北	…	…	…	nc	nc	nc	nc	nc	nc	…
北陸	…	…	…	nc	nc	nc	nc	nc	nc	…
関東・東山	…	…	…	nc	nc	nc	nc	nc	nc	…
東海	…	…	…	nc	nc	nc	nc	nc	nc	…
近畿	…	…	…	nc	nc	nc	nc	nc	nc	…
中国	…	…	…	nc	nc	nc	nc	nc	nc	…
四国	…	…	…	nc	nc	nc	nc	nc	nc	…
九州	…	…	…	nc	nc	nc	nc	nc	nc	…
沖縄	…	…	…	nc	nc	nc	nc	nc	nc	…
（都道府県）										
北海道	…	…	…	nc	nc	nc	nc	nc	nc	…
青森	…	…	…	nc	nc	nc	nc	nc	nc	…
岩手	…	…	…	nc	nc	nc	nc	nc	nc	…
宮城	…	…	…	nc	nc	nc	nc	nc	nc	…
秋田	…	…	…	nc	nc	nc	nc	nc	nc	…
山形	…	…	…	nc	nc	nc	nc	nc	nc	…
福島	…	…	…	nc	nc	nc	nc	nc	nc	…
茨城	515	247	1,270	△ 13	98	94	△ 120	91	87	284
栃木	…	…	…	nc	nc	nc	nc	nc	nc	…
群馬	…	…	…	nc	nc	nc	nc	nc	nc	…
埼玉	…	…	…	nc	nc	nc	nc	nc	nc	…
千葉	4,980	220	11,000	△ 80	98	111	900	109	95	231
東京	…	…	…	nc	nc	nc	nc	nc	nc	…
神奈川	…	…	…	nc	nc	nc	nc	nc	nc	…
新潟	…	…	…	nc	nc	nc	nc	nc	nc	…
富山	…	…	…	nc	nc	nc	nc	nc	nc	…
石川	…	…	…	nc	nc	nc	nc	nc	nc	…
福井	…	…	…	nc	nc	nc	nc	nc	nc	…
山梨	…	…	…	nc	nc	nc	nc	nc	nc	…
長野	…	…	…	nc	nc	nc	nc	nc	nc	…
岐阜	…	…	…	nc	nc	nc	nc	nc	nc	…
静岡	…	…	…	nc	nc	nc	nc	nc	nc	…
愛知	…	…	…	nc	nc	nc	nc	nc	nc	…
三重	…	…	…	nc	nc	nc	nc	nc	nc	…
滋賀	…	…	…	nc	nc	nc	nc	nc	nc	…
京都	…	…	…	nc	nc	nc	nc	nc	nc	…
大阪	…	…	…	nc	nc	nc	nc	nc	nc	…
兵庫	…	…	…	nc	nc	nc	nc	nc	nc	…
奈良	…	…	…	nc	nc	nc	nc	nc	nc	…
和歌山	…	…	…	nc	nc	nc	nc	nc	nc	…
鳥取	…	…	…	nc	nc	nc	nc	nc	nc	…
島根	…	…	…	nc	nc	nc	nc	nc	nc	…
岡山	…	…	…	nc	nc	nc	nc	nc	nc	…
広島	…	…	…	nc	nc	nc	nc	nc	nc	…
山口	…	…	…	nc	nc	nc	nc	nc	nc	…
徳島	…	…	…	nc	nc	nc	nc	nc	nc	…
香川	…	…	…	nc	nc	nc	nc	nc	nc	…
愛媛	…	…	…	nc	nc	nc	nc	nc	nc	…
高知	…	…	…	nc	nc	nc	nc	nc	nc	…
福岡	…	…	…	nc	nc	nc	nc	nc	nc	…
佐賀	…	…	…	nc	nc	nc	nc	nc	nc	…
長崎	…	…	…	nc	nc	nc	nc	nc	nc	…
熊本	…	…	…	nc	nc	nc	nc	nc	nc	…
大分	…	…	…	nc	nc	nc	nc	nc	nc	…
宮崎	…	…	…	nc	nc	nc	nc	nc	nc	…
鹿児島	…	…	…	nc	nc	nc	nc	nc	nc	…
沖縄	…	…	…	nc	nc	nc	nc	nc	nc	…
関東農政局	…	…	…	nc	nc	nc	nc	nc	nc	…
東海農政局	…	…	…	nc	nc	nc	nc	nc	nc	…
中国四国農政局	…	…	…	nc	nc	nc	nc	nc	nc	…

注：1　らっかせいの作付面積調査及び収穫量調査は主産県調査であり、３年又は６年周期で全国調査を実施している。
　　2　令和２年産調査については、作付面積調査及び収穫量調査ともに主産県を対象に調査を実施した。
　　3　主産県とは、直近の全国調査年である平成30年産調査における全国の作付面積のおおむね80%を占めるまでの上位都道府県である。
　　4　全国の作付面積及び収穫量については、主産県の調査結果から推計したものである。

3 豆類・そば（続き）

(1) 令和２年産豆類（乾燥子実）及びそば（乾燥子実）の収穫量（全国農業地域別・都道府県別）（続き）

オ そば

全国農業地域・都道府県	作付面積	10a当たり収量	収穫量	前年産との比較 作付面積 対差	前年産との比較 作付面積 対比	前年産との比較 10a当たり収量 対比	前年産との比較 収穫量 対差	前年産との比較 収穫量 対比	（参考） 10a当たり平均収量対比	（参考） 10a当たり平均収量
	(1)	(2)	(3)	(4)	(5)	(6)	(7)	(8)	(9)	(10)
	ha	kg	t	ha	%	%	t	%	%	kg
全国	**66,600**	**67**	**44,800**	**1,200**	**102**	**103**	**2,200**	**105**	**124**	**54**
（全国農業地域）										
北海道	25,700	75	19,300	500	102	96	△ 400	98	110	68
都府県	40,900	62	25,500	800	102	109	2,600	111	135	46
東北	17,000	47	7,910	100	101	87	△ 1,300	86	118	40
北陸	5,570	57	3,180	220	104	150	1,160	157	173	33
関東・東山	12,500	85	10,600	300	102	120	1,990	123	129	66
東海	569	59	335	0	100	137	90	137	169	35
近畿	927	85	784	8	101	185	359	184	213	40
中国	1,530	57	877	△ 50	97	184	389	180	204	28
四国	106	58	62	△ 13	89	129	9	117	161	36
九州	2,600	64	1,670	140	106	85	△ 180	90	121	53
沖縄	69	67	46	18	135	103	13	139	131	51
（都道府県）										
北海道	25,700	75	19,300	500	102	96	△ 400	98	110	68
青森	1,670	40	668	△ 10	99	67	△ 342	66	121	33
岩手	1,680	69	1,160	△ 80	95	83	△ 300	79	123	56
宮城	606	39	236	△ 44	93	139	54	130	177	22
秋田	3,980	39	1,550	210	106	71	△ 520	75	100	39
山形	5,320	41	2,180	60	101	84	△ 400	84	114	36
福島	3,790	56	2,120	50	101	110	210	111	122	46
茨城	3,510	79	2,770	50	101	136	760	138	120	66
栃木	3,030	94	2,850	70	102	119	510	122	124	76
群馬	587	83	487	0	100	89	△ 59	89	93	89
埼玉	342	69	236	△ 4	99	173	98	171	117	59
千葉	219	67	147	△ 27	89	152	39	136	143	47
東京	3	67	2	△ 1	75	258	1	200	146	46
神奈川	25	52	13	4	119	121	4	144	111	47
新潟	1,270	45	572	30	102	115	88	118	118	38
富山	517	87	450	6	101	198	225	200	249	35
石川	377	40	151	69	122	190	86	232	222	18
福井	3,400	59	2,010	100	103	155	760	161	179	33
山梨	193	70	135	3	102	123	27	125	135	52
長野	4,600	86	3,960	190	104	113	610	118	146	59
岐阜	341	63	215	△ 5	99	131	49	130	180	35
静岡	71	55	39	△ 10	88	239	20	205	183	30
愛知	33	24	8	△ 1	97	89	△ 1	89	100	24
三重	124	59	73	16	115	126	22	143	148	40
滋賀	565	98	554	36	107	175	258	187	200	49
京都	121	64	77	0	100	206	39	203	221	29
大阪	1	51	0	0	100	121	△ 1	0	159	32
兵庫	211	66	139	△ 30	88	194	57	170	287	23
奈良	26	53	14	2	108	151	6	175	151	35
和歌山	3	9	0	0	100	90	0	nc	36	25
鳥取	330	50	165	18	106	139	53	147	179	28
島根	638	52	332	△ 46	93	226	175	211	193	27
岡山	192	61	117	△ 6	97	122	18	118	174	35
広島	302	69	208	△ 11	96	209	105	202	246	28
山口	71	77	55	△ 2	97	335	38	324	285	27
徳島	40	50	20	△ 5	89	132	3	118	114	44
香川	31	74	23	△ 3	91	168	8	153	274	27
愛媛	31	55	17	△ 3	91	98	△ 2	89	153	36
高知	4	46	2	△ 2	67	144	0	100	170	27
福岡	89	37	33	5	106	66	△ 14	70	106	35
佐賀	34	62	21	2	106	90	△ 1	95	141	44
長崎	162	42	68	5	103	108	7	111	95	44
熊本	670	80	536	79	113	98	51	111	138	58
大分	228	47	107	0	100	104	4	104	147	32
宮崎	242	72	174	△ 20	92	103	△ 9	95	131	55
鹿児島	1,180	62	732	80	107	72	△ 214	77	111	56
沖縄	69	67	46	18	135	103	13	139	131	51
関東農政局	12,600	84	10,600	300	102	120	1,970	123	127	66
東海農政局	498	59	296	10	102	128	70	131	164	36
中国四国農政局	1,640	57	939	△ 60	96	178	398	174	197	29

(2)　令和２年産いんげん（乾燥子実）の種類別収穫量（北海道）

区分	作付面積	10ａ当たり収量	収穫量	前年産との比較 作付面積 対差	前年産との比較 作付面積 対比	前年産との比較 10ａ当たり収量 対比	前年産との比較 収穫量 対差	前年産との比較 収穫量 対比	（参考） 10ａ当たり平均収量対比	（参考） 10ａ当たり平均収量
	(1)	(2)	(3)	(4)	(5)	(6)	(7)	(8)	(9)	(10)
	ha	kg	t	ha	%	%	t	%	%	kg
いんげん	6,880	68	4,680	540	109	34	△ 8,020	37	34	198
うち金時	4,780	62	2,960	190	104	33	△ 5,720	34	35	177
手亡	1,780	78	1,390	420	131	33	△ 1,820	43	31	254

4　かんしょ

(1)　令和2年産かんしょの収穫量（全国農業地域別・都道府県別）

全国農業地域・都道府県	作付面積	10a当たり収量	収穫量	前年産との比較					(参考)	
				作付面積		10a当たり収量	収穫量		10a当たり平均収量対比	10a当たり平均収量
				対差	対比	対比	対差	対比		
	(1)	(2)	(3)	(4)	(5)	(6)	(7)	(8)	(9)	(10)
	ha	kg	t	ha	%	%	t	%	%	kg
全国	**33,100**	**2,080**	**687,600**	**△ 1,200**	**97**	**95**	**△ 61,100**	**92**	**91**	**2,290**
(全国農業地域)										
北海道	25	…	…	nc	nc	nc	nc	nc	nc	…
都府県	33,100	…	…	nc	nc	nc	nc	nc	nc	…
東北	213	…	…	nc	nc	nc	nc	nc	nc	…
北陸	646	…	…	nc	nc	nc	nc	nc	nc	…
関東・東山	12,200	…	…	nc	nc	nc	nc	nc	nc	…
東海	1,200	…	…	nc	nc	nc	nc	nc	nc	…
近畿	546	…	…	nc	nc	nc	nc	nc	nc	…
中国	629	…	…	nc	nc	nc	nc	nc	nc	…
四国	1,780	…	…	nc	nc	nc	nc	nc	nc	…
九州	15,600	…	…	nc	nc	nc	nc	nc	nc	…
沖縄	273	…	…	nc	nc	nc	nc	nc	nc	…
(都道府県)										
北海道	25	…	…	nc	nc	nc	nc	nc	nc	…
青森	1	…	…	nc	nc	nc	nc	nc	nc	…
岩手	37	…	…	nc	nc	nc	nc	nc	nc	…
宮城	26	…	…	nc	nc	nc	nc	nc	nc	…
秋田	28	…	…	nc	nc	nc	nc	nc	nc	…
山形	26	…	…	nc	nc	nc	nc	nc	nc	…
福島	95	…	…	nc	nc	nc	nc	nc	nc	…
茨城	7,000	2,600	182,000	140	102	106	13,900	108	102	2,560
栃木	164	…	…	nc	nc	nc	nc	nc	nc	…
群馬	184	…	…	nc	nc	nc	nc	nc	nc	…
埼玉	365	…	…	nc	nc	nc	nc	nc	nc	…
千葉	3,940	2,290	90,200	△ 100	98	99	△ 3,500	96	93	2,460
東京	89	…	…	nc	nc	nc	nc	nc	nc	…
神奈川	329	…	…	nc	nc	nc	nc	nc	nc	…
新潟	235	…	…	nc	nc	nc	nc	nc	nc	…
富山	93	…	…	nc	nc	nc	nc	nc	nc	…
石川	204	…	…	nc	nc	nc	nc	nc	nc	…
福井	114	…	…	nc	nc	nc	nc	nc	nc	…
山梨	36	…	…	nc	nc	nc	nc	nc	nc	…
長野	69	…	…	nc	nc	nc	nc	nc	nc	…
岐阜	132	…	…	nc	nc	nc	nc	nc	nc	…
静岡	516	…	…	nc	nc	nc	nc	nc	nc	…
愛知	280	…	…	nc	nc	nc	nc	nc	nc	…
三重	267	…	…	nc	nc	nc	nc	nc	nc	…
滋賀	47	…	…	nc	nc	nc	nc	nc	nc	…
京都	117	…	…	nc	nc	nc	nc	nc	nc	…
大阪	88	…	…	nc	nc	nc	nc	nc	nc	…
兵庫	163	…	…	nc	nc	nc	nc	nc	nc	…
奈良	76	…	…	nc	nc	nc	nc	nc	nc	…
和歌山	55	…	…	nc	nc	nc	nc	nc	nc	…
鳥取	122	…	…	nc	nc	nc	nc	nc	nc	…
島根	104	…	…	nc	nc	nc	nc	nc	nc	…
岡山	131	…	…	nc	nc	nc	nc	nc	nc	…
広島	167	…	…	nc	nc	nc	nc	nc	nc	…
山口	105	…	…	nc	nc	nc	nc	nc	nc	…
徳島	1,090	2,490	27,100	0	100	100	△ 200	99	100	2,490
香川	212	…	…	nc	nc	nc	nc	nc	nc	…
愛媛	186	…	…	nc	nc	nc	nc	nc	nc	…
高知	288	…	…	nc	nc	nc	nc	nc	nc	…
福岡	110	…	…	nc	nc	nc	nc	nc	nc	…
佐賀	75	…	…	nc	nc	nc	nc	nc	nc	…
長崎	306	…	…	nc	nc	nc	nc	nc	nc	…
熊本	824	2,100	17,300	△ 73	92	98	△ 2,000	90	94	2,240
大分	378	…	…	nc	nc	nc	nc	nc	nc	…
宮崎	2,990	2,310	69,100	△ 370	89	96	△ 11,500	86	92	2,520
鹿児島	10,900	1,970	214,700	△ 300	97	85	△ 46,300	82	80	2,460
沖縄	273	…	…	nc	nc	nc	nc	nc	nc	…
関東農政局	12,700	…	…	nc	nc	nc	nc	nc	nc	…
東海農政局	679	…	…	nc	nc	nc	nc	nc	nc	…
中国四国農政局	2,410	…	…	nc	nc	nc	nc	nc	nc	…

注：1　かんしょの作付面積調査及び収穫量調査は、3年又は6年周期で全国調査を実施している。
　　2　令和2年産調査については、作付面積調査は全国、収穫量調査は主産県を対象に調査を実施した。
　　3　主産県とは、直近の全国調査年である平成29年産調査における全国の作付面積のおおむね80％を占めるまでの上位都道府県である。
　　4　全国の収穫量については、主産県の調査結果から推計したものである。

(2)　令和２年産でんぷん原料仕向けかんしょの収穫量（宮崎県及び鹿児島県）

区分	作付面積		10a当たり収量	収穫量		前年産との比較				
	実数	かんしょの作付面積に占める割合		実数	かんしょの収穫量に占める割合	作付面積		10a当たり収量	収穫量	
						対差	対比	対比	対差	対比
	(1)	(2)	(3)	(4)	(5)	(6)	(7)	(8)	(9)	(10)
	ha	%	kg	t	%	ha	%	%	t	%
計	**4,180**	**30**	**1,830**	**76,300**	**27**	**△ 320**	**93**	**84**	**△ 21,700**	**78**
宮崎	197	7	2,000	3,940	6	40	125	84	190	105
鹿児島	3,980	37	1,820	72,400	34	△ 360	92	84	△ 21,800	77

注：1　作付面積及び収穫量は、宮崎県及び鹿児島県の数値の内数である。
　　2　「かんしょの作付面積に占める割合」及び「かんしょの収穫量に占める割合」は、県別のかんしょの作付面積及び収穫量に占めるでんぷん原料仕向けかんしょの割合である。

5　飼料作物

令和２年産飼料作物の収穫量（全国農業地域別・都道府県別）

(1)　牧草

全国農業地域・都道府県	作付（栽培）面積	10 a 当たり収量	収穫量	前年産との比較					（参考）	
				作付（栽培）面積		10 a 当たり収量	収穫量		10 a 当たり平均収量対比	10 a 当たり平均収量
				対差	対比	対比	対差	対比		
	(1)	(2)	(3)	(4)	(5)	(6)	(7)	(8)	(9)	(10)
	ha	kg	t	ha	%	%	t	%	%	kg
全国	**719,200**	**3,370**	**24,244,000**	**△ 5,200**	**99**	**98**	**△ 606,000**	**98**	**98**	**3,430**
（全国農業地域）										
北海道	530,400	3,200	16,973,000	△ 2,400	100	98	△ 450,000	97	98	3,250
都府県	188,700	…	…	nc	nc	nc	nc	nc	nc	…
東北	82,700	…	…	nc	nc	nc	nc	nc	nc	…
北陸	2,810	…	…	nc	nc	nc	nc	nc	nc	…
関東・東山	18,300	…	…	nc	nc	nc	nc	nc	nc	…
東海	4,850	…	…	nc	nc	nc	nc	nc	nc	…
近畿	1,250	…	…	nc	nc	nc	nc	nc	nc	…
中国	9,390	…	…	nc	nc	nc	nc	nc	nc	…
四国	1,290	…	…	nc	nc	nc	nc	nc	nc	…
九州	62,300	…	…	nc	nc	nc	nc	nc	nc	…
沖縄	5,830	10,600	618,000	120	102	100	12,700	102	101	10,500
（都道府県）										
北海道	530,400	3,200	16,973,000	△ 2,400	100	98	△ 450,000	97	98	3,250
青森	18,100	2,620	474,200	△ 100	99	101	2,800	101	95	2,760
岩手	35,500	2,650	940,800	△ 100	100	95	△ 48,900	95	98	2,700
宮城	12,000	…	…	nc	nc	nc	nc	nc	nc	…
秋田	6,010	…	…	nc	nc	nc	nc	nc	nc	…
山形	4,660	…	…	nc	nc	nc	nc	nc	nc	…
福島	6,430	…	…	nc	nc	nc	nc	nc	nc	…
茨城	1,450	4,750	68,900	△ 90	94	114	4,500	107	104	4,570
栃木	7,440	4,030	299,800	△ 30	100	89	△ 39,300	88	95	4,250
群馬	2,680	4,350	116,600	△ 70	97	112	9,900	109	88	4,950
埼玉	595	…	…	nc	nc	nc	nc	nc	nc	…
千葉	954	3,050	29,100	△ 15	98	91	△ 3,400	90	72	4,220
東京	75	…	…	nc	nc	nc	nc	nc	nc	…
神奈川	112	…	…	nc	nc	nc	nc	nc	nc	…
新潟	1,120	…	…	nc	nc	nc	nc	nc	nc	…
富山	572	…	…	nc	nc	nc	nc	nc	nc	…
石川	715	…	…	nc	nc	nc	nc	nc	nc	…
福井	403	…	…	nc	nc	nc	nc	nc	nc	…
山梨	870	3,680	32,000	△ 1	100	102	500	102	92	3,980
長野	4,120	…	…	nc	nc	nc	nc	nc	nc	…
岐阜	2,600	…	…	nc	nc	nc	nc	nc	nc	…
静岡	1,350	…	…	nc	nc	nc	nc	nc	nc	…
愛知	693	3,390	23,500	△ 24	97	92	△ 3,000	89	81	4,180
三重	205	…	…	nc	nc	nc	nc	nc	nc	…
滋賀	100	…	…	nc	nc	nc	nc	nc	nc	…
京都	153	…	…	nc	nc	nc	nc	nc	nc	…
大阪	x	…	…	nc	nc	nc	nc	nc	nc	…
兵庫	890	3,420	30,400	△ 26	97	96	△ 2,400	93	93	3,690
奈良	58	…	…	nc	nc	nc	nc	nc	nc	…
和歌山	46	…	…	nc	nc	nc	nc	nc	nc	…
鳥取	2,200	3,370	74,100	△ 60	97	110	4,900	107	102	3,290
島根	1,380	3,010	41,500	△ 40	97	99	△ 1,700	96	100	3,000
岡山	2,780	…	…	nc	nc	nc	nc	nc	nc	…
広島	1,820	…	…	nc	nc	nc	nc	nc	nc	…
山口	1,210	2,360	28,600	△ 40	97	107	1,100	104	86	2,740
徳島	278	…	…	nc	nc	nc	nc	nc	nc	…
香川	80	…	…	nc	nc	nc	nc	nc	nc	…
愛媛	589	…	…	nc	nc	nc	nc	nc	nc	…
高知	347	…	…	nc	nc	nc	nc	nc	nc	…
福岡	1,500	…	…	nc	nc	nc	nc	nc	nc	…
佐賀	885	3,880	34,300	△ 18	98	102	△ 200	99	106	3,670
長崎	5,650	5,100	288,200	40	101	102	6,600	102	106	4,800
熊本	14,400	4,160	599,000	0	100	98	△ 11,600	98	101	4,130
大分	5,060	4,300	217,600	△ 20	100	99	△ 3,400	98	101	4,250
宮崎	15,800	5,760	910,100	0	100	93	△ 69,500	93	95	6,090
鹿児島	19,000	5,790	1,100,000	0	100	108	78,000	108	93	6,200
沖縄	5,830	10,600	618,000	120	102	100	12,700	102	101	10,500
関東農政局	19,600	…	…	nc	nc	nc	nc	nc	nc	…
東海農政局	3,490	…	…	nc	nc	nc	nc	nc	nc	…
中国四国農政局	10,700	…	…	nc	nc	nc	nc	nc	nc	…

注：1　牧草の作付面積調査及び収穫量調査は主産県調査であり、３年又は６年周期で全国調査を実施している。
　　2　令和２年産調査については、作付面積調査は全国、収穫量調査は主産県を対象に調査を実施した。
　　3　主産県とは、直近の全国調査年である平成29年産調査における全国の作付（栽培）面積のおおむね80%を占めるまでの上位都道府県及び農業競争力強化基盤整備事業のうち飼料作物に係るものを実施する都道府県である。
　　4　全国の収穫量については、主産県の調査結果から推計したものである。

(2) 青刈りとうもろこし

全国農業地域・都道府県	作付面積	10 a 当たり収量	収穫量	前年産との比較					(参考)	
				作付面積		10 a 当たり収量	収穫量		10 a 当たり平均収量対比	10 a 当たり平均収量
				対差	対比	対比	対差	対比		
	(1)	(2)	(3)	(4)	(5)	(6)	(7)	(8)	(9)	(10)
	ha	kg	t	ha	%	%	t	%	%	kg
全国	**95,200**	**4,960**	**4,718,000**	**500**	**101**	**97**	**△ 123,000**	**97**	**98**	**5,060**
(全国農業地域)										
北海道	57,400	5,400	3,100,000	1,100	102	98	△ 13,000	100	100	5,390
都府県	37,800	…	…	nc	nc	nc	nc	nc	nc	…
東北	10,400	…	…	nc	nc	nc	nc	nc	nc	…
北陸	184	…	…	nc	nc	nc	nc	nc	nc	…
関東・東山	13,400	…	…	nc	nc	nc	nc	nc	nc	…
東海	734	…	…	nc	nc	nc	nc	nc	nc	…
近畿	x	…	…	nc	nc	nc	nc	nc	nc	…
中国	1,620	…	…	nc	nc	nc	nc	nc	nc	…
四国	402	…	…	nc	nc	nc	nc	nc	nc	…
九州	10,800	…	…	nc	nc	nc	nc	nc	nc	…
沖縄	0	6,330	19	△ 1	0	96	△ 47	29	98	6,450
(都道府県)										
北海道	57,400	5,400	3,100,000	1,100	102	98	△ 13,000	100	100	5,390
青森	1,430	3,760	53,800	△ 120	92	87	△ 13,500	80	90	4,160
岩手	5,090	3,640	185,300	△ 10	100	90	△ 20,700	90	88	4,140
宮城	1,150	…	…	nc	nc	nc	nc	nc	nc	…
秋田	345	…	…	nc	nc	nc	nc	nc	nc	…
山形	831	…	…	nc	nc	nc	nc	nc	nc	…
福島	1,570	…	…	nc	nc	nc	nc	nc	nc	…
茨城	2,440	5,260	128,300	△ 50	98	107	5,800	105	102	5,140
栃木	5,060	3,530	178,600	210	104	93	△ 6,200	97	75	4,700
群馬	2,580	4,960	128,000	△ 70	97	97	△ 6,900	95	91	5,460
埼玉	242	…	…	nc	nc	nc	nc	nc	nc	…
千葉	926	5,100	47,200	△ 24	97	107	1,900	104	93	5,490
東京	32	…	…	nc	nc	nc	nc	nc	nc	…
神奈川	210	…	…	nc	nc	nc	nc	nc	nc	…
新潟	159	…	…	nc	nc	nc	nc	nc	nc	…
富山	10	…	…	nc	nc	nc	nc	nc	nc	…
石川	9	…	…	nc	nc	nc	nc	nc	nc	…
福井	6	…	…	nc	nc	nc	nc	nc	nc	…
山梨	150	4,790	7,190	△ 3	98	102	10	100	99	4,830
長野	1,760	…	…	nc	nc	nc	nc	nc	nc	…
岐阜	192	…	…	nc	nc	nc	nc	nc	nc	…
静岡	350	…	…	nc	nc	nc	nc	nc	nc	…
愛知	175	3,830	6,700	0	100	83	△ 1,330	83	89	4,310
三重	17	…	…	nc	nc	nc	nc	nc	nc	…
滋賀	65	…	…	nc	nc	nc	nc	nc	nc	…
京都	15	…	…	nc	nc	nc	nc	nc	nc	…
大阪	x	…	…	nc	nc	nc	nc	nc	nc	…
兵庫	138	2,920	4,030	△ 9	94	94	△ 540	88	91	3,220
奈良	2	…	…	nc	nc	nc	nc	nc	nc	…
和歌山	-	…	…	nc	nc	nc	nc	nc	nc	…
鳥取	798	3,570	28,500	△ 40	95	87	△ 6,000	83	92	3,890
島根	50	2,710	1,360	△ 15	77	87	△ 670	67	81	3,360
岡山	620	…	…	nc	nc	nc	nc	nc	nc	…
広島	143	…	…	nc	nc	nc	nc	nc	nc	…
山口	10	3,200	320	4	167	103	134	172	103	3,110
徳島	70	…	…	nc	nc	nc	nc	nc	nc	…
香川	38	…	…	nc	nc	nc	nc	nc	nc	…
愛媛	288	…	…	nc	nc	nc	nc	nc	nc	…
高知	6	…	…	nc	nc	nc	nc	nc	nc	…
福岡	62	…	…	nc	nc	nc	nc	nc	nc	…
佐賀	7	3,110	218	△ 2	78	91	△ 88	71	91	3,420
長崎	446	4,120	18,400	△ 19	96	93	△ 2,100	90	93	4,440
熊本	3,210	4,300	138,000	△ 190	94	96	△ 13,600	91	98	4,370
大分	671	4,240	28,500	△ 29	96	101	△ 800	97	101	4,210
宮崎	4,710	4,520	212,900	10	100	95	△ 10,400	95	95	4,750
鹿児島	1,700	4,750	80,800	10	101	86	△ 12,200	87	99	4,790
沖縄	0	6,330	19	△ 1	0	96	△ 47	29	98	6,450
関東農政局	13,700	…	…	nc	nc	nc	nc	nc	nc	…
東海農政局	384	…	…	nc	nc	nc	nc	nc	nc	…
中国四国農政局	2,020	…	…	nc	nc	nc	nc	nc	nc	…

注：1 青刈りとうもろこしの作付面積調査及び収穫量調査は主産県調査であり、3年又は6年周期で全国調査を実施している。
2 令和2年産調査については、作付面積調査は全国、収穫量調査は主産県を対象に調査を実施した。
3 主産県とは、直近の全国調査年である平成29年産調査における全国の作付面積のおおむね80%を占めるまでの上位都道府県及び農業競争力強化基盤整備事業のうち飼料作物に係るものを実施する都道府県である。
4 全国の収穫量については、主産県の調査結果から推計したものである。

5　飼料作物（続き）

令和２年産飼料作物の収穫量（全国農業地域別・都道府県別）（続き）

(3)　ソルゴー

全国農業地域・都道府県	作付面積	10a当たり収量	収穫量	前年産との比較 作付面積 対差	前年産との比較 作付面積 対比	前年産との比較 10a当たり収量 対比	前年産との比較 収穫量 対差	前年産との比較 収穫量 対比	（参考）10a当たり平均収量対比	（参考）10a当たり平均収量
	(1)	(2)	(3)	(4)	(5)	(6)	(7)	(8)	(9)	(10)
	ha	kg	t	ha	%	%	t	%	%	kg
全国	**13,000**	**4,140**	**537,600**	**△ 300**	**98**	**95**	**△ 40,500**	**93**	**89**	**4,640**
（全国農業地域）										
北海道	x	x	x	x	x	x	x	x	nc	…
都府県	13,000	…	…	nc	nc	nc	nc	nc	nc	…
東北	82	…	…	nc	nc	nc	nc	nc	nc	…
北陸	263	…	…	nc	nc	nc	nc	nc	nc	…
関東・東山	1,420	…	…	nc	nc	nc	nc	nc	nc	…
東海	592	…	…	nc	nc	nc	nc	nc	nc	…
近畿	861	…	…	nc	nc	nc	nc	nc	nc	…
中国	1,260	…	…	nc	nc	nc	nc	nc	nc	…
四国	424	…	…	nc	nc	nc	nc	nc	nc	…
九州	8,070	…	…	nc	nc	nc	nc	nc	nc	…
沖縄	7	2,940	206	△ 7	50	50	△ 619	25	61	4,840
（都道府県）										
北海道	x	x	x	x	x	x	x	x	nc	…
青森	−	−	−	−	nc	nc	−	nc	nc	−
岩手	2	2,960	59	0	100	92	△ 6	91	89	3,310
宮城	19	…	…	nc	nc	nc	nc	nc	nc	…
秋田	−	…	…	nc	nc	nc	nc	nc	nc	…
山形	6	…	…	nc	nc	nc	nc	nc	nc	…
福島	55	…	…	nc	nc	nc	nc	nc	nc	…
茨城	322	4,720	15,200	50	118	105	2,900	124	100	4,720
栃木	304	2,500	7,600	8	103	120	1,440	123	66	3,780
群馬	72	3,320	2,390	△ 4	95	89	△ 460	84	75	4,450
埼玉	136	…	…	nc	nc	nc	nc	nc	nc	…
千葉	431	4,180	18,000	△ 8	98	99	△ 500	97	69	6,030
東京	1	…	…	nc	nc	nc	nc	nc	nc	…
神奈川	35	…	…	nc	nc	nc	nc	nc	nc	…
新潟	15	…	…	nc	nc	nc	nc	nc	nc	…
富山	25	…	…	nc	nc	nc	nc	nc	nc	…
石川	194	…	…	nc	nc	nc	nc	nc	nc	…
福井	29	…	…	nc	nc	nc	nc	nc	nc	…
山梨	1	5,300	53	△ 1	50	99	△ 54	50	97	5,480
長野	113	…	…	nc	nc	nc	nc	nc	nc	…
岐阜	43	…	…	nc	nc	nc	nc	nc	nc	…
静岡	184	…	…	nc	nc	nc	nc	nc	nc	…
愛知	345	2,680	9,250	△ 38	90	69	△ 5,650	62	70	3,850
三重	20	…	…	nc	nc	nc	nc	nc	nc	…
滋賀	54	…	…	nc	nc	nc	nc	nc	nc	…
京都	87	…	…	nc	nc	nc	nc	nc	nc	…
大阪	−	…	…	nc	nc	nc	nc	nc	nc	…
兵庫	709	2,280	16,200	△ 9	99	95	△ 1,000	94	75	3,030
奈良	8	…	…	nc	nc	nc	nc	nc	nc	…
和歌山	3	…	…	nc	nc	nc	nc	nc	nc	…
鳥取	302	2,550	7,700	△ 31	91	89	△ 1,820	81	91	2,790
島根	166	3,010	5,000	△ 11	94	102	△ 220	96	100	3,000
岡山	256	…	…	nc	nc	nc	nc	nc	nc	…
広島	155	…	…	nc	nc	nc	nc	nc	nc	…
山口	382	2,510	9,590	△ 26	94	105	△ 200	98	95	2,650
徳島	85	…	…	nc	nc	nc	nc	nc	nc	…
香川	74	…	…	nc	nc	nc	nc	nc	nc	…
愛媛	194	…	…	nc	nc	nc	nc	nc	nc	…
高知	71	…	…	nc	nc	nc	nc	nc	nc	…
福岡	151	…	…	nc	nc	nc	nc	nc	nc	…
佐賀	322	3,050	9,820	△ 11	97	94	△ 1,080	90	92	3,320
長崎	2,100	4,060	85,300	0	100	100	0	100	85	4,760
熊本	756	5,120	38,700	12	102	97	△ 700	98	97	5,280
大分	766	5,040	38,600	△ 14	98	101	△ 400	99	99	5,080
宮崎	2,540	5,250	133,400	△ 240	91	97	△ 17,800	88	96	5,490
鹿児島	1,430	4,630	66,200	△ 130	92	89	△ 14,800	82	84	5,540
沖縄	7	2,940	206	△ 7	50	50	△ 619	25	61	4,840
関東農政局	1,600	…	…	nc	nc	nc	nc	nc	nc	…
東海農政局	408	…	…	nc	nc	nc	nc	nc	nc	…
中国四国農政局	1,690	…	…	nc	nc	nc	nc	nc	nc	…

注：1　ソルゴーの作付面積調査及び収穫量調査は主産県調査であり、３年又は６年周期で全国調査を実施している。
　　2　令和２年産調査については、作付面積調査は全国、収穫量調査は主産県を対象に調査を実施した。
　　3　主産県とは、直近の全国調査年である平成29年産調査における全国の作付面積のおおむね80％を占めるまでの上位都道府県及び農業競争力強化基盤整備事業のうち飼料作物に係るものを実施する都道府県である。
　　4　全国の収穫量については、主産県の調査結果から推計したものである。

6　工芸農作物

令和2年産工芸農作物の収穫量

(1)　茶

ア　栽培面積（全国農業地域別・都道府県別）

全国農業地域・都道府県	栽培面積	対前年比
	(1)	(2)
	ha	%
全国	**39,100**	**96**
（全国農業地域）		
北海道	−	nc
都府県	39,100	nc
東北	x	nc
北陸	x	nc
関東・東山	1,890	nc
東海	19,000	nc
近畿	2,860	nc
中国	403	nc
四国	634	nc
九州	14,300	nc
沖縄	24	nc
（都道府県）		
北海道	−	nc
青森	x	nc
岩手	3	nc
宮城	14	nc
秋田	x	nc
山形	x	nc
福島	1	nc
茨城	347	nc
栃木	20	nc
群馬	8	nc
埼玉	825	98
千葉	185	nc
東京	120	nc
神奈川	229	nc
新潟	22	nc
富山	x	nc
石川	4	nc
福井	2	nc
山梨	102	nc
長野	52	nc
岐阜	592	nc
静岡	15,200	96
愛知	500	97
三重	2,710	97
滋賀	545	nc
京都	1,560	100
大阪	−	nc
兵庫	83	nc
奈良	654	nc
和歌山	26	nc
鳥取	10	nc
島根	182	nc
岡山	120	nc
広島	21	nc
山口	70	nc
徳島	217	nc
香川	27	nc
愛媛	121	nc
高知	269	nc
福岡	1,540	100
佐賀	705	94
長崎	725	98
熊本	1,170	96
大分	471	nc
宮崎	1,330	96
鹿児島	8,360	100
沖縄	24	nc
関東農政局	17,100	nc
東海農政局	3,810	nc
中国四国農政局	1,040	nc

注：1　茶の栽培面積については主産県調査であり、6年周期で全国調査を実施している。なお、主産県とは、直近の全国調査年における全国の栽培面積のおおむね80％を占めるまでの上位都道府県、茶に係る畑作物共済事業及び強い農業・担い手づくり総合支援交付金による茶に係る事業を実施する都道府県である。
　　2　令和2年調査については、全国を対象に調査を実施した。

6 工芸農作物（続き）

令和２年産工芸農作物の収穫量（続き）

(1) 茶（続き）

イ 摘採面積・10ａ当たり生葉収量・生葉収穫量・荒茶生産量（全国農業地域別・都道府県別）

全国農業地域・都道府県		年間計					一番茶			
		摘採面積（実面積）	摘採延べ面積	10ａ当たり生葉収量	生葉収穫量	荒茶生産量	摘採面積	10ａ当たり生葉収量	生葉収穫量	荒茶生産量
		(1)	(2)	(3)	(4)	(5)	(6)	(7)	(8)	(9)
		ha	ha	kg	t	t	ha	kg	t	t
全国	(1)	**34,300**	**77,800**	**959**	**328,800**	**69,800**	**34,200**	**405**	**138,600**	**27,500**
（全国農業地域）										
北海道	(2)	–	–	–	–	–	–	–	–	–
都府県	(3)	34,300	77,800	959	328,800	69,800	34,200	405	138,600	27,500
東北	(4)	x	x	x	x	x	x	x	x	x
北陸	(5)	x	x	x	x	x	x	x	x	x
関東・東山	(6)	1,050	1,650	551	5,790	1,270	1,050	330	3,460	x
東海	(7)	17,100	35,600	833	142,400	31,500	17,100	356	60,800	12,200
近畿	(8)	2,370	4,220	861	20,400	4,450	2,370	477	11,300	2,450
中国	(9)	165	327	745	1,230	268	159	324	515	102
四国	(10)	x	x	x	1,680	x	x	x	1,120	x
九州	(11)	13,100	35,300	1,200	157,200	31,900	13,100	468	61,300	11,700
沖縄	(12)	15	26	740	111	24	15	240	36	8
（都道府県）										
北海道	(13)	–	–	–	–	–	–	–	–	–
青森	(14)	x	x	x	x	x	x	x	x	x
岩手	(15)	x	x	x	x	x	x	x	x	x
宮城	(16)	2	2	300	6	1	2	300	6	1
秋田	(17)	x	x	x	x	x	x	x	x	x
山形	(18)	x	x	x	x	x	x	x	x	x
福島	(19)	x	x	x	x	x	x	x	x	x
茨城	(20)	156	329	718	1,120	260	154	340	523	109
栃木	(21)	6	7	333	20	5	6	250	15	3
群馬	(22)	x	x	x	x	x	x	x	x	x
埼玉	(23)	610	919	570	3,480	754	610	343	2,090	440
千葉	(24)	22	26	350	77	18	22	300	66	15
東京	(25)	43	64	467	201	41	43	337	145	30
神奈川	(26)	131	215	508	666	146	131	321	421	90
新潟	(27)	13	20	231	30	8	11	182	20	5
富山	(28)	x	x	x	x	x	x	x	x	x
石川	(29)	4	4	112	4	1	4	84	3	1
福井	(30)	1	1	216	2	0	1	216	2	0
山梨	(31)	51	59	304	155	31	51	257	131	27
長野	(32)	24	24	254	61	13	24	254	61	13
岐阜	(33)	457	793	473	2,160	470	457	293	1,340	269
静岡	(34)	13,700	29,000	822	112,600	25,200	13,700	339	46,500	9,420
愛知	(35)	425	675	854	3,630	744	425	548	2,330	454
三重	(36)	2,520	5,220	952	24,000	5,080	2,520	421	10,600	2,090
滋賀	(37)	339	746	814	2,760	549	330	330	1,090	218
京都	(38)	1,390	2,270	806	11,200	2,360	1,390	433	6,020	1,250
大阪	(39)	–	–	–	–	–	–	–	–	–
兵庫	(40)	41	65	451	185	42	41	246	101	21
奈良	(41)	585	1,120	1,060	6,190	1,490	585	699	4,090	950
和歌山	(42)	16	20	269	43	8	16	225	36	7
鳥取	(43)	8	22	1,080	86	20	8	350	28	6
島根	(44)	69	132	743	513	115	64	342	219	40
岡山	(45)	40	61	570	228	51	39	277	108	25
広島	(46)	7	13	686	48	10	7	343	24	5
山口	(47)	41	99	859	352	72	41	332	136	26
徳島	(48)	188	196	309	580	118	171	271	464	90
香川	(49)	x	x	x	x	x	x	x	x	x
愛媛	(50)	75	77	268	201	44	70	250	175	38
高知	(51)	188	305	401	753	168	185	220	407	85
福岡	(52)	1,480	2,640	561	8,300	1,600	1,480	308	4,560	865
佐賀	(53)	635	1,190	809	5,140	1,140	635	394	2,500	533
長崎	(54)	510	830	547	2,790	578	510	317	1,620	322
熊本	(55)	950	1,550	568	5,400	1,120	950	309	2,940	594
大分	(56)	438	655	591	2,590	549	438	313	1,370	286
宮崎	(57)	1,080	3,270	1,350	14,600	3,060	1,080	504	5,440	1,090
鹿児島	(58)	7,970	25,100	1,490	118,400	23,900	7,970	538	42,900	8,010
沖縄	(59)	15	26	740	111	24	15	240	36	8
関東農政局	(60)	14,800	30,600	800	118,400	26,500	14,800	338	50,000	10,100
東海農政局	(61)	3,410	6,690	874	29,800	6,290	3,410	419	14,300	2,810
中国四国農政局	(62)	x	x	x	2,910	x	x	x	x	x

注：1 茶の収穫量調査は主産県調査であり、６年周期で全国調査を実施している。なお、主産県とは、直近の全国調査年における全国の栽培面積のおおむね80%を占めるまでの上位都道府県、茶に係る畑作物共済事業及び強い農業・担い手づくり総合支援交付金による茶に係る事業を実施する都道府県である。
2 令和２年産調査については、全国を対象に調査を実施した。
3 10ａ当たり生葉収量とは、生葉収穫量を摘採実面積（一番茶は摘採面積）で除して求めたものである。

対前年産比									
年間計					一番茶				
摘採面積（実面積）	摘採延べ面積	10 a 当たり生葉収量	生葉収穫量	荒茶生産量	摘採面積	10 a 当たり生葉収量	生葉収穫量	荒茶生産量	
(10)	(11)	(12)	(13)	(14)	(15)	(16)	(17)	(18)	
%	%	%	%	%	%	%	%	%	
nc	**nc**	**nc**	**nc**	**85**	**nc**	**nc**	**nc**	**nc**	(1)
nc	nc	nc	nc	nc	nc	nc	nc	nc	(2)
nc	nc	nc	nc	nc	nc	nc	nc	nc	(3)
nc	nc	nc	nc	nc	nc	nc	nc	nc	(4)
nc	nc	nc	nc	nc	nc	nc	nc	nc	(5)
nc	nc	nc	nc	nc	nc	nc	nc	nc	(6)
nc	nc	nc	nc	nc	nc	nc	nc	nc	(7)
nc	nc	nc	nc	nc	nc	nc	nc	nc	(8)
nc	nc	nc	nc	nc	nc	nc	nc	nc	(9)
nc	nc	nc	nc	nc	nc	nc	nc	nc	(10)
nc	nc	nc	nc	nc	nc	nc	nc	nc	(11)
nc	nc	nc	nc	nc	nc	nc	nc	nc	(12)
nc	nc	nc	nc	nc	nc	nc	nc	nc	(13)
nc	nc	nc	nc	nc	nc	nc	nc	nc	(14)
nc	nc	nc	nc	nc	nc	nc	nc	nc	(15)
nc	nc	nc	nc	nc	nc	nc	nc	nc	(16)
nc	nc	nc	nc	nc	nc	nc	nc	nc	(17)
nc	nc	nc	nc	nc	nc	nc	nc	nc	(18)
nc	nc	nc	nc	nc	nc	nc	nc	nc	(19)
nc	nc	nc	nc	nc	nc	nc	nc	nc	(20)
nc	nc	nc	nc	nc	nc	nc	nc	nc	(21)
nc	nc	nc	nc	nc	nc	nc	nc	nc	(22)
97	93	89	87	86	97	103	100	98	(23)
nc	nc	nc	nc	nc	nc	nc	nc	nc	(24)
nc	nc	nc	nc	nc	nc	nc	nc	nc	(25)
nc	nc	nc	nc	nc	nc	nc	nc	nc	(26)
nc	nc	nc	nc	nc	nc	nc	nc	nc	(27)
nc	nc	nc	nc	nc	nc	nc	nc	nc	(28)
nc	nc	nc	nc	nc	nc	nc	nc	nc	(29)
nc	nc	nc	nc	nc	nc	nc	nc	nc	(30)
nc	nc	nc	nc	nc	nc	nc	nc	nc	(31)
nc	nc	nc	nc	nc	nc	nc	nc	nc	(32)
nc	nc	nc	nc	nc	nc	nc	nc	nc	(33)
95	94	92	87	85	95	93	89	86	(34)
92	92	98	90	89	92	99	91	90	(35)
96	95	87	84	86	96	88	85	84	(36)
nc	nc	nc	nc	nc	nc	nc	nc	nc	(37)
99	85	86	85	81	99	96	95	95	(38)
nc	nc	nc	nc	nc	nc	nc	nc	nc	(39)
nc	nc	nc	nc	nc	nc	nc	nc	nc	(40)
nc	nc	nc	nc	nc	nc	nc	nc	nc	(41)
nc	nc	nc	nc	nc	nc	nc	nc	nc	(42)
nc	nc	nc	nc	nc	nc	nc	nc	nc	(43)
nc	nc	nc	nc	nc	nc	nc	nc	nc	(44)
nc	nc	nc	nc	nc	nc	nc	nc	nc	(45)
nc	nc	nc	nc	nc	nc	nc	nc	nc	(46)
nc	nc	nc	nc	nc	nc	nc	nc	nc	(47)
nc	nc	nc	nc	nc	nc	nc	nc	nc	(48)
nc	nc	nc	nc	nc	nc	nc	nc	nc	(49)
nc	nc	nc	nc	nc	nc	nc	nc	nc	(50)
nc	nc	nc	nc	nc	nc	nc	nc	nc	(51)
99	96	90	89	90	99	88	87	90	(52)
94	89	99	93	92	94	99	93	93	(53)
91	88	89	81	83	91	93	85	86	(54)
97	93	90	88	88	97	102	99	99	(55)
nc	nc	nc	nc	nc	nc	nc	nc	nc	(56)
93	92	94	88	87	93	94	87	87	(57)
100	89	87	86	85	100	98	98	97	(58)
nc	nc	nc	nc	nc	nc	nc	nc	nc	(59)
nc	nc	nc	nc	nc	nc	nc	nc	nc	(60)
nc	nc	nc	nc	nc	nc	nc	nc	nc	(61)
nc	nc	nc	nc	nc	nc	nc	nc	nc	(62)

6　工芸農作物（続き）

令和２年産工芸農作物の収穫量（続き）

(1)　茶（続き）

ウ　摘採面積率（全国農業地域別・都道府県別）

エ　製茶歩留まり（全国農業地域別・都道府県別）

単位：%　　単位：%

都道府県	ウ 摘採面積率 年間（実面積）	ウ 摘採面積率 一番茶	エ 製茶歩留まり 年間平均	エ 製茶歩留まり 一番茶
	(1)	(2)	(3)	(4)
全国	**88**	**87**	**21**	**20**
（全国農業地域）				
北海道	nc	nc	−	−
都府県	88	87	21	20
東北	x	x	x	x
北陸	x	x	x	x
関東・東山	56	56	22	x
東海	90	90	22	20
近畿	83	83	22	22
中国	41	39	22	20
四国	x	x	x	x
九州	92	92	20	19
沖縄	63	63	22	22
（都道府県）				
北海道	nc	nc	−	−
青森	x	x	x	x
岩手	x	x	x	x
宮城	14	14	17	17
秋田	x	x	x	x
山形	x	x	x	x
福島	x	x	x	x
茨城	45	44	23	21
栃木	30	30	25	20
群馬	x	x	x	x
埼玉	74	74	22	21
千葉	12	12	23	23
東京	36	36	20	21
神奈川	57	57	22	21
新潟	59	50	27	25
富山	x	x	x	x
石川	100	100	25	33
福井	50	50	22	22
山梨	50	50	20	21
長野	46	46	21	21
岐阜	77	77	22	20
静岡	90	90	22	20
愛知	85	85	20	19
三重	93	93	21	20
滋賀	62	61	20	20
京都	89	89	21	21
大阪	nc	nc	−	−
兵庫	49	49	23	21
奈良	89	89	24	23
和歌山	62	62	19	19
鳥取	80	80	23	21
島根	38	35	22	18
岡山	33	33	22	23
広島	33	33	21	21
山口	59	59	20	19
徳島	87	79	20	19
香川	x	x	x	x
愛媛	62	58	22	22
高知	70	69	22	21
福岡	96	96	19	19
佐賀	90	90	22	21
長崎	70	70	21	20
熊本	81	81	21	20
大分	93	93	21	21
宮崎	81	81	21	20
鹿児島	95	95	20	19
沖縄	63	63	22	22
関東農政局	87	87	22	20
東海農政局	90	90	21	20
中国四国農政局	x	x	x	x

注：1　摘採面積率は、茶栽培面積に占める摘採面積の比率である。
　　2　製茶歩留まりは、生葉収穫量に占める荒茶生産量の比率である。

(2)　なたね（子実用）（全国農業地域別・都道府県別）

全国農業地域・都道府県	作付面積	10 a 当たり収量	収穫量	前年産との比較 作付面積 対差	作付面積 対比	10 a 当たり収量 対比	収穫量 対差	収穫量 対比	（参考） 10 a 当たり平均収量対比	（参考） 10 a 当たり平均収量
	(1)	(2)	(3)	(4)	(5)	(6)	(7)	(8)	(9)	(10)
	ha	kg	t	ha	%	%	t	%	%	kg
全国	**1,830**	**196**	**3,580**	**△ 70**	**96**	**90**	**△ 550**	**87**	**116**	**169**
（全国農業地域）										
北海道	1,040	272	2,830	10	101	85	△ 470	86	102	267
都府県	793	95	752	△ 77	91	99	△ 79	90	101	94
東北	x	130	x	x	x	116	x	x	102	128
北陸	29	62	18	x	x	163	x	x	129	48
関東・東山	77	57	44	17	128	66	△ 8	85	66	86
東海	76	51	39	△ 17	82	104	△ 7	85	76	67
近畿	x	73	x	x	x	70	x	x	76	96
中国	x	54	x	x	x	77	x	x	164	33
四国	x	x	x	x	x	x	x	x	x	50
九州	178	76	136	△ 4	98	82	△ 34	80	96	79
沖縄	-	-	-	-	nc	nc	-	nc	nc	-
（都道府県）										
北海道	1,040	272	2,830	10	101	85	△ 470	86	102	267
青森	202	197	398	9	105	100	18	105	102	194
岩手	22	86	19	△ 4	85	125	1	106	118	73
宮城	x	x	x	x	x	x	x	x	x	14
秋田	25	28	7	△ 51	33	68	△ 24	23	65	43
山形	7	93	7	△ 5	58	207	2	140	198	47
福島	100	37	37	6	106	71	△ 12	76	95	39
茨城	8	31	2	△ 1	89	78	△ 2	50	55	56
栃木	25	19	5	12	192	30	△ 3	63	32	60
群馬	11	99	11	1	110	99	1	110	102	97
埼玉	18	54	10	6	150	79	2	125	49	111
千葉	2	56	1	x	x	x	x	x	122	46
東京	x	x	x	x	x	x	x	x	x	76
神奈川	x	x	x	x	x	x	x	x	x	80
新潟	x	x	x	x	x	x	x	x	x	34
富山	19	51	10	4	127	142	5	200	96	53
石川	x	x	x	x	x	x	x	x	x	50
福井	x	x	x	x	x	x	x	x	x	10
山梨	x	x	x	x	x	x	x	x	x	30
長野	12	115	14	0	100	73	△ 5	74	97	118
岐阜	-	-	-	-	nc	nc	-	nc	nc	…
静岡	2	3	0	△ 1	67	10	△ 1	0	11	28
愛知	40	53	21	0	100	88	△ 3	88	69	77
三重	34	53	18	△ 16	68	126	△ 3	86	96	55
滋賀	31	88	27	△ 5	86	72	△ 17	61	77	114
京都	-	-	-	x	x	x	x	x	-	3
大阪	x	x	x	x	x	x	x	x	x	94
兵庫	13	42	5	△ 1	93	74	△ 3	63	84	50
奈良	1	67	1	0	100	84	0	100	110	61
和歌山	-	-	-	-	nc	nc	-	nc	nc	-
鳥取	5	40	2	2	167	121	1	200	174	23
島根	8	67	5	1	114	62	△ 3	63	129	52
岡山	8	75	6	△ 2	80	139	1	120	268	28
広島	x	x	x	x	x	x	x	x	x	10
山口	x	x	x	x	x	x	x	x	x	62
徳島	-	-	-	-	nc	nc	-	nc	-	18
香川	x	x	x	x	x	x	x	x	x	57
愛媛	x	x	x	x	x	x	x	x	x	44
高知	-	-	-	-	nc	nc	-	nc	-	21
福岡	32	148	47	△ 1	97	111	3	107	118	125
佐賀	40	82	33	13	148	79	5	118	96	85
長崎	12	35	4	0	100	83	△ 1	80	66	53
熊本	42	60	25	0	100	63	△ 15	63	100	60
大分	31	43	13	△ 4	89	70	△ 8	62	77	56
宮崎	4	69	3	△ 2	67	70	△ 3	50	78	88
鹿児島	17	66	11	△ 10	63	69	△ 15	42	79	84
沖縄	-	-	-	-	nc	nc	-	nc	nc	-
関東農政局	79	56	44	16	125	67	△ 9	83	66	85
東海農政局	74	53	39	△ 16	82	106	△ 6	87	78	68
中国四国農政局	x	50	x	x	x	74	x	x	143	35

6　工芸農作物（続き）

令和２年産工芸農作物の収穫量（続き）

(3)　てんさい（北海道）

都道府県	作付面積	10a当たり収量	収穫量	前年産との比較					（参考）	
				作付面積		10a当たり収量	収穫量		10a当たり平均収量対比	10a当たり平均収量
				対差	対比	対比	対差	対比		
	(1)	(2)	(3)	(4)	(5)	(6)	(7)	(8)	(9)	(10)
	ha	kg	t	ha	%	%	t	%	%	kg
北海道	**56,800**	**6,890**	**3,912,000**	**100**	**100**	**98**	**△ 74,000**	**98**	**108**	**6,360**

注：てんさいの調査は、北海道を対象に行っている。

(4)　さとうきび

区分	栽培面積	収穫面積				10a当たり収量			
		計	夏植え	春植え	株出し	計	夏植え	春植え	株出し
	(1)	(2)	(3)	(4)	(5)	(6)	(7)	(8)	(9)
	ha	ha	ha	ha	ha	kg	kg	kg	kg
全国	**27,900**	**22,500**	**4,590**	**3,210**	**14,600**	**5,940**	**7,730**	**5,320**	**5,550**
鹿児島	11,000	9,600	1,190	1,800	6,610	5,440	7,070	5,370	5,170
沖縄	16,900	12,900	3,400	1,410	8,040	6,310	7,960	5,250	5,830

区分	収穫量				前年産との比較				（参考）	
	計	夏植え	春植え	株出し	栽培面積	収穫面積	10a当たり収量	収穫量	10a当たり平均収量対比	10a当たり平均収量
	(10)	(11)	(12)	(13)	(14)	(15)	(16)	(17)	(18)	(19)
	t	t	t	t	%	%	%	%	%	kg
全国	**1,336,000**	**354,900**	**170,700**	**810,800**	**103**	**102**	**112**	**114**	**110**	**5,380**
鹿児島	522,500	84,100	96,700	341,700	104	105	100	105	105	5,190
沖縄	813,900	270,800	74,000	469,100	102	100	120	120	113	5,570

注：さとうきびの調査は、鹿児島県及び沖縄県を対象に行っている。

(5)　い（主産県別）

主産県	い生産農家数	作付面積	10a当たり収量	収穫量	前年産との比較					（参考）		畳表生産農家数	畳表生産量
					作付面積		10a当たり収量	収穫量		10a当たり平均収量対比	10a当たり平均収量		
					対差	対比	対比	対差	対比				
	(1)	(2)	(3)	(4)	(5)	(6)	(7)	(8)	(9)	(10)	(11)	(12)	(13)
	戸	ha	kg	t	ha	%	%	t	%	%	kg	戸	千枚
主産県計	**363**	**424**	**1,490**	**6,300**	**△ 52**	**89**	**99**	**△ 830**	**88**	**106**	**1,400**	**360**	**2,260**
福岡	6	4	1,100	44	△ 1	80	89	△ 18	71	89	1,230	7	20
熊本	357	420	1,490	6,260	△ 51	89	99	△ 810	89	106	1,400	353	2,240

注：1　「い」の調査は、福岡県及び熊本県を対象に行っている。
　　2　い生産農家数は、令和２年産の「い」の生産を行った農家の数である。
　　3　畳表生産農家数は、「い」の生産から畳表の生産まで一貫して行っている農家で、令和元年７月から令和２年６月までに畳表の生産を行った農家の数である。
　　4　畳表生産量は、畳表生産農家によって令和元年７月から令和２年６月までに生産されたものである。
　　5　主産県計の10ａ当たり平均収量は、各県の10ａ当たり平均収量に当年産の作付面積を乗じて求めた平均収穫量を積み上げ、当年産の主産県計作付面積で除して算出している。

(6)　こんにゃくいも（全国農業地域別・都道府県別）

全国農業地域・都道府県	栽培面積	収穫面積	10a当たり収量	収穫量	前年産との比較 栽培面積 対差	栽培面積 対比	収穫面積 対差	収穫面積 対比	10a当たり収量 対比	収穫量 対差	収穫量 対比	（参考） 10a当たり平均収量対比	10a当たり平均収量
	(1)	(2)	(3)	(4)	(5)	(6)	(7)	(8)	(9)	(10)	(11)	(12)	(13)
	ha	ha	kg	t	ha	%	ha	%	%	t	%	%	kg
全国	3,570	2,140	2,510	53,700	△ 90	98	△ 10	100	91	△ 5,400	91	92	2,720
（全国農業地域）													
北海道	…	…	…	…	nc	nc	nc	nc	nc	nc	nc	nc	…
都府県	…	…	…	…	nc	nc	nc	nc	nc	nc	nc	nc	…
東北	…	…	…	…	nc	nc	nc	nc	nc	nc	nc	nc	…
北陸	…	…	…	…	nc	nc	nc	nc	nc	nc	nc	nc	…
関東・東山	…	…	…	…	nc	nc	nc	nc	nc	nc	nc	nc	…
東海	…	…	…	…	nc	nc	nc	nc	nc	nc	nc	nc	…
近畿	…	…	…	…	nc	nc	nc	nc	nc	nc	nc	nc	…
中国	…	…	…	…	nc	nc	nc	nc	nc	nc	nc	nc	…
四国	…	…	…	…	nc	nc	nc	nc	nc	nc	nc	nc	…
九州	…	…	…	…	nc	nc	nc	nc	nc	nc	nc	nc	…
沖縄	…	…	…	…	nc	nc	nc	nc	nc	nc	nc	nc	…
（都道府県）													
北海道	…	…	…	…	nc	nc	nc	nc	nc	nc	nc	nc	…
青森	…	…	…	…	nc	nc	nc	nc	nc	nc	nc	nc	…
岩手	…	…	…	…	nc	nc	nc	nc	nc	nc	nc	nc	…
宮城	…	…	…	…	nc	nc	nc	nc	nc	nc	nc	nc	…
秋田	…	…	…	…	nc	nc	nc	nc	nc	nc	nc	nc	…
山形	…	…	…	…	nc	nc	nc	nc	nc	nc	nc	nc	…
福島	…	…	…	…	nc	nc	nc	nc	nc	nc	nc	nc	…
茨城	…	…	…	…	nc	nc	nc	nc	nc	nc	nc	nc	…
栃木	…	…	…	…	nc	nc	nc	nc	nc	nc	nc	nc	…
群馬	3,210	1,930	2,600	50,200	△ 40	99	30	102	89	△ 5,100	91	88	2,970
埼玉	…	…	…	…	nc	nc	nc	nc	nc	nc	nc	nc	…
千葉	…	…	…	…	nc	nc	nc	nc	nc	nc	nc	nc	…
東京	…	…	…	…	nc	nc	nc	nc	nc	nc	nc	nc	…
神奈川	…	…	…	…	nc	nc	nc	nc	nc	nc	nc	nc	…
新潟	…	…	…	…	nc	nc	nc	nc	nc	nc	nc	nc	…
富山	…	…	…	…	nc	nc	nc	nc	nc	nc	nc	nc	…
石川	…	…	…	…	nc	nc	nc	nc	nc	nc	nc	nc	…
福井	…	…	…	…	nc	nc	nc	nc	nc	nc	nc	nc	…
山梨	…	…	…	…	nc	nc	nc	nc	nc	nc	nc	nc	…
長野	…	…	…	…	nc	nc	nc	nc	nc	nc	nc	nc	…
岐阜	…	…	…	…	nc	nc	nc	nc	nc	nc	nc	nc	…
静岡	…	…	…	…	nc	nc	nc	nc	nc	nc	nc	nc	…
愛知	…	…	…	…	nc	nc	nc	nc	nc	nc	nc	nc	…
三重	…	…	…	…	nc	nc	nc	nc	nc	nc	nc	nc	…
滋賀	…	…	…	…	nc	nc	nc	nc	nc	nc	nc	nc	…
京都	…	…	…	…	nc	nc	nc	nc	nc	nc	nc	nc	…
大阪	…	…	…	…	nc	nc	nc	nc	nc	nc	nc	nc	…
兵庫	…	…	…	…	nc	nc	nc	nc	nc	nc	nc	nc	…
奈良	…	…	…	…	nc	nc	nc	nc	nc	nc	nc	nc	…
和歌山	…	…	…	…	nc	nc	nc	nc	nc	nc	nc	nc	…
鳥取	…	…	…	…	nc	nc	nc	nc	nc	nc	nc	nc	…
島根	…	…	…	…	nc	nc	nc	nc	nc	nc	nc	nc	…
岡山	…	…	…	…	nc	nc	nc	nc	nc	nc	nc	nc	…
広島	…	…	…	…	nc	nc	nc	nc	nc	nc	nc	nc	…
山口	…	…	…	…	nc	nc	nc	nc	nc	nc	nc	nc	…
徳島	…	…	…	…	nc	nc	nc	nc	nc	nc	nc	nc	…
香川	…	…	…	…	nc	nc	nc	nc	nc	nc	nc	nc	…
愛媛	…	…	…	…	nc	nc	nc	nc	nc	nc	nc	nc	…
高知	…	…	…	…	nc	nc	nc	nc	nc	nc	nc	nc	…
福岡	…	…	…	…	nc	nc	nc	nc	nc	nc	nc	nc	…
佐賀	…	…	…	…	nc	nc	nc	nc	nc	nc	nc	nc	…
長崎	…	…	…	…	nc	nc	nc	nc	nc	nc	nc	nc	…
熊本	…	…	…	…	nc	nc	nc	nc	nc	nc	nc	nc	…
大分	…	…	…	…	nc	nc	nc	nc	nc	nc	nc	nc	…
宮崎	…	…	…	…	nc	nc	nc	nc	nc	nc	nc	nc	…
鹿児島	…	…	…	…	nc	nc	nc	nc	nc	nc	nc	nc	…
沖縄	…	…	…	…	nc	nc	nc	nc	nc	nc	nc	nc	…
関東農政局	…	…	…	…	nc	nc	nc	nc	nc	nc	nc	nc	…
東海農政局	…	…	…	…	nc	nc	nc	nc	nc	nc	nc	nc	…
中国四国農政局	…	…	…	…	nc	nc	nc	nc	nc	nc	nc	nc	…

注：1　こんにゃくいもの作付面積調査及び収穫量調査は主産県調査であり、３年又は６年周期で全国調査を実施している。
　　2　令和２年産調査については、作付面積調査及び収穫量調査ともに主産県を対象に調査を実施した。
　　3　主産県とは、令和元年産までは栃木県及び群馬県の２県であったが、令和２年産からは群馬県のみである。
　　4　全国の栽培面積、収穫面積及び収穫量については、主産県の調査結果から推計したものである。

Ⅳ　累年統計表

全国累年統計表

全国農業地域別・都道府県別累年統計表
（平成28年産～令和２年産）

全国累年統計表

1　米

(1)　水陸稲の収穫量

年産	水陸稲計		水稲						陸稲			
						参考						
	作付面積(子実用)	収穫量(子実用)	作付面積(子実用)	10 a 当たり収量	収穫量(子実用)	主食用作付面積	収穫量(主食用)	作況指数	作付面積(子実用)	10 a 当たり収量	収穫量(子実用)	作況指数
	(1)	(2)	(3)	(4)	(5)	(6)	(7)	(8)	(9)	(10)	(11)	(12)
	ha	t	ha	kg	t	ha	t		ha	kg	t	
明治11年産	…	3,792,000	…	…	…	…	…	…	…	…	…	…
12	2,516,000	4,753,000	…	…	…	…	…	…	…	…	…	…
13	2,549,000	4,715,000	…	…	…	…	…	…	…	…	…	…
14	2,538,000	4,487,000	…	…	…	…	…	…	…	…	…	…
15	2,571,000	4,560,000	…	…	…	…	…	…	…	…	…	…
16	2,586,000	4,587,000	2,565,000	178	4,566,000	…	…	…	20,700	103	21,300	…
17	2,594,000	4,070,000	2,551,000	158	4,041,000	…	…	…	42,400	69	29,000	…
18	2,590,000	5,106,000	2,552,000	198	5,063,000	…	…	…	38,100	114	43,300	…
19	2,606,000	5,583,000	2,576,000	216	5,557,000	…	…	…	29,800	87	26,000	…
20	2,620,000	6,004,000	2,591,000	230	5,970,000	…	…	…	29,300	114	33,500	…
21	2,670,000	5,803,000	2,643,000	218	5,772,000	…	…	…	26,700	115	30,800	…
22	2,709,000	4,957,000	2,678,000	184	4,926,000	…	…	…	31,100	101	31,400	…
23	2,729,000	6,463,000	2,694,000	238	6,422,000	…	…	…	34,900	117	40,700	…
24	2,740,000	5,727,000	2,701,000	211	5,686,000	…	…	…	39,700	105	41,400	…
25	2,738,000	6,214,000	2,692,000	229	6,160,000	…	…	…	46,100	118	54,500	…
26	2,752,000	5,590,000	2,707,000	205	5,545,000	…	…	…	44,700	100	44,600	…
27	2,714,000	6,279,000	2,664,000	234	6,236,000	…	…	…	49,400	88	43,300	…
28	2,762,000	5,994,000	2,708,000	219	5,933,000	…	…	…	53,500	114	60,700	…
29	2,769,000	5,436,000	2,713,000	198	5,376,000	…	…	…	56,100	111	60,300	…
30	2,764,000	4,956,000	2,703,000	181	4,890,000	…	…	…	61,500	107	65,600	…
31	2,794,000	7,108,000	2,727,000	257	7,015,000	…	…	…	66,800	139	92,900	…
32	2,816,000	5,955,000	2,745,000	214	5,872,000	…	…	…	70,700	117	82,700	…
33	2,805,000	6,220,000	2,731,000	224	6,122,000	…	…	…	74,200	132	98,200	…
34	2,824,000	7,037,000	2,745,000	252	6,929,000	…	…	…	79,200	136	108,100	…
35	2,824,000	5,540,000	2,740,000	199	5,449,000	…	…	…	83,500	109	91,000	…
36	2,840,000	6,971,000	2,755,000	249	6,872,000	…	…	…	85,500	116	99,300	…
37	2,857,000	7,715,000	2,775,000	275	7,627,000	…	…	…	82,000	106	87,300	…
38	2,858,000	5,726,000	2,783,000	203	5,637,000	…	…	…	74,500	120	89,000	…
39	2,875,000	6,945,000	2,799,000	244	6,842,000	…	…	…	75,800	136	103,400	…
40	2,882,000	7,358,000	2,804,000	258	7,238,000	…	…	…	78,200	153	119,600	…
41	2,898,000	7,790,000	2,815,000	272	7,658,000	…	…	…	83,100	159	132,400	…
42	2,914,000	7,866,000	2,827,000	273	7,732,000	…	…	…	86,500	154	133,600	…
43	2,925,000	6,995,000	2,834,000	242	6,855,000	…	…	…	91,400	153	139,600	…
44	2,949,000	7,757,000	2,852,000	267	7,602,000	…	…	…	96,500	160	154,300	…
大正元	2,978,000	7,533,000	2,869,000	258	7,389,000	…	…	…	109,000	132	144,200	…
2	3,005,000	7,539,000	2,886,000	255	7,374,000	…	…	…	118,500	139	165,000	…
3	3,008,000	8,551,000	2,886,000	290	8,382,000	…	…	…	122,500	133	169,400	…
4	3,031,000	8,389,000	2,907,000	282	8,189,000	…	…	…	124,400	161	199,900	…
5	3,046,000	8,768,000	2,918,000	292	8,534,000	…	…	…	127,600	183	233,500	…
6	3,058,000	8,185,000	2,928,000	274	8,015,000	…	…	…	130,200	131	170,400	…
7	3,067,000	8,205,000	2,935,000	273	8,021,000	…	…	…	131,900	139	183,600	…
8	3,079,000	9,123,000	2,943,000	302	8,887,000	…	…	…	135,600	174	236,100	…
9	3,101,000	9,481,000	2,960,000	311	9,205,000	…	…	…	140,300	197	276,200	…
10	3,109,000	8,277,000	2,968,000	271	8,055,000	…	…	…	141,000	157	221,700	…
11	3,115,000	9,104,000	2,972,000	300	8,901,000	…	…	…	143,200	142	203,400	…
12	3,121,000	8,317,000	2,982,000	272	8,120,000	…	…	…	139,500	141	196,800	…
13	3,116,000	8,576,000	2,980,000	283	8,425,000	…	…	…	136,700	110	150,500	…
14	3,128,000	8,956,000	2,992,000	291	8,717,000	…	…	…	135,200	177	239,000	…
昭和元	3,132,000	8,339,000	2,996,000	272	8,150,000	…	…	94	136,100	138	188,500	…
2	3,147,000	9,315,000	3,013,000	301	9,083,000	…	…	106	134,200	173	232,300	…
3	3,165,000	9,045,000	3,030,000	291	8,812,000	…	…	102	135,500	172	233,000	…
4	3,184,000	8,934,000	3,049,000	289	8,802,000	…	…	101	134,500	98	131,700	…
5	3,212,000	10,031,000	3,079,000	318	9,790,000	…	…	112	133,400	181	241,800	…

注：1　この統計表は、明治11年産から大正12年産までは『農商務統計表』から、大正13年産から昭和32年産までは『農林省統計表』（昭和17年及び昭和18年産のみ『農商省統計表』）からそれぞれ作成した（昭和33年産から『作物統計』を発刊）。

2　昭和29年産までの数値は農作物累年統計表・稲（農林省統計調査部編）の全国数値を ha あるいは t に換算した。
また、昭和29年産以後は『農林省統計表』から作成した。

3　昭和元年産から昭和22年産までの水稲の作況指数は、過去7か年の実績値のうち、最高及び最低を除いた5か年の平均値を10 a 当たり平年収量とみなして算出した。
また、昭和23年産から平成26年産までの水稲の作況指数は1.70㎜のふるい目幅以上に選別された玄米をもとに算出し、平成27年以降の作況指数は農家等使用ふるい目幅ベースで算出した数値である。

4　明治11年産から明治15年産までは北海道及び沖縄県を含まない。明治17年産及び明治18年産並びに昭和19年産から昭和48年産までは沖縄県を含まない。

5　四捨五入のため、水稲・陸稲の計と水陸稲計とは一致しないことがある。

年産	水陸稲計		水稲						陸稲			
						参考						
	作付面積（子実用）	収穫量（子実用）	作付面積（子実用）	10a当たり収量	収穫量（子実用）	主食用作付面積	収穫量（主食用）	作況指数	作付面積（子実用）	10a当たり収量	収穫量（子実用）	作況指数
	(1)	(2)	(3)	(4)	(5)	(6)	(7)	(8)	(9)	(10)	(11)	(12)
	ha	t	ha	kg	t	ha	t		ha	kg	t	
昭和６年産	3,222,000	8,282,000	3,089,000	262	8,098,000	…	…	90	132,900	138	184,000	…
7	3,230,000	9,059,000	3,097,000	286	8,852,000	…	…	99	133,200	155	206,300	…
8	3,147,000	10,624,000	3,022,000	345	10,439,000	…	…	120	124,600	148	184,900	…
9	3,146,000	7,776,000	3,022,000	253	7,634,000	…	…	85	124,600	114	141,800	…
10	3,178,000	8,619,000	3,044,000	276	8,414,000	…	…	96	133,900	153	204,700	…
11	3,180,000	10,101,000	3,042,000	323	9,836,000	…	…	113	138,800	191	265,100	…
12	3,190,000	9,948,000	3,044,000	321	9,766,000	…	…	110	146,300	125	182,300	…
13	3,194,000	9,880,000	3,048,000	316	9,628,000	…	…	107	146,100	172	251,900	…
14	3,166,000	10,345,000	3,016,000	333	10,052,000	…	…	110	150,500	194	292,400	…
15	3,152,000	9,131,000	3,004,000	298	8,955,000	…	…	95	147,700	119	175,600	…
16	3,156,000	8,263,000	3,011,000	269	8,111,000	…	…	88	144,700	105	152,200	…
17	3,138,000	10,016,000	3,001,000	329	9,859,000	…	…	107	137,000	115	157,000	…
18	3,084,000	9,433,000	2,967,000	313	9,273,000	…	…	99	117,300	136	159,700	…
19	2,955,000	8,784,000	2,852,000	304	8,666,000	…	…	97	102,800	115	118,100	…
20	2,869,000	5,872,000	2,798,000	208	5,823,000	…	…	67	71,000	69	49,100	…
21	2,781,000	9,208,000	2,719,000	336	9,124,000	…	…	111	61,300	136	83,500	…
22	2,883,000	8,798,000	2,811,000	311	8,746,000	…	…	103	72,700	72	52,100	…
23	2,957,000	9,966,000	2,866,000	342	9,792,000	…	…	112	90,900	191	173,700	…
24	2,987,000	9,383,000	2,875,000	322	9,243,000	…	…	100	112,100	125	140,500	…
25	3,011,000	9,651,000	2,877,000	327	9,412,000	…	…	99	133,900	178	238,400	…
26	3,016,000	9,042,000	2,877,000	309	8,888,000	…	…	93	139,200	110	153,800	…
27	3,009,000	9,923,000	2,872,000	337	9,676,000	…	…	101	137,500	180	247,000	…
28	3,014,000	8,239,000	2,866,000	280	8,038,000	…	…	84	148,400	135	200,500	…
29	3,051,000	9,113,000	2,888,000	308	8,895,000	…	…	92	163,400	133	218,000	…
30	3,222,000	12,385,000	3,045,000	396	12,073,000	…	…	118	177,200	175	311,600	…
31	3,243,000	10,899,000	3,059,000	348	10,647,000	…	…	104	183,200	138	252,200	…
32	3,239,000	11,464,000	3,075,000	364	11,188,000	…	…	107	164,000	168	276,100	…
33	3,253,000	11,993,000	3,080,000	379	11,689,000	…	…	108	173,700	175	304,000	109
34	3,288,000	12,501,000	3,105,000	391	12,158,000	…	…	109	182,800	188	343,100	115
35	3,308,000	12,858,000	3,124,000	401	12,539,000	…	…	108	184,000	173	319,900	101
36	3,301,000	12,419,000	3,134,000	387	12,138,000	…	…	102	166,700	168	280,700	98
37	3,285,000	13,009,000	3,134,000	407	12,762,000	…	…	105	150,300	164	247,300	91
38	3,272,000	12,812,000	3,133,000	400	12,529,000	…	…	101	139,100	203	282,600	111
39	3,260,000	12,584,000	3,126,000	396	12,362,000	…	…	99	134,700	165	222,100	89
40	3,255,000	12,409,000	3,123,000	390	12,181,000	…	…	97	132,400	172	228,100	91
41	3,254,000	12,745,000	3,129,000	400	12,526,000	…	…	99	125,300	175	219,400	93
42	3,263,000	14,453,000	3,149,000	453	14,257,000	…	…	112	113,600	172	195,800	91
43	3,280,000	14,449,000	3,171,000	449	14,223,000	…	…	109	108,800	207	225,700	108
44	3,274,000	14,003,000	3,173,000	435	13,797,000	…	…	102	101,300	203	205,800	106
45	2,923,000	12,689,000	2,836,000	442	12,528,000	…	…	103	87,400	184	160,800	94
46	2,695,000	10,887,000	2,626,000	411	10,782,000	…	…	93	68,500	153	104,900	78
47	2,640,000	11,889,000	2,581,000	456	11,766,000	…	…	103	58,600	210	123,100	108
48	2,620,000	12,144,000	2,568,000	470	12,068,000	…	…	106	52,400	145	76,000	74
49	2,724,000	12,292,000	2,675,000	455	12,182,000	…	…	102	48,800	225	109,700	116
50	2,764,000	13,165,000	2,719,000	481	13,085,000	…	…	107	44,900	179	80,400	90
51	2,779,000	11,772,000	2,741,000	427	11,699,000	…	…	94	37,700	194	73,200	95
52	2,757,000	13,095,000	2,723,000	478	13,022,000	…	…	105	33,500	218	73,000	107
53	2,548,000	12,589,000	2,516,000	499	12,546,000	…	…	108	31,900	135	43,000	66
54	2,497,000	11,958,000	2,468,000	482	11,898,000	…	…	103	29,200	207	60,400	101
55	2,377,000	9,751,000	2,350,000	412	9,692,000	…	…	87	27,200	215	58,600	106
56	2,278,000	10,259,000	2,251,000	453	10,204,000	…	…	96	27,000	202	54,500	100
57	2,257,000	10,270,000	2,230,000	458	10,212,000	…	…	96	27,300	212	58,000	104
58	2,273,000	10,366,000	2,246,000	459	10,308,000	…	…	96	27,000	216	58,300	106
59	2,315,000	11,878,000	2,290,000	517	11,832,000	…	…	108	25,200	181	45,700	89
60	2,342,000	11,662,000	2,318,000	501	11,613,000	…	…	104	23,600	206	48,500	100
61	2,303,000	11,647,000	2,280,000	508	11,592,000	…	…	105	22,500	244	54,800	118
62	2,146,000	10,627,000	2,123,000	498	10,571,000	…	…	102	23,000	243	56,000	116
63	2,110,000	9,935,000	2,087,000	474	9,888,000	…	…	97	22,800	205	46,800	97

6　平成16年産から平成19年産までの主食用作付面積及び収穫量（主食用）は、農林水産省生産局資料による。
　平成20年産以降は、水稲作付面積（青刈り面積を含む。）から、生産数量目標の外数として取り扱う米穀等（備蓄米、加工用米、新規需要米等）の作付面積を除いた面積である（以下水稲の各統計表において同じ。）。
7　平成17年産以降の陸稲の作況指数は、10a当たり平均収量対比（過去７か年の実績のうち、最高及び最低を除いた５か年の平均値と当年産の10a当たり収量との対比）である。

全国累年統計表
1　米（続き）
(1)　水陸稲の収穫量（続き）

年　産	水陸稲計		水			稲			陸		稲	
	作付面積（子実用）	収穫量（子実用）	作付面積（子実用）	10 a 当たり収量	収穫量（子実用）	参考 主食用作付面積	参考 収穫量（主食用）	作況指数	作付面積（子実用）	10 a 当たり収量	収穫量（子実用）	作況指数
	(1)	(2)	(3)	(4)	(5)	(6)	(7)	(8)	(9)	(10)	(11)	(12)
	ha	t	ha	kg	t	ha	t		ha	kg	t	
平成元年産	2,097,000	10,347,000	2,076,000	496	10,297,000	…	…	101	21,600	229	49,500	107
2	2,074,000	10,499,000	2,055,000	509	10,463,000	…	…	103	18,900	189	35,700	88
3	2,049,000	9,604,000	2,033,000	470	9,565,000	…	…	95	16,100	243	39,200	112
4	2,106,000	10,573,000	2,092,000	504	10,546,000	…	…	101	13,700	196	26,900	89
5	2,139,000	7,834,000	2,127,000	367	7,811,000	…	…	74	12,400	183	22,700	83
6	2,212,000	11,981,000	2,200,000	544	11,961,000	…	…	109	12,300	160	19,700	72
7	2,118,000	10,748,000	2,106,000	509	10,724,000	…	…	102	11,600	209	24,300	95
8	1,977,000	10,344,000	1,967,000	525	10,328,000	…	…	105	9,440	166	15,700	75
9	1,953,000	10,025,000	1,944,000	515	10,004,000	…	…	102	8,600	243	20,900	117
10	1,801,000	8,960,000	1,793,000	499	8,939,000	…	…	98	8,040	256	20,600	122
11	1,788,000	9,175,000	1,780,000	515	9,159,000	…	…	101	7,470	214	16,000	102
12	1,770,000	9,490,000	1,763,000	537	9,472,000	…	…	104	7,060	256	18,100	121
13	1,706,000	9,057,000	1,700,000	532	9,048,000	…	…	103	6,380	144	9,170	68
14	1,688,000	8,889,000	1,683,000	527	8,876,000	…	…	101	5,560	225	12,500	106
15	1,665,000	7,792,000	1,660,000	469	7,779,000	…	…	90	5,010	250	12,500	117
16	1,701,000	8,730,000	1,697,000	514	8,721,000	1,658,000	8,600,000	98	4,690	200	9,400	92
17	1,706,000	9,074,000	1,702,000	532	9,062,000	1,652,000	8,930,000	101	4,470	266	11,900	116
18	1,688,000	8,556,000	1,684,000	507	8,546,000	1,643,000	8,400,000	96	4,100	246	10,100	106
19	1,673,000	8,714,000	1,669,000	522	8,705,000	1,637,000	8,540,000	99	3,640	257	9,370	108
20	1,627,000	8,823,000	1,624,000	543	8,815,000	1,596,000	8,658,000	102	3,200	265	8,490	111
21	1,624,000	8,474,000	1,621,000	522	8,466,000	1,592,000	8,309,000	98	3,000	276	8,280	110
22	1,628,000	8,483,000	1,625,000	522	8,478,000	1,580,000	8,239,000	98	2,890	189	5,460	72
23	1,576,000	8,402,000	1,574,000	533	8,397,000	1,526,000	8,133,000	101	2,370	220	5,220	88
24	1,581,000	8,523,000	1,579,000	540	8,519,000	1,524,000	8,210,000	102	2,110	172	3,630	68
25	1,599,000	8,607,000	1,597,000	539	8,603,000	1,522,000	8,182,000	102	1,720	249	4,290	104
26	1,575,000	8,439,000	1,573,000	536	8,435,000	1,474,000	7,882,000	101	1,410	257	3,630	107
27	1,506,000	7,989,000	1,505,000	531	7,986,000	1,406,000	7,442,000	100	1,160	233	2,700	97
28	1,479,000	8,044,000	1,478,000	544	8,042,000	1,381,000	7,496,000	103	944	218	2,060	94
29	1,466,000	7,824,000	1,465,000	534	7,822,000	1,370,000	7,306,000	100	813	236	1,920	106
30	1,470,000	7,782,000	1,470,000	529	7,780,000	1,386,000	7,327,000	98	750	232	1,740	100
令和元	1,470,000	7,764,000	1,469,000	528	7,762,000	1,379,000	7,261,000	99	702	228	1,600	97
2	**1,462,000**	**7,765,000**	**1,462,000**	**531**	**7,763,000**	**1,366,000**	**7,226,000**	**99**	**636**	**236**	**1,500**	**100**

1　米（続き）

(2)　水稲の被害

年産	合計				気象被害											
	被害面積	被害量	被害面積率	被害率	計		風水害		干害		冷害		日照不足		高温障害	
					被害面積	被害量	被害面積	被害量	被害面積	被害量	被害面積	被害量	被害面積	被害量	被害面積	被害量
	(1)	(2)	(3)	(4)	(5)	(6)	(7)	(8)	(9)	(10)	(11)	(12)	(13)	(14)	(15)	(16)
	千ha	千t	%	%	千ha	千t	千ha	千t	千ha	千t	千ha	千t	千ha	千t	千ha	千t
昭和24年産	1,499.0	896.1	51.7	9.7	…	…	500.4	288.8	74.1	53.7	41.6	23.0	…	…	…	…
25	1,318.0	732.1	45.4	7.7	…	…	757.8	440.4	28.8	20.0	1.9	1.2	…	…	…	…
26	2,526.0	1,047.0	87.1	11.0	…	…	568.7	207.3	141.1	87.0	497.0	195.3	…	…	…	…
27	1,697.0	630.8	58.6	6.6	…	…	269.1	121.6	12.5	5.1	70.8	25.0	…	…	…	…
28	4,180.0	2,019.0	144.6	21.2	…	…	950.9	471.8	9.8	3.4	777.0	539.9	…	…	…	…
29	5,536.0	1,455.0	190.1	15.1	…	…	2,198.0	573.3	33.5	9.5	955.4	373.4	…	…	…	…
30	3,270.0	645.9	106.5	6.3	809.8	247.1	714.2	204.6	86.5	39.6	4.5	1.3	…	…	…	…
31	4,765.0	1,394.0	154.5	13.6	1,477.0	677.7	1,000.0	308.4	45.7	22.5	410.5	341.6	…	…	…	…
32	4,498.0	1,129.0	145.1	10.8	1,144.0	447.1	846.9	291.5	5.1	2.7	284.4	148.8	…	…	…	…
33	4,691.0	1,443.0	151.1	13.4	1,384.0	784.0	1,098.0	599.6	200.2	135.0	75.4	40.5	…	…	…	…
34	4,830.0	1,395.0	154.3	12.5	1,489.0	813.5	1,367.0	755.9	55.6	19.5	58.2	30.8	…	…	…	…
35	4,836.0	1,099.0	153.5	9.5	758.5	316.9	578.6	196.2	144.8	103.2	22.6	8.4	…	…	…	…
36	6,093.0	1,975.0	192.8	16.6	1,998.0	1,176.0	1,895.0	1,118.0	95.7	55.3	5.6	2.2	…	…	…	…
37	4,869.0	1,105.0	154.0	9.1	752.7	342.3	511.7	201.0	86.4	49.7	122.0	75.9	…	…	…	…
38	5,262.0	1,342.0	166.6	10.8	918.0	317.5	536.3	155.5	17.7	11.9	128.9	115.8	…	…	…	…
39	5,592.0	1,719.0	178.9	13.8	1,666.0	995.3	1,093.0	487.0	185.0	112.6	232.1	332.6	…	…	…	…
40	5,861.0	1,828.0	187.7	14.5	2,360.0	1,184.0	1,379.0	612.1	131.2	68.7	769.6	467.0	…	…	…	…
41	4,885.0	1,647.0	156.1	13.1	1,131.0	739.9	667.6	313.6	50.1	31.4	383.3	381.3	…	…	…	…
42	3,929.0	1,057.0	124.8	8.3	804.8	469.2	450.7	179.6	321.0	268.8	20.9	13.1	…	…	…	…
43	4,194.0	1,058.0	132.4	8.1	1,101.0	433.3	634.9	243.5	50.9	23.0	263.7	124.4	…	…	…	…
44	4,326.0	1,381.0	136.3	10.2	1,201.0	709.3	554.7	221.3	44.8	20.8	506.0	445.6	…	…	…	…
45	4,505.0	1,127.0	158.9	9.2	1,173.0	369.9	750.9	228.7	62.0	37.4	38.8	19.4	…	…	…	…
46	4,839.0	1,758.0	184.3	15.2	2,032.0	1,090.0	941.4	361.4	18.6	10.2	727.1	606.9	…	…	…	…
47	3,056.0	835.9	118.4	7.3	722.9	358.5	585.8	286.8	24.0	12.5	90.4	47.6	…	…	…	…
48	2,819.0	757.1	109.8	6.6	544.2	275.3	300.6	116.1	192.5	136.5	15.1	6.6	…	…	…	…
49	3,435.0	1,113.0	128.4	9.3	736.6	308.6	458.8	177.6	18.5	10.3	252.3	117.2	…	…	…	…
50	3,233.0	778.4	118.9	6.4	898.0	298.0	474.8	172.1	83.6	47.5	156.9	42.7	…	…	…	…
51	4,557.0	2,071.0	166.3	16.6	1,963.0	1,321.0	547.4	261.3	5.5	3.6	1,394.0	1,052.0	…	…	…	…
52	2,775.0	735.0	101.9	5.9	517.2	213.9	204.9	84.9	86.5	24.5	157.8	81.8	…	…	…	…
53	2,312.0	644.7	91.9	5.6	664.2	294.6	422.2	154.8	156.1	110.8	1.9	0.5	…	…	…	…
54	2,766.0	820.9	112.1	7.1	976.8	420.4	741.0	302.8	20.9	10.1	208.7	102.8	…	…	…	…
55	4,449.0	2,431.0	189.3	22.0	1,992.0	1,603.0	376.2	163.9	1.2	0.4	1,613.0	1,438.0	…	…	…	…
56	3,361.0	1,390.0	149.3	13.0	1,504.0	956.3	602.6	326.1	15.4	7.2	868.4	618.1	…	…	…	…
57	3,888.0	1,434.0	174.3	13.5	1,792.0	896.9	777.6	325.0	46.0	16.1	658.6	472.5	…	…	…	…
58	4,100.0	1,323.0	182.5	12.3	1,646.0	711.5	486.5	173.5	11.5	5.0	563.8	395.8	…	…	…	…
59	2,217.0	440.5	96.8	4.0	508.8	142.5	370.8	103.9	50.4	16.5	49.8	12.8	…	…	…	…
60	2,854.0	714.5	123.1	6.4	671.1	271.1	534.6	159.4	51.5	23.9	16.1	5.2	…	…	…	…
61	2,577.0	651.4	113.0	5.9	880.9	366.1	294.9	139.9	15.7	6.0	407.4	184.9	…	…	…	…
62	3,173.0	795.8	149.5	7.7	1,360.0	463.3	767.7	273.3	19.7	5.1	173.8	84.5	…	…	…	…
63	3,478.0	1,325.0	166.7	13.0	1,487.0	830.7	347.1	108.6	2.8	0.7	1,031.0	707.1	…	…	…	…
平成元	3,367.0	828.9	162.2	8.1	1,525.0	467.4	599.0	194.9	30.3	14.8	430.6	157.7	…	…	…	…
2	2,988.0	677.8	145.4	6.7	1,248.0	362.4	531.3	184.2	44.3	13.8	59.6	10.9	…	…	…	…
3	4,178.0	1,452.0	205.5	14.4	2,112.0	948.2	859.6	431.6	12.1	3.5	413.0	247.1	…	…	…	…
4	3,115.0	791.9	148.9	7.6	1,495.0	506.3	496.0	111.8	35.8	8.6	559.3	325.3	…	…	…	…
5	5,305.0	3,834.0	249.4	36.1	2,798.0	3,031.0	746.9	303.3	2.0	0.3	1,090.0	2,325.0	…	…	…	…
6	2,174.0	434.9	98.8	4.0	887.2	279.6	469.4	127.5	131.3	100.4	1.8	0.5	…	…	…	…
7	3,352.0	819.4	159.2	7.8	1,440.0	473.0	345.9	84.9	13.0	6.4	228.6	72.4	…	…	…	…
8	2,766.0	591.6	140.6	6.0	1,279.0	382.8	432.0	87.9	22.7	7.7	220.6	94.1	…	…	…	…
9	3,165.0	672.8	162.8	6.9	1,569.0	404.3	527.4	138.3	43.7	4.8	176.8	65.7	…	…	…	…
10	3,584.0	998.7	199.9	11.0	1,887.0	644.9	513.7	229.2	5.6	1.6	294.9	129.4	…	…	…	…
11	3,157.0	728.7	177.4	8.0	1,605.0	486.4	577.8	258.7	40.7	9.9	31.7	8.4	…	…	…	…
12	2,455.0	416.6	139.3	4.6	1,068.0	220.4	440.2	113.1	21.1	6.1	34.0	6.7	…	…	…	…
13	2,546.0	507.7	149.8	5.8	1,048.0	283.1	363.1	90.7	12.5	4.2	235.5	100.6	…	…	…	…
14	2,653.0	601.4	157.6	6.8	1,182.0	367.5	468.2	113.7	44.2	9.6	160.6	118.7	284.8	92.9	185.4	25.6
15	3,891.0	1,657.0	234.4	19.0	1,974.0	1,191.0	288.5	77.6	0.7	0.3	684.6	830.4	953.0	276.0	29.9	3.4

注：1　昭和39年産以前の被害面積は尺貫法（町歩）によって調査したものをそのまま ha に読み替え、昭和40年産以降はメートル法によって調査したものを表示した。

2　被害面積率 ＝ $\frac{\text{被害面積}}{\text{作付面積}} \times 100$　　3　被害率 ＝ $\frac{\text{被害量}}{\text{平年収量}} \times 100$　　4　昭和48年産以前は、沖縄県を含まない。

5　平成29年産からは、６種類（冷害、日照不足、高温障害、いもち病、ウンカ及びカメムシ）の被害について調査を実施し、公表をしている。

年産	合計				気象被害											
	被害面積	被害量	被害面積率	被害率	計		風水害		干害		冷害		日照不足		高温障害	
					被害面積	被害量	被害面積	被害量	被害面積	被害量	被害面積	被害量	被害面積	被害量	被害面積	被害量
	(1)	(2)	(3)	(4)	(5)	(6)	(7)	(8)	(9)	(10)	(11)	(12)	(13)	(14)	(15)	(16)
	千ha	千t	%	%	千ha	千t	千ha	千t	千ha	千t	千ha	千t	千ha	千t	千ha	千t
平成16年産	3,260.0	970.6	192.1	10.9	1,766.0	739.3	956.0	503.6	13.0	4.1	93.1	21.4	479.9	165.2	209.8	42.6
17	3,337.0	636.9	196.1	7.1	1,713.0	371.2	607.8	154.8	24.8	6.7	264.0	48.9	528.2	97.9	284.9	62.4
18	3,966.0	1,072.0	235.5	12.0	2,336.0	790.0	453.4	260.6	4.7	1.1	171.8	42.8	1,512.0	468.3	185.2	16.3
19	4,209.0	851.2	252.2	9.6	2,520.0	579.7	456.1	134.3	10.9	2.9	281.9	120.0	1,248.0	241.3	519.2	80.8
20	3,119.0	518.1	192.1	6.0	1,620.0	314.1	363.1	88.2	7.0	2.7	348.7	82.4	688.0	116.7	207.9	21.8
21	3,478.0	807.9	214.6	9.4	2,014.0	588.9	363.9	83.9	12.7	3.9	287.9	154.5	1,329.0	344.5	16.7	1.3
22	4,913.0	826.8	302.3	9.6	3,363.0	600.0	445.1	78.3	19.7	5.3	1.5	0.2	952.6	161.2	979.5	176.2
23	3,947.0	630.1	250.8	7.6	2,552.0	426.4	586.2	144.4	5.1	1.5	301.2	24.5	1,036.0	183.2	126.7	13.1
24	3,083.0	526.0	195.3	6.3	1,729.0	329.9	260.4	56.8	19.6	6.6	75.5	14.1	666.7	149.0	454.6	44.5
25	3,067.0	563.0	192.0	6.7	1,530.0	297.8	404.8	101.4	15.4	7.2	86.0	20.1	421.6	92.4	475.3	51.8
26	3,268.0	594.5	207.8	7.1	1,737.0	342.2	348.8	75.8	3.7	1.4	50.7	11.3	1,217.0	239.5	77.3	5.8
27	3,259.0	647.4	216.5	8.1	1,924.0	432.7	401.7	102.7	6.9	2.7	123.9	24.6	1,227.0	280.9	124.9	17.6
28	2,746.0	478.0	185.8	6.1	1,503.0	294.8	309.4	66.5	9.4	2.4	125.2	26.9	808.5	170.6	189.1	23.2
29	…	…	…	…	…	…	…	…	…	…	211.7	44.8	1,070.0	243.1	105.3	11.8
30	…	…	…	…	…	…	…	…	…	…	110.9	36.4	1,045.0	251.5	653.3	94.3
令和元	…	…	…	…	…	…	…	…	…	…	80.6	12.4	1,185.0	237.6	699.2	94.1
2	…	…	…	…	…	…	…	…	…	…	**47.0**	**8.7**	**1,235.0**	**238.1**	**568.4**	**63.2**

1　米（続き）

(2)　水稲の被害（続き）

年産	病害						虫害								その他	
	計		いもち病		紋枯病		計		ニカメイチュウ		ウンカ		カメムシ		被害面積	被害量
	被害面積	被害量	被害面積	被害量	被害面積	被害量	被害面積	被害量	被害面積	被害量	被害面積	被害量	被害面積	被害量		
	(17)	(18)	(19)	(20)	(21)	(22)	(23)	(24)	(25)	(26)	(27)	(28)	(29)	(30)	(31)	(32)
	千ha	千t	千ha	千t	千ha	千t	千ha	千t	千ha	千t	千ha	千t	千ha	千t	千ha	千t
昭和24年産	587.5	402.7	438.9	366.9	…	…	252.8	104.0	107.1	38.3	72.4	35.2	…	…	…	…
25	379.0	208.3	253.6	158.1	…	…	109.4	43.7	67.0	26.1	17.2	7.0	…	…	…	…
26	495.5	234.0	353.0	193.7	…	…	626.2	280.0	279.6	107.9	296.7	160.8	…	…	…	…
27	616.5	231.5	385.1	179.4	…	…	694.7	230.2	460.0	165.2	97.6	34.9	…	…	…	…
28	1,473.0	751.9	1,167.0	693.0	…	…	885.2	234.5	609.2	177.3	110.3	26.2	…	…	…	…
29	1,082.0	235.4	558.8	139.8	…	…	1,202.0	239.5	592.4	104.9	206.6	67.0	…	…	…	…
30	1,502.0	254.9	753.0	144.0	281.3	36.0	944.0	136.0	631.7	83.0	156.9	34.1	…	…	…	…
31	2,216.0	532.7	1,377.0	406.7	341.4	51.1	1,055.0	174.8	789.8	121.5	121.8	35.8	…	…	…	…
32	2,187.0	480.2	1,120.0	304.8	351.5	47.8	1,141.0	189.5	873.1	128.5	129.9	43.9	…	…	…	…
33	2,135.0	454.6	968.5	270.2	549.5	92.4	1,144.0	190.6	779.8	106.6	257.1	70.5	…	…	…	…
34	2,180.0	408.7	861.5	214.6	625.7	98.5	1,138.0	165.5	724.4	88.3	219.2	56.4	…	…	…	…
35	2,604.4	539.5	987.0	273.2	826.3	143.4	1,448.0	233.3	973.6	137.1	283.5	73.1	…	…	…	…
36	2,685.0	540.3	1,023.0	263.0	801.2	131.9	1,387.0	245.5	1,040.0	185.3	152.2	36.6	…	…	…	…
37	2,712.0	529.7	1,028.0	298.7	714.4	93.1	1,368.0	218.5	1,034.0	166.9	154.8	28.4	…	…	…	…
38	3,169.0	876.4	1,559.0	649.1	697.0	93.2	1,143.0	136.9	820.7	95.9	118.2	18.2	…	…	…	…
39	2,850.0	585.7	1,126.0	323.5	931.5	162.1	1,042.0	126.4	644.9	67.9	235.8	39.4	…	…	…	…
40	2,465.0	515.0	1,015.0	304.6	543.4	72.3	1,009.0	119.0	670.5	77.1	202.6	27.8	…	…	…	…
41	2,209.0	470.5	856.2	242.9	685.8	103.2	1,514.0	429.0	560.1	62.9	780.5	348.9	…	…	…	…
42	2,010.0	422.4	673.9	174.9	707.1	110.8	1,070.0	157.2	545.3	68.1	345.0	72.3	…	…	…	…
43	2,154.0	478.8	926.1	290.4	644.3	97.8	891.4	131.2	614.6	88.8	169.7	33.7	…	…	…	…
44	1,859.0	389.3	736.4	212.9	608.2	97.3	1,224.0	272.5	534.7	74.9	516.9	176.5	…	…	41.3	9.7
45	2,265.0	536.6	829.4	252.6	779.5	155.8	1,023.0	203.7	551.0	79.8	338.3	111.1	…	…	43.4	10.3
46	2,034.0	553.4	754.3	302.4	587.0	109.8	717.6	99.5	432.3	54.2	164.9	33.4	…	…	55.4	14.4
47	1,672.0	376.6	576.4	181.7	515.4	89.7	589.2	83.2	298.4	35.9	182.4	32.9	…	…	71.2	17.7
48	1,432.0	321.7	516.6	172.8	530.5	91.2	761.3	138.9	280.1	31.7	284.0	83.4	…	…	80.1	21.1
49	2,038.0	692.5	1,120.0	544.5	470.0	77.7	614.0	101.8	265.2	30.1	176.3	52.0	…	…	47.2	10.9
50	1,574.0	350.1	689.2	202.0	482.1	73.7	709.7	119.5	211.9	25.4	229.6	66.7	…	…	50.7	10.7
51	2,054.0	679.4	1,194.0	531.4	396.8	61.8	495.0	60.2	186.4	21.0	110.4	19.0	…	…	45.2	10.3
52	1,681.0	432.0	750.1	255.7	478.9	83.9	531.5	79.3	165.4	18.6	176.7	41.1	…	…	45.6	9.8
53	1,115.0	250.4	430.7	109.4	379.4	65.8	484.8	89.0	130.2	14.6	178.3	55.3	…	…	48.2	10.7
54	1,214.0	296.9	526.3	160.2	373.1	66.3	529.7	94.3	145.3	17.9	191.4	59.5	…	…	45.2	9.3
55	1,791.0	729.5	1,031.0	576.2	340.4	58.8	624.8	90.9	129.2	17.6	126.3	26.7	…	…	40.8	7.2
56	1,283.0	354.9	566.9	196.6	321.3	53.5	530.2	71.9	123.6	14.6	154.8	33.7	…	…	44.0	7.4
57	1,526.0	463.7	687.7	280.4	499.6	99.1	515.1	65.2	113.5	13.0	147.6	32.7	…	…	54.6	7.9
58	1,610.0	437.1	584.2	200.3	618.6	134.2	802.2	167.9	86.9	10.3	363.8	123.9	…	…	41.8	6.6
59	1,212.0	246.8	435.3	109.7	419.4	68.4	454.4	44.8	82.6	9.7	105.3	18.7	…	…	42.0	6.6
60	1,199.0	275.2	372.3	100.9	462.5	93.9	742.3	162.0	81.1	9.7	371.6	133.0	…	…	41.8	6.2
61	1,074.0	219.8	371.2	98.7	355.6	64.2	574.5	59.1	86.0	10.5	151.5	23.9	…	…	47.5	6.4
62	1,004.0	204.3	320.2	79.8	410.0	75.1	755.5	121.5	76.3	9.0	289.8	79.9	…	…	53.4	6.7
63	1,343.0	422.3	641.0	308.7	395.6	72.0	586.5	64.9	71.5	9.2	151.6	27.6	…	…	61.4	7.1
平成元	1,262.0	305.1	522.8	166.4	445.4	90.2	516.9	48.2	74.6	8.2	114.5	16.8	…	…	62.6	8.2
2	1,065.0	231.0	414.6	116.1	379.9	70.1	609.7	75.9	73.6	9.8	206.3	39.7	…	…	65.1	8.5
3	1,295.0	406.6	719.2	305.3	312.1	58.3	696.7	87.6	76.4	9.7	235.8	48.2	…	…	74.4	9.8
4	1,022.0	222.5	374.9	104.4	405.1	77.4	520.9	52.0	74.6	10.1	115.0	16.4	…	…	77.5	11.1
5	1,774.0	725.8	1,097.0	597.8	290.1	54.1	659.1	66.8	65.7	8.2	116.7	18.7	…	…	74.1	10.3
6	693.8	104.9	280.9	54.1	285.1	37.0	515.1	41.3	58.7	6.1	84.3	8.3	…	…	77.8	9.1
7	1,109.0	270.9	576.0	191.0	286.5	44.5	716.7	64.5	75.9	9.9	109.7	13.2	…	…	85.9	11.0
8	829.4	153.5	405.5	95.9	239.2	34.1	567.3	43.8	70.0	8.2	69.0	7.3	…	…	90.4	11.5
9	975.3	216.8	498.5	146.1	268.5	42.3	524.0	40.8	71.2	7.3	76.9	9.7	…	…	97.1	10.9
10	1,022.0	268.7	572.9	201.2	272.0	45.7	589.8	74.1	65.9	7.3	144.1	40.4	…	…	85.6	11.0
11	795.6	165.1	319.0	84.2	302.3	57.6	657.3	64.3	61.5	6.9	82.9	13.0	…	…	98.7	12.9
12	755.5	138.8	303.2	71.2	283.5	43.3	534.1	43.3	57.1	6.0	75.2	9.6	…	…	97.4	14.1
13	871.2	164.4	337.6	85.2	281.3	45.4	516.2	45.7	57.4	6.4	68.8	10.2	…	…	110.1	14.5
14	859.0	174.4	324.9	92.2	288.9	48.5	485.8	41.5	52.8	6.0	65.0	8.0	114.3	9.9	125.7	18.0
15	1,160.0	390.0	652.6	317.5	240.9	42.2	635.2	59.7	64.3	6.7	70.0	9.2	95.8	9.5	121.8	16.4

年産	病害						虫害								その他	
	計		いもち病		紋枯病		計		ニカメイチュウ		ウンカ		カメムシ		被害面積	被害量
	被害面積	被害量	被害面積	被害量	被害面積	被害量	被害面積	被害量	被害面積	被害量	被害面積	被害量	被害面積	被害量		
	(17)	(18)	(19)	(20)	(21)	(22)	(23)	(24)	(25)	(26)	(27)	(28)	(29)	(30)	(31)	(32)
	千ha	千t	千ha	千t	千ha	千t	千ha	千t	千ha	千t	千ha	千t	千ha	千t	千ha	千t
平成16年産	840.0	170.9	341.9	89.1	291.8	58.5	523.0	42.1	58.5	5.9	64.6	6.9	113.9	11.5	130.6	18.3
17	814.4	167.8	266.1	79.0	336.7	62.5	663.6	80.1	60.8	6.5	112.4	30.8	155.2	19.1	146.3	17.8
18	848.7	199.0	338.1	116.6	277.7	51.5	662.1	66.0	59.9	6.8	88.1	13.6	135.3	19.8	119.1	16.6
19	849.3	177.2	314.3	93.0	295.9	54.5	721.9	78.4	62.3	6.6	108.4	28.5	124.6	11.6	117.4	15.9
20	793.4	141.0	274.4	67.0	274.8	44.5	579.8	45.9	57.3	5.4	57.5	6.2	121.1	11.7	125.9	17.1
21	795.2	147.0	311.7	81.7	239.3	35.3	546.6	52.7	53.9	5.2	83.0	17.4	95.4	10.2	122.2	19.3
22	749.6	138.9	268.8	66.5	267.9	46.8	672.8	64.4	54.8	5.5	82.4	15.3	121.3	11.7	127.6	23.5
23	731.3	135.2	276.8	73.2	248.9	39.2	538.9	44.6	64.6	6.8	60.6	7.5	92.7	9.2	124.6	23.9
24	701.8	123.7	239.3	56.8	235.5	37.4	532.2	49.7	58.9	5.6	80.0	15.3	113.1	11.1	120.0	22.7
25	784.5	150.3	284.0	72.4	251.6	39.6	632.7	91.6	64.2	6.4	152.3	55.0	105.2	10.1	119.7	23.3
26	910.1	172.6	383.3	102.6	258.4	40.1	508.6	55.4	60.8	5.9	96.8	23.9	104.7	10.4	112.0	24.3
27	774.7	154.6	324.3	92.0	245.8	37.7	446.8	36.8	53.5	5.4	52.1	7.2	108.0	9.7	113.5	23.3
28	683.3	118.6	237.1	58.9	218.0	34.2	449.3	41.1	50.3	5.4	61.9	11.9	104.8	8.9	110.6	23.5
29	…	…	238.8	60.9	…	…	…	…	…	…	69.8	14.6	110.3	10.6	…	…
30	…	…	211.3	49.1	…	…	…	…	…	…	48.3	6.5	109.3	12.8	…	…
令和元	…	…	239.5	55.9	…	…	…	…	…	…	110.6	40.6	143.1	17.6	…	…
2	…	…	**294.2**	**78.2**	…	…	…	…	…	…	**128.4**	**70.6**	**140.7**	**17.0**	…	…

2　麦類

(1)　4麦計

年産	作付面積			収穫量		
	計	田	畑	計	田	畑
	(1)	(2)	(3)	(4)	(5)	(6)
	ha	ha	ha	t	t	t
明治11年産	1,354,000	…	…	1,163,000	…	…
12	1,405,000	…	…	1,220,000	…	…
13	1,417,000	…	…	1,517,000	…	…
14	1,419,000	…	…	1,304,000	…	…
15	1,452,000	…	…	1,572,000	…	…
16	1,475,000	…	…	1,491,000	…	…
17	1,478,000	…	…	1,608,000	…	…
18	1,523,000	…	…	1,492,000	…	…
19	1,574,000	…	…	1,993,000	…	…
20	1,578,000	…	…	1,977,000	…	…
21	1,608,000	…	…	1,906,000	…	…
22	1,643,000	519,300	1,124,000	1,903,000	594,600	1,309,000
23	1,690,000	555,600	1,134,000	1,321,000	386,900	933,700
24	1,702,000	581,000	1,121,000	2,261,000	796,900	1,464,000
25	1,725,000	595,300	1,130,000	2,003,000	758,300	1,245,000
26	1,732,000	583,200	1,149,000	2,086,000	734,400	1,352,000
27	1,739,000	611,800	1,127,000	2,487,000	903,900	1,583,000
28	1,759,000	628,100	1,131,000	2,447,000	897,700	1,550,000
29	1,752,000	631,400	1,121,000	2,164,000	774,700	1,389,000
30	1,735,000	649,300	1,086,000	2,250,000	854,900	1,395,000
31	1,792,000	646,600	1,145,000	2,564,000	967,500	1,596,000
32	1,788,000	650,000	1,138,000	2,407,000	881,800	1,525,000
33	1,782,000	655,200	1,127,000	2,556,000	964,800	1,592,000
34	1,801,000	654,300	1,147,000	2,588,000	977,600	1,611,000
35	1,790,000	676,400	1,114,000	2,305,000	875,200	1,430,000
36	1,784,000	648,400	1,136,000	1,652,000	519,800	1,132,000
37	1,785,000	663,900	1,122,000	2,450,000	916,000	1,534,000
38	1,802,000	682,900	1,120,000	2,337,000	914,300	1,422,000
39	1,799,000	686,600	1,112,000	2,535,000	964,900	1,570,000
40	1,783,000	682,700	1,100,000	2,758,000	1,056,000	1,702,000
41	1,768,000	679,600	1,088,000	2,683,000	1,061,000	1,621,000
42	1,757,000	677,600	1,080,000	2,699,000	1,068,000	1,631,000
43	1,757,000	683,100	1,074,000	2,572,000	984,500	1,588,000
44	1,751,000	686,600	1,064,000	2,748,000	1,105,000	1,643,000
大正元	1,760,000	695,100	1,065,000	2,870,000	1,150,000	1,720,000
2	1,813,000	727,700	1,086,000	3,147,000	1,301,000	1,845,000
3	1,807,000	742,700	1,064,000	2,653,000	1,069,000	1,584,000
4	1,797,000	729,300	1,067,000	2,982,000	1,228,000	1,754,000
5	1,772,000	726,000	1,046,000	2,941,000	1,226,000	1,715,000
6	1,732,000	722,100	1,010,000	3,063,000	1,300,000	1,763,000
7	1,720,000	723,800	996,600	2,869,000	1,239,000	1,631,000
8	1,715,000	714,600	1,000,000	2,998,000	1,207,000	1,790,000
9	1,738,000	727,900	1,010,000	2,859,000	1,269,000	1,590,000
10	1,697,000	705,600	991,000	2,725,000	1,100,000	1,625,000
11	1,608,000	662,900	945,600	2,727,000	1,140,000	1,587,000
12	1,515,000	621,500	894,000	2,349,000	948,000	1,401,000
13	1,460,000	600,500	859,500	2,396,000	959,200	1,436,000
14	1,463,000	615,000	848,100	2,877,000	1,253,000	1,625,000
昭和元	1,448,000	624,600	823,000	2,771,000	1,228,000	1,543,000
2	1,418,000	614,100	804,000	2,667,000	1,217,000	1,450,000
3	1,393,000	618,300	774,700	2,690,000	1,247,000	1,443,000
4	1,379,000	622,700	756,200	2,656,000	1,282,000	1,373,000
5	1,343,000	623,300	720,000	2,454,000	1,153,000	1,301,000

注：1　4麦計は、小麦、大麦（二条大麦＋六条大麦）及びはだか麦の計である。
　　2　昭和32年産以降の作付面積は、子実用作付面積である（以下2の各統計表において同じ。）。
　　3　明治22年産以前及び昭和19年産から昭和48年産までは沖縄県を含まない。
　　4　平成19年産から麦類の田畑別の収穫量調査は行っていない。

年産	作付面積			収穫量		
	計	田	畑	計	田	畑
	(1)	(2)	(3)	(4)	(5)	(6)
	ha	ha	ha	t	t	t
昭和6年産	1,346,000	626,300	719,400	2,583,000	1,229,000	1,354,000
7	1,357,000	631,900	725,200	2,623,000	1,253,000	1,370,000
8	1,390,000	651,800	738,000	2,591,000	1,158,000	1,433,000
9	1,393,000	659,800	733,200	2,887,000	1,384,000	1,503,000
10	1,434,000	675,600	757,900	3,032,000	1,470,000	1,562,000
11	1,457,000	685,000	772,100	2,728,000	1,330,000	1,398,000
12	1,472,000	699,700	772,200	2,943,000	1,433,000	1,510,000
13	1,485,000	711,400	773,700	2,625,000	1,286,000	1,340,000
14	1,497,000	723,700	772,900	3,436,000	1,760,000	1,676,000
15	1,574,000	775,100	798,600	3,479,000	1,770,000	1,710,000
16	1,639,000	812,100	827,100	3,104,000	1,667,000	1,436,000
17	1,753,000	844,900	907,900	3,037,000	1,558,000	1,479,000
18	1,664,000	804,700	859,100	2,399,000	1,241,000	1,158,000
19	1,758,000	866,000	892,100	3,078,000	1,625,000	1,453,000
20	1,602,000	803,600	798,100	2,199,000	1,203,000	995,500
21	1,446,000	713,600	732,200	1,483,000	776,400	707,000
22	1,333,000	…	…	1,923,000	…	…
23	1,727,000	814,100	913,300	3,025,000	…	…
24	1,766,000	828,600	937,100	3,300,000	…	…
25	1,784,000	826,700	957,300	3,298,000	…	…
26	1,714,000	763,800	950,200	3,659,000	1,573,000	2,085,000
27	1,651,000	728,000	922,600	3,695,000	1,588,000	2,107,000
28	1,607,000	711,200	895,900	3,465,000	1,470,000	1,995,000
29	1,686,000	753,900	932,100	4,098,000	1,842,000	2,256,000
30	1,659,000	751,500	907,300	3,875,000	1,794,000	2,081,000
31	1,639,000	742,900	896,000	3,716,000	1,681,000	2,035,000
32	1,548,000	698,000	849,600	3,490,000	1,508,000	1,982,000
33	1,513,000	687,100	825,900	3,348,000	1,524,000	1,824,000
34	1,494,000	677,200	817,000	3,724,000	1,632,000	2,092,000
35	1,440,000	653,500	786,700	3,831,000	1,733,000	2,098,000
36	1,341,000	605,100	735,900	3,758,000	1,716,000	2,042,000
37	1,255,000	563,500	691,400	3,357,000	1,499,000	1,858,000
38	1,149,000	513,500	635,400	1,474,000	385,500	1,089,000
39	986,500	422,800	563,700	2,446,000	994,300	1,452,000
40	898,100	381,900	516,400	2,521,000	1,084,000	1,437,000
41	809,100	337,300	471,900	2,129,000	859,900	1,269,000
42	718,900	302,100	416,700	2,029,000	804,400	1,225,000
43	638,300	267,300	371,000	2,033,000	872,500	1,160,000
44	569,600	242,600	327,000	1,570,000	657,800	911,700
45	455,000	198,500	256,500	1,046,000	400,400	645,700
46	329,700	146,500	183,200	943,100	422,000	520,900
47	234,800	108,800	126,000	608,800	262,700	346,300
48	154,800	67,700	87,100	418,600	174,700	243,900
49	160,200	76,800	83,400	464,800	231,800	233,000
50	167,700	82,600	85,100	461,600	226,800	234,700
51	169,300	88,400	80,900	432,700	199,800	232,900
52	163,900	86,200	77,700	442,200	214,300	228,000
53	208,000	124,700	83,300	692,700	411,600	280,700
54	264,600	169,200	95,400	947,700	592,500	355,100
55	313,300	206,500	106,800	968,100	609,100	358,800
56	346,800	232,300	114,500	970,400	690,900	279,500
57	350,700	240,100	110,600	1,132,000	734,600	396,800
58	353,300	245,000	108,300	1,075,000	789,200	285,500
59	348,700	241,500	107,200	1,136,000	814,500	321,200
60	346,900	237,100	109,800	1,252,000	812,800	438,700
61	352,800	236,900	115,900	1,220,000	790,600	429,500
62	382,600	256,600	126,000	1,217,000	780,100	436,500
63	396,000	262,400	133,600	1,420,000	872,900	547,500

2　麦類（続き）

(1)　4麦計（続き）

年産	作付面積			収穫量		
	計	田	畑	計	田	畑
	(1)	(2)	(3)	(4)	(5)	(6)
	ha	ha	ha	t	t	t
平成元年産	396,700	262,200	134,500	1,356,000	849,200	506,900
2	366,400	241,500	124,900	1,297,000	789,500	507,700
3	333,800	217,400	116,400	1,042,000	582,100	460,100
4	298,900	184,400	114,500	1,045,000	590,400	454,400
5	260,800	157,200	103,600	921,200	540,500	381,200
6	214,300	115,500	98,700	789,600	401,400	388,200
7	210,200	113,700	96,500	661,800	412,000	250,000
8	215,600	117,800	97,700	711,300	438,000	273,000
9	214,900	118,600	96,300	766,200	389,300	377,000
10	217,000	121,900	95,100	713,100	306,800	406,300
11	220,700	126,600	94,100	788,400	466,200	321,900
12	236,600	139,600	96,900	902,500	516,000	386,500
13	257,400	161,100	96,400	906,300	507,000	399,600
14	271,500	173,500	98,000	1,047,000	573,800	472,500
15	275,800	177,500	98,300	1,054,000	565,500	488,900
16	272,400	173,900	98,600	1,059,000	569,200	489,700
17	268,300	167,100	101,200	1,058,000	575,100	483,200
18	272,100	167,300	104,800	1,012,000	546,300	465,200
19	264,000	162,900	101,100	1,105,000	…	…
20	265,400	165,900	99,500	1,098,000	…	…
21	266,200	167,100	99,100	853,300	…	…
22	265,700	167,300	98,400	732,100	…	…
23	271,700	170,600	101,100	917,800	…	…
24	269,500	168,300	101,300	1,030,000	…	…
25	269,500	166,600	102,900	994,600	…	…
26	272,700	168,700	104,000	1,022,000	…	…
27	274,400	171,300	103,100	1,181,000	…	…
28	275,900	173,200	102,600	961,000	…	…
29	273,700	171,600	102,100	1,092,000	…	…
30	272,900	171,300	101,600	939,600	…	…
令和元	273,000	172,300	100,800	1,260,000	…	…
2	**276,200**	**176,400**	**99,800**	**1,171,000**	**…**	**…**

(2) 小麦

年　産	作付面積			10 a 当たり収量			収穫量			作況指数
	計	田	畑	平均	田	畑	計	田	畑	(対平年比)
	(1)	(2)	(3)	(4)	(5)	(6)	(7)	(8)	(9)	(10)
	ha	ha	ha	kg	kg	kg	t	t	t	
明治11年産	343,900	…	…	71	…	…	244,800	…	…	…
12	366,400	…	…	72	…	…	263,700	…	…	…
13	356,900	…	…	87	…	…	310,500	…	…	…
14	357,700	…	…	78	…	…	279,700	…	…	…
15	369,900	…	…	90	…	…	331,900	…	…	…
16	385,700	…	…	88	…	…	340,300	…	…	…
17	388,200	…	…	94	…	…	363,900	…	…	…
18	394,700	…	…	84	…	…	330,400	…	…	…
19	399,900	…	…	110	…	…	439,900	…	…	…
20	387,200	…	…	108	…	…	416,300	…	…	…
21	401,600	…	…	106	…	…	424,900	…	…	…
22	433,400	109,200	324,200	102	108	100	441,800	118,000	323,800	…
23	454,800	114,300	340,500	74	73	74	336,700	84,000	252,700	…
24	423,400	108,300	315,000	115	130	109	485,400	140,900	344,500	…
25	431,600	109,500	322,100	98	121	90	421,400	133,000	288,400	…
26	433,900	108,600	325,300	104	125	97	451,000	136,000	314,900	…
27	438,900	119,000	319,900	124	142	117	543,700	168,600	375,100	…
28	444,100	120,600	323,600	123	138	117	544,600	166,300	378,400	…
29	439,600	119,800	319,900	111	122	107	487,200	145,900	341,300	…
30	454,400	133,200	321,200	115	122	112	521,600	162,000	359,600	…
31	461,700	128,800	333,000	124	141	117	572,400	181,900	390,500	…
32	461,500	127,600	333,900	123	135	118	566,800	171,900	394,900	…
33	464,800	134,700	330,100	125	141	119	582,500	189,500	393,000	…
34	483,300	141,600	341,700	124	144	116	598,900	204,200	394,700	…
35	480,200	158,400	321,800	113	120	109	541,300	190,200	351,100	…
36	466,000	142,400	323,600	55	39	62	256,700	55,300	201,400	…
37	454,800	136,600	318,200	116	129	111	528,200	176,300	351,900	…
38	449,700	139,400	310,300	110	128	101	493,000	178,600	314,300	…
39	439,500	140,500	299,000	123	136	117	542,300	191,400	351,000	…
40	440,300	143,900	296,500	138	152	132	609,500	219,400	390,200	…
41	445,800	147,000	298,900	135	152	127	604,000	223,900	380,100	…
42	447,600	149,400	298,200	137	154	129	614,100	229,500	384,600	…
43	471,500	165,800	305,700	134	145	128	629,900	240,100	389,800	…
44	495,100	174,800	320,300	139	155	130	685,800	270,100	415,700	…
大正元	492,200	171,800	320,400	144	159	136	708,900	273,400	435,500	…
2	479,400	162,800	316,600	149	168	140	715,400	272,900	442,500	…
3	474,700	166,400	308,300	129	141	123	614,300	234,400	380,000	…
4	496,600	177,100	319,500	144	159	136	716,000	281,300	434,800	…
5	527,600	194,900	332,700	153	169	143	805,800	328,500	477,400	…
6	563,700	218,600	345,100	165	182	154	929,000	398,400	530,700	…
7	562,400	218,900	343,500	157	174	145	880,300	381,600	498,700	…
8	544,000	206,100	337,900	160	164	157	870,600	338,600	532,100	…
9	529,500	196,200	333,300	152	169	142	806,300	331,700	474,600	…
10	511,400	185,000	326,400	149	155	146	764,100	285,900	478,100	…
11	497,200	182,500	314,700	158	170	150	783,800	311,100	472,800	…
12	483,800	182,100	301,700	147	155	142	710,500	283,100	427,400	…
13	465,100	175,600	289,600	155	161	151	721,100	282,900	438,200	…
14	464,900	180,100	284,800	180	197	169	837,900	355,200	482,600	…
昭和元	463,700	184,600	279,100	174	190	163	807,200	351,500	455,700	…
2	469,800	191,500	278,300	176	201	159	829,000	385,200	443,800	…
3	485,900	207,600	278,300	180	201	164	874,500	418,000	456,600	…
4	490,900	214,200	276,600	176	200	158	865,500	428,000	437,500	…
5	487,400	220,300	267,100	172	184	162	838,300	405,400	432,900	…

注：1　明治23年産から明治29年産、明治33年産、明治34年産及び明治40年産の作付面積は、後年その総数のみ訂正したが、田畑別作付面積が不明であるので、便宜案分をもって総数に符合させた。
2　明治23年産から明治30年産、明治32年産から明治34年産の収穫量は、後年その総数のみ訂正したが、田畑別収穫量が不明であるので、便宜案分をもって総数に符合させた。
3　明治22年産以前及び昭和19年産から昭和48年産までは沖縄県を含まない。
4　作況指数については、平成17年産からは平年収量を算出していないため、10 a 当たり平均収量（原則として直近７か年のうち、最高及び最低を除いた５か年の平均値）に対する当年産の10 a 当たり収量の比率（％）である（以下２の各統計表において同じ。）。
5　平成19年産から小麦の田畑別の収穫量調査は行っていない。

2 麦類（続き）

(2) 小麦（続き）

年産	作付面積			10a当たり収量			収穫量			作況指数
	計	田	畑	平均	田	畑	計	田	畑	(対平年比)
	(1)	(2)	(3)	(4)	(5)	(6)	(7)	(8)	(9)	(10)
	ha	ha	ha	kg	kg	kg	t	t	t	
昭和6年産	497,000	227,700	269,300	176	191	164	876,800	434,000	442,700	…
7	504,500	231,900	272,600	176	191	164	889,300	441,900	447,400	…
8	611,400	288,800	322,500	179	177	181	1,097,000	512,200	584,600	…
9	643,100	306,900	336,300	201	212	192	1,294,000	649,400	644,200	…
10	658,400	307,700	350,700	201	215	188	1,322,000	661,900	659,700	…
11	683,200	317,500	365,700	180	196	165	1,227,000	622,500	604,100	…
12	718,600	342,600	376,000	190	203	179	1,368,000	696,800	671,400	…
13	719,100	347,600	371,500	171	182	160	1,228,000	632,800	595,200	…
14	739,400	361,000	378,400	224	247	202	1,658,000	893,400	764,700	…
15	834,200	419,300	414,900	215	230	199	1,792,000	966,200	826,000	…
16	818,900	398,600	420,300	178	201	156	1,460,000	802,300	657,500	…
17	855,900	390,200	465,700	162	181	145	1,384,000	707,000	677,500	…
18	803,200	365,800	437,300	136	153	122	1,094,000	561,300	532,400	…
19	830,500	379,300	451,200	167	190	147	1,384,000	719,700	664,300	…
20	723,600	339,900	383,700	130	151	112	943,300	513,700	429,600	…
21	632,100	296,700	335,500	97	110	86	615,400	325,700	289,700	…
22	578,100	…	…	133	…	…	766,500	…	…	…
23	743,200	329,000	414,200	162	…	…	1,207,000	…	…	112
24	760,700	332,200	428,500	171	…	…	1,304,000	…	…	121
25	763,500	322,100	441,400	175	…	…	1,338,000	…	…	109
26	735,100	307,000	428,100	203	207	200	1,490,000	634,400	855,500	112
27	720,700	301,900	418,800	213	216	211	1,537,000	653,400	883,900	114
28	686,200	286,900	399,300	200	205	197	1,374,000	587,000	787,100	104
29	671,900	283,200	388,700	226	235	219	1,516,000	665,400	850,400	116
30	663,200	279,400	383,800	221	235	211	1,468,000	656,500	811,200	111
31	657,600	278,100	379,500	209	221	201	1,375,000	613,600	761,600	102
32	617,300	265,200	352,100	215	212	218	1,330,000	561,300	768,700	105
33	598,800	258,200	340,600	214	223	207	1,281,000	575,800	705,200	100
34	601,200	260,500	340,700	236	235	236	1,416,000	611,800	804,200	110
35	602,300	261,600	340,700	254	265	246	1,531,000	692,800	837,800	117
36	648,700	293,000	355,700	275	288	264	1,781,000	842,500	938,700	123
37	642,000	295,500	346,600	254	258	250	1,631,000	763,400	867,800	106
38	583,700	264,300	319,400	123	69	167	715,500	182,500	533,000	49
39	508,200	222,500	285,700	245	233	253	1,244,000	519,500	724,200	98
40	475,900	208,900	266,900	270	281	262	1,287,000	586,700	699,800	107
41	421,200	181,400	239,800	243	238	247	1,024,000	431,600	592,400	94
42	366,600	157,800	208,800	272	259	281	996,900	409,100	587,700	105
43	322,400	138,800	183,600	314	330	302	1,012,000	458,500	554,000	118
44	286,500	126,500	160,000	265	260	268	757,900	328,300	429,500	97
45	229,200	104,300	124,900	207	178	231	473,600	185,200	288,500	75
46	166,300	76,900	89,400	265	273	258	440,300	209,700	230,600	96
47	113,700	54,500	59,200	250	231	267	283,900	125,900	158,100	90
48	74,900	33,100	41,800	270	263	276	202,300	87,000	115,300	94
49	82,800	39,800	43,000	280	291	269	231,700	115,900	115,700	99
50	89,600	41,700	47,900	269	273	265	240,700	114,000	126,700	96
51	89,100	43,100	46,000	250	204	293	222,400	87,800	134,600	88
52	86,000	39,300	46,700	275	255	291	236,400	100,300	136,100	96
53	112,000	59,600	52,400	327	308	350	366,700	183,400	183,200	115
54	149,000	84,700	64,300	363	342	392	541,300	289,400	252,000	127
55	191,100	113,700	77,400	305	278	344	582,800	316,300	266,300	102
56	224,400	136,800	87,600	262	285	225	587,400	390,300	197,100	86
57	227,800	142,000	85,800	326	301	367	741,800	426,800	315,000	107
58	229,400	145,200	84,200	303	334	250	695,300	484,500	210,800	97
59	231,900	147,600	84,400	319	330	301	740,500	486,600	253,900	101
60	234,000	145,400	88,600	374	347	417	874,200	504,900	369,100	117
61	245,500	149,400	96,100	357	344	377	875,700	513,500	362,100	109
62	271,100	163,700	107,400	319	298	350	863,700	487,400	376,400	95
63	282,000	166,000	116,000	362	323	418	1,021,000	536,100	485,200	107

年産	作付面積			10 a 当たり収量			収穫量			作況指数
	計	田	畑	平均	田	畑	計	田	畑	(対平年比)
	(1)	(2)	(3)	(4)	(5)	(6)	(7)	(8)	(9)	(10)
	ha	ha	ha	kg	kg	kg	t	t	t	
平成元年産	283,800	165,700	118,100	347	321	383	984,500	531,900	452,800	101
2	260,400	150,400	109,900	365	328	417	951,500	492,900	458,400	105
3	238,700	135,000	103,700	318	255	400	759,000	344,100	415,000	89
4	214,500	110,800	103,700	354	310	401	758,700	343,300	415,500	96
5	183,600	90,100	93,500	347	327	367	637,800	294,900	343,200	94
6	151,900	62,700	89,300	372	336	396	564,800	210,800	353,900	98
7	151,300	63,700	87,600	293	351	251	443,600	223,500	220,100	77
8	158,500	68,900	89,700	302	338	273	478,100	233,200	244,700	80
9	157,500	69,100	88,400	364	322	397	573,100	222,200	351,000	97
10	162,200	74,400	87,800	351	251	436	569,500	186,500	382,900	94
11	168,800	81,600	87,100	345	348	343	583,100	284,100	298,800	92
12	183,000	92,500	90,600	376	349	403	688,200	322,800	365,400	100
13	196,900	107,000	90,000	355	301	420	699,900	322,600	377,600	95
14	206,900	115,200	91,700	401	330	490	829,000	379,600	449,400	108
15	212,200	119,900	92,300	403	323	508	855,900	387,000	468,900	109
16	212,600	119,800	92,700	405	325	509	860,300	388,800	471,400	109
17	213,500	118,000	95,500	410	348	486	874,700	410,900	463,900	108
18	218,300	119,100	99,200	384	327	452	837,200	388,900	448,400	98
19	209,700	114,000	95,700	434	…	…	910,100	…	…	110
20	208,800	114,700	94,100	422	…	…	881,200	…	…	104
21	208,300	114,600	93,700	324	…	…	674,200	…	…	79
22	206,900	113,700	93,200	276	…	…	571,300	…	…	68
23	211,500	115,800	95,700	353	…	…	746,300	…	…	91
24	209,200	113,200	96,000	410	…	…	857,800	…	…	108
25	210,200	112,300	97,900	386	…	…	811,700	…	…	102
26	212,600	113,600	99,000	401	…	…	852,400	…	…	106
27	213,100	115,100	98,000	471	…	…	1,004,000	…	…	127
28	214,400	117,000	97,400	369	…	…	790,800	…	…	99
29	212,300	115,500	96,800	427	…	…	906,700	…	…	111
30	211,900	115,600	96,300	361	…	…	764,900	…	…	90
令和元	211,600	116,100	95,500	490	…	…	1,037,000	…	…	123
2	**212,600**	**118,100**	**94,500**	**447**	**…**	**…**	**949,300**	**…**	**…**	**109**

2 麦類（続き）

(3) 二条大麦

年産	作付面積			10 a 当たり収量			収穫量			作況指数
	計	田	畑	平均	田	畑	計	田	畑	(対平年比)
	(1)	(2)	(3)	(4)	(5)	(6)	(7)	(8)	(9)	(10)
	ha	ha	ha	kg	kg	kg	t	t	t	
昭和33年産	63,300	…	…	238	…	…	150,900	…	…	…
34	77,300	33,900	43,400	273	255	287	211,000	86,300	124,600	…
35	82,700	38,500	44,200	279	261	295	230,800	100,600	130,200	…
36	95,800	46,200	49,600	299	287	309	286,100	132,600	153,400	113
37	113,800	55,300	58,500	288	278	298	328,100	153,700	174,400	106
38	124,700	59,900	64,800	162	117	205	202,400	69,900	132,500	56
39	112,100	50,200	61,900	273	239	301	305,900	119,700	186,200	94
40	113,300	45,400	67,900	281	261	295	318,100	118,300	200,000	97
41	110,200	40,800	69,500	297	275	309	327,000	112,400	214,800	102
42	112,000	41,000	70,900	307	269	329	343,400	110,200	233,200	105
43	108,300	38,300	70,000	333	321	339	360,100	122,900	237,200	113
44	107,400	39,200	68,200	296	286	302	318,400	112,100	206,100	98
45	99,300	39,400	59,900	271	263	276	269,400	103,800	165,500	88
46	82,000	37,100	44,900	317	318	317	260,300	118,100	142,200	105
47	68,000	34,500	33,500	265	247	284	180,400	85,300	95,100	88
48	47,500	23,300	24,200	262	242	280	124,300	56,400	67,800	87
49	48,000	25,900	22,100	302	312	290	144,800	80,900	64,000	102
50	49,700	28,800	20,900	276	267	288	137,000	76,800	60,200	93
51	53,200	33,300	19,900	254	241	275	135,200	80,400	54,800	87
52	53,300	35,500	17,800	252	230	298	134,500	81,500	53,000	86
53	69,800	51,300	18,500	342	352	311	238,500	180,800	57,600	116
54	83,500	64,300	19,200	352	358	333	294,100	230,100	63,900	119
55	84,900	67,300	17,600	317	318	312	269,200	214,300	54,900	105
56	83,000	66,800	16,200	318	322	299	263,600	215,100	48,400	104
57	81,900	67,200	14,700	317	315	326	259,400	211,600	47,900	103
58	83,900	69,400	14,500	297	297	299	249,200	205,900	43,400	95
59	81,500	67,200	14,400	362	372	309	294,800	250,100	44,500	116
60	79,600	66,000	13,600	331	332	328	263,800	219,100	44,600	104
61	75,700	62,400	13,300	329	326	344	249,200	203,300	45,800	102
62	76,100	63,500	12,600	312	310	319	237,200	196,900	40,200	95
63	74,200	62,100	12,100	356	357	356	264,500	221,500	43,100	107
平成元	75,500	64,000	11,500	344	348	327	260,000	222,400	37,600	103
2	73,900	63,100	10,700	344	346	333	253,900	218,300	35,600	102
3	68,200	58,400	9,730	303	293	367	206,800	171,100	35,700	88
4	63,000	54,600	8,400	357	355	370	224,900	193,900	31,100	103
5	60,600	52,400	8,200	375	375	380	227,500	196,500	31,200	108
6	55,100	47,300	7,810	362	362	366	199,500	171,100	28,600	103
7	51,300	44,000	7,350	375	381	339	192,400	167,700	24,900	106
8	46,100	39,600	6,510	411	422	347	189,600	167,000	22,600	115
9	43,800	37,600	6,150	337	340	322	147,600	127,800	19,800	92
10	39,200	33,700	5,500	273	263	342	107,200	88,500	18,800	74
11	36,600	31,200	5,330	411	426	328	150,500	133,000	17,500	112
12	36,700	32,000	4,710	419	433	327	153,900	138,600	15,400	113
13	39,500	35,000	4,460	351	352	343	138,600	123,200	15,300	94
14	40,700	36,700	4,030	334	330	365	136,100	121,200	14,700	89
15	39,500	36,000	3,470	312	310	337	123,300	111,700	11,700	84
16	37,200	33,700	3,480	355	355	353	131,900	119,700	12,300	96
17	34,800	31,300	3,520	357	359	335	124,300	112,500	11,800	101
18	34,100	30,600	3,540	347	347	347	118,300	106,100	12,300	95
19	34,500	31,100	3,470	372	…	…	128,200	…	…	106
20	35,400	32,000	3,380	410	…	…	145,100	…	…	119
21	36,000	32,500	3,470	322	…	…	115,800	…	…	91
22	36,600	33,200	3,390	285	…	…	104,300	…	…	81
23	37,600	34,200	3,410	317	…	…	119,100	…	…	91
24	38,300	34,800	3,460	293	…	…	112,400	…	…	86
25	37,500	34,300	3,200	311	…	…	116,600	…	…	94
26	37,600	34,400	3,180	288	…	…	108,200	…	…	89
27	37,900	34,800	3,130	299	…	…	113,300	…	…	96
28	38,200	35,000	3,240	280	…	…	106,800	…	…	92
29	38,300	34,900	3,410	313	…	…	119,700	…	…	106
30	38,300	34,900	3,330	318	…	…	121,700	…	…	106
令和元	38,000	34,600	3,360	386	…	…	146,600	…	…	128
2	**39,300**	**35,900**	**3,440**	**368**	**…**	**…**	**144,700**	**…**	**…**	**120**

注：1　昭和48年産以前は沖縄県を含まない。
　　2　平成19年産から二条大麦の田畑別の収穫量調査は行っていない。

(4) 六条大麦

年産	作付面積			10 a 当たり収量			収穫量			作況指数
	計	田	畑	平均	田	畑	計	田	畑	(対平年比)
	(1)	(2)	(3)	(4)	(5)	(6)	(7)	(8)	(9)	(10)
	ha	ha	ha	kg	kg	kg	t	t	t	
昭和33年産	354,500	…	…	277	…	…	981,400	…	…	…
34	344,600	102,800	241,700	299	285	305	1,030,000	293,500	736,300	…
35	319,300	95,200	224,100	305	289	313	974,800	272,800	702,000	…
36	261,500	75,500	186,000	322	321	322	841,100	242,600	598,500	112
37	223,300	61,100	162,300	311	308	312	695,100	188,100	507,000	106
38	191,900	51,500	140,400	231	172	253	443,200	88,500	354,800	74
39	160,500	39,800	120,800	315	307	318	506,500	122,100	384,400	101
40	131,900	30,800	101,200	305	287	311	402,600	88,300	314,300	96
41	115,200	25,300	89,900	333	335	333	383,900	84,800	299,000	105
42	95,200	20,700	74,500	346	335	349	329,500	69,300	260,200	108
43	81,100	16,800	64,300	345	349	343	279,400	58,600	220,800	106
44	66,400	12,500	53,900	331	327	331	219,500	40,900	178,500	98
45	46,300	6,970	39,300	320	310	322	148,100	21,600	126,500	95
46	30,700	3,640	27,100	338	349	336	103,800	12,700	91,100	100
47	21,300	2,120	19,200	329	349	327	70,000	7,400	62,700	97
48	14,100	1,410	12,700	332	356	330	46,800	5,020	41,900	99
49	12,000	1,260	10,700	308	322	307	36,900	4,060	32,800	93
50	11,100	1,540	9,570	334	353	330	37,100	5,440	31,600	100
51	10,600	1,720	8,830	328	312	334	34,900	5,360	29,500	98
52	9,710	1,840	7,870	336	344	334	32,600	6,340	26,300	100
53	11,100	3,540	7,570	336	336	334	37,300	11,900	25,300	101
54	15,400	8,110	7,320	347	343	351	53,500	27,800	25,700	107
55	19,300	11,800	7,450	325	313	348	62,800	36,900	25,900	100
56	23,300	16,100	7,150	286	266	334	66,700	42,800	23,900	90
57	26,400	19,400	6,940	312	295	362	82,400	57,200	25,100	98
58	26,500	19,500	6,960	343	337	359	90,900	65,800	25,000	107
59	24,100	17,800	6,340	241	233	263	58,200	41,500	16,700	74
60	22,900	17,100	5,820	331	325	345	75,700	55,600	20,100	101
61	22,100	17,000	5,100	295	279	349	65,200	47,500	17,800	89
62	27,000	22,100	4,930	330	325	349	89,200	71,900	17,200	102
63	31,100	26,500	4,640	339	333	366	105,300	88,300	17,000	107
平成元	28,900	24,600	4,230	298	289	352	86,000	71,100	14,900	95
2	24,600	20,900	3,760	282	272	332	69,400	56,900	12,500	89
3	20,800	18,200	2,570	300	296	335	62,500	53,900	8,620	96
4	17,000	14,900	2,120	291	284	337	49,400	42,300	7,140	93
5	13,300	11,500	1,730	328	325	359	43,600	37,400	6,210	104
6	4,000	2,520	1,480	345	338	355	13,800	8,510	5,260	100
7	3,770	2,400	1,370	324	317	334	12,200	7,610	4,580	93
8	6,930	5,490	1,440	374	375	366	25,900	20,600	5,270	113
9	8,650	7,080	1,570	334	326	368	28,900	23,100	5,780	99
10	10,100	8,600	1,540	253	248	277	25,600	21,300	4,270	74
11	10,300	8,860	1,440	338	336	347	34,800	29,800	5,000	100
12	11,400	9,970	1,430	336	334	347	38,300	33,300	4,960	100
13	15,100	13,400	1,670	320	317	353	48,300	42,500	5,900	95
14	17,600	15,700	1,970	348	341	391	61,300	53,600	7,700	102
15	18,200	15,900	2,320	312	308	333	56,800	49,000	7,730	90
16	17,600	15,500	2,160	291	294	261	51,200	45,600	5,640	86
17	15,500	13,400	2,070	303	298	344	47,000	39,900	7,130	95
18	15,300	13,400	1,920	278	285	222	42,500	38,200	4,270	85
19	15,700	13,900	1,850	332	…	…	52,100	…	…	105
20	16,900	15,000	1,860	331	…	…	56,000	…	…	107
21	17,600	15,800	1,820	297	…	…	52,200	…	…	96
22	17,400	15,700	1,780	257	…	…	44,800	…	…	84
23	17,400	15,600	1,790	222	…	…	38,700	…	…	74
24	17,100	15,400	1,690	280	…	…	47,800	…	…	97
25	16,900	15,200	1,700	305	…	…	51,500	…	…	105
26	17,300	15,500	1,710	272	…	…	47,000	…	…	93
27	18,200	16,400	1,820	287	…	…	52,300	…	…	100
28	18,200	16,500	1,790	295	…	…	53,600	…	…	105
29	18,100	16,300	1,760	290	…	…	52,400	…	…	104
30	17,300	15,600	1,710	225	…	…	39,000	…	…	79
令和元	17,700	16,000	1,650	315	…	…	55,800	…	…	111
2	**18,000**	**16,400**	**1,580**	**314**	**…**	**…**	**56,600**	**…**	**…**	**108**

注：1　昭和48年産以前は沖縄県を含まない。
　　2　平成19年産から六条大麦の田畑別の収穫量調査は行っていない。

2　麦類（続き）

(5)　はだか麦

年産	作付面積			10a当たり収量			収穫量			作況指数
	計	田	畑	平均	田	畑	計	田	畑	(対平年比)
	(1)	(2)	(3)	(4)	(5)	(6)	(7)	(8)	(9)	(10)
	ha	ha	ha	kg	kg	kg	t	t	t	
明治11年産	421,100	…	…	100	…	…	421,600	…	…	…
12	434,800	…	…	96	…	…	417,900	…	…	…
13	461,900	…	…	124	…	…	571,700	…	…	…
14	466,100	…	…	97	…	…	454,100	…	…	…
15	484,000	…	…	126	…	…	607,700	…	…	…
16	483,700	…	…	106	…	…	510,600	…	…	…
17	492,800	…	…	120	…	…	591,400	…	…	…
18	524,400	…	…	108	…	…	568,900	…	…	…
19	537,700	…	…	136	…	…	732,800	…	…	…
20	570,300	…	…	138	…	…	787,900	…	…	…
21	580,900	…	…	122	…	…	710,500	…	…	…
22	580,900	293,000	287,900	117	117	117	679,700	343,600	336,100	…
23	590,200	301,700	288,500	67	64	70	394,400	193,900	200,500	…
24	633,800	326,400	307,400	141	146	135	892,700	476,400	416,300	…
25	645,000	337,600	307,400	130	136	124	840,900	459,900	381,000	…
26	649,000	329,200	319,800	131	135	128	853,000	443,300	409,700	…
27	656,400	343,900	312,500	155	157	152	1,015,000	540,100	475,000	…
28	666,600	355,200	311,400	146	150	142	973,700	532,200	441,500	…
29	666,700	356,800	309,900	123	124	122	822,400	443,600	378,900	…
30	646,000	343,600	302,500	132	138	127	855,500	472,400	383,100	…
31	675,700	360,700	315,000	151	156	146	1,022,000	561,800	460,300	…
32	675,000	362,400	312,600	135	137	133	914,300	497,700	416,600	…
33	678,100	362,200	316,000	152	153	151	1,031,000	555,400	476,000	…
34	674,900	355,900	319,000	150	154	145	1,012,000	549,600	462,500	…
35	669,800	356,500	313,400	131	133	129	877,600	473,600	404,000	…
36	665,800	352,600	313,100	88	85	90	583,800	301,100	282,700	…
37	684,300	370,700	313,600	139	142	135	951,300	526,500	424,800	…
38	688,700	377,900	310,800	133	137	128	915,000	516,800	398,300	…
39	695,100	381,000	314,000	139	140	137	965,400	535,000	430,400	…
40	689,200	376,600	312,600	152	156	147	1,046,000	585,900	460,500	…
41	682,900	372,900	310,000	154	158	149	1,052,000	589,000	462,500	…
42	684,700	371,000	313,800	157	162	152	1,077,000	599,900	476,600	…
43	670,100	362,500	307,700	139	142	136	932,100	513,900	418,300	…
44	661,700	359,700	301,900	157	163	150	1,041,000	588,100	453,300	…
大正元	674,400	372,100	302,300	163	169	155	1,096,000	627,900	468,200	…
2	714,900	402,500	312,400	178	188	166	1,274,000	755,700	518,100	…
3	721,300	408,100	313,200	139	141	136	1,000,000	575,400	424,600	…
4	709,300	399,400	309,900	162	172	150	1,151,000	686,900	464,400	…
5	679,700	384,600	295,100	162	170	151	1,099,000	652,800	446,000	…
6	636,500	363,700	272,800	179	185	171	1,137,000	671,300	466,100	…
7	632,300	366,700	265,600	171	176	164	1,079,000	644,500	434,600	…
8	641,000	369,400	271,600	165	170	158	1,057,000	627,000	430,400	…
9	671,800	388,900	282,800	171	181	158	1,151,000	705,600	445,600	…
10	660,700	382,300	278,400	148	153	142	978,700	584,300	394,400	…
11	609,800	352,100	257,600	162	172	150	989,500	604,000	385,600	…
12	557,800	320,400	237,300	146	150	140	812,500	480,200	332,400	…
13	539,600	311,100	228,400	148	155	137	796,300	482,700	313,600	…
14	545,200	319,800	225,400	198	211	180	1,079,000	673,200	406,100	…
昭和元	540,000	324,400	215,600	191	202	175	1,032,000	654,200	378,100	…
2	526,300	313,900	212,300	193	202	180	1,015,000	633,100	381,700	…
3	506,700	306,400	200,400	195	206	178	988,700	631,900	356,800	…
4	496,900	304,500	192,400	204	215	187	1,016,000	655,500	360,600	…
5	478,800	298,900	179,900	176	185	163	844,700	551,900	292,900	…

注：1　明治23年産から明治30年産まで及び明治32年産から明治34年産までの作付面積は、後年その総数のみ訂正したが、田畑別作付面積が不明であるので、便宜案分をもって総数に符合させた。
2　明治23年産から明治29年産まで及び明治32年産から明治34年産までの収穫量は、後年その総数のみ訂正したが、田畑別収穫量が不明であるので、便宜案分をもって総数に符合させた。
3　明治22年産以前及び昭和19年産から昭和48年産までは沖縄県を含まない。
4　平成19年産から、はだか麦の田畑別の収穫量調査は行っていない。

年産	作付面積			10 a 当たり収量			収穫量			作況指数
	計	田	畑	平均	田	畑	計	田	畑	(対平年比)
	(1)	(2)	(3)	(4)	(5)	(6)	(7)	(8)	(9)	(10)
	ha	ha	ha	kg	kg	kg	t	t	t	
昭和6年産	471,400	293,000	178,500	192	202	175	903,500	591,800	311,800	…
7	475,700	294,000	181,700	191	205	169	909,700	603,200	306,500	…
8	434,000	265,400	168,600	171	174	166	742,100	462,900	279,200	…
9	420,900	259,500	161,300	203	212	190	854,800	548,900	305,800	…
10	436,100	270,900	165,200	211	224	189	918,000	605,600	312,500	…
11	435,900	268,800	167,100	186	195	171	810,000	524,000	285,900	…
12	425,900	261,100	164,800	194	206	175	827,000	538,400	288,600	…
13	411,400	252,700	158,700	172	180	160	709,600	455,500	254,100	…
14	406,300	251,800	154,500	230	246	203	933,900	619,900	314,000	…
15	401,600	249,600	152,000	217	231	193	869,500	575,700	293,800	…
16	465,600	297,000	168,600	201	215	177	937,000	637,800	299,200	…
17	504,600	320,300	184,400	182	194	162	919,100	620,600	298,500	…
18	481,200	307,600	173,600	152	162	135	732,700	499,100	233,600	…
19	503,600	326,400	177,300	181	192	161	912,600	628,000	284,600	…
20	477,300	312,300	165,000	151	159	135	720,400	497,200	223,300	…
21	445,500	292,600	152,800	101	108	89	450,800	315,100	135,700	…
22	415,900	…	…	154	…	…	642,200	…	…	…
23	536,000	350,700	185,400	181	…	…	972,700	…	…	111
24	564,900	369,400	195,500	184	…	…	1,041,000	…	…	116
25	591,200	385,100	206,000	180	…	…	1,063,000	…	…	98
26	558,700	340,200	218,500	199	198	201	1,111,000	672,800	438,200	104
27	522,400	314,300	208,000	207	211	200	1,080,000	664,600	415,500	106
28	516,300	311,100	205,200	192	196	186	992,100	610,000	382,100	97
29	567,600	338,000	229,500	233	241	222	1,322,000	813,000	508,600	118
30	562,000	337,700	224,400	224	233	211	1,260,000	785,400	474,400	110
31	556,300	333,400	223,000	217	221	211	1,208,000	736,900	471,300	105
32	516,400	308,600	207,800	200	204	194	1,031,000	628,000	403,400	96
33	496,500	296,400	200,000	188	195	178	934,600	578,400	356,200	88
34	471,200	280,000	191,200	227	229	223	1,067,000	640,600	426,700	107
35	435,900	258,200	177,700	251	258	241	1,095,000	666,900	427,700	116
36	335,000	190,300	144,700	253	262	243	849,100	497,900	351,200	113
37	275,700	151,600	124,100	255	260	249	703,000	394,200	308,800	114
38	248,500	137,800	110,800	46	32	62	113,300	44,700	68,600	18
39	205,700	110,400	95,400	190	211	165	390,400	233,100	157,300	76
40	177,000	96,800	80,200	290	300	277	513,300	290,800	222,400	116
41	162,500	89,800	72,700	242	257	224	394,000	231,200	162,800	94
42	145,100	82,600	62,500	248	261	230	359,400	215,800	143,600	96
43	126,500	73,400	53,100	301	317	279	381,000	232,500	148,400	116
44	109,300	64,400	44,900	251	274	217	274,200	176,500	97,600	95
45	80,200	47,800	32,400	193	188	201	155,000	89,800	65,200	72
46	50,700	28,900	21,800	274	282	261	138,700	81,500	57,000	102
47	31,900	17,700	14,100	233	250	214	74,400	44,200	30,200	86
48	18,400	9,880	8,470	246	266	223	45,200	26,300	18,900	90
49	17,500	9,870	7,610	294	313	269	51,400	30,900	20,500	107
50	17,300	10,600	6,740	271	289	240	46,800	30,600	16,200	99
51	16,500	10,300	6,200	244	254	226	40,200	26,200	14,000	88
52	14,800	9,520	5,280	261	275	239	38,700	26,200	12,600	93
53	15,200	10,300	4,860	330	345	300	50,200	35,500	14,600	116
54	16,700	12,100	4,580	352	374	295	58,800	45,200	13,500	123
55	18,000	13,800	4,230	296	301	277	53,300	41,600	11,700	101
56	16,100	12,600	3,520	327	339	287	52,700	42,700	10,100	109
57	14,700	11,500	3,110	326	339	283	47,900	39,000	8,810	107
58	13,500	10,900	2,560	291	303	246	39,300	33,000	6,300	94
59	11,100	9,040	2,080	383	403	291	42,500	36,400	6,050	122
60	10,400	8,690	1,740	366	383	277	38,100	33,300	4,820	114
61	9,550	8,140	1,410	314	321	274	30,000	26,100	3,870	95
62	8,370	7,340	1,030	317	324	263	26,500	23,800	2,710	94
63	8,580	7,760	821	340	348	270	29,200	27,000	2,220	100

2　麦類（続き）

(5)　はだか麦（続き）

年　産	作付面積			10a当たり収量			収穫量			作況指数
	計	田	畑	平均	田	畑	計	田	畑	(対平年比)
	(1)	(2)	(3)	(4)	(5)	(6)	(7)	(8)	(9)	(10)
	ha	ha	ha	kg	kg	kg	t	t	t	
平成元年産	8,570	7,930	644	296	300	253	25,400	23,800	1,630	85
2	7,590	7,130	460	298	300	261	22,600	21,400	1,200	85
3	6,080	5,710	376	225	228	199	13,700	13,000	750	65
4	4,280	4,020	257	269	271	243	11,500	10,900	625	78
5	3,280	3,070	206	375	381	280	12,300	11,700	576	112
6	3,230	3,070	160	356	358	291	11,500	11,000	466	106
7	3,800	3,630	164	358	364	285	13,600	13,200	467	107
8	4,040	3,900	144	438	441	326	17,700	17,200	469	130
9	5,000	4,780	217	332	339	198	16,600	16,200	430	98
10	5,420	5,160	259	199	203	141	10,800	10,500	366	58
11	5,100	4,850	249	392	398	260	20,000	19,300	648	114
12	5,400	5,170	239	409	412	328	22,100	21,300	784	117
13	5,940	5,660	282	328	330	299	19,500	18,700	842	92
14	6,190	5,910	273	325	328	258	20,100	19,400	703	91
15	5,900	5,660	233	312	314	232	18,400	17,800	541	88
16	5,060	4,880	176	306	309	220	15,500	15,100	387	87
17	4,540	4,420	121	267	267	265	12,100	11,800	321	80
18	4,420	4,290	121	303	305	229	13,400	13,100	277	90
19	4,020	3,920	99	356	…	…	14,300	…	…	113
20	4,350	4,240	106	370	…	…	16,100	…	…	119
21	4,350	4,260	93	257	…	…	11,200	…	…	82
22	4,720	4,640	81	250	…	…	11,800	…	…	81
23	5,130	4,950	178	267	…	…	13,700	…	…	91
24	4,970	4,840	130	245	…	…	12,200	…	…	84
25	5,010	4,880	135	293	…	…	14,700	…	…	102
26	5,250	5,100	149	276	…	…	14,500	…	…	97
27	5,200	5,060	141	217	…	…	11,300	…	…	80
28	4,990	4,820	169	200	…	…	10,000	…	…	78
29	4,970	4,800	175	256	…	…	12,700	…	…	102
30	5,420	5,200	212	258	…	…	14,000	…	…	102
令和元	5,780	5,520	259	351	…	…	20,300	…	…	140
2	**6,330**	**6,070**	**265**	**322**	**…**	**…**	**20,400**	**…**	**…**	**124**

〔参考〕　大麦

年産	作付面積			10a当たり収量			収穫量		
	計	田	畑	平均	田	畑	計	田	畑
	(1)	(2)	(3)	(4)	(5)	(6)	(7)	(8)	(9)
	ha	ha	ha	kg	kg	kg	t	t	t
大正元年産	593,100	151,300	441,800	180	165	185	1,065,000	248,900	815,900
2	618,900	162,300	456,600	187	168	194	1,157,000	272,800	884,600
3	611,200	168,200	443,000	170	154	176	1,038,000	259,400	779,100
4	590,900	152,900	438,000	189	170	195	1,115,000	259,700	855,400
5	564,600	146,500	418,100	184	167	189	1,037,000	245,100	791,500
6	532,300	139,800	392,400	187	165	195	997,100	230,700	766,500
7	525,600	138,200	387,500	173	154	180	910,100	212,600	697,500
8	529,800	139,200	390,700	202	174	212	1,070,000	241,800	827,800
9	536,800	142,800	394,100	168	162	170	901,500	231,800	669,700
10	524,500	138,300	386,200	187	166	195	981,800	229,700	752,100
11	501,400	128,200	373,200	190	176	195	953,900	225,100	728,800
12	473,800	118,900	354,900	174	155	181	826,000	184,800	641,200
13	455,300	113,800	341,500	193	170	200	878,200	193,500	684,700
14	453,000	115,100	337,900	212	195	218	960,200	224,200	735,900
昭和元	443,800	115,600	328,300	210	193	216	931,900	222,700	709,200
2	422,000	108,600	313,400	195	183	199	823,200	198,700	624,500
3	400,400	104,400	296,000	207	189	213	827,100	197,500	629,600
4	391,200	104,000	287,200	198	191	200	773,900	198,800	575,200
5	377,200	104,200	273,000	204	188	211	771,200	196,100	575,100
6	377,200	105,600	271,600	213	192	221	802,400	203,300	599,100
7	376,900	106,100	270,800	219	196	227	823,700	207,700	615,900
8	344,400	97,600	246,900	218	187	231	752,200	182,600	569,600
9	329,000	93,400	235,600	225	199	235	739,100	185,900	553,200
10	339,100	97,000	242,100	234	209	244	792,600	202,500	590,100
11	337,900	98,700	239,300	205	186	212	691,100	183,300	507,900
12	327,400	96,000	231,500	228	207	238	748,100	198,200	549,900
13	354,600	111,100	243,500	194	178	201	687,900	197,400	490,500
14	351,000	110,900	240,000	241	223	249	844,300	246,900	597,400
15	337,900	106,200	231,700	242	215	255	817,700	228,000	589,800
16	354,800	116,500	238,200	199	195	201	706,800	227,000	479,800
17	392,300	134,500	257,800	187	171	195	733,600	230,600	503,000
18	379,600	131,300	248,200	151	137	158	572,700	180,300	392,300
19	423,900	160,400	263,500	184	173	191	781,000	277,300	503,700
20	400,700	151,400	249,400	134	127	137	535,300	192,600	342,700
21	368,200	124,300	243,900	113	109	115	417,200	135,600	281,600
22	339,500	…	…	152	…	…	514,600	…	…
23	448,200	134,500	313,700	189	…	…	845,000	…	…
24	440,000	126,900	313,200	217	…	…	954,400	…	…
25	429,200	119,400	309,800	209	…	…	896,800	…	…
26	420,200	116,500	303,600	252	229	261	1,058,000	266,300	791,400
27	407,400	111,700	295,700	265	242	273	1,078,000	270,300	807,700
28	404,600	113,200	291,400	272	241	283	1,099,000	273,000	825,700
29	446,500	132,600	313,900	282	274	286	1,261,000	363,300	897,400
30	433,500	134,400	299,100	265	262	266	1,148,000	352,100	795,600
31	425,100	131,400	293,600	266	251	273	1,132,000	330,200	802,200
32	413,900	124,300	289,700	273	256	280	1,129,000	318,500	810,300

注：昭和19年産から32年産は沖縄県を含まない。

2　麦類（続き）

〔参考〕　えん麦

年　産	作付面積	10 a 当たり収量	収穫量	年　産	作付面積	10 a 当たり収量	収穫量
	(1) ha	(2) kg	(3) t		(1) ha	(2) kg	(3) t
昭和元年産	108,900	144	156,200	昭和51年産	9,860	218	21,500
2	122,400	147	179,600	52	8,230	220	18,100
3	115,200	145	167,200	53	10,600	186	19,700
4	117,100	137	160,300	54	6,570	…	…
5	120,100	152	182,300	55	6,480	…	…
6	118,100	136	160,800	56	4,880	1) 156	1) 7,610
7	127,000	87	111,100	57	4,410	1) 216	1) 7,560
8	127,200	126	160,600	58	4,190	1) 228	1) 7,350
9	119,400	167	199,800	59	3,710	209	7,750
10	121,300	127	153,500	60	3,130	1) 234	1) 5,570
11	124,500	135	168,400	61	3,210	1) 221	1) 5,780
12	121,600	126	152,700	62	2,990	202	6,030
13	136,200	151	205,200	63	2,510	1) 216	1) 4,600
14	122,800	125	153,400				
15	120,400	128	154,500	平成元	2,420	1) 223	1) 4,610
				2	2,110	222	4,690
16	138,200	127	175,600	3	1,800	1) 220	1) 3,250
17	144,300	118	170,800	4	1) 1,350	1) 215	1) 2,240
18	134,500	72	96,800	5	1) 1,160	1) 226	1) 1,990
19	118,000	99	116,300				
20	109,000	84	91,900	6	1,150	223	2,570
				7	1) 1,090	…	…
21	81,600	70	57,400	8	1) 1,220	…	…
22	75,400	75	56,600	9	1,380	…	…
23	79,300	114	90,200	10	1) 1,440	…	…
24	84,100	113	95,000				
25	86,800	154	134,000	11	1) 1,210	…	…
				12	844	…	…
26	78,600	177	138,800	13	1) 938	…	…
27	82,700	165	136,700	14	1) 1,090	…	…
28	88,400	165	145,500	15	996	…	…
29	90,300	181	163,300				
30	96,300	172	165,900	16	423	…	…
				17	300	…	…
31	89,000	180	160,500	18	227	…	…
32	94,000	200	188,000	19	211	…	…
33	89,800	218	195,800	20	180	…	…
34	78,100	222	173,400				
35	79,100	203	160,800	21	139	…	…
				22	150	…	…
36	81,800	205	167,900	23	143	…	…
37	83,800	180	150,400	24	136	…	…
38	75,300	208	156,300	25	149	…	…
39	68,600	177	121,400				
40	62,100	220	136,700	26	182	…	…
				27	158	…	…
41	54,400	188	102,300	28	146	…	…
42	45,600	221	100,800				
43	41,400	224	92,700				
44	33,700	198	66,700				
45	27,400	224	61,400				
46	29,900	201	60,000				
47	25,100	227	57,100				
48	20,600	199	41,000				
49	16,800	221	37,100				
50	13,300	212	28,200				

注：1　昭和48年産以前は沖縄県を含まない。
　　2　平成７年産以降は、収穫量調査を廃止した。
　　3　えん麦の作付面積調査は、平成29年産から廃止した。
　　1)については、主産県調査の合計値である。

3　豆類・そば

(1)　豆類

ア　大豆

年産	作付面積	10 a 当たり収量	収穫量	作況指数（対平年比）
	(1)	(2)	(3)	(4)
	ha	kg	t	
明治11年産	411,200	51	211,700	…
12	438,000	67	294,100	…
13	420,200	72	301,300	…
14	424,000	66	280,600	…
15	429,300	71	303,300	…
16	437,000	66	287,300	…
17	439,100	69	302,700	…
18	…	…	…	…
19	…	…	…	…
20	462,400	91	419,700	…
21	…	…	…	…
22	…	…	…	…
23	…	…	…	…
24	…	…	…	…
25	439,800	91	401,300	…
26	…	…	…	…
27	432,200	88	379,700	…
28	427,700	95	408,100	…
29	437,100	89	386,900	…
30	432,000	93	400,000	…
31	478,000	84	401,000	…
32	451,800	97	440,000	…
33	453,900	101	459,500	…
34	470,000	112	525,000	…
35	462,300	88	404,700	…
36	461,200	102	470,600	…
37	443,100	108	478,600	…
38	454,900	92	420,800	…
39	457,100	99	453,700	…
40	468,000	101	473,100	…
41	491,700	102	502,200	…
42	475,800	102	485,900	…
43	474,200	92	438,200	…
44	485,300	98	476,400	…
大正元	471,700	96	453,000	…
2	471,300	82	386,100	…
3	460,700	103	472,700	…
4	466,900	105	491,200	…
5	462,300	105	483,700	…
6	430,600	108	465,000	…
7	428,600	104	445,200	…
8	425,900	119	507,100	…
9	472,000	117	550,900	…
10	469,600	114	534,200	…
11	442,800	107	473,200	…
12	422,200	105	443,000	…
13	405,300	103	418,200	…
14	393,800	118	465,500	…
昭和元	387,700	100	386,800	…
2	379,000	111	421,000	…
3	369,900	104	384,000	…
4	344,000	100	342,500	…
5	346,700	113	391,400	…
6	350,300	91	320,500	…
7	341,700	91	311,200	…
8	323,700	112	362,200	…
9	336,400	83	279,100	…
10	332,600	88	291,700	…
11	326,700	104	339,800	…
12	328,800	112	366,700	…
13	326,900	107	348,400	…
14	321,700	110	354,400	…
15	324,800	98	319,900	…
16	298,200	79	235,100	…
17	308,600	97	300,700	…
18	301,500	103	309,600	…
19	286,500	93	267,300	…
20	257,000	66	170,400	…
21	224,600	90	202,000	…
22	223,100	78	173,500	…
23	229,700	93	214,000	…
24	254,100	85	216,900	…
25	413,100	108	446,900	…

年産	作付面積	10 a 当たり収量	収穫量	作況指数（対平年比）
	(1)	(2)	(3)	(4)
	ha	kg	t	
昭和26年産	422,000	112	474,400	…
27	409,900	127	521,500	…
28	421,400	102	429,400	88
29	429,900	87	376,000	74
30	385,200	132	507,100	112
31	383,400	119	455,500	99
32	363,700	126	458,500	104
33	346,500	113	391,200	92
34	338,600	126	426,200	102
35	306,900	136	417,600	109
36	286,700	135	386,900	105
37	265,500	127	335,800	98
38	233,400	136	317,900	104
39	216,600	111	239,800	83
40	184,100	125	229,700	94
41	168,800	118	199,200	89
42	141,300	135	190,400	103
43	122,400	137	167,500	104
44	102,600	132	135,700	100
45	95,500	132	126,000	100
46	100,500	122	122,400	92
47	89,100	142	126,500	108
48	88,400	134	118,200	101
49	92,800	143	132,800	106
50	86,900	145	125,600	105
51	82,900	132	109,500	95
52	79,300	140	110,800	103
53	127,000	150	189,900	111
54	130,300	147	191,700	107
55	142,200	122	173,900	88
56	148,800	142	211,700	104
57	147,100	154	226,300	113
58	143,400	151	217,200	109
59	134,300	177	238,000	123
60	133,500	171	228,300	112
61	138,400	177	245,200	111
62	162,700	177	287,200	107
63	162,400	171	276,900	99
平成元	151,600	179	271,700	102
2	145,900	151	220,400	85
3	140,800	140	197,300	77
4	109,900	171	188,100	96
5	87,400	115	100,600	66
6	60,900	162	98,800	95
7	68,600	173	119,000	100
8	81,800	181	148,100	105
9	83,200	174	144,600	99
10	109,100	145	158,000	81
11	108,200	173	187,200	97
12	122,500	192	235,000	108
13	143,900	189	271,400	104
14	149,900	180	270,200	101
15	151,900	153	232,200	85
16	136,800	119	163,200	68
17	134,000	168	225,000	99
18	142,100	161	229,200	91
19	138,300	164	226,700	97
20	147,100	178	261,700	109
21	145,400	158	229,900	96
22	137,700	162	222,500	100
23	136,700	160	218,800	96
24	131,100	180	235,900	105
25	128,800	155	199,900	91
26	131,600	176	231,800	104
27	142,000	171	243,100	99
28	150,000	159	238,000	92
29	150,200	168	253,000	101
30	146,600	144	211,300	86
令和元	143,500	152	217,800	92
2	**141,700**	**154**	**218,900**	**96**

注：1　明治23年産から明治29年産まで、明治33年産、明治34年産及び明治40年産の作付面積は、後年その総数のみ訂正したが田畑別作付面積が不明であるので便宜案分をもって総数に符合させた。
2　明治23年産から明治30年産まで、明治32年産から明治34年産までの収穫量は、後年その総数のみ訂正したが田畑別収穫量が不明であるので便宜案分をもって総数に符合させた。
3　昭和元年産から昭和15年産は、未成熟のまま採取したものを成熟した時の数量に見積もり、これを含めて計上した。ただし、それ以前は不詳である。
4　明治29年産以前及び昭和19年産から昭和48年産までは沖縄県を含まない。
5　作況指数については、平成14年産からは平年収量を算出していないため、10 a 当たり平均収量（原則として直近7か年のうち、最高及び最低を除いた5か年の平均値）に対する当年産の10 a 当たり収量の比率である（以下3の各統計表において同じ。）。

3　豆類・そば（続き）

(1)　豆類（続き）

イ　小豆

年　産	作付面積	10 a 当たり収量	収穫量	作況指数（対平年比）
	(1)	(2)	(3)	(4)
	ha	kg	t	
明治11年産	…	…	…	…
12	…	…	…	…
13	…	…	…	…
14	…	…	…	…
15	…	…	…	…
16	44,200	68	29,900	…
17	63,800	72	46,300	…
18	…	…	…	…
19	…	…	…	…
20	…	…	…	…
21	…	…	…	…
22	…	…	…	…
23	…	…	…	…
24	…	…	…	…
25	…	…	…	…
26	…	…	…	…
27	100,600	80	80,700	…
28	104,800	85	88,700	…
29	103,100	81	83,000	…
30	108,400	82	89,100	…
31	118,300	80	94,300	…
32	119,700	99	118,500	…
33	121,800	102	124,800	…
34	128,100	104	133,100	…
35	128,200	80	102,100	…
36	127,400	104	132,200	…
37	125,000	84	105,100	…
38	124,700	93	115,800	…
39	129,400	100	129,100	…
40	134,700	99	133,300	…
41	138,800	91	126,000	…
42	134,100	97	130,000	…
43	139,900	99	139,100	…
44	139,900	98	137,600	…
大正元	135,600	101	136,400	…
2	139,800	62	86,600	…
3	128,900	102	131,400	…
4	129,800	107	138,500	…
5	131,400	97	127,700	…
6	122,200	103	125,500	…
7	118,800	98	116,800	…
8	125,000	101	126,400	…
9	136,700	113	153,800	…
10	150,600	118	177,300	…
11	142,500	97	137,800	…
12	134,900	95	128,000	…
13	129,300	100	129,600	…
14	128,500	119	152,800	…
昭和元	121,400	80	97,300	…
2	114,200	111	126,300	…
3	116,000	91	105,500	…
4	109,600	100	109,500	…
5	111,400	116	129,100	…
6	176,300	51	90,000	…
7	119,100	67	80,100	…
8	114,000	120	136,600	…
9	119,500	75	89,900	…
10	108,900	70	76,800	…
11	100,300	99	99,600	…
12	103,400	116	120,000	…
13	102,100	95	97,400	…
14	96,600	105	101,000	…
15	100,400	89	89,200	…
16	88,700	68	60,700	…
17	82,600	91	75,100	…
18	88,800	95	84,700	…
19	68,600	89	61,200	…
20	49,800	66	32,800	…
21	44,600	84	37,600	…
22	42,000	74	31,000	…
23	45,600	86	39,200	…
24	50,400	76	38,500	…
25	85,000	94	80,100	…
昭和26年産	102,500	91	93,600	…
27	118,900	110	130,700	…
28	117,800	78	92,200	…
29	124,900	65	81,700	…
30	135,300	111	150,000	…
31	150,100	72	107,600	…
32	141,000	99	139,800	…
33	142,100	104	147,500	101
34	144,300	109	156,600	104
35	138,700	122	169,700	114
36	145,300	127	184,900	115
37	140,200	100	140,100	88
38	121,700	114	138,500	102
39	125,000	68	84,500	58
40	108,400	100	107,900	88
41	122,400	76	92,800	64
42	112,600	128	143,600	109
43	101,000	113	114,300	97
44	91,700	104	95,500	88
45	90,000	121	109,000	102
46	99,600	78	77,700	66
47	108,100	144	155,300	116
48	101,800	142	144,100	111
49	93,500	138	129,400	105
50	76,300	116	88,400	89
51	62,400	97	60,400	77
52	65,600	133	87,100	108
53	60,600	158	95,700	127
54	62,400	141	87,900	108
55	55,900	100	56,000	77
56	52,600	98	51,500	77
57	62,700	150	94,200	112
58	69,800	87	60,700	63
59	66,300	163	108,400	119
60	61,200	158	97,000	115
61	57,000	155	88,200	114
62	64,100	147	94,000	106
63	66,400	146	96,700	102
平成元	66,700	159	106,200	106
2	66,300	178	117,900	116
3	56,200	159	89,200	103
4	50,800	135	68,600	86
5	52,600	87	45,500	54
6	52,500	171	90,000	103
7	51,200	183	93,800	111
8	48,700	160	78,100	95
9	49,000	147	72,100	86
10	46,700	166	77,600	98
11	45,400	178	80,600	103
12	43,600	202	88,200	115
13	45,700	155	70,800	84
14	42,000	157	65,900	93
15	42,000	140	58,800	86
16	42,600	212	90,500	132
17	38,300	206	78,900	114
18	32,200	198	63,900	111
19	32,700	201	65,600	109
20	32,100	216	69,300	118
21	31,700	167	52,800	85
22	30,700	179	54,900	90
23	30,600	196	60,000	nc
24	30,700	222	68,200	nc
25	32,300	211	68,000	nc
26	32,000	240	76,800	nc
27	27,300	233	63,700	nc
28	21,300	138	29,500	nc
29	22,700	235	53,400	113
30	23,700	178	42,100	81
令和元	25,500	232	59,100	107
2	**26,600**	**195**	**51,900**	**89**

注：明治29年産以前及び昭和19年産から昭和48年産までは沖縄県を含まない。

ウ　いんげん

年産	作付面積	10 a 当たり収量	収穫量	作況指数(対平年比)
	(1)	(2)	(3)	(4)
	ha	kg	t	
昭和元年産	63,500	93	58,900	…
2	61,700	117	71,900	…
3	64,200	103	65,900	…
4	82,500	112	92,700	…
5	97,000	131	127,300	…
6	82,700	72	59,400	…
7	81,100	46	37,200	…
8	92,300	124	114,200	…
9	82,400	87	71,900	…
10	82,800	62	51,400	…
11	87,700	80	69,900	…
12	90,600	136	122,700	…
13	87,300	104	90,700	…
14	95,500	106	101,000	…
15	97,500	86	83,600	…
16	63,700	59	37,300	…
17	54,100	119	64,100	…
18	41,400	95	39,300	…
19	21,800	105	22,900	…
20	16,300	90	14,700	…
21	18,000	102	18,400	…
22	17,900	81	14,500	…
23	24,500	93	22,700	…
24	22,800	96	21,800	…
25	35,900	135	48,400	…
26	42,900	115	49,300	…
27	55,800	134	75,100	…
28	68,100	95	65,000	…
29	85,700	85	73,100	…
30	96,700	146	141,000	…
31	85,300	91	77,400	…
32	94,600	116	109,800	…
33	105,200	141	148,900	108
34	102,200	146	148,800	109
35	89,300	159	142,200	119
36	78,400	166	129,800	121
37	84,700	119	100,700	84
38	95,400	142	135,200	99
39	87,900	89	78,600	60
40	92,200	146	134,400	99
41	91,700	88	80,900	59
42	79,700	150	119,800	101
43	68,400	153	104,800	103
44	63,800	156	99,600	105
45	73,600	168	123,700	113
46	62,300	143	89,100	94
47	53,200	182	96,800	117
48	44,500	175	77,900	109
49	42,900	167	71,600	101
50	44,100	152	67,200	91
	(1)	(2)	(3)	(4)
	ha	kg	t	
昭和51年産	46,600	179	83,400	107
52	43,700	194	84,800	114
53	26,800	193	51,600	114
54	21,200	193	40,900	112
55	23,400	143	33,400	79
56	26,400	139	36,700	76
57	30,300	191	57,900	104
58	28,600	114	32,700	62
59	29,800	201	60,000	109
60	23,600	185	43,700	101
61	20,600	193	39,700	106
62	20,700	182	37,700	99
63	20,100	174	34,900	95
平成元	23,800	151	36,000	81
2	22,700	143	32,400	76
3	20,200	216	43,600	115
4	17,600	192	33,800	100
5	17,200	152	26,200	79
6	19,500	96	18,700	50
7	19,600	226	44,300	118
8	18,900	173	32,700	90
9	16,300	200	32,600	104
10	13,300	186	24,800	97
11	12,400	173	21,400	91
12	12,900	119	15,300	63
13	13,300	179	23,800	95
14	14,700	231	34,000	127
15	12,800	180	23,000	99
16	11,800	231	27,300	126
17	11,200	229	25,700	121
18	10,000	191	19,100	96
19	10,400	211	21,900	104
20	10,900	225	24,500	107
21	11,200	142	15,900	65
22	11,600	190	22,000	90
23	10,200	97	9,870	nc
24	9,650	187	18,000	nc
25	9,120	168	15,300	nc
26	9,260	221	20,500	nc
27	10,200	250	25,500	nc
28	8,560	66	5,650	nc
29	7,150	236	16,900	136
30	7,350	133	9,760	73
令和元	6,860	195	13,400	103
2	**7,370**	**67**	**4,920**	**35**

注：1　昭和元年産から昭和15年産には未成熟のまま採取したものを成熟した時の数量に見積もり、これを含めて計上した。ただし、それ以前は不詳である。
　　2　昭和19年産から昭和48年産までは沖縄県を含まない。

3 豆類・そば（続き）

(1) 豆類（続き）

エ らっかせい

年産	作付面積	10 a 当たり収量	収穫量	作況指数（対平年比）
	(1)	(2)	(3)	(4)
	ha	kg	t	
明治38年産	5,410	206	11,200	…
39	5,730	251	14,400	…
40	6,010	186	11,200	…
41	5,950	177	10,500	…
42	6,540	170	11,100	…
43	7,040	150	10,500	…
44	7,750	166	12,900	…
大正元	9,960	165	16,400	…
2	9,120	198	18,100	…
3	9,450	192	18,200	…
4	10,000	169	16,900	…
5	12,200	165	20,100	…
6	13,300	144	19,100	…
7	12,500	187	23,300	…
8	11,800	159	18,700	…
9	11,300	150	16,900	…
10	11,000	129	14,200	…
11	10,200	163	16,500	…
12	9,340	181	16,900	…
13	9,440	177	16,700	…
14	8,320	171	14,200	…
昭和元	6,670	191	12,700	…
2	6,020	187	11,200	…
3	5,830	186	10,800	…
4	5,810	177	10,300	…
5	5,670	187	10,600	…
6	6,160	183	11,200	…
7	6,320	184	11,600	…
8	7,060	203	14,300	…
9	7,510	151	11,400	…
10	7,510	163	12,300	…
11	7,780	176	13,700	…
12	8,150	140	11,400	…
13	7,960	165	13,100	…
14	8,190	191	15,600	…
15	9,300	202	18,700	…
16	12,000	150	18,000	…
17	11,000	170	18,700	…
18	…	…	…	…
19	…	…	…	…
20	…	…	…	…
21	5,200	125	6,480	…
22	5,280	86	4,570	…
23	7,150	129	9,220	…
24	7,610	119	9,030	…
25	19,200	136	26,300	…
26	23,100	124	28,500	…
27	25,000	133	33,200	…
28	24,900	108	26,800	…
29	26,900	146	39,300	…
30	25,900	181	46,800	…
31	31,800	156	49,600	…
32	39,600	181	71,800	…
33	43,900	190	83,300	116
34	42,900	219	94,000	134
35	54,800	230	126,200	117
36	65,600	216	141,800	100
37	64,200	222	142,500	102
38	61,400	234	144,000	99
39	62,800	208	130,600	89
40	66,500	205	136,600	90
昭和41年産	64,900	214	138,800	94
42	61,500	221	135,900	100
43	59,100	207	122,400	93
44	59,500	211	125,600	97
45	60,100	207	124,200	95
46	57,300	193	110,800	88
47	52,000	221	115,000	105
48	47,900	203	97,200	95
49	46,100	196	90,500	91
50	40,500	174	70,500	82
51	37,800	173	65,400	83
52	35,000	197	68,900	99
53	34,700	179	62,100	91
54	33,700	199	66,900	103
55	33,200	165	54,800	87
56	31,700	193	61,100	104
57	30,200	154	46,600	83
58	29,700	166	49,400	89
59	28,700	179	51,300	97
60	26,800	188	50,500	102
61	24,300	192	46,600	103
62	22,700	203	46,100	110
63	20,700	154	31,800	83
平成元	19,000	196	37,300	105
2	18,400	218	40,100	112
3	17,100	175	30,000	90
4	16,200	191	30,900	98
5	15,400	153	23,500	77
6	14,400	242	34,900	117
7	13,800	189	26,100	88
8	13,100	226	29,600	102
9	12,400	245	30,400	110
10	11,800	210	24,800	95
11	11,300	234	26,400	105
12	10,800	247	26,700	108
13	10,300	224	23,100	96
14	9,950	241	24,000	106
15	9,530	231	22,000	99
16	9,110	234	21,300	100
17	8,990	238	21,400	103
18	8,600	233	20,000	99
19	8,310	226	18,800	96
20	8,070	240	19,400	103
21	7,870	258	20,300	109
22	7,720	210	16,200	88
23	7,440	273	20,300	nc
24	7,180	241	17,300	nc
25	6,970	232	16,200	nc
26	6,840	235	16,100	nc
27	6,700	184	12,300	nc
28	6,550	237	15,500	nc
29	6,420	240	15,400	104
30	6,370	245	15,600	103
令和元	6,330	196	12,400	83
2	**6,220**	**212**	**13,200**	**93**

注：1 収穫量はさや付きである。
2 昭和19年産から昭和48年産までは沖縄県を含まない。

(2) そば

年産	作付面積	10 a 当たり収量	収穫量
	(1)	(2)	(3)
	ha	kg	t
明治11年産	146,000	44	64,300
12	154,600	53	82,400
13	155,000	51	78,600
14	157,600	50	78,500
15	157,000	49	77,700
16	158,200	51	81,200
17	152,500	48	73,500
18	…	…	…
19	…	…	…
20	157,100	80	125,700
21	…	…	…
22	…	…	…
23	…	…	…
24	…	…	…
25	160,500	81	130,100
26	…	…	…
27	170,900	79	135,300
28	174,500	77	134,100
29	169,800	72	122,700
30	172,700	65	111,400
31	178,500	75	134,200
32	174,700	64	112,400
33	167,600	86	144,600
34	164,600	82	134,300
35	164,400	65	106,800
36	165,600	80	131,900
37	166,300	80	132,300
38	163,100	77	125,900
39	159,700	85	135,300
40	165,300	84	139,300
41	164,200	85	138,800
42	155,900	92	143,300
43	155,300	95	147,600
44	149,800	91	136,800
大正元	145,400	77	112,100
2	150,200	78	117,100
3	160,200	96	154,000
4	152,900	92	141,300
5	147,600	89	131,800
6	141,600	74	105,200
7	135,200	71	95,900
8	135,600	94	127,500
9	136,800	99	135,900
10	130,400	98	128,400
11	126,500	99	125,300
12	119,000	98	116,700
13	116,000	87	100,700
14	113,700	102	116,200
昭和元	107,500	85	91,900
2	105,400	99	103,900
3	100,400	92	92,000
4	89,100	92	82,100
5	96,300	109	105,100
6	105,100	87	91,300
7	103,100	80	82,300
8	100,500	102	102,800
9	102,900	73	75,400
10	96,200	71	68,300
11	95,200	88	83,700
12	89,600	100	89,500
13	84,000	93	78,100
14	80,900	92	74,800
15	83,300	87	72,600
16	84,500	82	69,100
17	83,800	82	69,000
18	87,700	72	63,300
19	73,900	72	53,100
20	69,900	48	33,800
21	68,700	71	49,100
22	63,400	56	35,600
23	62,800	73	45,600
24	60,700	64	39,000
25	68,000	76	52,000
昭和26年産	63,700	71	45,500
27	57,000	92	52,300
28	52,400	79	41,700
29	50,600	55	28,000
30	48,000	82	39,300
31	48,700	80	39,100
32	47,800	84	40,400
33	47,900	90	43,000
34	46,700	96	44,900
35	47,300	110	52,200
36	43,500	98	42,800
37	39,500	94	37,200
38	37,500	108	40,500
39	34,700	78	27,100
40	31,300	96	30,100
41	28,100	99	27,700
42	25,100	110	27,500
43	23,800	93	22,100
44	20,500	107	21,900
45	18,500	93	17,200
46	…	…	…
47	…	…	…
48	26,500	…	…
49	23,300	122	28,400
50	18,300	…	…
51	14,700	…	…
52	16,600	122	20,200
53	25,100	…	…
54	22,500	…	…
55	24,200	67	16,100
56	23,100	…	…
57	23,700	…	…
58	21,100	82	17,200
59	19,200	…	…
60	18,700	…	…
61	19,600	94	18,400
62	23,600	…	…
63	25,700	…	…
平成元	25,900	79	20,500
2	27,800	…	…
3	28,100	…	…
4	24,200	90	21,700
5	22,600	…	…
6	20,200	…	…
7	22,600	93	21,100
8	26,500	…	…
9	27,700	…	…
10	34,400	52	17,900
11	37,100	…	…
12	37,400	…	…
13	(39,900) 41,800	(65)	(26,000)
14	(39,300) 41,400	(65)	(25,400)
15	(41,200) 43,500	(65)	(26,800)
16	(41,300) 43,500	(49)	(20,400)
17	(42,600) 44,700	(73)	(31,200)
18	(42,800) 44,800	(77)	(33,000)
19	(38,400) 46,100	(68)	(26,300)
20	(39,800) 47,300	(58)	(23,200)
21	(37,800) 45,400	(40)	(15,300)
22	47,700	62	29,700
23	56,400	57	32,000
24	61,000	73	44,600
25	61,400	54	33,400
26	59,900	52	31,100
27	58,200	60	34,800
28	60,600	48	28,800
29	62,900	55	34,400
30	63,900	45	29,000
令和元	65,400	65	42,600
2	**66,600**	**67**	**44,800**

注：1　明治29年産以前及び昭和19年産から昭和48年産までは沖縄県を含まない。
　　2　（　）内は収穫量調査の調査対象県の合計値である。
　　3　収穫量調査は、平成13年産から主産県を調査対象県として実施しており、平成13年産から平成18年産における主産県は、作付面積が500ha以上の都道府県、事業（強い農業づくり交付金）実施県及び作付面積の増加が著しい府県である（27都道府県）。
　　　平成19年産からは主産県の範囲を変更し、前年産の作付面積が全国の作付面積のおおむね80%を占めるまでの都道府県及び事業実施県とした（11都道府県）。
　　　平成22年産からは全国調査である。

4　かんしょ

年産	作付面積	10a当たり収量	収穫量
	(1) ha	(2) kg	(3) t
明治11年産	148,200	559	828,600
12	158,200	631	998,200
13	159,100	618	983,300
14	159,500	660	1,053,000
15	166,600	694	1,157,000
16	167,900	653	1,096,000
17	176,000	790	1,391,000
18	…	…	…
19	…	…	…
20	219,700	958	2,105,000
21	…	…	…
22	…	…	…
23	…	…	…
24	…	…	…
25	241,200	884	2,131,000
26	…	…	…
27	237,000	785	1,860,000
28	338,000	790	2,669,000
29	253,500	1,070	2,722,000
30	257,000	966	2,484,000
31	265,000	1,010	2,689,000
32	265,800	933	2,480,000
33	269,200	1,050	2,839,000
34	266,800	1,000	2,669,000
35	274,700	972	2,670,000
36	281,000	1,000	2,817,000
37	277,500	893	2,477,000
38	245,300	996	2,444,000
39	284,700	1,050	2,995,000
40	291,300	1,190	3,473,000
41	301,900	1,200	3,614,000
42	292,500	1,160	3,403,000
43	290,800	1,070	3,123,000
44	291,400	1,290	3,772,000
大正元	296,800	1,240	3,677,000
2	304,800	1,280	3,890,000
3	302,500	1,220	3,679,000
4	304,800	1,300	3,959,000
5	307,000	1,330	4,095,000
6	307,900	1,220	3,751,000
7	311,400	1,320	4,119,000
8	317,600	1,410	4,465,000
9	316,200	1,400	4,437,000
10	300,200	1,310	3,940,000
11	296,500	1,300	3,867,000
12	292,700	1,310	3,823,000
13	286,400	1,250	3,585,000
14	283,400	1,320	3,733,000
昭和元	274,400	1,210	3,322,000
2	270,700	1,220	3,296,000
3	268,000	1,270	3,413,000
4	250,300	1,200	3,005,000
5	259,500	1,310	3,402,000
6	262,200	1,290	3,382,000
7	265,800	1,310	3,471,000
8	269,400	1,370	3,699,000
9	266,000	1,140	3,037,000
10	275,600	1,300	3,583,000
11	282,500	1,330	3,748,000
12	286,400	1,350	3,863,000
13	279,500	1,350	3,782,000
14	275,500	1,270	3,499,000
15	273,200	1,290	3,534,000
16	308,300	1,300	4,017,000
17	320,700	1,180	3,771,000
18	325,400	1,390	4,540,000
19	307,100	1,290	3,951,000
20	400,200	974	3,897,000
21	372,600	1,480	5,515,000
22	377,800	1,170	4,415,000
23	427,600	1,420	6,067,000
24	440,800	1,340	5,912,000
25	398,000	1,580	6,290,000
昭和26年産	376,200	1,470	5,534,000
27	377,300	1,640	6,205,000
28	362,100	1,490	5,391,000
29	354,600	1,470	5,226,000
30	376,400	1,910	7,180,000
31	386,200	1,830	7,073,000
32	364,500	1,710	6,228,000
33	359,500	1,770	6,370,000
34	366,200	1,910	6,981,000
35	329,800	1,900	6,277,000
36	326,500	1,940	6,333,000
37	322,900	1,930	6,217,000
38	313,100	2,130	6,662,000
39	296,700	1,980	5,875,000
40	256,900	1,930	4,955,000
41	243,300	1,980	4,810,000
42	214,400	1,880	4,031,000
43	185,900	1,930	3,594,000
44	153,600	1,860	2,855,000
45	128,700	1,990	2,564,000
46	107,000	1,910	2,041,000
47	91,700	2,170	1,987,000
48	73,600	2,110	1,550,000
49	67,500	2,130	1,435,000
50	68,700	2,060	1,418,000
51	65,600	1,950	1,279,000
52	64,400	2,220	1,431,000
53	65,000	2,110	1,371,000
54	63,900	2,130	1,360,000
55	64,800	2,030	1,317,000
56	65,000	2,240	1,458,000
57	65,700	2,110	1,384,000
58	64,800	2,130	1,379,000
59	64,600	2,170	1,400,000
60	66,000	2,310	1,527,000
61	65,000	2,320	1,507,000
62	64,000	2,220	1,423,000
63	62,900	2,110	1,326,000
平成元	61,900	2,310	1,431,000
2	60,600	2,310	1,402,000
3	58,600	2,060	1,205,000
4	55,100	2,350	1,295,000
5	53,000	1,950	1,033,000
6	51,300	2,460	1,264,000
7	49,400	2,390	1,181,000
8	47,500	2,330	1,109,000
9	46,500	2,430	1,130,000
10	45,600	2,500	1,139,000
11	44,500	2,270	1,008,000
12	43,400	2,470	1,073,000
13	42,300	2,510	1,063,000
14	40,500	2,540	1,030,000
15	39,700	2,370	941,100
16	40,300	2,500	1,009,000
17	40,800	2,580	1,053,000
18	40,800	2,420	988,900
19	40,700	2,380	968,400
20	40,700	2,480	1,011,000
21	40,500	2,530	1,026,000
22	39,700	2,180	863,600
23	38,900	2,280	885,900
24	38,800	2,260	875,900
25	38,600	2,440	942,300
26	38,000	2,330	886,500
27	36,600	2,220	814,200
28	36,000	2,390	860,700
29	35,600	2,270	807,100
30	35,700	2,230	796,500
令和元	34,300	2,180	748,700
2	**33,100**	**2,080**	**687,600**

注：明治29年産以前及び昭和19年産から昭和48年産までは沖縄県を含まない。

5　飼料作物

(1)　牧草　(2)　青刈りとうもろこし　(3)　ソルゴー　(4)　青刈りえん麦

年産		(1) 牧草 作付（栽培）面積	(1) 牧草 収穫量	(2) 青刈りとうもろこし 作付面積	(2) 青刈りとうもろこし 収穫量	(3) ソルゴー 作付面積	(3) ソルゴー 収穫量	(4) 青刈りえん麦 作付面積	(4) 青刈りえん麦 収穫量
		(1)	(2)	(1)	(2)	(1)	(2)	(1)	(2)
		ha	t	ha	t	ha	t	ha	t
昭和11年産	(1)	…	…	…	…	…	…	…	…
12	(2)	…	…	…	…	…	…	…	…
13	(3)	…	…	13,800	370,800	…	…	1,740	24,100
14	(4)	…	…	15,000	418,700	…	…	1,990	27,600
15	(5)	…	…	17,700	424,000	…	…	2,060	29,400
16	(6)	…	…	15,900	348,000	…	…	3,030	32,700
17	(7)	…	…	17,200	428,000	…	…	3,760	41,900
18	(8)	…	…	…	…	…	…	…	…
19	(9)	…	…	…	…	…	…	…	…
20	(10)	…	…	…	…	…	…	…	…
21	(11)	…	…	…	…	…	…	…	…
22	(12)	…	…	…	…	…	…	…	…
23	(13)	…	…	…	…	…	…	…	…
24	(14)	…	…	…	…	…	…	…	…
25	(15)	…	…	…	…	…	…	…	…
26	(16)	…	…	10,500	489,200	…	…	2,090	28,200
27	(17)	…	…	32,300	1,059,000	…	…	2,450	35,100
28	(18)	…	…	29,300	928,100	…	…	3,500	45,600
29	(19)	…	…	33,700	828,700	…	…	4,460	56,800
30	(20)	…	…	38,500	1,368,000	…	…	7,090	95,600
31	(21)	…	…	39,700	1,086,000	…	…	4,580	114,100
32	(22)	…	…	43,800	1,441,000	…	…	7,320	155,900
33	(23)	…	…	48,000	1,706,000	…	…	10,900	245,500
34	(24)	…	…	50,100	1,742,000	…	…	13,400	238,800
35	(25)	153,200	2,982,000	52,600	1,862,000	…	…	15,100	290,400
36	(26)	183,400	4,061,000	57,400	2,107,000	…	…	18,900	381,700
37	(27)	214,900	4,693,000	63,100	2,190,000	…	…	23,500	528,200
38	(28)	248,700	5,995,000	65,800	2,507,000	…	…	26,400	462,500
39	(29)	275,500	6,764,000	68,300	2,557,000	…	…	30,500	699,800
40	(30)	302,700	8,262,000	68,300	2,764,000	…	…	30,500	701,600
41	(31)	324,100	8,844,000	69,200	2,679,000	…	…	31,100	743,400
42	(32)	356,100	11,281,000	68,900	3,060,000	…	…	29,800	731,700
43	(33)	398,200	13,193,000	70,300	3,241,000	…	…	31,000	812,300
44	(34)	435,000	14,816,000	71,900	3,228,000	…	…	31,400	826,000
45	(35)	483,700	17,506,000	76,800	3,483,000	…	…	29,900	782,400
46	(36)	557,100	18,560,000	79,000	3,440,000	…	…	27,600	721,100
47	(37)	600,800	22,646,000	77,600	3,762,000	…	…	22,600	650,600
48	(38)	643,400	23,161,000	77,400	3,675,000	15,600	…	20,600	596,100
49	(39)	672,200	25,438,000	76,500	3,809,000	17,600	1,133,000	19,200	604,900
50	(40)	691,200	25,368,000	79,700	3,908,000	18,800	1,314,000	16,300	502,000
51	(41)	704,400	25,167,000	82,500	3,873,000	19,300	1,334,000	15,500	481,100
52	(42)	722,700	27,530,000	88,100	4,538,000	21,300	1,530,000	15,000	472,300
53	(43)	758,400	28,776,000	100,600	5,274,000	27,200	1,947,000	15,200	486,100
54	(44)	773,700	29,007,000	107,200	5,663,000	30,000	2,144,000	15,100	498,800
55	(45)	787,900	28,463,000	112,400	5,400,000	33,700	2,150,000	15,900	473,300
56	(46)	797,700	29,531,000	116,200	5,330,000	36,900	2,534,000	16,100	482,600
57	(47)	808,400	31,706,000	122,200	6,071,000	37,500	2,496,000	16,100	515,300
58	(48)	814,800	30,873,000	123,000	5,446,000	37,300	2,547,000	15,800	481,900
59	(49)	818,900	30,289,000	120,300	6,285,000	36,200	2,492,000	15,700	489,500
60	(50)	814,800	31,600,000	121,800	6,306,000	35,500	2,385,000	15,100	495,800
61	(51)	814,600	32,733,000	123,900	6,493,000	36,100	2,469,000	15,200	506,500
62	(52)	828,100	32,497,000	127,200	6,617,000	37,200	2,377,000	14,900	499,000
63	(53)	834,300	31,722,000	125,200	6,201,000	36,900	2,426,000	14,900	471,000

注：1　昭和30年産以前の作付面積は収穫面積である。
　　2　牧草、青刈りえん麦及び青刈りらい麦の昭和45年産以前の作付面積には肥料用を含む。
　　3　青刈りその他麦の昭和45年産以前の作付面積及び昭和44年産以前の収穫量には肥料用を含む。
　　4　昭和19年産から昭和48年産までは沖縄県を含まない。

(5) 家畜用ビート		(6) 飼料用かぶ		(7) れんげ		(8) 青刈りらい麦		(9) 青刈りその他麦		
作付面積	収穫量	作付面積	収穫量	作付面積	収穫量	作付面積	収穫量	作付面積	収穫量	
(1)	(2)	(1)	(2)	(1)	(2)	(1)	(2)	(1)	(2)	
ha	t	ha	t	ha	t	ha	t	ha	t	
…	…	…	…	…	…	…	…	…	…	(1)
…	…	…	…	…	…	…	…	…	…	(2)
…	…	…	…	23,400	358,800	…	…	…	…	(3)
…	…	…	…	27,500	432,800	…	…	…	…	(4)
…	…	…	…	31,200	449,800	…	…	…	…	(5)
…	…	…	…	28,400	400,100	…	…	…	…	(6)
…	…	…	…	30,900	417,600	…	…	…	…	(7)
…	…	…	…	28,300	387,600	…	…	…	…	(8)
…	…	…	…	25,500	341,100	…	…	…	…	(9)
…	…	…	…	26,100	259,900	…	…	…	…	(10)
…	…	…	…	23,300	297,300	…	…	…	…	(11)
…	…	…	…	24,100	320,700	…	…	…	…	(12)
…	…	…	…	25,400	328,600	…	…	…	…	(13)
…	…	…	…	28,300	428,900	…	…	…	…	(14)
…	…	…	…	32,000	492,500	…	…	…	…	(15)
…	…	…	…	33,500	563,800	…	…	…	…	(16)
…	…	…	…	57,200	985,900	…	…	…	…	(17)
…	…	…	…	55,000	991,600	…	…	…	…	(18)
…	…	…	…	56,500	990,700	…	…	…	…	(19)
…	…	…	…	54,800	994,300	…	…	…	…	(20)
…	…	…	…	48,700	922,500	…	…	…	…	(21)
…	…	…	…	49,200	981,400	…	…	…	…	(22)
…	…	…	…	63,300	1,209,000	…	…	…	…	(23)
…	…	…	…	69,300	1,317,000	5,230	96,700	3,690	55,200	(24)
3,250	82,000	6,770	155,400	108,400	1,746,000	6,710	133,800	3,530	63,200	(25)
3,220	84,300	8,600	228,300	107,100	1,839,000	8,130	172,600	3,570	69,800	(26)
3,340	86,200	10,400	273,500	111,600	2,050,000	10,100	229,900	3,610	74,300	(27)
3,800	108,100	11,800	340,200	97,700	1,264,000	10,700	240,600	4,170	71,500	(28)
3,880	114,100	12,200	360,800	89,400	1,822,000	11,400	171,600	3,970	78,700	(29)
4,100	135,000	13,600	444,000	85,000	1,790,000	11,000	240,900	3,070	56,500	(30)
4,380	136,300	13,800	446,600	81,200	1,805,000	11,200	272,200	2,820	56,000	(31)
4,550	169,800	14,400	500,900	71,100	1,565,000	10,800	258,600	2,700	47,900	(32)
4,520	175,200	14,400	526,600	67,400	1,492,000	10,800	257,600	2,230	40,700	(33)
4,460	167,000	15,300	591,800	61,100	1,375,000	10,600	253,500	1,730	33,800	(34)
4,520	183,200	14,800	590,800	52,500	1,216,000	9,520	201,200	1,270	21,500	(35)
4,350	174,300	14,000	546,000	44,800	1,039,000	7,310	195,400	1,140	22,900	(36)
4,200	186,000	13,700	585,700	31,400	779,400	6,340	174,900	935	…	(37)
3,720	159,100	12,500	542,400	24,900	614,400	5,230	149,500	596	…	(38)
3,450	147,800	11,800	520,000	20,500	…	4,850	…	489	…	(39)
2,990	127,300	11,100	492,200	15,800	…	4,370	…	458	…	(40)
2,520	112,300	10,800	471,600	13,600	…	4,100	…	631	…	(41)
2,290	107,500	11,000	502,100	11,200	…	4,030	…	757	…	(42)
2,250	108,300	11,200	516,100	11,200	…	4,010	…	739	…	(43)
2,070	100,000	11,100	532,300	10,100	…	3,850	…	983	…	(44)
1,840	86,700	10,900	508,800	8,090	…	3,760	…	1,040	…	(45)
1,670	74,300	10,300	492,700	7,130	…	3,530	…	1,190	…	(46)
1,480	75,600	10,200	499,700	6,240	…	3,410	…	1,460	…	(47)
1,240	57,200	10,100	480,500	5,640	…	3,360	…	1,730	…	(48)
1,080	50,500	9,380	446,300	5,080	…	3,580	…	1,870	…	(49)
962	47,700	8,960	447,400	4,540	…	3,410	…	1,960	…	(50)
835	42,700	8,220	422,800	4,370	…	3,350	…	1,830	…	(51)
625	32,600	7,200	369,700	3,700	…	3,070	…	1,910	…	(52)
504	25,700	5,990	289,800	3,320	…	2,890	…	1,590	…	(53)

5　飼料作物（続き）

(1)　牧草　(2)　青刈りとうもろこし　(3)　ソルゴー　(4)　青刈りえん麦

年産		(1) 牧草		(2) 青刈りとうもろこし		(3) ソルゴー		(4) 青刈りえん麦		
		作付（栽培）面積	収穫量	作付面積	収穫量	作付面積	収穫量	作付面積		収穫量
		(1)	(2)	(1)	(2)	(1)	(2)	(1)		(2)
		ha	t	ha	t	ha	t		ha	t
平成元年産	(54)	835,100	32,389,000	125,600	6,495,000	36,500	2,353,000	13,900		474,000
2	(55)	837,600	34,060,000	125,900	6,845,000	36,300	2,323,000	13,200		477,000
3	(56)	842,200	32,962,000	124,300	6,078,000	35,800	2,072,000	12,800		432,800
4	(57)	840,300	33,316,000	121,800	6,446,000	34,000	2,290,000	…	(8,800)	(315,400)
5	(58)	837,500	30,970,000	118,300	4,903,000	32,400	1,671,000	…	(8,400)	(304,400)
6	(59)	830,400	32,080,000	110,600	5,984,000	29,300	1,863,000	11,100		407,200
7	(60)	827,400	32,744,000	106,800	5,701,000	28,100	1,844,000	…	(7,580)	(273,300)
8	(61)	826,200	31,472,000	104,600	5,368,000	26,900	1,732,000	…	(7,140)	(256,100)
9	(62)	820,900	31,782,000	103,000	5,487,000	26,300	1,692,000	9,220		335,200
10	(63)	825,000	31,636,000	101,100	5,184,000	26,800	1,706,000	…	(6,860)	(245,600)
11	(64)	820,100	31,154,000	99,000	4,795,000	25,800	1,500,000	…	(6,610)	(249,200)
12	(65)	809,100	31,945,000	95,900	5,287,000	24,800	1,625,000	8,060	(6,580)	(249,600)
13	(66)	804,600	30,545,000	93,100	5,114,000	24,200	1,599,000	…	(6,570)	(248,300)
14	(67)	801,200	30,305,000	91,300	4,867,000	23,100	1,501,000	…	(6,050)	(229,100)
15	(68)	798,000	28,700,000	90,100	4,563,000	21,600	1,312,000	8,200	(6,310)	(229,900)
16	(69)	788,300	30,723,000	87,400	4,659,000	20,800	1,194,000	7,700	(6,460)	(239,700)
17	(70)	782,400	29,682,000	85,300	4,640,000	20,100	1,275,000	7,400	(5,880)	(221,000)
18	(71)	777,000	29,128,000	84,400	4,290,000	19,100	1,124,000	6,950	(5,510)	(194,700)
19	(72)	773,300	28,805,000	86,100	4,541,000	19,000	1,155,000	7,060		…
20	(73)	769,000	28,805,000	90,800	4,933,000	18,800	1,150,000	7,730		…
21	(74)	764,100	27,726,000	92,300	4,645,000	18,700	1,092,000	7,540		…
22	(75)	759,100	27,580,000	92,200	4,643,000	17,900	1,001,000	7,380		…
23	(76)	755,100	26,783,000	92,200	4,713,000	17,600	939,200	7,070		…
24	(77)	750,800	(24,243,000)	92,000	4,826,000	17,000	890,700	7,520		…
25	(78)	745,500	(23,454,000)	92,500	4,787,000	16,500	877,000	7,620		…
26	(79)	739,600	25,193,000	91,900	4,825,000	15,900	787,900	7,400		…
27	(80)	737,600	26,092,000	92,400	4,823,000	15,200	728,600	7,370		…
28	(81)	735,200	24,689,000	93,400	4,255,000	14,800	655,300	7,830		…
29	(82)	728,300	25,497,000	94,800	4,782,000	14,400	665,000	…		…
30	(83)	726,000	24,621,000	94,600	4,488,000	14,000	618,000	…		…
令和元	(84)	724,400	24,850,000	94,700	4,841,000	13,300	578,100	…		…
2	**(85)**	**719,200**	**24,244,000**	**95,200**	**4,718,000**	**13,000**	**537,600**	**…**		**…**

注：1　牧草の平成24年産及び平成25年産の収穫量は、放射性物質調査の結果により給与自粛措置が行われた地域があったことから、全国値の推計を行っていない。
　　2　飼料作物の青刈りえん麦、れんげ、青刈りらい麦及び青刈りその他麦の作付面積については、平成29年産から調査を廃止した。
　　3　(　)内の数値は収穫量調査の調査対象県の合計値である。
　　4　[　]内の数値は、面積調査の調査対象県の合計値である。

(5) 家畜用ビート		(6) 飼料用かぶ		(7) れんげ		(8) 青刈りらい麦		(9) 青刈りその他麦		
作付面積	収穫量	作付面積	収穫量	作付面積	収穫量	作付面積	収穫量	作付面積	収穫量	
(1)	(2)	(1)	(2)	(1)	(2)	(1)	(2)	(1)	(2)	
ha	t	ha	t	ha	t	ha	t	ha	t	
415	21,700	5,220	266,500	2,870	…	2,750	…	1,430	…	(54)
325	17,200	4,360	221,700	2,320	…	2,680	…	1,320	…	(55)
304	16,100	3,760	184,300	2,010	…	2,400	…	1,260	…	(56)
177	…	3,350	…	[1,620]	…	[2,030]	…	[950]	…	(57)
126	…	2,620	…	[1,240]	…	[1,710]	…	[759]	…	(58)
73	…	2,200	…	993	…	1,750	…	836	…	(59)
45	…	1,840	…	[909]	…	[1,420]	…	[595]	…	(60)
53	…	1,540	…	[704]	…	[1,360]	…	[638]	…	(61)
33	…	1,300	…	503	…	1,370	…	677	…	(62)
21	…	1,130	…	[418]	…	[1,210]	…	[589]	…	(63)
14	…	997	…	[334]	…	[1,220]	…	[579]	…	(64)
9	…	862	…	225	…	1,240	…	540	…	(65)
8	…	793	…	[187]	…	[1,080]	…	[536]	…	(66)
…	…	678	…	[158]	…	[1,030]	…	[572]	…	(67)
…	…	557	…	122	…	1,090	…	555	…	(68)
…	…	463	…	103	…	1,070	…	594	…	(69)
…	…	389	…	78	…	1,010	…	631	…	(70)
…	…	339	…	58	…	970	…	652	…	(71)
…	…	…	…	46	…	933	…	641	…	(72)
…	…	…	…	32	…	965	…	711	…	(73)
…	…	…	…	35	…	938	…	780	…	(74)
…	…	…	…	19	…	918	…	704	…	(75)
…	…	…	…	41	…	903	…	719	…	(76)
…	…	…	…	59	…	889	…	686	…	(77)
…	…	…	…	60	…	877	…	917	…	(78)
…	…	…	…	53	…	845	…	925	…	(79)
…	…	…	…	49	…	807	…	977	…	(80)
…	…	…	…	48	…	876	…	977	…	(81)
…	…	…	…	…	…	…	…	…	…	(82)
…	…	…	…	…	…	…	…	…	…	(83)
…	…	…	…	…	…	…	…	…	…	(84)
…	…	…	…	…	…	…	…	…	…	(85)

6 工芸農作物

(1) 茶

ア 栽培農家数　イ 栽培面積　ウ 荒茶生産量

単位：戸　　単位：ha

年産		ア 茶栽培農家数	イ 茶栽培面積			ウ 荒茶生産				
							おおい茶			
			計	専用茶園	兼用茶園	計	玉露	かぶせ茶	てん茶	普通せん茶
		(1)	(1)	(2)	(3)	(1)	(2)	(3)	(4)	(5)
昭和元年産	(1)	…	44,100	28,900	15,300	35,225.2	264.6	…	…	28,154.4
2	(2)	…	42,900	28,800	14,100	36,966.9	252.7	…	…	29,092.5
3	(3)	…	42,800	29,400	13,400	39,087.3	267.1	…	…	31,063.2
4	(4)	…	42,500	29,200	13,200	39,392.5	242.0	…	…	31,153.1
5	(5)	…	37,800	26,300	11,500	38,646.9	273.9	…	…	30,934.5
6	(6)	…	37,800	26,700	11,100	38,305.4	268.4	…	…	30,812.0
7	(7)	…	38,000	27,000	11,000	40,410.0	267.6	…	…	32,451.2
8	(8)	…	38,200	27,300	10,900	43,487.2	286.6	…	…	34,746.7
9	(9)	…	38,600	27,700	10,900	44,204.0	295.2	…	…	34,547.5
10	(10)	…	39,000	28,200	10,800	45,630.6	328.4	…	…	35,519.9
11	(11)	…	39,400	28,700	10,700	47,943.5	299.2	…	…	35,209.2
12	(12)	…	39,800	29,200	10,600	53,912.6	310.9	…	…	38,394.3
13	(13)	…	39,800	29,400	10,400	54,717.0	278.2	…	…	39,993.1
14	(14)	…	40,000	29,700	10,400	57,469.6	291.0	…	…	41,712.6
15	(15)	…	40,700	30,100	10,600	58,232.4	276.7	…	…	41,140.3
16	(16)	…	38,900	25,400	13,500	61,907.0	299.0	…	137.7	44,564.8
17	(17)	…	36,100	25,600	10,600	61,028.0	331.6	…	278.8	48,910.1
18	(18)	…	34,200	24,400	9,810	56,470.4	368.4	…	222.9	43,979.8
19	(19)	…	31,300	22,200	9,090	47,074.4	358.4	…	289.5	34,705.0
20	(20)	…	26,500	17,900	8,600	23,650.8	406.1	…	331.7	15,936.2
21	(21)	…	24,400	15,300	9,020	21,418.3	354.5	…	173.7	14,286.5
22	(22)	…	24,600	…	…	22,142.4	1,069.7	…	131.1	14,212.7
23	(23)	…	25,500	17,100	8,350	26,022.4	309.7	…	127.5	17,837.0
24	(24)	…	26,600	18,200	8,470	32,582.1	286.4	…	88.0	22,646.8
25	(25)	…	27,400	18,800	8,670	41,725.6	224.1	…	206.1	29,425.5
26	(26)	…	28,300	19,200	9,000	44,010.2	159.4	112.8	45.7	30,850.4
27	(27)	…	30,000	21,400	8,560	57,151.7	180.7	116.6	195.8	40,592.3
28	(28)	…	33,200	24,300	8,940	56,462.7	179.6	194.2	198.3	37,934.2
29	(29)	…	35,200	26,300	8,890	67,830.1	154.7	163.1	227.3	40,012.5
30	(30)	…	38,600	29,700	8,940	72,854.2	242.6	136.8	265.9	43,696.5
31	(31)	…	42,300	31,700	10,600	70,747.1	213.6	119.3	187.5	51,606.4
32	(32)	…	44,800	32,500	12,300	72,383.2	234.6	171.2	264.8	51,008.7
33	(33)	…	46,800	32,900	13,900	74,588.4	248.1	237.8	266.7	53,556.3
34	(34)	1,397,000	47,400	33,800	13,700	79,478.9	331.6	314.0	323.7	60,858.7
35	(35)	1,376,000	48,500	34,500	14,000	77,566.3	310.6	290.0	299.8	60,283.0
36	(36)	1,346,000	48,800	34,900	13,900	81,392.0	340.2	390.3	347.3	61,939.1
37	(37)	1,337,000	49,100	35,100	14,000	77,456.9	326.9	332.0	271.4	60,304.0
38	(38)	1,319,000	48,900	35,000	13,900	81,099.8	277.2	285.6	325.2	65,130.5
39	(39)	1,297,000	48,700	35,000	13,700	83,280.1	352.9	485.3	374.6	66,294.9
40	(40)	1,269,000	48,500	34,900	13,500	77,430.6	394.8	338.0	315.7	61,188.9
41	(41)	1,234,000	48,400	34,300	14,100	83,150.0	426.4	414.6	369.5	65,357.0
42	(42)	1,203,000	48,500	35,000	13,500	83,143.6	427.0	432.8	349.9	67,157.4
43	(43)	…	48,900	35,800	13,000	84,971.5	351.6	436.3	352.3	67,827.4
44	(44)	1,069,000	49,700	37,500	12,200	89,604.3	422.0	522.6	382.4	69,479.0
45	(45)	1,026,000	51,600	39,900	11,800	91,198.2	409.0	526.2	351.3	71,906.1
46	(46)	990,000	53,900	42,600	11,300	92,911.4	427.0	442.0	311.2	74,038.3
47	(47)	917,900	55,500	44,700	10,800	94,999.5	477.3	590.9	337.8	75,298.4
48	(48)	917,200	57,300	46,700	10,500	101,181.3	522.8	1,045.4	343.3	79,620.3
49	(49)	890,800	58,400	48,200	10,200	95,237.7	514.9	1,378.0	344.7	76,403.6
50	(50)	870,200	59,200	49,200	9,940	105,449	551	1,963	351	83,268
51	(51)	843,700	59,600	50,100	9,510	100,098	520	1,242	330	76,741
52	(52)	807,200	59,700	51,000	8,790	102,301	494	1,450	353	80,587
53	(53)	787,600	60,000	51,700	8,410	104,738	574	1,850	454	82,855
54	(54)	773,400	60,700	52,600	8,020	98,000	495	2,060	425	75,600
55	(55)	749,900	61,000	53,500	7,490	102,300	553	2,320	415	81,400
56	(56)	718,400	61,000	53,800	7,150	102,300	515	2,510	404	79,900
57	(57)	687,300	61,000	54,100	6,920	98,500	549	2,440	432	78,200
58	(58)	665,500	61,000	54,400	6,620	102,700	483	2,890	476	81,200
59	(59)	641,300	60,800	54,500	6,300	92,500	377	2,510	481	72,300
60	(60)	614,200	60,600	54,800	5,860	95,500	420	2,950	552	74,700
61	(61)	582,500	60,200	54,600	5,570	93,600	384	2,830	580	73,600
62	(62)	553,900	59,900	54,600	5,280	96,300	390	3,130	667	76,400
63	(63)	528,000	59,600	54,700	4,940	89,800	380	3,060	731	71,700

注：1　昭和30年産から奄美大島を含む。昭和19年産から昭和48年産までは沖縄県を含まない。
2　昭和15年産以前の普通せん茶には玉緑茶を、その他にはてん茶を含む。
3　昭和51年産からかぶせ茶は、一番茶のみと調査基準を改正した。
4　昭和25年産以前のかぶせ茶は普通せん茶又は玉露の一部として扱われていたが、昭和26年産からこれを区別して調査した。
5　荒茶工場数の昭和15年産までは、その間において製茶に従事した戸数であり、昭和16年産以降は、その年に製茶した工場数である。
また、昭和30年産以降は機械製茶工場のみ調査した数値である。
6　栽培面積は、平成13年までは８月１日現在、平成14年からは７月15日現在において調査したものである。

エ　荒茶工場数

単位：t　　　　　　　　　　単位：工場

産量				荒茶工場数				
玉緑茶	番茶	その他	紅茶	計	機械製茶	半機械製茶	手もみ製茶	
(6)	(7)	(8)	(9)	(1)	(2)	(3)	(4)	
…	7,466.4	317.4	22.4	1,147,548	…	…	…	(1)
…	7,364.6	240.5	16.6	1,146,894	…	…	…	(2)
…	7,550.8	185.4	20.8	1,153,767	…	…	…	(3)
…	7,795.7	191.6	10.1	1,136,971	…	…	…	(4)
…	7,211.6	205.3	11.6	1,120,240	…	…	…	(5)
…	7,029.1	183.8	12.1	1,126,318	…	…	…	(6)
…	7,487.8	177.2	26.2	1,132,089	…	…	…	(7)
…	8,222.6	181.1	50.2	1,136,426	…	…	…	(8)
…	8,095.1	215.1	1,051.1	1,137,584	…	…	…	(9)
…	8,286.9	238.2	1,257.2	1,111,095	…	…	…	(10)
…	9,239.3	211.9	2,983.9	1,129,324	…	…	…	(11)
…	10,171.9	400.9	4,634.6	1,124,406	…	…	…	(12)
…	10,582.3	961.8	2,901.6	1,109,715	…	…	…	(13)
…	11,354.4	2,182.7	1,928.9	1,093,691	…	…	…	(14)
…	11,943.5	1,947.4	2,924.5	1,074,149	…	…	…	(15)
3,672.2	10,126.8	792.3	2,314.2	851,690	10,023	4,820	836,856	(16)
1,230.2	9,496.0	658.6	212.7	786,174	10,055	3,855	772,264	(17)
1,792.0	9,323.1	661.1	123.1	749,592	10,094	2,697	736,801	(18)
1,288.4	8,239.7	2,074.0	119.4	709,620	8,724	2,965	697,931	(19)
716.5	5,168.9	969.0	121.5	710,491	6,895	4,643	698,953	(20)
1,057.3	5,226.8	233.3	86.2	587,863	8,111	1,856	577,896	(21)
822.2	5,430.7	335.0	141.0	547,177	9,220	1,749	536,208	(22)
1,615.5	5,529.9	329.4	273.3	563,739	8,568	1,530	553,641	(23)
1,110.4	8,121.6	243.4	85.5	862,900	9,442	5,399	848,552	(24)
2,065.3	8,983.4	91.8	729.4	960,781	9,419	4,904	946,458	(25)
3,215.9	8,511.8	56.6	1,057.6	1,011,288	10,255	1,161	999,872	(26)
7,978.7	7,649.1	67.2	371.3	976,128	11,140	1,807	963,181	(27)
7,662.9	8,801.7	31.9	1,459.9	952,024	12,231	1,728	938,065	(28)
10,548.5	9,469.0	44.6	7,210.4	932,580	12,590	1,728	918,262	(29)
10,508.4	9,427.0	51.8	8,525.2	13,991	13,991	…	…	(30)
8,069.9	9,871.8	22.5	656.1	…	…	…	…	(31)
7,262.1	9,463.7	6.7	3,971.4	14,677	14,677	…	…	(32)
9,558.5	8,190.2	3.0	2,527.8	15,161	15,161	…	…	(33)
8,628.0	8,156.4	2.1	864.4	15,593	15,593	…	…	(34)
6,737.4	7,984.1	0.8	1,660.6	16,162	16,162	…	…	(35)
8,143.0	8,306.3	-	1,925.8	16,320	16,320	…	…	(36)
7,012.8	8,322.9	3.0	883.9	16,328	16,328	…	…	(37)
5,291.9	9,095.4	4.0	690.0	16,239	16,239	…	…	(38)
4,768.6	10,168.1	1.7	834.0	16,216	16,216	…	…	(39)
4,155.1	9,480.8	-	1,557.3	16,181	16,181	…	…	(40)
4,341.0	10,907.2	-	1,334.3	16,283	16,283	…	…	(41)
4,190.5	11,441.7	-	1,144.3	16,109	16,109	…	…	(42)
4,011.3	11,456.7	-	535.9	15,786	15,786	…	…	(43)
4,350.3	14,175.3	-	272.7	15,311	15,311	…	…	(44)
4,152.1	13,509.7	-	253.8	15,139	15,139	…	…	(45)
3,907.1	13,762.8	-	23.0	14,922	14,922	…	…	(46)
4,236.6	14,042.7	-	15.8	14,671	14,671	…	…	(47)
4,889.8	14,755.5	-	4.2	14,494	14,494	…	…	(48)
4,474.7	12,117.4	-	4.4	14,400	14,400	…	…	(49)
5,022	14,201	-	3	14,300	14,300	…	…	(50)
4,783	13,481	-	1	…	…	…	…	(51)
4,989	14,400	-	26	…	…	…	…	(52)
5,171	13,827	-	2	13,649	13,649	…	…	(53)
5,440	14,100	1	1	…	…	…	…	(54)
5,470	12,100	1	5	…	…	…	…	(55)
5,480	13,500	0	4	13,600	13,600	…	…	(56)
5,290	11,600	0	3	…	…	…	…	(57)
5,830	11,700	-	1	…	…	…	…	(58)
5,490	11,300	-	1	13,200	13,200	…	…	(59)
5,420	11,500	-	1	…	…	…	…	(60)
5,220	11,000	1	1	…	…	…	…	(61)
5,310	10,400	28	1	12,300	12,300	…	…	(62)
5,180	8,780	24	1	…	…	…	…	(63)

6　工芸農作物（続き）

(1)　茶（続き）

ア　栽培農家数　イ　栽培面積　ウ　荒茶生産量

単位：戸　単位：ha

年産		茶栽培農家数	茶栽培面積			荒茶生				
			計	専用茶園	兼用茶園	計	おおい茶			普通せん茶
							玉露	かぶせ茶	てん茶	
		(1)	(1)	(2)	(3)	(1)	(2)	(3)	(4)	(5)
平成元年産	(64)	502,600	59,000	54,400	4,530	90,500	339	2,510	796	71,800
2	(65)	466,800	58,500	54,200	4,260	89,900	357	3,180	896	72,700
3	(66)	433,700	57,600	53,700	3,950	87,800	384	3,100	811	69,400
4	(67)	410,300	56,700	53,000	3,700	92,100	346	3,290	837	71,800
5	(68)	381,500	55,700	52,200	3,490	92,100	326	3,250	820	72,200
6	(69)	(199,400)	54,500	51,300	3,270	(81,800)	(317)	(3,380)	(739)	(64,600)
7	(70)	(185,800)	53,700	50,700	3,060	(80,400)	(305)	(3,080)	(820)	(63,900)
8	(71)	307,300	52,700	49,900	2,720	88,600	299	3,400	955	66,600
9	(72)	(157,300)	51,800	49,300	2,520	(87,100)	(254)	(4,090)	(1,100)	(66,600)
10	(73)	(148,500)	51,200	48,900	2,320	(78,700)	(261)	(4,120)	(988)	(61,300)
11	(74)	238,600	50,700	48,600	…	88,500	236	3,920	925	65,800
12	(75)	(117,400)	50,400	48,500	…	(84,700)	(207)	(3,820)	(1,010)	(63,500)
13	(76)	(102,400)	50,100	48,200	…	(84,500)	(208)	(3,540)	(1,120)	(62,500)
14	(77)	…	49,700	48,000	…	84,200	196	3,630	1,350	63,200
15	(78)	…	49,500	47,800	…	91,900	208	3,910	1,420	67,100
16	(79)	…	49,100	47,600	…	100,700	213	3,740	1,490	70,800
17	(80)	…	48,700	47,200	…	100,000	227	4,040	1,630	70,200
18	(81)	…	48,500	47,100	…	91,800	222	3,650	1,650	64,900
19	(82)	…	48,200	46,900	…	94,100	277	3,920	1,660	65,400
20	(83)	…	48,000	46,700	…	95,500	412	4,220	1,780	65,300
21	(84)	…	47,300	46,100	…	86,000	…	1) 5,970	…	58,600
22	(85)	…	46,800	…	…	85,000	…	1) 5,840	…	54,400
23	(86)	…	46,200	…	…	(82,100)	…	1) (5,840)	…	(53,400)
24	(87)	…	45,900	…	…	(85,900)	…	1) (6,420)	…	(54,900)
25	(88)	…	45,400	…	…	84,800	…	1) 5,990	…	53,800
26	(89)	…	44,800	…	…	83,600	…	1) 6,260	…	52,400
27	(90)	…	44,000	…	…	79,500	…	1) 7,000	…	47,700
28	(91)	…	43,100	…	…	80,200	…	1) 6,980	…	47,300
29	(92)	…	42,400	…	…	82,000	…	…	…	…
30	(93)	…	41,500	…	…	86,300	…	…	…	…
令和元	(94)	…	40,600	…	…	81,700	…	…	…	…
2	**(95)**	**…**	**39,100**	**…**	**…**	**69,800**	**…**	**…**	**…**	**…**

注：1　(　)内の数値は主産県の合計値である。
2　全国の荒茶生産量（年間計）については、従来、主産県調査結果を基に推計していたが、平成23年産及び平成24年産は原子力災害対策特別措置法（平成11年法律第156号）に基づき、主産県以外の都道府県においても出荷制限が行われたことから推計を行わなかったため、主産県の合計値を掲載した。
3　栽培面積は、平成13年までは８月１日現在、平成14年からは７月15日現在において調査したものである。
4　平成19年産から「その他」には「紅茶」を含む。
5　平成29年産から茶種別荒茶生産量の調査は廃止した。
1)は、近年増加している20日前後の直接被覆による栽培方法の取扱いが明確化するまでの間、暫定的に玉露、かぶせ茶及びてん茶を一括しておおい茶として表章した。

エ　荒茶工場数

単位：t　　　　　　　　単位：工場

産量				荒茶工場数				
玉緑茶	番茶	その他	紅茶	計	機械製茶	半機械製茶	手もみ製茶	
(6)	(7)	(8)	(9)	(1)	(2)	(3)	(4)	
5,000	10,000	31	1	…	…	…	…	(64)
4,780	8,020	26	3	11,700	11,700	…	…	(65)
4,640	9,500	29	3	…	…	…	…	(66)
4,610	11,200	75	0	…	…	…	…	(67)
4,510	11,100	44	3	…	…	…	…	(68)
(3,850)	(8,290)	(571)	(-)	…	…	…	…	(69)
(3,840)	(8,020)	(544)	(4)	…	…	…	…	(70)
4,060	12,500	909	9	…	…	…	…	(71)
(4,250)	(9,710)	(1,140)	(11)	…	…	…	…	(72)
(3,700)	(7,720)	(735)	(9)	…	…	…	…	(73)
3,870	12,600	1,230	12	…	…	…	…	(74)
(3,810)	(11,400)	(983)	(9)	…	…	…	…	(75)
(3,690)	(12,300)	(1,260)	(9)	…	…	…	…	(76)
3,660	11,000	1,140	15	…	…	…	…	(77)
3,490	14,500	1,220	23	…	…	…	…	(78)
3,930	19,300	1,350	20	…	…	…	…	(79)
3,720	18,200	1,830	16	…	…	…	…	(80)
3,410	16,400	1,650	15	…	…	…	…	(81)
3,200	17,600	1,990	…	…	…	…	…	(82)
2,930	19,100	1,780	…	…	…	…	…	(83)
2,560	17,600	1,320	…	…	…	…	…	(84)
2,310	21,000	1,460	…	…	…	…	…	(85)
(2,200)	(18,700)	(1,890)	…	…	…	…	…	(86)
(2,320)	(20,300)	(2,050)	…	…	…	…	…	(87)
2,270	21,000	1,860	…	…	…	…	…	(88)
2,060	20,800	2,070	…	…	…	…	…	(89)
1,790	20,300	2,680	…	…	…	…	…	(90)
1,760	21,800	2,320	…	…	…	…	…	(91)
…	…	…	…	…	…	…	…	(92)
…	…	…	…	…	…	…	…	(93)
…	…	…	…	…	…	…	…	(94)
…	…	…	…	…	…	…	…	(95)

6　工芸農作物（続き）

(2)　なたね　　(3)　てんさい　　(4)　さとうきび

年産		(2) なたね 作付面積（子実用） (1)	(2) なたね 10 a 当たり収量 (2)	(2) なたね 収穫量 (3)	(3) てんさい 作付面積 (1)	(3) てんさい 10 a 当たり収量 (2)	(3) てんさい 収穫量 (3)	(4) さとうきび 収穫面積 (1)	(4) さとうきび 10 a 当たり収量 (2)	(4) さとうきび 収穫量 (3)
		ha	kg	t	ha	kg	t	ha	kg	t
昭和元年産	(1)	72,400	96	69,700	7,400	1,960	145,200	26,600	3,300	878,000
2	(2)	71,600	100	71,600	9,900	1,870	185,000	26,500	3,760	997,100
3	(3)	70,000	102	71,500	10,300	2,030	208,900	27,300	3,530	963,400
4	(4)	70,600	106	74,600	8,700	2,250	195,800	25,800	3,300	851,300
5	(5)	74,700	104	77,800	9,100	2,090	190,400	24,600	3,500	860,300
6	(6)	73,900	104	77,200	9,700	1,830	177,500	24,900	4,270	1,063,000
7	(7)	81,600	112	91,500	8,600	1,990	170,800	23,900	4,530	1,083,000
8	(8)	80,800	109	87,900	10,100	1,850	187,000	22,800	4,280	975,600
9	(9)	90,600	119	108,100	10,000	2,420	241,700	22,700	4,590	1,043,000
10	(10)	98,700	123	121,400	12,700	1,800	228,900	22,400	5,010	1,123,000
11	(11)	106,400	114	121,200	18,900	1,700	321,400	21,100	4,820	1,016,000
12	(12)	111,000	119	132,300	17,800	1,660	295,300	20,000	5,350	1,069,000
13	(13)	110,500	105	116,500	17,800	1,940	345,300	20,000	6,560	1,312,000
14	(14)	95,400	126	120,300	16,500	1,300	214,500	20,200	5,140	1,038,000
15	(15)	89,400	122	108,800	14,500	1,320	190,900	19,800	3,950	782,500
16	(16)	87,600	121	105,900	16,500	1,520	251,000	21,500	3,260	700,600
17	(17)	78,700	106	83,500	16,300	1,540	251,500	…	…	…
18	(18)	62,000	85	53,000	14,100	916	129,100	…	…	…
19	(19)	38,800	84	32,500	15,600	702	109,500	…	…	…
20	(20)	35,300	57	20,000	14,800	587	86,900	…	…	…
21	(21)	14,800	47	6,930	12,800	696	89,100	…	…	…
22	(22)	24,500	56	13,600	17,300	719	124,400	…	…	…
23	(23)	35,200	77	27,200	12,000	553	66,300	…	…	…
24	(24)	46,600	83	38,800	11,400	1,170	133,800	…	…	108,100
25	(25)	118,400	101	119,200	14,100	1,240	174,800	…	…	105,300
26	(26)	146,000	122	178,500	13,300	1,610	214,500	…	…	98,200
27	(27)	221,700	127	282,300	12,700	1,890	240,100	…	…	63,700
28	(28)	244,800	118	288,900	13,800	1,930	266,000	…	…	68,600
29	(29)	174,500	126	219,700	14,400	2,080	299,000	…	…	61,600
30	(30)	207,700	130	269,500	16,800	2,230	374,500	6,900	3,400	234,600
31	(31)	252,000	127	320,200	20,700	2,240	463,100	7,050	3,180	224,100
32	(32)	258,600	111	286,200	28,700	2,340	672,800	7,020	3,250	228,300
33	(33)	225,200	119	266,900	35,800	2,540	910,500	6,760	2,900	196,300
34	(34)	188,200	139	261,900	39,900	2,500	999,100	6,810	3,580	244,000
35	(35)	191,400	138	263,600	47,700	2,250	1,074,000	7,850	4,750	372,800
36	(36)	194,900	140	273,500	48,200	2,360	1,136,000	8,150	5,550	452,100
37	(37)	173,100	143	246,800	52,100	2,420	1,261,000	9,560	4,910	469,200
38	(38)	140,700	77	108,900	49,800	2,410	1,200,000	9,470	6,780	641,900
39	(39)	119,600	113	134,600	49,200	2,450	1,203,000	11,700	7,110	832,200
40	(40)	85,400	147	125,500	60,400	3,000	1,813,000	13,100	6,030	789,500
41	(41)	66,500	142	94,600	61,100	2,680	1,639,000	13,100	6,520	853,800
42	(42)	54,400	146	79,400	59,800	3,320	1,984,000	13,000	6,690	869,700
43	(43)	39,500	173	68,400	54,900	3,840	2,110,000	13,000	5,840	759,200
44	(44)	29,600	162	48,000	58,900	3,540	2,083,000	13,000	6,270	815,100
45	(45)	19,200	157	30,100	54,100	4,310	2,332,000	12,200	5,580	680,800
46	(46)	13,700	166	22,800	54,300	4,050	2,197,000	10,700	5,990	640,900
47	(47)	10,800	150	16,200	57,800	4,780	2,760,000	10,400	6,200	644,800
48	(48)	7,810	163	12,700	61,800	4,780	2,951,000	9,940	6,690	664,600
49	(49)	5,280	172	9,100	47,500	3,950	1,878,000	30,000	6,080	1,823,000
50	(50)	4,410	165	7,270	48,100	3,660	1,759,000	30,600	6,450	1,973,000
51	(51)	3,740	166	6,210	42,400	5,120	2,169,000	31,900	6,210	1,981,000
52	(52)	3,140	165	5,190	49,300	4,730	2,333,000	32,600	7,140	2,328,000
53	(53)	2,690	177	4,760	57,800	4,990	2,884,000	34,100	7,460	2,544,000
54	(54)	2,600	175	4,540	58,900	5,680	3,344,000	35,200	6,570	2,311,000
55	(55)	2,420	171	4,140	65,000	5,460	3,550,000	33,800	6,200	2,095,000
56	(56)	2,310	162	3,740	74,000	4,530	3,355,000	35,000	6,390	2,237,000
57	(57)	2,090	180	3,760	69,700	5,890	4,108,000	33,900	6,650	2,256,000
58	(58)	1,980	163	3,220	73,000	4,630	3,377,000	35,200	7,180	2,526,000
59	(59)	1,710	158	2,700	75,200	5,370	4,040,000	35,100	7,270	2,553,000
60	(60)	1,570	174	2,730	72,500	5,410	3,921,000	35,700	7,390	2,638,000
61	(61)	1,330	168	2,230	72,100	5,360	3,862,000	34,800	6,440	2,240,000
62	(62)	1,150	171	1,970	71,500	5,350	3,827,000	34,900	6,800	2,374,000
63	(63)	1,030	169	1,740	71,900	5,360	3,849,000	34,000	6,650	2,261,000

注：1　さとうきびの昭和24年産から昭和30年産には奄美群島を含まない。
　　2　さとうきびの昭和24年産から昭和29年産までの収穫面積については、調査を行わなかったため「…」とした。
　　3　昭和19年産から昭和48年産までは沖縄県を含まない。

(5) こんにゃくいも　　(6) い

(5) 栽培面積	(5) 収穫面積	(5) 10 a 当たり収量	(5) 収穫量	(6) 作付面積	(6) 10 a 当たり収量	(6) 収穫量	
(1)	(2)	(3)	(4)	(1)	(2)	(3)	
ha	ha	kg	t	ha	kg	t	
7,150	…	…	55,000	4,580	934	42,800	(1)
7,200	…	…	54,000	4,350	952	41,400	(2)
7,570	…	…	56,100	4,720	979	46,200	(3)
7,710	…	…	53,200	5,320	1,020	54,400	(4)
7,790	…	…	52,800	5,270	983	51,800	(5)
8,080	…	…	56,600	4,610	974	44,900	(6)
8,260	…	…	57,400	5,340	978	52,200	(7)
8,560	…	…	59,000	6,200	939	58,200	(8)
8,590	…	…	55,100	7,210	1,030	74,400	(9)
8,650	…	…	55,500	6,910	1,040	71,500	(10)
8,910	…	…	55,100	5,950	946	56,300	(11)
9,200	…	…	57,400	6,030	1,070	64,700	(12)
9,290	…	…	57,900	6,070	1,010	61,300	(13)
10,100	…	…	59,000	6,420	1,130	72,700	(14)
10,200	…	…	65,300	7,390	1,080	79,500	(15)
11,900	9,770	702	68,600	5,060	1,010	51,200	(16)
11,900	9,190	656	60,300	4,480	1,100	49,200	(17)
10,400	7,360	769	56,600	4,350	805	35,000	(18)
8,190	5,980	592	35,400	2,410	763	18,400	(19)
5,510	3,770	594	22,400	986	763	7,520	(20)
3,230	2,320	496	11,500	454	650	2,950	(21)
2,510	1,800	572	10,300	792	585	4,630	(22)
2,500	1,790	724	12,900	1,930	731	14,100	(23)
2,370	1,630	687	11,200	3,400	753	25,600	(24)
2,430	1,790	793	14,200	4,080	870	35,500	(25)
2,940	2,210	1,110	24,500	7,290	908	66,200	(26)
3,630	2,880	1,060	30,400	10,600	980	103,900	(27)
5,000	3,500	994	34,800	8,310	812	67,500	(28)
6,220	3,690	1,020	37,600	7,590	939	71,300	(29)
9,550	4,630	1,140	52,800	6,080	982	59,700	(30)
11,300	5,210	1,150	59,800	6,840	985	67,400	(31)
13,000	6,330	1,260	79,600	8,730	1,060	92,600	(32)
14,400	7,110	1,190	84,900	10,600	1,060	112,500	(33)
15,400	7,860	1,030	81,000	7,610	1,070	81,300	(34)
14,400	7,170	1,290	92,300	7,540	1,050	79,000	(35)
15,000	7,480	1,330	99,200	8,130	1,070	86,700	(36)
14,900	7,540	1,360	102,700	9,010	1,070	96,000	(37)
13,800	7,100	1,330	94,100	10,400	876	91,100	(38)
14,300	7,470	1,340	100,300	12,300	1,150	141,100	(39)
15,300	7,940	1,300	103,100	9,280	1,060	98,600	(40)
16,100	8,270	1,490	123,000	8,860	1,130	99,900	(41)
17,600	8,920	1,470	131,300	9,020	1,180	106,000	(42)
17,300	8,860	1,470	129,800	10,300	1,170	120,800	(43)
16,900	8,760	1,440	125,900	10,300	1,160	119,400	(44)
16,800	8,670	1,320	114,200	9,540	1,040	99,100	(45)
16,100	8,430	1,250	105,000	11,100	1,040	114,900	(46)
15,600	8,170	1,230	100,500	11,800	1,110	130,500	(47)
15,800	8,330	1,210	101,000	10,400	1,020	105,700	(48)
15,800	8,240	1,180	97,600	10,700	1,140	122,200	(49)
15,800	8,110	1,300	105,300	8,610	1,060	91,000	(50)
15,400	8,100	1,310	106,500	8,350	1,030	86,100	(51)
14,800	7,780	1,310	102,100	9,510	1,020	96,600	(52)
14,200	7,280	1,290	93,900	9,620	1,140	109,600	(53)
13,700	6,870	1,460	100,400	9,720	1,150	111,800	(54)
13,400	6,840	1,340	91,600	9,370	1,010	94,200	(55)
12,600	6,550	1,360	88,900	8,470	1,060	90,200	(56)
11,800	6,170	1,090	67,000	7,530	1,150	86,300	(57)
11,300	5,940	1,160	69,100	7,820	1,040	81,700	(58)
11,000	5,610	1,340	74,900	7,510	1,160	87,000	(59)
11,800	6,200	1,590	98,300	7,420	1,090	80,700	(60)
12,200	6,370	1,700	108,200	7,430	1,090	81,200	(61)
12,100	6,420	1,830	117,400	7,770	1,070	83,300	(62)
11,300	5,860	1,620	95,200	8,360	1,010	84,400	(63)

6 工芸農作物（続き）

(2) なたね　(3) てんさい　(4) さとうきび

年産	(2) なたね 作付面積（子実用）	(2) なたね 10a当たり収量	(2) なたね 収穫量	(3) てんさい 作付面積	(3) てんさい 10a当たり収量	(3) てんさい 収穫量	(4) さとうきび 収穫面積	(4) さとうきび 10a当たり収量	(4) さとうきび 収穫量
	(1)	(2)	(3)	(1)	(2)	(3)	(1)	(2)	(3)
	ha	kg	t	ha	kg	t	ha	kg	t
平成元年産 (64)	1,040	174	1,810	71,900	5,100	3,664,000	33,600	7,990	2,684,000
2 (65)	925	179	1,660	72,000	5,550	3,994,000	32,800	6,050	1,983,000
3 (66)	915	177	1,620	71,900	5,720	4,115,000	30,100	6,290	1,894,000
4 (67)	827	193	1,600	70,600	5,070	3,581,000	27,700	6,420	1,779,000
5 (68)	753	171	1,290	70,100	4,830	3,388,000	25,900	6,330	1,640,000
6 (69)	(491)	(232)	(1,140)	69,800	5,520	3,853,000	24,800	6,460	1,602,000
7 (70)	(409)	(238)	(974)	70,000	5,450	3,813,000	24,100	6,730	1,622,000
8 (71)	593	185	1,100	69,700	4,730	3,295,000	23,800	5,390	1,284,000
9 (72)	(373)	(243)	(907)	68,500	5,380	3,685,000	22,500	6,420	1,445,000
10 (73)	(433)	(247)	(1,070)	70,200	5,930	4,164,000	22,400	7,440	1,666,000
11 (74)	607	129	783	70,000	5,410	3,787,000	22,800	6,890	1,571,000
12 (75)	(319)	(204)	(650)	69,200	5,310	3,673,000	23,100	6,040	1,395,000
13 (76)	(301)	(217)	(652)	66,000	5,750	3,796,000	22,800	6,570	1,499,000
14 (77)	…	…	…	66,600	6,150	4,098,000	23,800	5,580	1,328,000
15 (78)	…	…	…	67,900	6,130	4,161,000	23,900	5,810	1,389,000
16 (79)	…	…	…	68,000	6,850	4,656,000	23,200	5,120	1,187,000
17 (80)	…	…	…	67,500	6,220	4,201,000	21,300	5,700	1,214,000
18 (81)	…	…	…	67,400	5,820	3,923,000	21,700	6,040	1,310,000
19 (82)	…	…	…	66,600	6,450	4,297,000	22,100	6,790	1,500,000
20 (83)	…	…	…	66,000	6,440	4,248,000	22,200	7,200	1,598,000
21 (84)	…	…	…	64,500	5,660	3,649,000	23,000	6,590	1,515,000
22 (85)	1,690	93	1,570	62,600	4,940	3,090,000	23,200	6,330	1,469,000
23 (86)	1,700	115	1,950	60,500	5,860	3,547,000	22,600	4,420	1,000,000
24 (87)	1,610	116	1,870	59,300	6,340	3,758,000	23,000	4,820	1,108,000
25 (88)	1,590	111	1,770	58,200	5,900	3,435,000	21,900	5,440	1,191,000
26 (89)	1,470	121	1,780	57,400	6,210	3,567,000	22,900	5,060	1,159,000
27 (90)	1,630	194	3,160	58,800	6,680	3,925,000	23,400	5,380	1,260,000
28 (91)	1,980	184	3,650	59,700	5,340	3,189,000	22,900	6,870	1,574,000
29 (92)	1,980	185	3,670	58,200	6,700	3,901,000	23,700	5,470	1,297,000
30 (93)	1,920	163	3,120	57,300	6,300	3,611,000	22,600	5,290	1,196,000
令和元 (94)	1,900	217	4,130	56,700	7,030	3,986,000	22,100	5,310	1,174,000
2 (95)	1,830	196	3,580	56,800	6,890	3,912,000	22,500	5,940	1,336,000

注：1　なたねについては、平成14年産から平成21年産までは調査を実施していない。
　　2　(　)内の数値は主産県の合計値である。

(5) こんにゃくいも

(6) い

(5) こんにゃくいも				(6) い			
栽培面積	収穫面積	10a当たり収量	収穫量	作付面積	10a当たり収量	収穫量	
(1)	(2)	(3)	(4)	(1)	(2)	(3)	
ha	ha	kg	t	ha	kg	t	
10,800	5,570	1,540	85,600	8,580	1,120	96,000	(64)
10,700	5,630	1,580	88,700	8,500	1,060	90,300	(65)
10,400	5,630	2,180	122,500	7,070	925	65,400	(66)
9,370	5,140	2,030	104,400	6,790	1,160	78,500	(67)
8,910	4,770	1,830	87,100	6,520	1,030	67,100	(68)
8,790	4,730	1,920	90,800	6,090	1,090	66,300	(69)
(6,280)	(3,440)	(1,990)	(68,600)	(5,610)	(1,150)	(64,500)	(70)
(5,950)	(3,380)	(2,430)	(82,100)	(5,210)	(1,120)	(58,400)	(71)
7,160	3,950	2,500	98,700	(5,020)	(1,150)	(57,700)	(72)
(5,620)	(3,250)	(2,640)	(85,700)	(4,420)	(1,060)	(47,000)	(73)
(5,190)	(2,790)	(2,060)	(57,400)	(3,490)	(1,040)	(36,300)	(74)
6,060	3,260	2,230	72,600	(2,730)	(1,080)	(29,400)	(75)
(4,710)	(2,660)	(2,630)	(69,900)	(1,870)	(1,140)	(21,300)	(76)
(4,590)	(2,560)	(2,550)	(65,200)	(1,810)	(1,140)	(20,700)	(77)
5,350	2,870	2,200	63,100	(1,870)	(1,100)	(20,500)	(78)
(4,260)	(2,400)	(2,800)	(67,100)	(1,800)	(1,150)	(20,700)	(79)
(4,160)	(2,380)	(2,820)	(67,000)	(1,700)	(1,280)	(21,800)	(80)
4,720	2,670	2,580	68,900	(1,370)	(1,120)	(15,300)	(81)
(3,780)	(2,290)	(2,680)	(61,400)	(1,110)	(1,370)	(15,200)	(82)
(3,720)	(2,090)	(2,660)	(55,500)	(1,070)	(1,280)	(13,700)	(83)
4,310	2,450	2,730	66,900	(1,000)	(1,430)	(14,300)	(84)
(3,690)	(2,150)	(3,000)	(64,600)	(899)	(1,280)	(11,500)	(85)
(3,660)	(2,010)	(2,880)	(57,800)	(838)	(1,150)	(9,640)	(86)
4,070	2,240	2,990	67,000	(854)	(1,240)	(10,600)	(87)
(3,570)	(2,000)	(3,110)	(62,200)	(818)	(1,440)	(11,800)	(88)
(3,490)	(1,930)	(2,910)	(56,100)	(739)	(1,370)	(10,100)	(89)
3,910	2,220	2,760	61,300	(701)	(1,110)	(7,800)	(90)
(3,470)	(2,060)	(3,460)	(71,300)	(643)	(1,300)	(8,340)	(91)
3,860	2,330	2,780	64,700	(578)	(1,480)	(8,530)	(92)
3,700	2,160	2,590	55,900	(541)	(1,390)	(7,500)	(93)
3,660	2,150	2,750	59,100	(476)	(1,500)	(7,130)	(94)
3,570	**2,140**	**2,510**	**53,700**	**(424)**	**(1,490)**	**(6,300)**	**(95)**

注：こんにゃくいもについては、平成11年産以降の主産県調査においては福島県を含まない。

全国農業地域別・都道府県別累年統計表（平成28年産～令和２年産）

1 米

(1) 水陸稲の収穫量及び水稲の作況指数

ア 水陸稲計

全国農業地域・都道府県	平成28年産		29		30
	作付面積（子実用）	収穫量（子実用）	作付面積（子実用）	収穫量（子実用）	作付面積（子実用）
	(1)	(2)	(3)	(4)	(5)
	ha	t	ha	t	ha
全国 (1)	**1,479,000**	**8,044,000**	**1,466,000**	**7,824,000**	**1,470,000**
（全国農業地域）					
北海道 (2)	105,000	578,600	103,900	581,800	…
都府県 (3)	1,374,000	7,466,000	1,362,000	7,242,000	…
東北 (4)	375,900	2,165,000	374,800	2,115,000	…
北陸 (5)	205,600	1,165,000	204,100	1,079,000	…
関東・東山 (6)	271,500	1,467,000	269,300	1,433,000	…
東海 (7)	93,400	480,300	92,400	460,100	…
近畿 (8)	104,500	538,700	103,200	526,600	…
中国 (9)	106,000	557,300	104,300	552,400	…
四国 (10)	50,900	250,500	49,900	242,400	…
九州 (11)	165,700	839,700	163,100	831,900	…
沖縄 (12)	785	2,300	727	2,190	…
（都道府県）					
北海道 (13)	105,000	578,600	103,900	581,800	…
青森 (14)	42,600	257,300	43,400	258,700	…
岩手 (15)	50,300	271,600	49,800	265,400	…
宮城 (16)	66,600	369,000	66,300	354,700	…
秋田 (17)	87,200	515,400	86,900	498,800	…
山形 (18)	65,000	395,200	64,500	385,700	…
福島 (19)	64,200	356,300	64,000	351,400	…
茨城 (20)	70,000	362,500	68,700	358,900	68,900
栃木 (21)	57,600	316,900	57,800	294,200	58,700
群馬 (22)	15,400	77,800	15,500	77,300	…
埼玉 (23)	31,700	156,600	31,600	156,100	…
千葉 (24)	55,800	305,900	55,200	299,700	…
東京 (25)	152	629	143	583	…
神奈川 (26)	3,120	15,400	3,100	15,700	…
新潟 (27)	116,800	678,600	116,300	611,700	…
富山 (28)	38,100	215,600	37,600	205,300	…
石川 (29)	25,600	136,700	25,300	131,300	…
福井 (30)	25,100	134,300	24,900	130,700	…
山梨 (31)	4,990	27,300	4,960	27,200	…
長野 (32)	32,700	204,000	32,300	203,200	…
岐阜 (33)	22,200	107,900	21,900	106,900	…
静岡 (34)	16,000	84,000	15,700	80,900	…
愛知 (35)	27,700	144,300	27,500	140,800	…
三重 (36)	27,600	144,100	27,400	131,500	…
滋賀 (37)	31,900	170,300	31,700	163,900	…
京都 (38)	14,800	76,400	14,700	75,000	…
大阪 (39)	5,310	26,800	5,150	26,100	…
兵庫 (40)	37,000	185,400	36,600	183,400	…
奈良 (41)	8,710	45,700	8,610	44,900	…
和歌山 (42)	6,720	34,100	6,560	33,300	…
鳥取 (43)	12,700	66,300	12,600	65,500	…
島根 (44)	17,700	93,500	17,500	90,800	…
岡山 (45)	30,400	162,000	30,100	163,700	…
広島 (46)	24,100	128,000	23,700	126,600	…
山口 (47)	21,000	107,500	20,300	105,800	…
徳島 (48)	11,700	57,300	11,500	55,200	…
香川 (49)	13,200	67,100	12,800	62,000	…
愛媛 (50)	14,200	72,100	13,900	70,600	…
高知 (51)	11,800	54,000	11,600	54,600	…
福岡 (52)	36,000	180,400	35,700	181,700	…
佐賀 (53)	24,800	129,200	24,600	130,600	…
長崎 (54)	12,000	59,500	11,600	57,400	…
熊本 (55)	33,800	178,100	33,300	175,500	…
大分 (56)	21,300	107,400	21,000	106,300	…
宮崎 (57)	16,800	83,700	16,300	81,300	…
鹿児島 (58)	21,000	101,400	20,400	99,100	…
沖縄 (59)	785	2,300	727	2,190	…

注：1 水陸稲計の全国値については、水稲の全国値と陸稲の全国値の合計である。
2 陸稲において、主産県調査を実施した年産の全国値については、主産県の調査結果から推計したものである。
3 陸稲において、平成29年産以降、作付面積は3年、収穫量は6年ごとに全国調査を実施し、全国調査以外の年にあっては主産県調査を実施することとしている。

	令和元		2		
収穫量（子実用）	作付面積（子実用）	収穫量（子実用）	作付面積（子実用）	収穫量（子実用）	
(6)	(7)	(8)	(9)	(10)	
t	ha	t	ha	t	
7,782,000	1,470,000	7,764,000	1,462,000	7,765,000	(1)
…	…	…	102,300	…	(2)
…	…	…	1,360,000	…	(3)
…	…	…	381,500	…	(4)
…	…	…	206,400	…	(5)
…	…	…	270,200	…	(6)
…	…	…	92,500	…	(7)
…	…	…	101,300	496,000	(8)
…	…	…	101,200	489,700	(9)
…	…	…	47,400	222,800	(10)
…	…	…	158,600	…	(11)
…	…	…	650	2,090	(12)
…	…	…	102,300	…	(13)
…	…	…	45,200	…	(14)
…	…	…	50,400	…	(15)
…	…	…	68,300	377,000	(16)
…	…	…	87,600	527,400	(17)
…	…	…	64,700	402,400	(18)
…	…	…	65,300	…	(19)
359,700	68,800	345,400	68,200	361,100	(20)
322,200	59,400	311,800	59,300	318,800	(21)
…	…	…	15,500	…	(22)
…	…	…	31,900	…	(23)
…	…	…	55,400	…	(24)
…	…	…	125	…	(25)
…	…	…	2,990	…	(26)
…	…	…	119,500	…	(27)
…	…	…	37,100	206,300	(28)
…	…	…	24,800	…	(29)
…	…	…	25,100	130,000	(30)
…	…	…	4,880	25,800	(31)
…	…	…	31,800	192,700	(32)
…	…	…	22,500	105,800	(33)
…	…	…	15,500	…	(34)
…	…	…	27,400	134,300	(35)
…	…	…	27,100	129,800	(36)
…	…	…	31,100	158,300	(37)
…	…	…	14,300	71,600	(38)
…	…	…	4,700	22,200	(39)
…	…	…	36,500	174,100	(40)
…	…	…	8,480	40,900	(41)
…	…	…	6,250	28,900	(42)
…	…	…	12,900	66,000	(43)
…	…	…	17,100	87,400	(44)
…	…	…	29,800	150,500	(45)
…	…	…	22,600	112,800	(46)
…	…	…	18,900	73,000	(47)
…	…	…	11,000	52,400	(48)
…	…	…	11,700	58,000	(49)
…	…	…	13,400	63,500	(50)
…	…	…	11,300	48,900	(51)
…	…	…	34,900	145,200	(52)
…	…	…	23,900	104,200	(53)
…	…	…	11,100	46,800	(54)
…	…	…	33,300	156,500	(55)
…	…	…	20,200	81,400	(56)
…	…	…	16,000	…	(57)
…	…	…	19,300	88,400	(58)
…	…	…	650	2,090	(59)

1　米（続き）

(1)　水陸稲の収穫量及び水稲の作況指数（続き）

イ　水稲

全国農業地域・都道府県	平成28年産							29							30			
	作付面積（子実用）	10a当たり収量	収穫量（子実用）	（参考）農家等使用ふるい目幅ベース		参考		作付面積（子実用）	10a当たり収量	収穫量（子実用）	（参考）農家等使用ふるい目幅ベース		参考		作付面積（子実用）	10a当たり収量	収穫量（子実用）	（参　農家等ふるい目
				10a当たり収量	作況指数	主食用作付面積	収穫量（主食用）				10a当たり収量	作況指数	主食用作付面積	収穫量（主食用）				10a当たり収量
	(1)	(2)	(3)	(4)	(5)	(6)	(7)	(8)	(9)	(10)	(11)	(12)	(13)	(14)	(15)	(16)	(17)	(18)
	ha	kg	t	kg		ha	t	ha	kg	t	kg		ha	t	ha	kg	t	kg
全国 (1)	**1,478,000**	**544**	**8,042,000**	**531**	**103**	**1,381,000**	**7,496,000**	**1,465,000**	**534**	**7,822,000**	**517**	**100**	**1,370,000**	**7,306,000**	**1,470,000**	**529**	**7,780,000**	**511**
(全国農業地域)																		
北海道 (2)	105,000	551	578,600	536	102	99,000	545,500	103,900	560	581,800	546	103	98,600	552,200	104,000	495	514,800	480
都府県 (3)	1,373,000	544	7,464,000	531	103	1,282,000	6,951,000	1,361,000	532	7,240,000	515	99	1,272,000	6,754,000	1,366,000	532	7,265,000	514
東北 (4)	375,900	576	2,165,000	563	103	333,700	1,917,000	374,800	564	2,115,000	543	99	334,300	1,882,000	379,100	564	2,137,000	540
北陸 (5)	205,600	567	1,165,000	553	107	182,100	1,031,000	204,100	529	1,079,000	509	98	180,100	952,100	205,600	533	1,096,000	508
関東・東山 (6)	270,500	542	1,465,000	530	101	259,900	1,407,000	268,500	533	1,431,000	518	99	257,400	1,372,000	270,300	539	1,457,000	524
東海 (7)	93,400	514	480,300	505	102	91,400	469,500	92,400	498	460,100	487	99	90,500	450,000	93,400	495	462,400	484
近畿 (8)	104,500	516	538,700	505	102	100,500	519,000	103,200	510	526,600	498	100	99,400	507,000	103,100	502	517,500	489
中国 (9)	106,000	526	557,300	516	102	102,200	537,900	104,300	530	552,400	518	103	101,200	536,100	103,700	519	537,800	509
四国 (10)	50,900	492	250,500	488	102	50,500	248,700	49,900	486	242,400	481	101	49,500	241,000	49,300	473	233,400	468
九州 (11)	165,700	507	839,700	489	101	161,300	817,500	163,100	510	831,900	490	101	158,700	811,400	160,400	512	821,300	494
沖縄 (12)	785	293	2,300	289	95	785	2,300	727	301	2,190	297	97	727	2,190	716	307	2,200	304
(都道府県)																		
北海道 (13)	105,000	551	578,600	536	102	99,000	545,500	103,900	560	581,800	546	103	98,600	552,200	104,000	495	514,800	480
青森 (14)	42,600	604	257,300	590	104	36,800	222,300	43,400	596	258,700	576	101	38,000	226,500	44,200	596	263,400	577
岩手 (15)	50,300	540	271,600	530	102	47,100	254,300	49,800	533	265,400	511	98	47,000	250,500	50,300	543	273,100	526
宮城 (16)	66,600	554	369,000	542	105	63,600	352,300	66,300	535	354,700	512	99	63,500	339,700	67,400	551	371,400	527
秋田 (17)	87,200	591	515,400	577	104	69,300	409,600	86,900	574	498,800	550	99	69,500	398,900	87,700	560	491,100	533
山形 (18)	65,000	608	395,200	597	103	56,800	345,300	64,500	598	385,700	578	100	56,400	337,300	64,500	580	374,100	556
福島 (19)	64,200	555	356,300	538	102	60,100	333,600	64,000	549	351,400	529	100	59,900	328,900	64,900	561	364,100	535
茨城 (20)	69,300	521	361,100	509	99	67,200	350,100	68,100	525	357,500	510	99	66,400	348,600	68,400	524	358,400	508
栃木 (21)	57,400	551	316,300	541	102	53,600	295,300	57,600	510	293,800	492	93	53,600	273,400	58,500	550	321,800	537
群馬 (22)	15,400	505	77,800	489	102	14,100	71,200	15,500	499	77,300	483	101	13,900	69,400	15,600	506	78,900	489
埼玉 (23)	31,700	494	156,600	481	101	31,200	154,100	31,600	494	156,100	478	101	30,700	151,700	31,900	487	155,400	471
千葉 (24)	55,700	549	305,800	538	102	53,900	295,900	55,200	543	299,700	529	100	53,300	289,400	55,600	542	301,400	525
東京 (25)	151	415	627	406	101	151	627	141	411	580	400	99	141	580	133	417	555	410
神奈川 (26)	3,120	495	15,400	484	101	3,110	15,400	3,090	509	15,700	488	102	3,090	15,700	3,080	492	15,200	470
新潟 (27)	116,800	581	678,600	565	108	101,500	589,700	116,300	526	611,700	505	96	100,300	527,600	118,200	531	627,600	500
富山 (28)	38,100	566	215,600	555	106	33,800	191,300	37,600	546	205,300	528	100	33,300	181,800	37,300	552	205,900	535
石川 (29)	25,600	534	136,700	525	104	23,200	123,900	25,300	519	131,300	504	99	23,200	120,400	25,100	519	130,300	507
福井 (30)	25,100	535	134,300	518	104	23,600	126,300	24,900	525	130,700	503	101	23,300	122,300	25,000	530	132,500	503
山梨 (31)	4,990	547	27,300	537	101	4,940	27,000	4,960	549	27,200	531	100	4,880	26,800	4,900	542	26,600	526
長野 (32)	32,700	624	204,000	615	101	31,700	197,800	32,300	629	203,200	616	101	31,300	196,900	32,200	618	199,000	607
岐阜 (33)	22,200	486	107,900	476	100	21,700	105,500	21,900	488	106,900	479	100	21,500	104,900	22,500	478	107,600	465
静岡 (34)	16,000	525	84,000	519	101	15,800	83,000	15,700	515	80,900	506	99	15,600	80,300	15,800	506	79,900	496
愛知 (35)	27,700	521	144,300	512	103	26,900	140,100	27,500	512	140,800	503	101	26,600	136,200	27,600	499	137,700	489
三重 (36)	27,600	522	144,100	511	105	27,000	140,900	27,400	480	131,500	466	95	26,800	128,600	27,500	499	137,200	489
滋賀 (37)	31,900	534	170,300	525	104	30,200	161,300	31,700	517	163,900	504	100	30,000	155,100	31,700	512	162,300	501
京都 (38)	14,800	516	76,400	507	101	14,300	73,800	14,700	510	75,000	501	100	14,100	71,900	14,500	502	72,800	491
大阪 (39)	5,310	505	26,800	491	102	5,310	26,800	5,150	506	26,100	490	102	5,150	26,100	5,010	494	24,700	475
兵庫 (40)	37,000	501	185,400	490	100	35,400	177,400	36,600	501	183,400	489	100	35,100	175,900	37,000	492	182,000	479
奈良 (41)	8,710	525	45,700	512	102	8,680	45,600	8,610	521	44,900	508	102	8,580	44,700	8,580	514	44,100	499
和歌山 (42)	6,720	507	34,100	496	102	6,720	34,100	6,560	507	33,300	496	102	6,560	33,300	6,430	492	31,600	479
鳥取 (43)	12,700	522	66,300	515	102	12,500	65,300	12,600	520	65,500	510	101	12,400	64,500	12,800	498	63,700	488
島根 (44)	17,700	528	93,500	521	104	17,300	91,300	17,500	519	90,800	510	102	17,200	89,300	17,500	524	91,700	515
岡山 (45)	30,400	533	162,000	521	101	29,200	155,600	30,100	544	163,700	531	103	29,100	158,300	30,200	517	156,100	504
広島 (46)	24,100	531	128,000	523	102	23,400	124,300	23,700	534	126,600	524	102	23,100	123,400	23,400	525	122,900	517
山口 (47)	21,000	512	107,500	502	102	19,800	101,400	20,300	521	105,800	508	103	19,300	100,600	19,800	522	103,400	513
徳島 (48)	11,700	490	57,300	487	104	11,500	56,400	11,500	480	55,200	476	101	11,300	54,200	11,400	470	53,600	466
早期栽培 (49)	4,470	480	21,500	478	104	…	…	4,450	481	21,400	477	104	…	…	4,400	466	20,500	463
普通栽培 (50)	7,180	497	35,700	494	104	…	…	7,080	479	33,900	475	100	…	…	7,000	474	33,200	470
香川 (51)	13,200	508	67,100	504	102	13,200	67,100	12,800	484	62,000	480	98	12,800	62,000	12,500	479	59,900	470
愛媛 (52)	14,200	508	72,100	501	102	14,200	72,100	13,900	508	70,600	503	102	13,900	70,600	13,900	498	69,200	492
高知 (53)	11,800	458	54,000	456	100	11,600	53,100	11,600	471	54,600	467	103	11,500	54,200	11,500	441	50,700	437
早期栽培 (54)	6,580	481	31,600	479	101	…	…	6,500	498	32,400	495	104	…	…	6,470	465	30,100	462
普通栽培 (55)	5,180	428	22,200	425	100	…	…	5,060	435	22,000	431	101	…	…	5,000	411	20,600	407
福岡 (56)	36,000	501	180,400	481	100	35,400	177,400	35,700	509	181,700	488	102	35,100	178,700	35,300	518	182,900	497
佐賀 (57)	24,800	521	129,200	504	100	24,600	128,200	24,600	531	130,600	511	102	24,400	129,600	24,300	532	129,300	514
長崎 (58)	12,000	496	59,500	481	104	12,000	59,500	11,600	495	57,400	469	101	11,600	57,400	11,500	499	57,400	483
熊本 (59)	33,800	527	178,100	508	102	32,500	171,300	33,300	527	175,500	508	102	32,200	169,700	33,300	529	176,200	510
大分 (60)	21,300	504	107,400	481	100	21,100	106,300	21,000	506	106,300	483	101	20,900	105,800	20,700	501	103,700	478
宮崎 (61)	16,800	498	83,700	485	100	15,500	77,200	16,300	499	81,300	485	101	15,000	74,900	16,100	493	79,400	480
早期栽培 (62)	6,730	461	31,000	454	97	…	…	6,460	494	31,900	486	103	…	…	6,410	476	30,500	469
普通栽培 (63)	10,000	523	52,300	505	103	…	…	9,870	503	49,600	485	99	…	…	9,670	505	48,800	487
鹿児島 (64)	21,000	483	101,400	467	100	20,200	97,600	20,400	486	99,100	468	100	19,600	95,300	19,200	481	92,400	468
早期栽培 (65)	4,610	429	19,800	416	96	…	…	4,460	472	21,100	464	107	…	…	4,340	450	19,500	439
普通栽培 (66)	16,400	498	81,700	481	100	…	…	16,000	490	78,400	468	98	…	…	14,800	490	72,500	477
沖縄 (67)	785	293	2,300	289	95	785	2,300	727	301	2,190	297	97	727	2,190	716	307	2,200	304
第一期稲 (68)	560	351	1,970	348	95	…	…	537	354	1,900	350	96	…	…	527	364	1,920	362
第二期稲 (69)	225	148	333	143	89	…	…	190	151	287	147	92	…	…	189	149	282	144

考）	参考		令和元							2							
使用幅ベース						（参考）農家等使用ふるい目幅ベース		参考					（参考）農家等使用ふるい目幅ベース		参考		
作況指数	主食用作付面積	収穫量（主食用）	作付面積（子実用）	10 a当たり収量	収穫量（子実用）	10 a当たり収量	作況指数	主食用作付面積	収穫量（主食用）	作付面積（子実用）	10 a当たり収量	収穫量（子実用）	10 a当たり収量	作況指数	主食用作付面積	収穫量（主食用）	
(19)	(20)	(21)	(22)	(23)	(24)	(25)	(26)	(27)	(28)	(29)	(30)	(31)	(32)	(33)	(34)	(35)	
	ha	t	ha	kg	t	kg		ha	t	ha	kg	t	kg		ha	t	
98	**1,386,000**	**7,327,000**	**1,469,000**	**528**	**7,762,000**	**514**	**99**	**1,379,000**	**7,261,000**	**1,462,000**	**531**	**7,763,000**	**508**	**99**	**1,366,000**	**7,226,000**	(1)
90	98,900	489,600	103,000	571	588,100	555	104	97,000	553,900	102,300	581	594,400	557	106	95,300	553,700	(2)
99	1,287,000	6,837,000	1,366,000	525	7,174,000	511	99	1,282,000	6,707,000	1,359,000	527	7,168,000	504	99	1,270,000	6,672,000	(3)
99	345,500	1,947,000	382,000	586	2,239,000	567	104	344,600	2,015,000	381,500	586	2,236,000	559	104	342,000	2,000,000	(4)
98	184,800	985,300	206,500	540	1,115,000	526	101	186,400	1,007,000	206,400	550	1,135,000	531	102	185,900	1,021,000	(5)
100	259,300	1,398,000	271,100	522	1,414,000	510	97	258,400	1,348,000	269,600	536	1,444,000	523	101	255,800	1,370,000	(6)
98	91,000	450,600	93,100	491	457,100	481	98	90,500	444,800	92,500	480	444,000	463	95	89,800	431,500	(7)
98	99,500	498,700	102,600	503	516,400	491	99	99,000	498,000	101,300	490	496,000	465	96	97,700	478,000	(8)
101	101,100	524,200	102,100	503	513,200	490	97	99,400	499,800	101,200	484	489,700	455	92	98,200	475,700	(9)
98	49,000	232,000	48,300	457	220,700	451	94	47,800	218,500	47,400	470	222,800	447	96	46,900	219,900	(10)
102	156,100	800,000	160,000	435	696,400	418	86	155,100	674,300	158,600	440	698,500	404	85	153,200	673,300	(11)
99	716	2,200	677	295	2,000	293	96	665	1,960	650	322	2,090	312	104	630	2,030	(12)
90	98,900	489,600	103,000	571	588,100	555	104	97,000	553,900	102,300	581	594,400	557	106	95,300	553,700	(13)
101	39,600	236,000	45,000	627	282,200	612	106	39,200	245,800	45,200	628	283,900	600	105	38,300	240,500	(14)
101	48,800	265,000	50,500	554	279,800	538	103	48,300	267,600	50,400	553	278,700	527	103	48,200	266,500	(15)
101	64,500	355,400	68,400	551	376,900	531	102	64,800	357,000	68,300	552	377,000	527	102	64,500	356,000	(16)
96	75,000	420,000	87,800	600	526,800	577	104	74,900	449,400	87,600	602	527,400	566	105	75,300	453,300	(17)
96	56,400	327,100	64,500	627	404,400	611	105	56,900	356,800	64,700	622	402,400	592	104	56,500	351,400	(18)
101	61,200	343,300	65,800	560	368,500	540	102	60,400	338,200	65,300	562	367,000	544	102	59,200	332,700	(19)
99	66,800	350,000	68,300	504	344,200	493	96	66,400	334,700	67,800	531	360,000	519	103	65,500	347,800	(20)
102	54,700	300,900	59,200	526	311,400	514	97	54,900	288,800	59,200	538	318,500	520	101	54,900	295,400	(21)
102	13,700	69,300	15,500	486	75,300	470	98	13,600	66,100	15,500	496	76,900	481	100	13,600	67,500	(22)
99	30,800	150,000	32,000	482	154,200	468	98	30,900	148,900	31,900	496	158,200	487	102	30,600	151,800	(23)
99	53,900	292,100	56,000	516	289,000	508	95	53,700	277,100	55,400	537	297,500	528	99	52,500	281,900	(24)
101	133	555	129	402	519	390	97	129	519	124	400	496	394	98	124	496	(25)
98	3,080	15,200	3,040	470	14,300	454	95	3,040	14,300	2,990	474	14,200	464	97	2,990	14,200	(26)
95	104,700	556,000	119,200	542	646,100	530	100	106,800	578,900	119,500	558	666,800	542	103	106,700	595,400	(27)
102	33,300	183,800	37,200	553	205,700	540	102	33,300	184,100	37,100	556	206,300	535	103	33,200	184,600	(28)
100	23,200	120,400	25,000	532	133,000	515	102	22,700	120,800	24,800	530	131,400	515	101	22,600	119,800	(29)
101	23,600	125,100	25,100	520	130,500	497	100	23,600	122,700	25,100	518	130,000	482	99	23,300	120,700	(30)
99	4,820	26,100	4,890	541	26,500	526	99	4,810	26,000	4,880	529	25,800	516	97	4,800	25,400	(31)
100	31,300	193,400	32,000	620	198,400	609	100	30,900	191,600	31,800	606	192,700	590	99	30,700	186,000	(32)
97	21,500	102,800	22,500	482	108,500	473	99	21,400	103,100	22,500	470	105,800	459	96	21,400	100,600	(33)
97	15,700	79,400	15,700	517	81,200	507	99	15,600	80,700	15,500	478	74,100	469	92	15,400	73,600	(34)
98	26,700	133,200	27,500	499	137,200	490	98	26,600	132,700	27,400	490	134,300	469	96	26,400	129,400	(35)
100	27,100	135,200	27,300	477	130,200	465	95	26,900	128,300	27,100	479	129,800	458	96	26,700	127,900	(36)
99	30,100	154,100	31,700	509	161,400	498	98	30,200	153,700	31,100	509	158,300	475	98	29,700	151,200	(37)
98	13,900	69,800	14,400	505	72,700	495	99	13,800	69,700	14,300	501	71,600	484	98	13,800	69,100	(38)
99	5,000	24,700	4,850	502	24,300	485	101	4,850	24,300	4,700	472	22,200	448	94	4,700	22,200	(39)
98	35,500	174,700	36,800	497	182,900	484	99	35,300	175,400	36,500	477	174,100	455	95	34,800	166,000	(40)
100	8,530	43,800	8,490	515	43,700	502	100	8,450	43,500	8,480	482	40,900	462	92	8,430	40,600	(41)
99	6,430	31,600	6,360	494	31,400	482	99	6,360	31,400	6,250	462	28,900	446	92	6,250	28,900	(42)
97	12,700	63,200	12,700	514	65,300	503	100	12,600	64,800	12,900	512	66,000	497	100	12,800	65,500	(43)
103	17,200	90,100	17,300	506	87,500	496	99	16,900	85,500	17,100	511	87,400	476	99	16,800	85,800	(44)
98	29,400	152,000	30,100	517	155,600	503	98	29,300	151,500	29,800	505	150,500	475	95	28,900	145,900	(45)
101	22,900	120,200	22,700	499	113,300	487	95	22,200	110,800	22,600	499	112,800	475	94	22,000	109,800	(46)
104	18,900	98,700	19,300	474	91,500	461	94	18,400	87,200	18,900	386	73,000	350	73	17,800	68,700	(47)
99	11,200	52,600	11,300	464	52,400	459	98	11,000	51,000	11,000	476	52,400	464	100	10,700	50,900	(48)
101	…	…	4,340	456	19,800	451	98	…	…	4,260	453	19,300	443	98	…	…	(49)
99	…	…	6,940	470	32,600	465	98	…	…	6,710	492	33,000	478	102	…	…	(50)
96	12,500	59,900	12,000	471	56,500	464	95	12,000	56,500	11,700	496	58,000	480	100	11,600	57,500	(51)
100	13,900	69,200	13,600	470	63,900	463	94	13,500	63,500	13,400	474	63,500	429	91	13,300	63,000	(52)
96	11,400	50,300	11,400	420	47,900	414	91	11,300	47,500	11,300	433	48,900	417	93	11,200	48,500	(53)
97	…	…	6,440	455	29,300	450	95	…	…	6,380	454	29,000	442	94	…	…	(54)
96	…	…	4,980	375	18,700	368	87	…	…	4,950	407	20,100	387	93	…	…	(55)
104	34,900	180,800	35,000	454	158,900	433	91	34,500	156,600	34,900	416	145,200	365	80	34,400	143,100	(56)
102	24,000	127,700	24,100	298	71,800	291	58	23,700	70,600	23,900	436	104,200	394	81	23,400	102,000	(57)
104	11,400	56,900	11,400	455	51,900	435	94	11,300	51,400	11,100	422	46,800	397	86	11,000	46,400	(58)
103	32,300	170,900	33,300	483	160,800	466	94	32,300	156,000	33,300	470	156,500	428	89	32,300	151,800	(59)
100	20,600	103,200	20,600	435	89,600	407	85	20,400	88,700	20,200	403	81,400	369	77	20,000	80,600	(60)
100	14,700	72,500	16,100	465	74,900	451	94	14,600	67,900	16,000	475	76,000	457	95	14,300	67,900	(61)
100	…	…	6,300	459	28,900	450	96	…	…	6,140	469	28,800	459	98	…	…	(62)
99	…	…	9,780	469	45,900	452	92	…	…	9,870	479	47,300	457	93	…	…	(63)
100	18,300	88,000	19,500	454	88,500	440	94	18,300	83,100	19,300	458	88,400	442	94	17,800	81,500	(64)
101	…	…	4,370	438	19,100	427	98	…	…	4,450	443	19,700	431	97	…	…	(65)
100	…	…	15,200	458	69,600	444	93	…	…	14,900	462	68,800	444	93	…	…	(66)
99	716	2,200	677	295	2,000	293	96	665	1,960	650	322	2,090	312	104	630	2,030	(67)
101	…	…	506	331	1,670	330	92	…	…	479	367	1,760	359	102	…	…	(68)
90	…	…	171	188	321	184	116	…	…	171	197	337	174	119	…	…	(69)

1　米（続き）

(1)　水陸稲の収穫量及び水稲の作況指数（続き）
ウ　陸稲

全国農業地域・都道府県	平成28年産 作付面積（子実用）	10a当たり収量	収穫量（子実用）	（参考）10a当たり平均収量対比	29 作付面積（子実用）	10a当たり収量	収穫量（子実用）	（参考）10a当たり平均収量対比	作付面積（子実用）
	(1)	(2)	(3)	(4)	(5)	(6)	(7)	(8)	(9)
	ha	kg	t	%	ha	kg	t	%	ha
全国 (1)	**944**	**218**	**2,060**	**94**	**813**	**236**	**1,920**	**106**	**750**
（全国農業地域）									
北海道 (2)	–	–	–	nc	0	x	x	x	…
都府県 (3)	944	218	2,060	94	813	236	1,920	107	…
東北 (4)	5	180	9	90	2	146	4	73	…
北陸 (5)	2	230	5	105	2	235	4	109	…
関東・東山 (6)	932	219	2,040	95	805	237	1,910	107	…
東海 (7)	1	100	1	50	1	220	1	110	…
近畿 (8)	–	–	–	nc	–	–	–	nc	…
中国 (9)	–	–	–	nc	–	–	–	nc	…
四国 (10)	–	–	–	nc	–	–	–	nc	…
九州 (11)	4	125	5	63	3	167	5	84	…
沖縄 (12)	–	–	–	nc	–	–	–	nc	…
（都道府県）									
北海道 (13)	–	–	–	nc	0	x	x	x	…
青森 (14)	2	198	4	79	0	142	1	58	…
岩手 (15)	x	x	x	x	0	183	1	97	…
宮城 (16)	–	–	–	–	–	–	–	–	…
秋田 (17)	x	x	x	x	–	–	–	–	…
山形 (18)	–	–	–	–	–	–	–	–	…
福島 (19)	2	175	4	101	2	124	2	71	…
茨城 (20)	652	212	1,380	91	580	244	1,420	109	528
栃木 (21)	232	239	554	103	191	228	435	100	183
群馬 (22)	7	157	11	97	3	160	5	101	…
埼玉 (23)	4	139	5	103	2	130	2	100	…
千葉 (24)	31	246	76	134	22	153	34	83	…
東京 (25)	1	160	2	119	2	160	3	119	…
神奈川 (26)	5	207	10	119	5	185	9	107	…
新潟 (27)	2	230	5	105	2	235	4	109	…
富山 (28)	–	–	–	nc	–	–	–	nc	…
石川 (29)	–	–	–	nc	–	–	–	nc	…
福井 (30)	–	–	–	nc	–	–	–	nc	…
山梨 (31)	–	–	–	nc	–	–	–	nc	…
長野 (32)	–	–	–	nc	–	–	–	nc	…
岐阜 (33)	–	–	–	–	–	–	–	nc	…
静岡 (34)	1	217	1	103	1	220	1	105	…
愛知 (35)	–	–	–	–	–	–	–	–	…
三重 (36)	–	–	–	–	–	–	–	–	…
滋賀 (37)	–	–	–	nc	–	–	–	nc	…
京都 (38)	–	–	–	–	–	–	–	–	…
大阪 (39)	–	–	–	nc	–	–	–	nc	…
兵庫 (40)	–	–	–	nc	–	–	–	nc	…
奈良 (41)	–	–	–	nc	–	–	–	nc	…
和歌山 (42)	–	–	–	nc	–	–	–	nc	…
鳥取 (43)	–	–	–	nc	–	–	–	nc	…
島根 (44)	–	–	–	nc	–	–	–	nc	…
岡山 (45)	–	–	–	nc	–	–	–	nc	…
広島 (46)	–	–	–	nc	–	–	–	nc	…
山口 (47)	–	–	–	nc	–	–	–	nc	…
徳島 (48)	–	–	–	–	–	–	–	–	…
香川 (49)	–	–	–	nc	–	–	–	nc	…
愛媛 (50)	–	–	–	nc	–	–	–	nc	…
高知 (51)	–	–	–	nc	–	–	–	nc	…
福岡 (52)	–	–	–	nc	–	–	–	nc	…
佐賀 (53)	–	–	–	nc	–	–	–	nc	…
長崎 (54)	–	–	–	–	–	–	–	–	…
熊本 (55)	0	139	0	99	0	135	0	95	…
大分 (56)	–	–	–	–	–	–	–	–	…
宮崎 (57)	1	113	1	56	1	174	1	87	…
鹿児島 (58)	3	143	4	67	2	181	4	93	…
沖縄 (59)	–	–	–	nc	–	–	–	nc	…

注：1　主産県調査を実施した年産の全国値については、主産県の調査結果から推計したものである。
　　2　平成29年産以降、作付面積は３年、収穫量は６年ごとに全国調査を実施し、全国調査以外の年にあっては主産県調査を実施することとしている。
　　3　「（参考）10ａ当たり平均収量対比」とは、10ａ当たり平均収量（原則として直近７か年のうち、最高及び最低を除いた５か年の平均値）に対する当年産の10ａ当たり収量の比率である。

30			令和元				2				
10a当たり収量	収穫量（子実用）	（参考）10a当たり平均収量対比	作付面積（子実用）	10a当たり収量	収穫量（子実用）	（参考）10a当たり平均収量対比	作付面積（子実用）	10a当たり収量	収穫量（子実用）	（参考）10a当たり平均収量対比	
(10)	(11)	(12)	(13)	(14)	(15)	(16)	(17)	(18)	(19)	(20)	
kg	t	%	ha	kg	t	%	ha	kg	t	%	
232	**1,740**	**100**	**702**	**228**	**1,600**	**97**	**636**	**236**	**1,500**	**100**	(1)
…	…	…	…	…	…	…	0	…	…	nc	(2)
…	…	…	…	…	…	…	636	…	…	nc	(3)
…	…	…	…	…	…	…	1	…	…	nc	(4)
…	…	…	…	…	…	…	x	…	…	nc	(5)
…	…	…	…	…	…	…	x	…	…	nc	(6)
…	…	…	…	…	…	…	0	…	…	nc	(7)
…	…	…	…	…	…	…	−	−	−	nc	(8)
…	…	…	…	…	…	…	−	−	−	nc	(9)
…	…	…	…	…	…	…	−	−	−	nc	(10)
…	…	…	…	…	…	…	0	…	…	nc	(11)
…	…	…	…	…	…	…	−	−	−	nc	(12)
…	…	…	…	…	…	…	0	…	…	nc	(13)
…	…	…	…	…	…	…	0	…	…	nc	(14)
…	…	…	…	…	…	…	0	…	…	nc	(15)
…	…	…	…	…	…	…	−	−	−	nc	(16)
…	…	…	…	…	…	…	−	−	−	−	(17)
…	…	…	…	…	…	…	−	−	−	−	(18)
…	…	…	…	…	…	…	1	…	…	nc	(19)
246	1,300	105	487	240	1,170	101	447	245	1,100	101	(20)
206	377	88	179	211	378	91	165	211	348	91	(21)
…	…	…	…	…	…	…	x	…	…	nc	(22)
…	…	…	…	…	…	…	0	…	…	nc	(23)
…	…	…	…	…	…	…	19	…	…	nc	(24)
…	…	…	…	…	…	…	1	…	…	nc	(25)
…	…	…	…	…	…	…	x	…	…	nc	(26)
…	…	…	…	…	…	…	x	…	…	nc	(27)
…	…	…	…	…	…	…	−	−	−	nc	(28)
…	…	…	…	…	…	…	x	…	…	nc	(29)
…	…	…	…	…	…	…	−	−	−	nc	(30)
…	…	…	…	…	…	…	−	−	−	nc	(31)
…	…	…	…	…	…	…	−	−	−	nc	(32)
…	…	…	…	…	…	…	−	−	−	nc	(33)
…	…	…	…	…	…	…	0	…	…	nc	(34)
…	…	…	…	…	…	…	−	−	−	nc	(35)
…	…	…	…	…	…	…	−	−	−	−	(36)
…	…	…	…	…	…	…	−	−	−	nc	(37)
…	…	…	…	…	…	…	−	−	−	nc	(38)
…	…	…	…	…	…	…	−	−	−	nc	(39)
…	…	…	…	…	…	…	−	−	−	nc	(40)
…	…	…	…	…	…	…	−	−	−	nc	(41)
…	…	…	…	…	…	…	−	−	−	nc	(42)
…	…	…	…	…	…	…	−	−	−	nc	(43)
…	…	…	…	…	…	…	−	−	−	nc	(44)
…	…	…	…	…	…	…	−	−	−	nc	(45)
…	…	…	…	…	…	…	−	−	−	nc	(46)
…	…	…	…	…	…	…	−	−	−	nc	(47)
…	…	…	…	…	…	…	−	−	−	nc	(48)
…	…	…	…	…	…	…	−	−	−	nc	(49)
…	…	…	…	…	…	…	−	−	−	nc	(50)
…	…	…	…	…	…	…	−	−	−	nc	(51)
…	…	…	…	…	…	…	−	−	−	nc	(52)
…	…	…	…	…	…	…	−	−	−	nc	(53)
…	…	…	…	…	…	…	−	−	−	−	(54)
…	…	…	…	…	…	…	−	−	−	−	(55)
…	…	…	…	…	…	…	−	−	−	−	(56)
…	…	…	…	…	…	…	0	…	…	nc	(57)
…	…	…	…	…	…	…	−	−	−	−	(58)
…	…	…	…	…	…	…	−	−	−	nc	(59)

1 米（続き）

(2) 水稲の10ａ当たり平年収量

単位：kg

全国農業地域・都道府県	平成28年産	農家等使用ふるい目幅ベース	29	農家等使用ふるい目幅ベース	30	農家等使用ふるい目幅ベース	令和元	農家等使用ふるい目幅ベース	2	農家等使用ふるい目幅ベース
	(1)	(2)	(3)	(4)	(5)	(6)	(7)	(8)	(9)	(10)
全国	**531**	**517**	**532**	**518**	**532**	**519**	**533**	**519**	**535**	**512**
（全国農業地域）										
北海道	541	524	546	530	548	532	548	532	550	524
都府県	530	516	531	518	531	518	532	518	533	511
東北	560	544	561	546	562	546	563	547	566	540
北陸	535	519	536	521	537	521	538	522	538	519
関東・東山	536	525	536	525	536	525	537	526	537	520
東海	503	493	503	494	503	494	503	493	502	487
近畿	508	496	508	496	509	497	509	497	508	484
中国	517	506	516	505	517	506	518	507	518	495
四国	484	479	483	478	482	477	483	478	482	465
九州	501	484	501	484	500	484	501	484	501	474
沖縄	309	305	309	305	309	306	309	306	309	299
（都道府県）										
北海道	541	524	546	530	548	532	548	532	550	524
青森	586	569	589	573	590	573	592	575	597	570
岩手	534	519	535	522	536	522	537	522	539	514
宮城	531	517	533	519	534	520	536	522	540	515
秋田	573	554	573	556	573	554	573	554	575	541
山形	595	578	595	580	596	580	596	580	598	568
福島	542	526	543	527	544	528	545	529	550	533
茨城	524	516	524	515	524	515	524	515	524	505
栃木	540	528	540	529	540	528	540	529	540	515
群馬	495	479	495	479	495	479	498	482	498	482
埼玉	490	475	490	475	490	476	490	476	492	477
千葉	535	525	538	528	540	530	542	532	544	534
東京	411	401	414	404	414	404	414	404	414	403
神奈川	493	478	493	478	494	479	494	478	494	477
新潟	541	524	543	527	543	527	544	528	544	527
富山	539	525	540	527	540	527	542	528	544	519
石川	519	504	520	507	520	506	520	506	523	509
福井	519	499	519	500	519	500	519	499	519	486
山梨	547	532	547	533	547	533	547	533	547	532
長野	621	609	619	607	619	607	619	607	619	598
岐阜	488	478	488	478	488	478	488	478	486	476
静岡	521	513	521	513	521	513	521	513	520	511
愛知	507	499	507	499	507	499	507	499	507	491
三重	500	488	500	489	500	489	500	489	500	479
滋賀	518	506	518	506	518	506	518	506	518	483
京都	511	501	511	502	511	501	511	501	511	494
大阪	495	480	495	480	495	480	495	480	495	479
兵庫	502	489	502	489	502	490	502	489	502	477
奈良	513	500	513	500	513	500	513	500	513	500
和歌山	495	484	495	484	495	484	497	486	497	486
鳥取	514	504	514	504	514	504	514	504	514	495
島根	509	500	509	500	511	502	511	502	511	483
岡山	526	515	526	514	526	514	526	514	526	501
広島	523	512	523	513	523	513	526	515	528	508
山口	504	492	504	492	504	492	504	492	504	481
徳島	474	469	474	469	474	469	474	469	474	462
早期栽培	463	459	463	459	463	459	463	459	463	453
普通栽培	480	475	480	475	480	475	480	475	481	467
香川	499	493	496	490	496	491	496	491	496	478
愛媛	498	493	498	492	498	493	498	492	498	469
高知	458	454	458	454	458	454	458	454	456	447
早期栽培	480	476	480	477	480	475	480	476	479	472
普通栽培	431	427	431	426	431	425	430	425	426	415
福岡	497	479	496	477	496	478	496	477	496	459
佐賀	519	503	519	503	519	503	519	503	519	488
長崎	479	462	480	463	480	463	482	464	482	464
熊本	513	497	513	497	513	497	513	497	513	480
大分	502	480	502	480	502	480	502	480	499	477
宮崎	496	483	496	482	496	482	496	482	496	482
早期栽培	479	470	479	470	478	469	478	470	478	470
普通栽培	508	491	508	490	507	490	508	490	508	490
鹿児島	482	469	482	469	482	469	482	468	484	470
早期栽培	444	434	444	434	444	435	445	435	453	443
普通栽培	493	479	493	478	493	479	493	478	493	478
沖縄	309	305	309	305	309	306	309	306	309	299
第一期稲	368	365	366	363	360	358	361	359	358	351
第二期稲	167	161	166	160	165	160	164	159	165	146

1　米（続き）

(3)　水稲の耕種期日（最盛期）一覧表（都道府県別）

都道府県	田植期						出		
	平成28年産	29	30	令和元	2	対平年差	平成28年産	29	30
	(1)	(2)	(3)	(4)	(5)	(6)	(7)	(8)	(9)
北海道 (1)	5.24	5.24	5.23	5.23	5.23	△ 1	8. 2	7.31	8. 2
青森 (2)	5.21	5.20	5.21	5.20	5.19	△ 2	8. 5	8. 6	8. 5
岩手 (3)	5.17	5.17	5.17	5.17	5.17	0	8. 6	8. 6	8. 3
宮城 (4)	5.11	5.11	5.11	5.11	5.12	1	8. 2	8. 1	7.31
秋田 (5)	5.21	5.22	5.23	5.22	5.23	1	8. 4	8. 6	8. 3
山形 (6)	5.18	5.18	5.19	5.18	5.19	0	8. 6	8. 7	8. 3
福島 (7)	5.16	5.17	5.17	5.16	5.16	△ 1	8. 9	8. 9	8. 5
茨城 (8)	5. 6	5. 5	5. 5	5. 6	5. 7	1	7.30	7.27	7.26
栃木 (9)	5. 6	5. 6	5. 6	5. 8	5. 7	0	7.31	7.28	7.26
群馬 (10)	6.13	6.14	6.13	6.14	6.15	1	8.19	8.19	8.16
埼玉 (11)	5.21	5.22	5.21	5.23	5.22	0	8.10	8. 8	8. 7
千葉 (12)	4.27	4.29	4.27	4.29	4.28	0	7.23	7.22	7.20
東京 (13)	6.13	6.11	6.10	6. 9	6.10	△ 2	8.15	8.13	8. 9
神奈川 (14)	6. 1	6. 2	6. 2	6. 1	6. 2	0	8.13	8.11	8. 9
新潟 (15)	5. 9	5.10	5.10	5.10	5.11	1	8. 4	8. 6	8. 3
富山 (16)	5.12	5.12	5.12	5.11	5.11	△ 1	7.31	8. 2	7.30
石川 (17)	5. 4	5. 5	5. 4	5. 5	5. 5	0	7.27	7.29	7.27
福井 (18)	5.16	5.14	5.15	5.16	5.16	0	8. 1	7.30	7.27
山梨 (19)	5.27	5.28	5.28	5.29	5.27	△ 1	8. 7	8. 9	8. 6
長野 (20)	5.22	5.22	5.22	5.22	5.22	0	8. 6	8. 5	8. 3
岐阜 (21)	5.27	5.28	5.28	5.28	5.28	0	8.18	8.20	8.18
静岡 (22)	5.18	5.19	5.19	5.21	5.19	△ 1	8. 6	8. 5	8. 5
愛知 (23)	5.23	5.23	5.23	5.24	5.24	0	8.17	8.17	8.16
三重 (24)	4.30	5. 1	4.30	5. 1	4.30	△ 1	7.21	7.23	7.20
滋賀 (25)	5. 9	5. 9	5. 8	5.10	5.11	2	7.30	7.29	7.28
京都 (26)	5.23	5.21	5.22	5.24	5.23	0	8. 2	8. 1	7.31
大阪 (27)	6. 8	6. 8	6. 8	6. 8	6. 8	0	8.22	8.23	8.22
兵庫 (28)	6. 3	6. 3	6. 3	6. 3	6. 4	0	8.12	8. 9	8. 8
奈良 (29)	6. 8	6. 8	6. 8	6. 8	6. 7	△ 1	8.24	8.23	8.23
和歌山 (30)	6. 3	6. 4	6. 3	6. 4	6. 6	2	8. 6	8. 7	8. 5
鳥取 (31)	5.25	5.24	5.26	5.24	5.24	△ 1	8. 5	8. 2	8. 5
島根 (32)	5.13	5.15	5.16	5.16	5.12	△ 3	7.28	7.27	7.26
岡山 (33)	6. 8	6. 7	6. 7	6. 8	6. 8	0	8.18	8.18	8.18
広島 (34)	5.18	5.18	5.18	5.18	5.18	0	8. 8	8. 5	8. 4
山口 (35)	6. 2	6. 2	6. 1	6. 1	6. 1	△ 1	8. 8	8. 7	8. 7
徳島									
早期栽培 (36)	4.16	4.16	4.16	4.15	4.14	△ 2	7.13	7.13	7.13
普通栽培 (37)	5.22	5.23	5.23	5.22	5.21	△ 2	7.30	7.30	7.30
香川 (38)	6.14	6.15	6.15	6.14	6.14	△ 1	8.20	8.19	8.20
愛媛 (39)	6. 2	6. 1	6. 1	6. 3	6. 2	0	8.11	8.12	8.12
高知									
早期栽培 (40)	4.11	4.13	4.11	4.11	4.11	△ 1	6.30	7. 1	7. 1
普通栽培 (41)	5.25	5.27	5.27	5.26	5.25	△ 1	8.18	8.17	8.18
福岡 (42)	6.16	6.17	6.16	6.17	6.16	△ 1	8.22	8.21	8.21
佐賀 (43)	6.19	6.19	6.19	6.20	6.20	0	8.26	8.26	8.27
長崎 (44)	6.13	6.16	6.13	6.15	6.14	△ 1	8.24	8.24	8.25
熊本 (45)	6.17	6.14	6.14	6.15	6.14	△ 1	8.21	8.21	8.20
大分 (46)	6.13	6.13	6.12	6.13	6.13	0	8.23	8.23	8.24
宮崎									
早期栽培 (47)	3.26	3.26	3.25	3.25	3.25	△ 1	6.21	6.28	6.22
普通栽培 (48)	6.14	6.15	6.15	6.15	6.14	△ 1	8.23	8.24	8.24
鹿児島									
早期栽培 (49)	4. 4	4. 4	4. 3	4. 4	4. 2	△ 2	6.22	6.29	6.22
普通栽培 (50)	6.20	6.22	6.20	6.20	6.20	△ 1	8.22	8.24	8.25
沖縄									
第一期稲 (51)	3. 5	3.12	3. 8	3. 3	3. 2	△ 4	5.23	5.25	5.21
第二期稲 (52)	8.18	8.18	8.13	8.17	8.15	0	9.28	10. 6	10. 5

注：1　最盛期とは、各期の面積割合が50%に達した期日である。
　　2　「対平年差」の「△」は、平年（過去５か年の平均値）より早いことを示している。

単位：月日

穂期			刈取期						
令和元	2	対平年差	平成28年産	29	30	令和元	2	対平年差	
(10)	(11)	(12)	(13)	(14)	(15)	(16)	(17)	(18)	
7.29	7.31	△ 1	9.28	10. 2	10. 4	9.29	9.27	△ 4	(1)
8. 4	8. 5	0	10. 2	10. 8	10. 7	9.30	10. 2	△ 2	(2)
8. 4	8. 6	1	10. 5	10.10	10. 7	10 .3	10 .3	△ 3	(3)
8. 2	8. 6	5	10. 4	10. 5	10. 3	9.28	9.29	△ 3	(4)
8. 2	8. 3	△ 1	10. 1	10. 8	10. 3	9.30	9.29	△ 4	(5)
8. 4	8. 6	1	10. 2	10. 6	10. 4	9.30	9.30	△ 3	(6)
8. 9	8. 9	1	10.11	10.12	10. 9	10. 8	10. 9	△ 1	(7)
8. 1	8. 2	4	9.14	9.13	9.11	9.14	9.13	△ 1	(8)
8. 2	8. 4	5	9.25	9.22	9.21	9.22	9.22	△ 1	(9)
8.21	8.21	2	10.20	10.23	10.20	10.21	10.20	△ 1	(10)
8.12	8.12	2	9.27	9.24	9.24	9.24	9.25	△ 1	(11)
7.26	7.21	△ 2	9. 3	9. 3	8.31	9. 5	9. 1	△ 3	(12)
8.15	8.14	0	10. 6	10. 6	10. 4	10. 5	10. 4	△ 1	(13)
8.13	8.11	△ 1	10. 4	10. 1	10. 3	9.30	9.29	△ 3	(14)
8. 3	8. 6	1	9.17	9.21	9.22	9.19	9.19	△ 2	(15)
8. 1	8. 5	4	9.11	9.14	9.19	9.11	9.16	1	(16)
7.29	7.30	1	9. 8	9.12	9. 9	9.11	9.10	△ 1	(17)
8. 2	8. 4	4	9.10	9. 9	9. 9	9.11	9.11	0	(18)
8.10	8.11	3	10. 6	9.29	10. 4	10. 3	10. 2	△ 1	(19)
8. 8	8. 9	3	10. 2	9.29	9.30	9.29	9.29	△ 2	(20)
8.21	8.21	1	10. 3	10. 4	10. 3	10. 2	10. 1	△ 3	(21)
8. 9	8. 7	0	9.19	9.19	9.22	9.21	9.21	0	(22)
8,19	8,20	2	10. 5	10. 5	10. 5	10. 6	10. 5	△ 1	(23)
7.27	7.22	△ 1	8.30	9. 2	8.31	9. 5	9. 4	1	(24)
7.31	8. 2	2	9.11	9.13	9.12	9.16	9.16	2	(25)
8. 1	8. 2	0	9.21	9.23	9.28	9.25	9.22	△ 3	(26)
8.22	8.22	△ 1	10.14	10.11	10.13	10.14	10. 7	△ 7	(27)
8.11	8.13	2	9.29	10. 1	10. 1	9.30	9.29	△ 2	(28)
8.23	8.23	△ 1	10.15	10.14	10.15	10.13	10.11	△ 4	(29)
8. 8	8. 6	△ 1	9.18	9.18	9.18	9.18	9.17	△ 2	(30)
8. 8	8. 9	3	9.24	9.22	9.27	9.30	9.28	1	(31)
8. 1	8. 3	4	9.18	9.18	9.19	9.17	9.17	△ 2	(32)
8.21	8.21	1	10. 6	10. 9	10.11	10. 9	10. 6	△ 4	(33)
8. 8	8. 9	2	9.27	9.24	9.26	9.28	9.26	△ 1	(34)
8. 9	8.12	3	9.25	9.24	9.23	9.23	9.18	△ 7	(35)
7.16	7.13	△ 1	8.20	8.20	8.20	8.25	8.22	0	(36)
7.31	7.31	0	9. 7	9. 9	9. 9	9.13	9. 7	△ 3	(37)
8.22	8.20	△ 1	9.30	10. 1	10. 3	10. 2	10. 1	△ 1	(38)
8.14	8.13	0	9.21	9.22	9.24	9.25	9.23	△ 1	(39)
7. 3	7. 2	0	8. 7	8. 8	8. 5	8.10	8. 8	0	(40)
8.18	8.17	△ 1	10.10	10. 7	10.11	10. 3	10. 2	△ 6	(41)
8.23	8.23	0	10. 4	10. 3	10. 3	10. 5	9.30	△ 5	(42)
8.30	8.30	2	10.11	10.10	10.10	10.11	10. 9	△ 3	(43)
8.27	8.26	0	10.12	10.13	10.12	10.13	10.12	△ 1	(44)
8.23	8.22	△ 1	10. 8	10. 9	10.10	10.11	10. 8	△ 2	(45)
8.28	8.24	△ 2	10.19	10.20	10.18	10.14	10.14	△ 5	(46)
6.24	6.24	0	7.29	8. 1	7.28	8. 1	8. 3	3	(47)
8.25	8.23	△ 2	10.15	10.12	10.14	10.11	10.12	△ 2	(48)
6.26	6.26	0	8. 2	8. 6	8. 1	8. 7	8. 9	4	(49)
8.28	8.24	△ 2	10.14	10.20	10.17	10.17	10.17	△ 1	(50)
5.19	5.21	△ 1	6.23	6.29	6.20	6.22	6.22	△ 1	(51)
10. 8	10.11	7	11. 7	11.12	11. 9	11.22	11.12	0	(52)

1　米（続き）

(4)　水稲の収量構成要素（水稲作況標本筆調査成績）

ア　1㎡当たり株数（単位：株）　　イ　1株当たり有効穂数（単位：本）

全国農業地域・都道府県	ア 平成28年産	29	30	令和元	2	イ 平成28年産	29	30	令和元	2
	(1)	(2)	(3)	(4)	(5)	(1)	(2)	(3)	(4)	(5)
全国	**17.4**	**17.3**	**17.3**	**17.2**	**17.2**	**22.9**	**23.6**	**22.9**	**23.9**	**23.1**
（全国農業地域）										
北海道	22.2	22.0	22.2	21.9	21.9	25.4	24.5	22.5	27.4	24.6
都府県	17.1	17.0	16.9	16.9	16.9	22.6	23.5	23.0	23.5	22.9
東北	18.3	18.3	18.2	18.1	18.2	23.6	23.9	23.1	25.4	24.7
北陸	17.4	17.3	17.5	17.5	17.5	22.4	22.1	21.1	22.5	21.6
関東・東山	16.8	16.6	16.5	16.3	16.4	22.1	23.4	23.5	23.6	22.7
東海	16.7	16.5	16.3	16.4	16.4	21.7	23.2	22.7	22.3	21.4
近畿	16.2	16.2	15.9	16.1	16.0	21.5	22.5	22.1	21.7	21.1
中国	16.1	16.0	15.8	15.9	15.7	21.1	23.4	22.3	22.5	22.2
四国	15.5	15.2	15.2	15.0	15.0	23.4	24.8	24.1	23.9	24.0
九州	16.2	16.2	16.1	16.0	16.1	23.8	24.7	24.8	22.4	22.0
沖縄	…	…	…	…	…	…	…	…	…	…
（都道府県）										
北海道	22.2	22.0	22.2	21.9	21.9	25.4	24.5	22.5	27.4	24.6
青森	19.5	19.5	19.4	19.6	19.6	21.9	21.6	20.9	23.2	22.6
岩手	17.6	17.5	17.3	17.4	17.4	24.2	25.1	23.8	26.3	25.9
宮城	17.2	17.1	16.9	16.8	17.2	25.5	26.9	26.2	27.6	26.0
秋田	19.1	19.0	18.8	18.9	18.8	22.4	22.5	21.4	23.9	23.7
山形	19.4	19.3	19.3	19.3	19.3	24.2	24.5	24.0	26.9	26.4
福島	17.2	17.1	17.3	16.8	16.8	23.0	23.7	22.9	24.6	24.0
茨城	16.3	16.1	15.8	15.6	15.7	22.5	24.3	24.7	24.9	24.1
栃木	17.5	17.1	17.0	17.0	17.1	20.5	21.6	22.0	21.6	20.8
群馬	17.0	17.0	16.5	16.7	16.5	21.3	21.5	23.0	21.0	20.5
埼玉	16.5	16.4	16.2	15.9	16.1	21.9	23.4	24.0	23.1	22.8
千葉	16.1	16.0	16.0	15.7	15.9	23.1	24.6	24.9	25.4	24.2
東京	…	…	…	…	…	…	…	…	…	…
神奈川	17.5	17.0	17.0	16.8	16.9	18.8	21.2	19.7	18.2	18.5
新潟	16.8	16.7	16.9	17.0	16.8	23.2	22.4	21.2	23.0	22.1
富山	19.2	19.1	19.2	18.9	19.7	20.0	20.1	19.3	20.4	19.1
石川	17.5	17.4	17.9	17.8	17.9	22.2	22.4	21.9	22.4	21.7
福井	17.6	17.6	17.7	17.3	17.5	22.8	23.4	22.8	23.4	22.9
山梨	17.2	17.0	16.5	16.5	16.6	22.7	23.9	22.8	22.9	22.7
長野	18.0	18.1	18.0	17.7	17.7	22.9	23.1	22.6	23.6	22.6
岐阜	16.1	15.9	15.7	15.7	15.6	22.0	22.9	22.7	22.5	21.9
静岡	17.6	17.4	17.2	16.9	17.2	20.7	22.2	20.8	21.7	20.4
愛知	17.0	16.9	16.8	17.1	16.8	21.6	23.0	22.6	22.0	21.3
三重	16.2	16.1	15.8	16.0	16.1	22.3	24.0	23.9	22.9	21.9
滋賀	16.6	16.5	16.0	16.6	16.8	22.6	23.5	23.3	22.2	21.3
京都	16.4	16.5	16.4	16.4	16.5	20.2	21.4	20.3	20.7	20.2
大阪	15.9	15.8	15.1	15.0	15.0	22.5	23.5	23.8	23.9	23.3
兵庫	15.8	16.0	15.8	15.9	15.4	20.8	21.5	21.3	21.1	20.6
奈良	15.8	15.4	15.7	15.9	15.6	22.4	24.2	23.1	22.3	22.1
和歌山	16.2	16.0	16.0	15.8	15.6	22.4	23.6	22.6	22.2	21.5
鳥取	16.2	16.3	16.3	16.1	16.1	21.1	23.4	21.1	22.2	22.6
島根	16.8	16.2	16.3	16.3	16.4	20.2	22.7	20.6	21.2	21.2
岡山	15.4	15.5	15.2	15.5	15.1	21.5	23.6	23.4	22.1	22.5
広島	16.0	15.9	15.5	15.4	15.1	21.4	24.0	22.8	24.6	23.0
山口	16.4	16.3	16.4	16.4	16.3	21.0	23.1	22.3	22.1	21.3
徳島	15.9	16.0	15.6	15.5	15.2	23.0	24.6	23.7	24.3	24.6
香川	16.5	15.8	15.6	15.1	15.4	23.2	23.7	23.9	23.3	23.2
愛媛	15.0	14.7	15.0	14.8	15.0	23.7	24.6	24.8	23.7	23.8
高知	14.5	14.5	14.5	14.5	14.3	23.7	26.3	24.0	24.8	24.7
福岡	16.2	16.2	16.3	16.1	16.3	22.8	24.0	24.4	21.5	21.0
佐賀	16.9	16.8	16.6	16.5	16.5	24.1	25.3	26.4	22.2	22.0
長崎	16.6	16.4	16.0	16.1	16.3	23.7	24.3	25.1	22.0	20.7
熊本	15.3	15.2	15.2	15.2	15.3	25.6	27.1	26.6	24.9	24.2
大分	15.3	15.2	14.8	15.0	15.0	24.0	24.2	25.4	22.3	22.3
宮崎	16.6	16.4	16.4	16.4	16.3	23.4	24.9	24.0	22.7	23.2
鹿児島	17.4	17.5	17.6	17.4	17.4	22.0	22.6	21.6	20.4	20.2
沖縄	…	…	…	…	…	…	…	…	…	…

注：1　徳島県、高知県、宮崎県及び鹿児島県については作期別（早期栽培・普通期栽培）の平均値である。
　　2　東京都及び沖縄県については、水稲作況標本筆を設置していないことから「…」で示した。
　　3　千もみ当たり収量、玄米千粒重及び10a当たり玄米重は、1.70㎜のふるい目で選別された玄米の重量である。

ウ　1㎡当たり有効穂数

単位：本

全国農業地域・都道府県	平成28年産 (1)	29 (2)	30 (3)	令和元 (4)	2 (5)
全国	**399**	**409**	**396**	**411**	**397**
（全国農業地域）					
北海道	563	538	500	599	538
都府県	387	399	388	397	387
東北	431	438	421	460	450
北陸	390	382	370	393	378
関東・東山	371	388	388	384	373
東海	362	382	370	366	351
近畿	349	364	352	350	337
中国	339	374	352	357	348
四国	362	377	366	359	360
九州	385	400	400	359	355
沖縄	…	…	…	…	…
（都道府県）					
北海道	563	538	500	599	538
青森	427	421	405	455	442
岩手	426	440	412	457	450
宮城	439	460	443	464	448
秋田	428	427	403	451	445
山形	470	473	464	520	509
福島	395	405	396	414	404
茨城	367	391	390	389	378
栃木	359	369	374	367	356
群馬	362	366	379	350	338
埼玉	362	384	389	368	367
千葉	372	394	398	398	384
東京	…	…	…	…	…
神奈川	329	360	335	305	312
新潟	389	374	358	391	372
富山	384	384	371	386	377
石川	389	389	392	398	388
福井	402	412	403	404	400
山梨	391	407	376	378	377
長野	413	419	406	418	400
岐阜	354	364	356	353	341
静岡	364	387	358	367	351
愛知	367	388	380	376	358
三重	362	387	377	367	352
滋賀	375	387	373	369	357
京都	331	353	333	339	334
大阪	358	372	360	358	349
兵庫	329	344	337	335	317
奈良	354	372	362	355	344
和歌山	363	378	361	351	335
鳥取	342	382	344	357	364
島根	339	368	335	346	347
岡山	331	366	356	343	340
広島	342	381	353	379	348
山口	344	376	366	363	348
徳島	366	394	370	377	374
香川	383	375	373	352	357
愛媛	355	361	372	351	357
高知	343	381	348	360	353
福岡	369	389	398	346	342
佐賀	407	425	438	367	363
長崎	394	399	402	354	338
熊本	392	412	405	378	371
大分	367	368	376	335	334
宮崎	389	409	393	373	378
鹿児島	382	395	380	355	352
沖縄	…	…	…	…	…

エ　1穂当たりもみ数

単位：粒

全国農業地域・都道府県	平成28年産 (1)	29 (2)	30 (3)	令和元 (4)	2 (5)
全国	**75.4**	**73.6**	**75.5**	**73.7**	**76.8**
（全国農業地域）					
北海道	60.2	63.2	61.6	58.1	64.5
都府県	77.0	74.7	76.8	75.6	78.0
東北	71.5	71.9	72.9	69.6	71.8
北陸	76.7	73.8	78.1	76.3	79.9
関東・東山	82.5	78.4	79.9	80.5	82.8
東海	77.3	72.8	76.2	76.8	78.6
近畿	81.9	78.3	80.1	80.3	83.1
中国	81.7	75.9	80.4	78.7	81.6
四国	77.9	74.0	76.2	76.6	78.6
九州	77.4	75.0	76.8	77.7	80.8
沖縄	…	…	…	…	…
（都道府県）					
北海道	60.2	63.2	61.6	58.1	64.5
青森	77.3	83.8	84.9	77.4	81.2
岩手	66.0	66.1	69.2	65.2	67.1
宮城	67.9	66.1	67.5	65.5	67.9
秋田	74.3	75.2	74.2	71.8	73.3
山形	67.9	67.4	68.3	64.4	66.8
福島	75.9	75.8	77.8	75.4	77.0
茨城	82.6	77.0	79.2	80.2	81.0
栃木	86.9	81.0	82.4	85.0	87.6
群馬	82.3	82.0	80.5	81.4	85.2
埼玉	81.2	75.3	74.3	79.3	80.9
千葉	82.5	77.7	80.2	77.4	81.5
東京	…	…	…	…	…
神奈川	82.7	82.8	80.3	81.6	83.3
新潟	78.4	74.6	80.7	77.7	83.3
富山	77.1	74.2	77.4	75.9	76.7
石川	74.3	73.5	74.5	73.6	74.0
福井	71.6	69.9	72.7	73.0	73.5
山梨	76.5	75.2	79.0	79.1	78.0
長野	78.5	79.2	80.3	81.1	83.0
岐阜	75.1	73.6	75.0	75.4	77.4
静岡	76.4	73.9	77.7	82.0	82.1
愛知	78.2	73.5	76.1	75.0	77.9
三重	79.0	71.3	76.9	76.8	78.7
滋賀	81.6	78.0	79.6	79.7	81.5
京都	84.9	79.0	82.6	81.1	84.1
大阪	81.8	79.3	80.0	80.7	82.8
兵庫	80.5	77.6	79.5	79.7	83.9
奈良	85.0	80.9	80.9	82.5	86.0
和歌山	79.3	76.2	78.9	80.9	81.5
鳥取	76.6	72.8	77.6	79.0	75.8
島根	81.1	76.4	85.1	82.1	84.1
岡山	84.3	78.7	80.6	81.3	84.1
広島	83.3	74.5	79.9	75.2	81.9
山口	80.5	75.8	78.7	76.6	79.9
徳島	80.1	72.6	75.9	75.9	77.3
香川	76.5	73.3	75.9	75.6	80.4
愛媛	80.6	78.7	79.3	80.1	81.8
高知	73.8	70.6	73.0	73.6	74.8
福岡	80.2	76.6	78.9	79.5	81.6
佐賀	76.9	75.1	73.7	76.8	79.3
長崎	77.7	73.9	75.6	79.4	80.5
熊本	77.0	73.8	78.3	77.0	82.5
大分	80.4	81.5	80.9	83.3	85.3
宮崎	73.3	69.4	73.5	72.9	77.0
鹿児島	75.1	72.4	72.6	74.4	78.4
沖縄	…	…	…	…	…

1　米（続き）

(4)　水稲の収量構成要素（水稲作況標本筆調査成績）（続き）

オ　1㎡当たり全もみ数（単位：百粒）　　カ　千もみ当たり収量（単位：g）

全国農業地域・都道府県	オ 1㎡当たり全もみ数 平成28年産 (1)	29 (2)	30 (3)	令和元 (4)	2 (5)	カ 千もみ当たり収量 平成28年産 (1)	29 (2)	30 (3)	令和元 (4)	2 (5)
全国	**301**	**301**	**299**	**303**	**305**	**18.5**	**18.1**	**18.1**	**17.9**	**17.9**
（全国農業地域）										
北海道	339	340	308	348	347	16.8	17.1	16.7	16.9	17.2
都府県	298	298	298	300	302	18.7	18.3	18.2	18.0	17.9
東北	308	315	307	320	323	19.1	18.3	18.7	18.8	18.5
北陸	299	282	289	300	302	19.4	19.2	18.9	18.4	18.7
関東・東山	306	304	310	309	309	18.1	17.9	17.7	17.2	17.7
東海	280	278	282	281	276	18.7	18.3	18.0	17.9	17.9
近畿	286	285	282	281	280	18.4	18.2	18.1	18.2	17.8
中国	277	284	283	281	284	19.4	19.1	18.8	18.3	17.6
四国	282	279	279	275	283	17.9	17.8	17.4	17.0	17.0
九州	298	300	307	279	287	17.4	17.4	17.0	16.8	15.9
沖縄	…	…	…	…	…	…	…	…	…	…
（都道府県）										
北海道	339	340	308	348	347	16.8	17.1	16.7	16.9	17.2
青森	330	353	344	352	359	18.6	17.3	17.7	18.4	17.9
岩手	281	291	285	298	302	19.6	18.7	19.4	19.0	18.7
宮城	298	304	299	304	304	19.0	18.0	18.8	18.5	18.6
秋田	318	321	299	324	326	19.0	18.3	19.1	18.9	18.8
山形	319	319	317	335	340	19.5	19.2	18.7	19.1	18.7
福島	300	307	308	312	311	18.9	18.3	18.6	18.6	18.5
茨城	303	301	309	312	306	17.6	17.8	17.3	16.5	17.7
栃木	312	299	308	312	312	18.1	17.4	18.2	17.2	17.6
群馬	298	300	305	285	288	17.2	17.0	17.0	17.3	17.5
埼玉	294	289	289	292	297	17.1	17.4	17.1	16.8	17.4
千葉	307	306	319	308	313	18.3	18.1	17.3	17.3	17.5
東京	…	…	…	…	…	…	…	…	…	…
神奈川	272	298	269	249	260	18.5	17.3	18.6	19.2	18.5
新潟	305	279	289	304	310	19.5	19.3	18.8	18.3	18.6
富山	296	285	287	293	289	19.6	19.6	19.7	19.3	19.7
石川	289	286	292	293	287	18.9	18.5	18.2	18.5	18.8
福井	288	288	293	295	294	18.9	18.6	18.5	18.1	18.0
山梨	299	306	297	299	294	18.5	18.2	18.5	18.3	18.2
長野	324	332	326	339	332	19.6	19.3	19.3	18.6	18.6
岐阜	266	268	267	266	264	18.6	18.6	18.3	18.5	18.2
静岡	278	286	278	301	288	19.4	18.5	18.6	17.6	17.1
愛知	287	285	289	282	279	18.5	18.3	17.7	18.1	18.0
三重	286	276	290	282	277	18.6	17.7	17.7	17.5	17.8
滋賀	306	302	297	294	291	17.8	17.5	17.6	17.6	17.8
京都	281	279	275	275	281	18.6	18.6	18.5	18.7	18.1
大阪	293	295	288	289	289	17.5	17.4	17.4	17.6	16.5
兵庫	265	267	268	267	266	19.3	19.3	18.7	19.0	18.3
奈良	301	301	293	293	296	17.7	17.6	17.8	17.8	16.6
和歌山	288	288	285	284	273	18.0	17.8	17.5	17.7	17.3
鳥取	262	278	267	282	276	20.2	19.1	19.0	18.6	19.1
島根	275	281	285	284	292	19.6	18.9	19.0	18.2	17.8
岡山	279	288	287	279	286	19.4	19.3	18.5	18.9	18.1
広島	285	284	282	285	285	19.2	19.2	19.3	17.9	17.9
山口	277	285	288	278	278	18.9	18.8	18.5	17.5	15.0
徳島	293	286	281	286	289	17.0	17.1	17.0	16.5	16.7
香川	293	275	283	266	287	17.7	18.0	17.3	18.1	17.7
愛媛	286	284	295	281	292	18.1	18.2	17.4	17.2	16.6
高知	253	269	254	265	264	18.7	17.9	17.9	16.2	16.7
福岡	296	298	314	275	279	17.4	17.5	16.8	17.0	15.6
佐賀	313	319	323	282	288	17.0	17.0	16.8	16.1	15.8
長崎	306	295	304	281	272	17.0	17.1	16.9	16.8	16.1
熊本	302	304	317	291	306	17.7	17.6	17.0	17.0	15.8
大分	295	300	304	279	285	17.4	17.3	16.7	16.0	14.7
宮崎	285	284	289	272	291	17.8	17.9	17.3	17.4	16.6
鹿児島	287	286	276	264	276	17.3	17.5	17.9	17.6	17.1
沖縄	…	…	…	…	…	…	…	…	…	…

キ　粗玄米粒数歩合

ク　玄米粒数歩合

単位：%　　　　単位：%

全国農業地域・都道府県	キ 粗玄米粒数歩合 平成28年産 (1)	29 (2)	30 (3)	令和元 (4)	2 (5)	ク 玄米粒数歩合 平成28年産 (1)	29 (2)	30 (3)	令和元 (4)	2 (5)
全国	**88.7**	**87.0**	**88.3**	**88.4**	**88.5**	**96.6**	**95.0**	**95.5**	**95.9**	**95.9**
（全国農業地域）										
北海道	80.5	80.0	80.2	82.8	81.6	96.3	96.7	96.0	96.5	96.5
都府県	89.6	87.9	88.9	89.0	89.1	96.3	94.7	95.5	95.5	95.9
東北	89.9	87.0	89.6	90.3	90.1	97.5	95.3	96.4	96.2	96.9
北陸	91.6	91.1	91.0	89.7	91.1	97.1	94.9	95.8	96.7	96.7
関東・東山	88.9	88.2	89.7	88.7	90.0	95.6	94.0	94.6	95.6	96.8
東海	87.9	86.0	85.8	86.1	86.6	96.7	95.4	95.9	96.3	96.2
近畿	88.5	87.4	86.9	89.3	89.3	95.7	94.8	95.1	95.2	95.2
中国	91.0	88.4	89.4	89.3	88.0	96.8	96.4	96.4	95.6	95.2
四国	88.3	88.2	86.7	85.8	86.6	95.2	94.3	94.2	93.6	93.5
九州	87.6	87.0	85.7	86.7	83.3	94.6	93.9	93.5	93.4	92.1
沖縄	…	…	…	…	…	…	…	…	…	…
（都道府県）										
北海道	80.5	80.0	80.2	82.8	81.6	96.3	96.7	96.0	96.5	96.5
青森	87.9	79.9	83.4	85.5	85.5	96.6	95.7	96.5	96.7	96.7
岩手	91.1	89.7	91.2	91.3	91.7	98.4	95.0	96.9	96.7	96.4
宮城	90.3	86.2	90.6	92.1	91.1	97.8	95.4	95.9	95.0	97.5
秋田	89.0	86.3	91.0	91.0	90.8	97.5	95.3	96.3	96.6	97.0
山形	91.8	90.9	90.9	91.9	91.5	98.0	95.2	95.8	96.1	97.4
福島	89.7	87.6	89.3	89.4	90.0	97.0	95.2	96.0	95.3	96.1
茨城	87.8	87.0	89.0	87.2	89.9	96.2	94.7	94.5	96.3	97.5
栃木	89.7	88.3	94.2	88.5	90.7	95.7	91.7	94.8	95.3	96.8
群馬	86.6	83.3	85.6	88.8	90.6	92.2	94.4	93.5	92.5	94.6
埼玉	87.4	88.9	88.2	89.4	90.2	94.6	93.4	94.1	94.3	96.6
千葉	87.3	87.9	87.1	88.6	86.9	95.5	94.8	94.2	96.3	96.7
東京	…	…	…	…	…	…	…	…	…	…
神奈川	87.9	89.3	93.3	94.4	90.0	95.4	91.7	92.8	94.5	95.7
新潟	93.4	92.5	91.0	89.1	91.6	97.2	94.6	95.8	96.7	96.5
富山	90.2	91.6	93.0	92.2	92.7	97.8	95.4	96.3	97.4	97.8
石川	85.8	86.4	86.0	88.1	89.5	98.4	96.4	96.4	96.9	97.3
福井	89.6	89.2	91.1	90.8	89.8	96.1	93.8	95.5	94.4	95.5
山梨	90.3	91.8	90.9	90.0	89.8	96.3	93.6	94.8	95.5	97.0
長野	92.9	91.9	90.5	90.0	92.5	97.0	95.4	96.6	95.7	97.1
岐阜	85.0	84.7	85.0	85.0	86.0	96.5	96.0	95.6	96.9	96.0
静岡	89.6	86.0	88.1	86.0	85.1	97.6	96.3	95.9	96.5	96.3
愛知	87.1	85.3	84.1	85.1	86.0	96.4	96.3	95.9	96.7	96.3
三重	89.5	87.0	86.9	87.6	87.7	96.5	94.2	96.0	95.1	96.3
滋賀	85.6	84.4	83.5	87.1	87.3	96.2	94.1	97.2	96.5	96.5
京都	88.3	88.2	89.5	91.3	89.3	95.2	95.5	95.1	96.0	95.2
大阪	87.7	87.8	88.5	88.9	89.3	94.6	94.6	92.5	94.6	93.4
兵庫	92.5	90.3	89.6	91.8	92.5	95.5	95.4	94.2	94.7	94.7
奈良	86.0	87.0	86.3	87.4	87.5	95.8	93.5	94.5	95.3	93.8
和歌山	86.1	85.8	86.0	87.0	87.2	95.2	94.7	92.2	94.3	95.0
鳥取	90.8	88.1	88.8	88.3	91.3	97.5	95.9	96.6	96.0	96.8
島根	91.3	87.5	90.5	88.7	88.7	97.2	96.7	96.9	96.4	96.9
岡山	92.1	89.6	88.5	91.4	89.2	96.1	95.3	94.9	94.9	95.3
広島	89.5	87.7	90.4	87.4	89.1	98.0	97.6	97.3	96.0	96.9
山口	90.6	88.8	88.2	88.8	81.3	96.0	95.7	96.9	95.5	91.2
徳島	81.6	85.0	83.6	82.2	82.7	97.5	95.1	96.2	94.9	95.4
香川	91.8	90.5	88.7	90.2	89.2	92.2	91.6	90.4	92.5	92.2
愛媛	89.5	88.7	87.5	87.5	88.7	95.3	94.8	94.2	93.5	92.3
高知	89.7	88.8	87.0	83.8	84.8	96.9	95.8	96.8	93.2	93.8
福岡	87.2	86.9	85.7	86.5	82.4	94.2	93.1	92.9	93.3	92.2
佐賀	85.6	85.0	82.7	86.2	82.3	92.9	92.3	92.5	89.7	90.3
長崎	84.3	87.5	84.2	86.1	85.7	94.6	93.8	94.1	94.6	90.6
熊本	90.4	87.8	86.8	87.3	82.7	94.9	94.4	93.8	94.1	92.5
大分	88.1	87.0	85.9	85.3	81.1	94.6	93.1	92.7	92.0	90.9
宮崎	88.1	89.8	86.2	89.7	86.6	96.0	95.3	94.4	93.9	92.1
鹿児島	86.1	87.4	87.3	87.1	85.1	95.5	94.4	95.4	95.7	94.9
沖縄	…	…	…	…	…	…	…	…	…	…

1　米（続き）

(4)　水稲の収量構成要素（水稲作況標本筆調査成績）（続き）

ケ　玄米千粒重（単位：g）　　コ　10ａ当たり未調製乾燥もみ重（単位：kg）

全国農業地域・都道府県	ケ 玄米千粒重 平成28年産	29	30	令和元	2	コ 10ａ当たり未調製乾燥もみ重 平成28年産	29	30	令和元	2
	(1)	(2)	(3)	(4)	(5)	(1)	(2)	(3)	(4)	(5)
全国	**21.6**	**21.9**	**21.5**	**21.1**	**21.0**	**711**	**707**	**699**	**702**	**701**
（全国農業地域）										
北海道	21.6	22.1	21.6	21.2	21.9	721	731	657	742	753
都府県	21.6	21.9	21.5	21.2	21.0	710	705	702	699	697
東北	21.8	22.1	21.7	21.6	21.2	743	743	733	765	763
北陸	21.8	22.2	21.6	21.3	21.2	730	688	693	707	713
関東・東山	21.3	21.6	20.9	20.3	20.4	713	711	717	697	705
東海	22.0	22.3	21.9	21.6	21.4	669	657	661	653	642
近畿	21.7	22.0	21.9	21.4	21.0	682	678	670	670	653
中国	22.0	22.4	21.8	21.4	21.0	684	695	687	661	649
四国	21.3	21.4	21.3	21.2	21.0	659	655	633	614	631
九州	21.0	21.3	21.2	20.8	20.7	683	692	693	628	616
沖縄	…	…	…	…	…	…	…	…	…	…
（都道府県）										
北海道	21.6	22.1	21.6	21.2	21.9	721	731	657	742	753
青森	22.0	22.6	22.0	22.2	21.6	779	795	775	816	835
岩手	21.8	21.9	21.9	21.5	21.2	689	706	691	715	710
宮城	21.5	21.8	21.6	21.2	20.9	735	713	734	728	723
秋田	21.8	22.3	21.8	21.5	21.4	755	754	725	775	776
山形	21.6	22.1	21.4	21.6	21.0	778	783	750	817	811
福島	21.7	21.9	21.7	21.8	21.4	715	714	730	742	732
茨城	20.8	21.6	20.6	19.7	20.3	693	701	705	677	696
栃木	21.0	21.5	20.4	20.4	20.0	716	690	727	702	705
群馬	21.6	21.7	21.2	21.1	20.4	682	659	684	668	674
埼玉	20.7	21.0	20.6	20.0	20.0	658	674	660	651	684
千葉	22.0	21.7	21.1	20.2	20.8	724	715	716	682	695
東京	…	…	…	…	…	…	…	…	…	…
神奈川	22.0	21.1	21.4	21.5	21.5	660	698	674	633	643
新潟	21.5	22.1	21.5	21.2	21.0	748	683	690	712	729
富山	22.2	22.5	22.0	21.5	21.7	734	716	726	720	710
石川	22.3	22.2	21.9	21.7	21.6	683	671	656	689	683
福井	22.0	22.2	21.3	21.1	21.0	684	689	692	678	670
山梨	21.3	21.1	21.4	21.3	20.9	714	741	724	732	700
長野	21.8	22.1	22.1	21.6	20.7	804	820	805	815	789
岐阜	22.8	22.8	22.5	22.4	22.0	631	639	636	631	620
静岡	22.1	22.3	22.0	21.2	20.8	686	688	675	691	651
愛知	22.0	22.3	22.0	22.0	21.7	676	676	673	663	654
三重	21.6	21.6	21.2	21.0	21.1	681	636	661	640	642
滋賀	21.6	22.0	21.7	21.0	21.1	692	687	677	673	663
京都	22.2	22.0	21.8	21.3	21.3	684	673	661	666	655
大阪	21.1	20.9	21.2	20.9	19.8	667	669	666	660	651
兵庫	21.8	22.4	22.1	21.8	20.9	674	676	667	669	649
奈良	21.5	21.6	21.8	21.4	20.2	695	684	684	681	658
和歌山	21.9	21.9	22.1	21.6	20.9	667	658	651	659	610
鳥取	22.8	22.6	22.1	21.9	21.6	670	678	651	675	666
島根	22.1	22.3	21.6	21.2	20.7	687	686	693	659	666
岡山	21.9	22.6	22.0	21.8	21.3	692	710	695	680	673
広島	21.9	22.5	22.0	21.4	20.8	694	700	697	658	659
山口	21.7	22.1	21.6	20.6	20.2	668	685	683	630	575
徳島	21.4	21.1	21.2	21.2	21.2	636	633	620	619	628
香川	21.0	21.7	21.5	21.7	21.6	710	683	647	626	663
愛媛	21.2	21.6	21.1	21.0	20.3	675	675	676	640	649
高知	21.5	21.0	21.2	20.8	21.0	606	623	577	566	580
福岡	21.2	21.7	21.1	21.0	20.5	671	685	701	622	582
佐賀	21.4	21.7	21.9	20.8	21.2	718	738	734	630	626
長崎	21.3	20.8	21.4	20.7	20.8	682	662	683	624	595
熊本	20.7	21.3	20.9	20.7	20.6	707	712	717	656	653
大分	20.9	21.4	21.0	20.4	19.9	679	688	682	621	593
宮崎	21.0	20.9	21.3	20.7	20.9	655	661	647	614	639
鹿児島	21.0	21.2	21.4	21.1	21.1	652	658	642	607	621
沖縄	…	…	…	…	…	…	…	…	…	…

サ　10ａ当たり粗玄米重

シ　玄米重歩合

全国農業地域・都道府県	サ 10ａ当たり粗玄米重（単位：kg）					シ 玄米重歩合（単位：%）				
	平成28年産	29	30	令和元	2	平成28年産	29	30	令和元	2
	(1)	(2)	(3)	(4)	(5)	(1)	(2)	(3)	(4)	(5)
全国	**567**	**562**	**555**	**557**	**557**	**98.1**	**97.2**	**97.5**	**97.5**	**97.8**
(全国農業地域)										
北海道	578	589	524	598	608	98.3	98.5	97.9	98.3	98.4
都府県	567	559	558	553	553	98.1	97.3	97.3	97.6	97.8
東北	595	591	588	613	609	98.8	97.6	97.8	97.9	98.4
北陸	589	555	558	563	574	98.5	97.5	97.7	98.2	98.4
関東・東山	567	563	566	547	557	97.5	96.6	97.2	97.4	98.4
東海	533	520	520	514	502	98.3	97.7	97.7	98.1	98.2
近畿	538	535	525	525	512	97.6	97.2	97.1	97.5	97.5
中国	547	554	544	526	512	98.4	97.8	98.0	97.5	97.5
四国	519	513	501	486	499	97.1	96.7	96.8	96.3	96.2
九州	536	543	542	489	478	96.8	96.1	96.3	95.9	95.2
沖縄	…	…	…	…	…	…	…	…	…	…
(都道府県)										
北海道	578	589	524	598	608	98.3	98.5	97.9	98.3	98.4
青森	626	623	619	657	653	98.2	97.9	98.4	98.3	98.3
岩手	555	557	562	575	575	99.1	97.5	98.2	98.3	98.3
宮城	573	560	576	577	571	98.8	97.5	97.6	97.6	98.8
秋田	610	603	584	624	625	98.9	97.7	97.8	98.1	98.2
山形	628	627	606	653	646	98.9	97.4	97.7	98.0	98.6
福島	577	576	586	595	587	98.3	97.4	97.6	97.3	98.0
茨城	545	553	553	525	550	97.8	96.9	96.9	98.1	98.7
栃木	576	547	578	552	559	97.9	95.2	97.2	97.3	98.2
群馬	539	527	537	517	523	95.4	97.0	96.5	95.6	96.6
埼玉	521	524	513	510	528	96.7	96.0	96.5	96.5	97.9
千葉	576	568	570	542	556	97.6	97.4	96.8	98.2	98.4
東京	…	…	…	…	…	…	…	…	…	…
神奈川	514	541	520	493	491	97.7	95.4	96.0	96.8	98.0
新潟	606	553	556	566	586	98.3	97.5	97.5	98.2	98.3
富山	586	573	576	573	574	98.8	97.7	98.1	98.6	99.0
石川	551	540	539	551	548	98.9	98.0	98.3	98.4	98.5
福井	556	555	556	550	544	98.0	96.6	97.5	97.1	97.4
山梨	564	575	565	560	544	98.0	96.7	97.2	97.7	98.3
長野	648	658	641	647	628	98.1	97.6	98.1	97.7	98.4
岐阜	505	509	501	500	490	98.2	97.8	97.4	98.2	98.0
静岡	546	540	528	541	502	98.5	98.0	98.1	98.0	98.0
愛知	539	531	524	519	511	98.5	98.3	97.7	98.3	98.2
三重	543	505	526	506	504	98.2	96.8	97.7	97.4	98.0
滋賀	553	543	531	528	527	98.4	97.1	98.3	98.1	98.3
京都	538	530	520	523	518	97.4	97.7	97.9	98.1	98.3
大阪	529	530	524	525	500	96.8	96.8	95.6	97.0	95.6
兵庫	524	528	518	521	503	97.5	97.5	96.5	97.1	97.0
奈良	549	547	542	536	512	97.1	96.9	96.3	97.4	95.7
和歌山	530	529	523	520	488	97.7	97.0	95.6	96.9	96.9
鳥取	537	543	517	536	535	98.7	97.8	98.1	97.8	98.5
島根	547	540	550	527	530	98.5	98.1	98.4	97.9	98.1
岡山	553	569	547	542	531	98.0	97.5	97.1	97.2	97.4
広島	554	554	552	522	521	98.7	98.6	98.7	97.9	98.1
山口	535	549	542	499	441	97.9	97.4	98.2	97.4	94.3
徳島	506	499	488	487	495	98.4	97.8	98.0	96.9	97.8
香川	549	522	516	502	532	94.7	94.6	94.8	95.8	95.7
愛媛	532	532	531	502	508	97.2	97.0	96.4	96.4	95.5
高知	484	492	463	447	457	97.9	97.8	98.1	96.2	96.7
福岡	532	544	551	487	457	96.8	96.0	95.8	95.9	95.0
佐賀	555	568	566	482	480	96.0	95.6	95.8	94.2	94.6
長崎	537	524	532	491	466	96.6	96.2	96.8	96.3	94.2
熊本	552	555	559	513	505	97.1	96.6	96.4	96.5	95.6
大分	532	541	530	470	443	96.6	95.9	96.0	95.1	94.4
宮崎	520	525	516	490	506	97.5	97.0	97.1	96.5	95.7
鹿児島	510	517	504	477	485	97.3	96.7	97.8	97.5	97.1
沖縄	…	…	…	…	…	…	…	…	…	…

1　米（続き）

(4)　水稲の収量構成要素（水稲作況標本筆調査成績）（続き）

ス　10ａ当たり玄米重

単位：kg

全国農業地域・都道府県	平成28年産 (1)	29 (2)	30 (3)	令和元 (4)	2 (5)
全国	**556**	**546**	**541**	**543**	**545**
（全国農業地域）					
北海道	568	580	513	588	598
都府県	556	544	543	540	541
東北	588	577	575	600	599
北陸	580	541	545	553	565
関東・東山	553	544	550	533	548
東海	524	508	508	504	493
近畿	525	520	510	512	499
中国	538	542	533	513	499
四国	504	496	485	468	480
九州	519	522	522	469	455
沖縄	…	…	…	…	…
（都道府県）					
北海道	568	580	513	588	598
青森	615	610	609	646	642
岩手	550	543	552	565	565
宮城	566	546	562	563	564
秋田	603	589	571	612	614
山形	621	611	592	640	637
福島	567	561	572	579	575
茨城	533	536	536	515	543
栃木	564	521	562	537	549
群馬	514	511	518	494	505
埼玉	504	503	495	492	517
千葉	562	553	552	532	547
東京	…	…	…	…	…
神奈川	502	516	499	477	481
新潟	596	539	542	556	576
富山	579	560	565	565	568
石川	545	529	530	542	540
福井	545	536	542	534	530
山梨	553	556	549	547	535
長野	636	642	629	632	618
岐阜	496	498	488	491	480
静岡	538	529	518	530	492
愛知	531	522	512	510	502
三重	533	489	514	493	494
滋賀	544	527	522	518	518
京都	524	518	509	513	509
大阪	512	513	501	509	478
兵庫	511	515	500	506	488
奈良	533	530	522	522	490
和歌山	518	513	500	504	473
鳥取	530	531	507	524	527
島根	539	530	541	516	520
岡山	542	555	531	527	517
広島	547	546	545	511	511
山口	524	535	532	486	416
徳島	498	488	478	472	484
香川	520	494	489	481	509
愛媛	517	516	512	484	485
高知	474	481	454	430	442
福岡	515	522	528	467	434
佐賀	533	543	542	454	454
長崎	519	504	515	473	439
熊本	536	536	539	495	483
大分	514	519	509	447	418
宮崎	507	509	501	473	484
鹿児島	496	500	493	465	471
沖縄	…	…	…	…	…

2 麦類

(1) 麦類の収穫量

ア 4麦計（平成23年産～令和2年産）

全国農業地域・都道府県	平成23年産 作付面積	平成23年産 収穫量	24 作付面積	24 収穫量	25 作付面積	25 収穫量	26 作付面積	26 収穫量	27 作付面積	27 収穫量
	(1) ha	(2) t	(3) ha	(4) t	(5) ha	(6) t	(7) ha	(8) t	(9) ha	(10) t
全国 (1)	**271,700**	**917,800**	**269,500**	**1,030,000**	**269,500**	**994,600**	**272,700**	**1,022,000**	**274,400**	**1,181,000**
（全国農業地域）										
北海道 (2)	121,200	505,800	121,200	592,800	123,800	537,000	125,200	557,300	124,200	737,600
都府県 (3)	150,400	411,900	148,400	437,400	145,700	457,600	147,500	464,900	150,100	443,600
東北 (4)	9,510	16,300	8,490	16,600	8,260	18,400	8,270	15,400	8,240	19,500
北陸 (5)	9,690	19,800	9,940	30,800	9,860	29,300	10,000	30,400	10,400	29,300
関東・東山 (6)	40,200	124,000	39,900	126,500	38,800	144,400	38,500	116,700	38,400	143,600
東海 (7)	15,600	42,100	15,400	45,900	15,400	51,000	15,900	58,000	16,500	49,200
近畿 (8)	10,500	22,800	10,200	26,700	9,980	25,800	10,200	29,900	10,600	24,700
中国 (9)	4,630	13,900	4,690	12,800	4,760	14,400	5,050	15,400	5,410	13,200
四国 (10)	4,480	13,900	4,390	12,000	4,320	14,600	4,320	12,900	4,580	11,900
九州 (11)	55,800	159,000	55,400	165,900	54,300	159,600	55,200	186,100	56,000	152,300
沖縄 (12)	x	x	11	16	16	36	23	49	13	23
（都道府県）										
北海道 (13)	121,200	505,800	121,200	592,800	123,800	537,000	125,200	557,300	124,200	737,600
青森 (14)	1,900	2,450	1,610	2,210	1,410	2,980	1,280	2,340	1,170	2,930
岩手 (15)	3,970	6,880	3,910	6,280	3,930	7,430	3,930	6,530	3,990	7,530
宮城 (16)	2,630	5,830	2,160	6,650	2,150	6,820	2,310	5,390	2,330	7,550
秋田 (17)	416	512	405	756	391	425	382	621	x	x
山形 (18)	130	235	138	246	115	204	x	x	x	x
福島 (19)	466	436	270	481	263	491	260	372	x	x
茨城 (20)	8,290	18,100	8,130	18,400	8,030	25,500	7,990	21,400	8,090	24,800
栃木 (21)	14,300	47,300	14,100	42,600	13,500	51,500	13,200	31,600	13,000	50,800
群馬 (22)	7,640	29,200	7,810	32,600	7,830	32,900	7,720	29,400	7,590	30,800
埼玉 (23)	6,650	18,800	6,390	20,900	6,030	24,400	6,000	22,400	5,960	25,000
千葉 (24)	724	1,680	739	1,620	738	2,040	755	2,590	x	x
東京 (25)	25	79	28	86	26	70	23	54	x	x
神奈川 (26)	42	107	43	112	x	x	x	x	x	x
新潟 (27)	254	278	246	508	250	524	246	550	x	x
富山 (28)	3,010	7,080	3,250	11,200	3,180	9,860	3,230	10,300	3,380	10,200
石川 (29)	1,440	3,180	1,370	4,210	1,310	3,360	1,250	3,270	1,340	3,750
福井 (30)	4,980	9,250	5,080	14,900	5,120	15,600	5,290	16,300	5,450	14,900
山梨 (31)	76	246	81	267	94	264	x	x	x	x
長野 (32)	2,520	8,460	2,570	9,930	2,560	7,630	2,650	8,920	2,740	9,250
岐阜 (33)	3,200	7,800	3,240	9,950	3,280	9,850	3,360	10,700	3,430	9,090
静岡 (34)	795	1,380	794	1,430	746	1,660	743	1,900	786	928
愛知 (35)	5,340	18,200	5,320	20,000	5,350	22,300	5,510	23,600	5,660	21,500
三重 (36)	6,270	14,700	6,050	14,500	5,990	17,200	6,310	21,800	6,670	17,700
滋賀 (37)	7,610	16,900	7,340	21,200	7,190	20,200	7,400	23,600	7,750	19,400
京都 (38)	298	406	x	x	x	x	x	x	x	x
大阪 (39)	x	x	x	x	x	x	x	x	x	x
兵庫 (40)	2,480	5,230	2,450	4,890	2,420	5,080	2,440	5,540	2,460	4,680
奈良 (41)	x	x	x	x	x	x	x	x	x	x
和歌山 (42)	5	7	5	5	5	6	x	x	x	x
鳥取 (43)	123	230	x	x	115	309	115	257	131	331
島根 (44)	668	1,410	x	x	622	1,590	x	x	641	1,500
岡山 (45)	2,500	9,440	2,460	8,040	2,500	9,070	2,650	9,630	2,790	7,360
広島 (46)	233	331	245	454	x	x	x	x	x	x
山口 (47)	1,100	2,520	1,190	2,230	1,280	2,890	1,430	3,500	1,610	3,540
徳島 (48)	122	339	129	337	131	347	132	354	132	323
香川 (49)	2,500	8,120	2,440	6,820	2,410	9,080	2,390	7,120	2,540	7,270
愛媛 (50)	1,850	5,460	1,810	4,820	1,770	5,100	1,800	5,420	1,900	4,290
高知 (51)	9	24	x	x	12	28	x	x	x	x
福岡 (52)	21,000	59,300	21,000	67,000	21,100	67,600	21,400	77,600	21,700	62,400
佐賀 (53)	21,200	64,700	21,100	66,900	20,500	56,400	20,400	68,600	20,500	58,100
長崎 (54)	1,880	5,370	1,810	4,250	1,800	4,210	1,830	5,040	1,860	4,680
熊本 (55)	6,670	18,500	6,560	18,000	6,190	18,500	6,490	21,200	6,710	18,000
大分 (56)	4,760	10,500	4,590	9,220	4,520	12,300	4,750	12,800	4,760	8,550
宮崎 (57)	130	270	116	220	114	287	156	460	172	239
鹿児島 (58)	173	401	x	x	x	x	x	x	199	300
沖縄 (59)	x	x	11	16	16	36	23	49	13	23

28		29		30		令和元		2		
作付面積	収穫量	作付面積	収穫量	作付面積	収穫量	作付面積	収穫量	作付面積	収穫量	
(11)	(12)	(13)	(14)	(15)	(16)	(17)	(18)	(19)	(20)	
ha	t	ha	t	ha	t	ha	t	ha	t	
275,900	**961,000**	**273,700**	**1,092,000**	**272,900**	**939,600**	**273,000**	**1,260,000**	**276,200**	**1,171,000**	(1)
124,600	531,100	123,400	613,500	123,100	476,800	123,300	685,700	124,200	638,100	(2)
151,300	429,900	150,400	478,200	149,800	462,800	149,800	574,100	152,100	533,000	(3)
8,120	21,800	8,230	21,400	7,870	16,100	7,690	22,900	7,660	20,600	(4)
10,600	32,400	10,500	29,800	9,790	18,300	9,660	28,600	9,740	28,700	(5)
38,400	134,500	38,700	143,400	38,500	130,500	38,100	140,800	37,600	126,600	(6)
16,700	51,500	16,600	58,400	16,300	54,500	16,800	71,100	17,000	68,500	(7)
10,600	24,200	10,500	25,700	10,400	26,200	10,300	32,800	10,400	34,700	(8)
5,600	13,000	5,700	17,500	5,830	16,200	6,040	22,700	6,580	22,700	(9)
4,590	11,100	4,700	14,700	4,840	14,200	4,920	20,400	5,130	19,400	(10)
56,600	141,300	55,400	167,200	56,300	186,800	56,400	234,700	58,000	211,700	(11)
27	32	x	x	x	x	x	x	x	x	(12)
124,600	531,100	123,400	613,500	123,100	476,800	123,300	685,700	124,200	638,100	(13)
1,120	2,980	1,030	2,210	x	x	794	1,800	779	2,170	(14)
3,970	8,680	4,110	8,370	3,920	6,590	3,820	10,200	3,810	7,950	(15)
2,230	8,570	2,270	9,140	2,280	7,110	2,310	8,850	2,270	8,490	(16)
x	x	369	778	317	494	x	x	284	848	(17)
x	x	x	x	x	x	x	x	x	x	(18)
x	x	x	x	354	706	369	1,000	431	965	(19)
7,900	22,000	8,020	23,800	7,920	21,400	7,860	25,000	7,590	19,400	(20)
13,000	47,100	13,000	50,200	12,900	43,700	12,600	47,100	12,700	43,900	(21)
7,640	30,500	7,670	31,800	7,760	29,800	7,650	30,200	7,650	29,800	(22)
6,100	22,800	6,190	24,900	6,170	22,900	6,100	25,900	5,990	22,300	(23)
830	2,280	815	2,650	x	x	x	x	772	1,790	(24)
x	x	x	x	x	x	x	x	x	x	(25)
37	98	x	x	35	99	44	123	44	107	(26)
x	x	304	703	246	515	264	781	x	x	(27)
3,490	11,500	3,460	9,700	3,330	7,270	3,230	9,430	3,270	8,800	(28)
1,370	4,460	1,450	4,770	1,420	3,090	1,430	4,910	1,430	5,030	(29)
5,430	15,800	5,300	14,600	4,800	7,460	4,730	13,500	4,800	14,200	(30)
113	300	114	307	123	313	119	347	114	328	(31)
2,820	9,400	2,790	9,600	2,750	9,540	2,810	9,170	2,750	8,960	(32)
3,460	9,260	3,470	10,400	3,420	9,650	3,540	12,200	3,600	12,000	(33)
791	1,480	752	1,510	768	1,760	x	x	x	x	(34)
5,630	24,000	5,620	26,600	5,500	23,100	5,750	32,200	5,720	30,300	(35)
6,820	16,800	6,750	19,900	6,590	20,000	6,680	24,300	6,910	24,500	(36)
7,830	19,200	7,760	19,400	7,680	21,800	7,580	25,200	7,680	27,300	(37)
x	x	x	x	x	x	248	529	247	559	(38)
x	x	x	x	x	x	x	x	2	2	(39)
2,400	4,370	2,410	5,720	2,330	3,870	2,310	6,760	2,350	6,540	(40)
x	x	110	269	111	219	x	x	114	272	(41)
x	x	x	x	x	x	x	x	x	x	(42)
150	393	x	x	163	408	x	x	x	x	(43)
636	1,330	628	1,850	617	1,320	x	x	674	1,840	(44)
2,800	7,730	2,860	10,400	2,870	9,100	2,930	12,600	3,250	13,400	(45)
x	x	x	x	x	x	x	x	x	x	(46)
1,760	3,130	1,810	4,270	1,900	4,910	2,010	6,910	2,120	6,120	(47)
145	232	x	x	x	x	x	x	x	x	(48)
2,500	6,750	2,550	8,920	2,670	8,290	2,770	12,200	2,900	11,200	(49)
1,940	4,110	1,990	5,380	2,030	5,590	2,010	7,890	2,110	7,840	(50)
x	x	13	26	13	24	12	38	x	x	(51)
21,700	59,100	21,200	66,900	21,400	75,500	21,500	96,900	22,100	85,000	(52)
20,800	51,800	20,600	63,900	20,800	72,000	20,700	90,300	21,200	80,800	(53)
1,890	4,070	1,840	4,690	1,920	5,690	1,880	6,620	1,970	6,200	(54)
6,950	17,000	6,740	19,300	6,870	20,000	6,890	24,300	7,170	23,300	(55)
4,900	8,800	4,660	11,600	4,850	12,900	4,970	15,600	5,110	15,200	(56)
180	245	166	411	185	317	180	477	x	x	(57)
210	238	x	x	x	x	x	x	x	x	(58)
27	32	x	x	x	x	x	x	x	x	(59)

2 麦類（続き）

(1) 麦類の収穫量（続き）

イ 小麦

全国農業地域・都道府県		平成28年産				29				
		作付面積	10a当たり収量	収穫量	（参考）10a当たり平均収量対比	作付面積	10a当たり収量	収穫量	（参考）10a当たり平均収量対比	作付面積
		(1)	(2)	(3)	(4)	(5)	(6)	(7)	(8)	(9)
		ha	kg	t	%	ha	kg	t	%	ha
全国	(1)	**214,400**	**369**	**790,800**	**99**	**212,300**	**427**	**906,700**	**111**	**211,900**
（全国農業地域）										
北海道	(2)	122,900	427	524,300	100	121,600	500	607,600	113	121,400
都府県	(3)	91,500	291	266,500	99	90,700	330	299,100	111	90,500
東北	(4)	6,940	264	18,300	132	7,040	246	17,300	121	6,570
北陸	(5)	313	261	816	143	376	234	879	126	403
関東・東山	(6)	21,000	359	75,400	106	21,100	381	80,400	110	20,900
東海	(7)	16,000	313	50,000	107	15,900	356	56,600	117	15,500
近畿	(8)	9,350	228	21,300	93	9,270	242	22,400	102	9,040
中国	(9)	2,210	212	4,680	83	2,290	298	6,830	121	2,410
四国	(10)	1,920	280	5,370	96	2,050	359	7,360	120	2,170
九州	(11)	33,800	268	90,700	88	32,700	328	107,300	112	33,400
沖縄	(12)	27	119	32	65	23	122	28	67	29
（都道府県）										
北海道	(13)	122,900	427	524,300	100	121,600	500	607,600	113	121,400
青森	(14)	1,120	266	2,980	152	1,030	215	2,210	118	907
岩手	(15)	3,860	219	8,450	124	4,020	203	8,160	115	3,830
宮城	(16)	1,180	446	5,260	138	1,200	437	5,240	130	1,100
秋田	(17)	387	169	654	100	367	211	774	129	314
山形	(18)	87	284	247	158	91	233	212	119	72
福島	(19)	301	224	674	136	336	203	682	119	348
茨城	(20)	4,580	304	13,900	111	4,780	321	15,300	111	4,610
栃木	(21)	2,380	358	8,520	105	2,280	396	9,030	115	2,250
群馬	(22)	5,580	424	23,700	103	5,570	436	24,300	105	5,680
埼玉	(23)	5,200	369	19,200	111	5,250	403	21,200	116	5,220
千葉	(24)	779	277	2,160	109	769	325	2,500	121	801
東京	(25)	16	289	46	99	21	275	58	96	20
神奈川	(26)	36	267	96	99	33	294	97	110	34
新潟	(27)	44	277	122	155	60	242	145	128	67
富山	(28)	59	227	134	100	72	192	138	86	44
石川	(29)	71	315	224	225	84	237	199	165	84
福井	(30)	139	242	336	129	160	248	397	130	208
山梨	(31)	68	309	210	102	70	311	218	104	77
長野	(32)	2,320	324	7,520	97	2,290	337	7,720	105	2,210
岐阜	(33)	3,210	275	8,830	95	3,190	312	9,950	109	3,160
静岡	(34)	776	188	1,460	111	742	201	1,490	114	758
愛知	(35)	5,550	427	23,700	119	5,530	473	26,200	122	5,390
三重	(36)	6,500	246	16,000	98	6,430	296	19,000	117	6,230
滋賀	(37)	7,220	241	17,400	93	7,150	246	17,600	96	6,990
京都	(38)	153	126	193	109	154	132	203	115	147
大阪	(39)	x	94	x	67	x	95	x	73	1
兵庫	(40)	1,860	185	3,440	93	1,850	234	4,330	123	1,790
奈良	(41)	108	232	250	121	109	246	268	121	110
和歌山	(42)	3	115	3	85	2	134	3	108	2
鳥取	(43)	40	220	88	112	47	355	167	170	61
島根	(44)	95	128	122	92	104	196	204	146	104
岡山	(45)	664	262	1,740	82	715	379	2,710	125	747
広島	(46)	172	169	291	92	162	202	328	112	156
山口	(47)	1,230	198	2,440	81	1,260	271	3,420	116	1,340
徳島	(48)	64	236	151	86	66	300	198	108	56
香川	(49)	1,670	282	4,710	96	1,780	364	6,480	121	1,890
愛媛	(50)	188	264	496	90	197	338	666	119	220
高知	(51)	6	160	10	84	7	164	11	93	6
福岡	(52)	15,300	288	44,100	89	14,800	337	49,900	108	14,800
佐賀	(53)	9,760	272	26,500	87	9,640	359	34,600	121	10,100
長崎	(54)	633	213	1,350	84	535	278	1,490	112	608
熊本	(55)	5,080	259	13,200	92	4,880	291	14,200	102	4,970
大分	(56)	2,810	190	5,340	80	2,690	252	6,780	113	2,750
宮崎	(57)	117	126	147	58	111	257	285	140	116
鹿児島	(58)	40	99	40	54	35	164	57	98	35
沖縄	(59)	27	119	32	65	23	122	28	67	29

30			令和元				2				
10a当たり収量	収穫量	(参考)10a当たり平均収量対比	作付面積	10a当たり収量	収穫量	(参考)10a当たり平均収量対比	作付面積	10a当たり収量	収穫量	(参考)10a当たり平均収量対比	
(10)	(11)	(12)	(13)	(14)	(15)	(16)	(17)	(18)	(19)	(20)	
kg	t	%	ha	kg	t	%	ha	kg	t	%	
361	**764,900**	**90**	**211,600**	**490**	**1,037,000**	**123**	**212,600**	**447**	**949,300**	**109**	(1)
388	471,100	84	121,400	558	677,700	121	122,200	515	629,900	109	(2)
325	293,800	105	90,200	398	359,400	126	90,400	353	319,400	110	(3)
192	12,600	90	6,370	290	18,500	133	6,300	254	16,000	110	(4)
170	685	84	376	188	705	90	355	177	627	83	(5)
355	74,200	98	20,800	389	81,000	106	20,500	340	69,800	91	(6)
341	52,800	107	16,000	429	68,600	131	16,200	407	65,900	118	(7)
257	23,200	104	8,430	310	26,100	123	8,090	319	25,800	124	(8)
282	6,800	108	2,540	385	9,780	146	2,690	348	9,370	124	(9)
317	6,880	100	2,270	438	9,940	139	2,400	387	9,290	116	(10)
349	116,600	115	33,400	433	144,700	136	33,900	361	122,500	110	(11)
155	45	89	16	94	15	58	13	146	19	92	(12)
388	471,100	84	121,400	558	677,700	121	122,200	515	629,900	109	(13)
106	961	53	747	229	1,710	115	716	261	1,870	120	(14)
167	6,400	91	3,760	266	10,000	146	3,740	207	7,740	107	(15)
356	3,920	100	1,130	419	4,730	114	1,100	401	4,410	105	(16)
157	493	94	286	294	841	170	275	306	842	172	(17)
236	170	113	85	274	233	127	68	246	167	106	(18)
200	696	110	358	270	967	141	409	227	928	112	(19)
293	13,500	95	4,590	353	16,200	112	4,610	267	12,300	82	(20)
350	7,880	98	2,290	408	9,340	113	2,300	339	7,800	91	(21)
406	23,100	96	5,570	412	22,900	97	5,500	403	22,200	96	(22)
370	19,300	99	5,170	438	22,600	114	5,020	374	18,800	95	(23)
311	2,490	108	793	347	2,750	114	731	228	1,670	72	(24)
255	51	91	17	182	31	68	15	247	37	96	(25)
285	97	105	43	279	120	101	43	242	104	87	(26)
210	141	104	68	200	136	96	61	234	143	114	(27)
193	85	85	47	170	80	75	48	133	64	62	(28)
188	158	117	85	202	172	120	93	233	217	127	(29)
145	301	67	176	180	317	80	153	133	203	57	(30)
290	223	99	78	310	242	108	74	324	240	113	(31)
341	7,540	103	2,240	306	6,850	92	2,180	305	6,650	94	(32)
292	9,230	98	3,280	355	11,600	118	3,330	341	11,400	113	(33)
229	1,740	118	791	303	2,400	148	727	226	1,640	103	(34)
423	22,800	104	5,620	563	31,600	136	5,590	533	29,800	123	(35)
305	19,000	115	6,320	364	23,000	130	6,550	352	23,100	117	(36)
285	19,900	110	6,450	322	20,800	120	6,160	339	20,900	124	(37)
141	207	118	155	183	284	144	159	199	316	152	(38)
157	1	134	1	197	2	161	1	156	2	119	(39)
162	2,900	81	1,710	274	4,690	137	1,650	263	4,340	128	(40)
198	218	92	114	285	325	131	113	240	271	107	(41)
131	2	107	1	128	2	105	2	104	2	83	(42)
257	157	112	69	296	204	121	71	342	243	133	(43)
146	152	104	120	203	244	141	121	164	198	107	(44)
311	2,320	97	784	467	3,660	146	888	454	4,030	135	(45)
168	262	88	158	222	351	117	149	167	249	84	(46)
292	3,910	118	1,410	377	5,320	150	1,470	316	4,650	118	(47)
230	129	80	42	307	129	110	53	302	160	108	(48)
321	6,060	101	2,000	443	8,860	140	2,100	395	8,300	118	(49)
311	684	105	224	421	943	138	248	333	826	106	(50)
143	9	80	5	159	8	95	4	160	6	98	(51)
371	54,900	116	14,700	469	68,900	139	14,700	387	56,900	112	(52)
365	36,900	117	10,300	449	46,200	136	10,600	369	39,100	110	(53)
258	1,570	100	583	328	1,910	129	599	270	1,620	104	(54)
308	15,300	106	4,900	377	18,500	128	5,010	329	16,500	108	(55)
281	7,730	122	2,780	320	8,900	132	2,770	288	7,980	112	(56)
120	139	62	103	261	269	142	113	346	391	171	(57)
124	43	77	33	168	55	111	32	179	57	117	(58)
155	45	89	16	94	15	58	13	146	19	92	(59)

2 麦類（続き）

(1) 麦類の収穫量（続き）

ウ 二条大麦

全国農業地域・都道府県	平成28年産 作付面積	平成28年産 10a当たり収量	平成28年産 収穫量	平成28年産 （参考）10a当たり平均収量対比	29 作付面積	29 10a当たり収量	29 収穫量	29 （参考）10a当たり平均収量対比	作付面積
	(1)	(2)	(3)	(4)	(5)	(6)	(7)	(8)	(9)
	ha	kg	t	%	ha	kg	t	%	ha
全国 (1)	**38,200**	**280**	**106,800**	**92**	**38,300**	**313**	**119,700**	**106**	**38,300**
（全国農業地域）									
北海道 (2)	1,690	398	6,720	125	1,720	337	5,800	102	1,660
都府県 (3)	36,500	274	100,100	90	36,600	311	113,900	106	36,600
東北 (4)	4	200	8	267	x	275	x	367	5
北陸 (5)	7	171	12	120	9	156	14	108	7
関東・東山 (6)	12,400	359	44,500	107	12,600	380	47,900	112	12,500
東海 (7)	6	100	6	75	2	123	3	103	3
近畿 (8)	158	247	390	112	154	250	385	109	153
中国 (9)	2,840	268	7,600	81	2,820	344	9,700	108	2,740
四国 (10)	x	188	x	58	30	280	84	88	x
九州 (11)	21,200	224	47,500	80	21,100	265	55,900	99	21,100
沖縄 (12)	-	-	-	nc	x	x	x	x	x
（都道府県）									
北海道 (13)	1,690	398	6,720	125	1,720	337	5,800	102	1,660
青森 (14)	-	-	-	nc	-	-	-	nc	-
岩手 (15)	x	x	x	x	x	x	x	x	x
宮城 (16)	x	x	x	nc	2	318	6	nc	2
秋田 (17)	2	224	4	151	2	210	4	147	x
山形 (18)	-	-	-	nc	-	-	-	nc	-
福島 (19)	x	x	x	x	x	x	x	x	x
茨城 (20)	1,070	231	2,470	95	1,110	273	3,030	116	1,240
栃木 (21)	9,070	375	34,000	109	9,160	395	36,200	113	9,020
群馬 (22)	1,530	336	5,140	96	1,570	367	5,760	106	1,580
埼玉 (23)	685	419	2,870	115	712	402	2,860	106	699
千葉 (24)	x	x	x	x	x	x	x	x	x
東京 (25)	2	192	3	86	2	229	4	99	1
神奈川 (26)	x	x	x	x	-	-	-	-	x
新潟 (27)	x	x	x	x	-	-	-	-	-
富山 (28)	x	x	x	x	x	x	x	x	x
石川 (29)	x	x	x	x	x	x	x	x	x
福井 (30)	-	-	-	nc	-	-	-	nc	-
山梨 (31)	-	-	-	-	-	-	-	-	-
長野 (32)	1	355	4	nc	2	335	6	nc	2
岐阜 (33)	-	-	-	nc	-	-	-	nc	-
静岡 (34)	5	80	4	67	2	123	3	103	3
愛知 (35)	1	200	2	82	-	-	-	-	-
三重 (36)	-	-	-	nc	-	-	-	nc	-
滋賀 (37)	59	348	205	113	58	400	232	125	55
京都 (38)	99	187	185	111	96	159	153	91	98
大阪 (39)	-	-	-	nc	-	-	-	nc	-
兵庫 (40)	-	-	-	nc	-	-	-	nc	-
奈良 (41)	-	-	-	nc	-	-	-	nc	-
和歌山 (42)	-	-	-	nc	-	-	-	nc	-
鳥取 (43)	103	288	297	112	97	297	288	116	100
島根 (44)	507	227	1,150	85	493	325	1,600	126	459
岡山 (45)	2,110	281	5,930	79	2,100	360	7,570	106	2,030
広島 (46)	x	x	x	nc	x	x	x	x	x
山口 (47)	119	186	221	87	135	180	243	84	150
徳島 (48)	23	178	41	55	25	280	70	88	22
香川 (49)	-	-	-	nc	-	-	-	nc	x
愛媛 (50)	-	-	-	nc	-	-	-	nc	-
高知 (51)	x	x	x	x	5	289	14	89	5
福岡 (52)	5,990	235	14,100	83	5,950	267	15,900	99	6,070
佐賀 (53)	10,800	231	24,900	78	10,700	268	28,700	95	10,500
長崎 (54)	1,150	229	2,630	87	1,200	255	3,060	100	1,230
熊本 (55)	1,780	205	3,650	81	1,720	278	4,780	113	1,750
大分 (56)	1,180	165	1,950	76	1,260	240	3,020	119	1,350
宮崎 (57)	56	170	95	75	46	257	118	118	55
鹿児島 (58)	159	114	181	56	152	195	296	101	141
沖縄 (59)	-	-	-	nc	x	x	x	nc	x

30			令和元				2				
10 a 当たり収量	収穫量	(参考) 10 a 当たり平均収量対比	作付面積	10 a 当たり収量	収穫量	(参考) 10 a 当たり平均収量対比	作付面積	10 a 当たり収量	収穫量	(参考) 10 a 当たり平均収量対比	
(10)	(11)	(12)	(13)	(14)	(15)	(16)	(17)	(18)	(19)	(20)	
kg	t	%	ha	kg	t	%	ha	kg	t	%	
318	**121,700**	**106**	**38,000**	**386**	**146,600**	**128**	**39,300**	**368**	**144,700**	**120**	(1)
334	5,540	98	1,700	448	7,620	128	1,760	432	7,600	120	(2)
317	116,100	106	36,300	383	139,000	128	37,500	366	137,100	120	(3)
160	8	nc	14	307	43	119	14	250	35	97	(4)
86	6	50	2	100	2	67	2	250	5	167	(5)
336	42,000	nc	12,200	357	43,600	102	12,200	344	42,000	95	(6)
200	5	168	4	75	3	61	11	200	22	171	(7)
231	353	97	x	306	x	125	x	330	x	nc	(8)
301	8,240	94	2,700	396	10,700	127	2,860	374	10,700	118	(9)
226	x	72	x	500	x	174	x	467	x	nc	(10)
310	65,500	115	21,200	397	84,200	147	22,300	376	83,800	135	(11)
x	x	nc	x	x	x	nc	x	x	x	nc	(12)
334	5,540	98	1,700	448	7,620	128	1,760	432	7,600	120	(13)
-	-	nc	-	-	-	nc	-	-	-	nc	(14)
x	x	x	x	x	x	x	-	-	-	-	(15)
320	6	nc	11	327	36	123	11	273	30	97	(16)
x	x	x	x	x	x	x	x	x	x	x	(17)
-	-	nc	-	-	-	nc	-	-	-	nc	(18)
x	x	x	x	x	x	x	x	x	x	x	(19)
260	3,220	105	1,210	264	3,190	105	1,160	238	2,760	92	(20)
344	31,000	95	8,730	371	32,400	102	8,660	357	30,900	95	(21)
322	5,090	92	1,580	351	5,550	103	1,630	357	5,820	103	(22)
377	2,640	97	670	361	2,420	91	695	354	2,460	89	(23)
x	x	x	x	x	x	x	-	-	-	-	(24)
160	2	70	1	204	3	103	x	215	x	108	(25)
x	x	x	x	x	x	x	x	x	x	x	(26)
-	-	-	-	-	-	-	x	x	x	x	(27)
x	x	x	x	x	x	x	x	x	x	x	(28)
x	x	x	x	x	x	x	x	x	x	x	(29)
-	-	nc	-	-	-	nc	-	-	-	nc	(30)
-	-	-	-	-	-	-	-	-	-	-	(31)
253	5	nc	2	309	6	98	7	200	14	64	(32)
-	-	nc	-	-	-	nc	-	-	-	nc	(33)
200	5	168	4	75	3	61	11	200	22	171	(34)
-	-	-	-	-	-	-	-	-	-	-	(35)
-	-	nc	-	-	-	nc	-	-	-	nc	(36)
424	233	121	53	379	201	101	59	415	245	107	(37)
122	120	69	93	263	245	156	88	276	243	146	(38)
-	-	nc	x	x	x	x	x	x	x	nc	(39)
-	-	nc	-	-	-	nc	1	108	1	nc	(40)
-	-	nc	x	x	x	x	x	x	x	nc	(41)
-	-	nc	-	-	-	nc	-	-	-	nc	(42)
247	247	90	94	318	299	116	93	358	333	131	(43)
233	1,070	87	474	347	1,640	130	497	305	1,520	112	(44)
323	6,560	94	1,970	418	8,230	126	2,070	403	8,340	119	(45)
x	x	x	x	x	x	x	x	x	x	x	(46)
239	359	113	161	301	485	145	195	271	528	121	(47)
223	49	71	12	533	64	186	13	515	67	177	(48)
x	x	x	x	x	x	nc	x	x	x	nc	(49)
-	-	nc	-	-	-	nc	-	-	-	nc	(50)
238	12	73	5	410	21	135	x	x	x	x	(51)
313	19,000	116	6,350	411	26,100	149	6,880	385	26,500	135	(52)
328	34,400	116	10,100	427	43,100	151	10,300	396	40,800	138	(53)
324	3,990	129	1,220	375	4,580	149	1,310	341	4,470	126	(54)
246	4,310	95	1,830	297	5,440	114	2,000	323	6,460	121	(55)
245	3,310	117	1,460	302	4,410	143	1,550	314	4,870	140	(56)
308	169	133	58	303	176	124	60	344	206	130	(57)
238	336	123	149	258	384	133	172	272	468	136	(58)
x	x	nc	x	x	x	nc	x	x	x	nc	(59)

2　麦類（続き）

(1)　麦類の収穫量（続き）

エ　六条大麦

全国農業地域・都道府県	平成28年産 作付面積	平成28年産 10a当たり収量	平成28年産 収穫量	平成28年産 （参考）10a当たり平均収量対比	29 作付面積	29 10a当たり収量	29 収穫量	29 （参考）10a当たり平均収量対比	作付面積
	(1)	(2)	(3)	(4)	(5)	(6)	(7)	(8)	(9)
	ha	kg	t	%	ha	kg	t	%	ha
全国 (1)	**18,200**	**295**	**53,600**	**105**	**18,100**	**290**	**52,400**	**104**	**17,300**
（全国農業地域）									
北海道 (2)	–	–	–	nc	x	x	x	x	x
都府県 (3)	18,200	295	53,600	105	18,100	290	52,400	104	17,300
東北 (4)	1,180	303	3,580	128	1,180	349	4,120	143	1,280
北陸 (5)	10,300	308	31,700	106	10,100	286	28,900	98	9,380
関東・東山 (6)	5,080	287	14,600	104	4,950	299	14,800	108	4,810
東海 (7)	665	226	1,500	92	681	247	1,680	103	693
近畿 (8)	945	220	2,080	85	1,030	271	2,790	108	1,070
中国 (9)	x	149	x	86	91	190	173	112	x
四国 (10)	–	–	–	nc	x	x	x	nc	x
九州 (11)	x	200	x	59	12	392	47	118	3
沖縄 (12)	–	–	–	nc	–	–	–	nc	–
（都道府県）									
北海道 (13)	–	–	–	nc	x	x	x	x	x
青森 (14)	–	–	–	nc	–	–	–	nc	x
岩手 (15)	106	216	229	91	93	220	205	94	84
宮城 (16)	1,050	315	3,310	132	1,060	367	3,890	148	1,170
秋田 (17)	x	x	x	x	–	–	–	–	x
山形 (18)	22	123	27	97	23	83	19	70	19
福島 (19)	2	335	7	120	2	254	5	89	4
茨城 (20)	2,240	251	5,620	120	2,090	254	5,310	115	1,940
栃木 (21)	1,540	296	4,560	99	1,560	315	4,910	108	1,560
群馬 (22)	532	310	1,650	88	527	328	1,730	97	491
埼玉 (23)	176	374	658	93	182	382	695	95	198
千葉 (24)	46	233	107	106	43	334	144	150	37
東京 (25)	–	–	–	nc	–	–	–	nc	–
神奈川 (26)	x	x	x	x	x	x	x	x	x
新潟 (27)	240	229	550	127	244	229	558	126	179
富山 (28)	3,430	332	11,400	108	3,390	282	9,560	92	3,280
石川 (29)	1,300	325	4,230	119	1,360	335	4,560	118	1,330
福井 (30)	5,290	293	15,500	100	5,140	276	14,200	96	4,590
山梨 (31)	45	200	90	67	44	203	89	75	46
長野 (32)	506	371	1,880	100	496	377	1,870	104	538
岐阜 (33)	250	173	433	106	277	161	446	96	260
静岡 (34)	10	110	11	79	8	158	13	118	7
愛知 (35)	78	374	292	113	85	458	389	132	96
三重 (36)	327	234	765	80	311	268	833	97	330
滋賀 (37)	455	265	1,210	91	533	284	1,510	99	585
京都 (38)	x	104	x	98	x	107	x	104	x
大阪 (39)	x	x	x	x	–	–	–	nc	x
兵庫 (40)	489	178	870	76	497	258	1,280	120	483
奈良 (41)	x	x	x	x	x	x	x	x	x
和歌山 (42)	x	x	x	nc	x	x	x	x	x
鳥取 (43)	7	114	8	71	1	200	2	131	x
島根 (44)	11	91	10	73	x	x	x	x	10
岡山 (45)	x	160	x	90	x	120	x	67	x
広島 (46)	77	161	124	88	80	203	162	115	83
山口 (47)	–	–	–	nc	–	–	–	nc	–
徳島 (48)	–	–	–	nc	x	x	x	x	x
香川 (49)	–	–	–	nc	–	–	–	nc	–
愛媛 (50)	–	–	–	nc	–	–	–	nc	–
高知 (51)	–	–	–	nc	–	–	–	nc	–
福岡 (52)	–	–	–	nc	–	–	–	nc	–
佐賀 (53)	–	–	–	nc	–	–	–	nc	–
長崎 (54)	–	–	–	nc	–	–	–	nc	–
熊本 (55)	x	x	x	x	x	x	x	x	–
大分 (56)	14	170	24	49	6	426	26	123	x
宮崎 (57)	–	–	–	nc	–	–	–	nc	–
鹿児島 (58)	–	–	–	–	x	x	x	x	x
沖縄 (59)	–	–	–	nc	–	–	–	nc	–

30			令和元				2				
10 a 当たり収量	収穫量	(参考)10 a 当たり平均収量対比	作付面積	10 a 当たり収量	収穫量	(参考)10 a 当たり平均収量対比	作付面積	10 a 当たり収量	収穫量	(参考)10 a 当たり平均収量対比	
(10)	(11)	(12)	(13)	(14)	(15)	(16)	(17)	(18)	(19)	(20)	
kg	t	%	ha	kg	t	%	ha	kg	t	%	
225	**39,000**	**79**	**17,700**	**315**	**55,800**	**111**	**18,000**	**314**	**56,600**	**108**	(1)
x	x	nc	17	441	75	nc	19	142	27	42	(2)
225	39,000	79	17,700	315	55,700	111	18,000	314	56,600	108	(3)
266	3,400	nc	1,300	335	4,360	nc	1,340	344	4,610	nc	(4)
188	17,600	64	9,280	301	27,900	102	9,380	300	28,100	102	(5)
287	13,800	100	4,730	319	15,100	109	4,520	299	13,500	97	(6)
237	1,640	94	709	329	2,330	129	703	333	2,340	127	(7)
221	2,360	84	1,520	378	5,750	nc	1,930	397	7,670	142	(8)
171	x	93	x	243	x	133	x	216	x	113	(9)
x	x	nc	x	x	x	nc	x	x	x	x	(10)
387	13	129	x	385	x	119	19	363	69	105	(11)
−	−	nc	−	−	−	nc	−	−	−	nc	(12)
x	x	nc	17	441	75	nc	19	142	27	42	(13)
x	x	x	47	196	92	nc	63	474	299	nc	(14)
230	193	97	66	244	161	103	74	278	206	115	(15)
272	3,180	103	1,160	350	4,060	124	1,160	349	4,050	115	(16)
x	x	x	−	−	−	−	x	x	x	x	(17)
59	11	50	15	122	18	103	13	154	20	136	(18)
211	8	71	10	325	33	109	20	168	34	57	(19)
225	4,370	97	1,830	262	4,800	109	1,530	231	3,530	91	(20)
308	4,800	104	1,570	335	5,260	112	1,670	302	5,040	95	(21)
325	1,600	96	494	360	1,780	110	515	341	1,760	101	(22)
415	822	103	194	372	722	91	176	407	716	100	(23)
376	139	156	34	318	108	118	32	303	97	106	(24)
−	−	nc	−	−	−	nc	−	−	−	nc	(25)
x	x	x	x	x	x	x	x	x	x	x	(26)
209	374	101	196	329	645	152	175	323	565	146	(27)
219	7,180	71	3,180	294	9,350	95	3,210	272	8,730	90	(28)
220	2,930	74	1,350	351	4,740	118	1,340	359	4,810	120	(29)
156	7,160	54	4,550	291	13,200	101	4,650	300	14,000	104	(30)
196	90	80	41	256	105	115	40	220	88	103	(31)
370	1,990	101	570	405	2,310	109	562	409	2,300	110	(32)
163	424	98	257	214	550	126	262	243	637	143	(33)
176	13	123	7	86	6	56	7	157	11	102	(34)
304	292	79	116	468	543	122	110	392	431	97	(35)
276	911	98	329	374	1,230	135	324	389	1,260	134	(36)
251	1,470	87	1,010	384	3,880	132	1,380	420	5,800	140	(37)
x	x	x	−	−	−	−	−	−	−	−	(38)
x	x	nc	x	x	x	nc	x	x	x	x	(39)
183	884	79	508	368	1,870	172	546	343	1,870	150	(40)
x	x	x	−	−	−	−	x	x	x	x	(41)
x	x	x	x	x	x	x	x	x	x	x	(42)
x	x	x	x	x	x	x	x	x	x	x	(43)
170	17	139	x	x	x	x	15	139	21	109	(44)
119	x	66	x	140	x	80	x	102	x	63	(45)
171	142	90	83	252	209	131	92	228	210	113	(46)
−	−	nc	−	−	−	nc	−	−	−	nc	(47)
x	x	nc	x	x	x	nc	x	x	x	x	(48)
−	−	nc	−	−	−	nc	−	−	−	nc	(49)
−	−	nc	−	−	−	nc	−	−	−	nc	(50)
−	−	nc	−	−	−	nc	−	−	−	nc	(51)
−	−	nc	−	−	−	nc	−	−	−	nc	(52)
−	−	nc	−	−	−	nc	−	−	−	nc	(53)
−	−	nc	−	−	−	nc	−	−	−	nc	(54)
−	−	−	x	x	x	x	9	356	32	108	(55)
x	x	x	5	380	19	104	8	343	27	95	(56)
−	−	nc	−	−	−	nc	x	x	x	x	(57)
x	x	x	x	x	x	x	x	x	x	x	(58)
−	−	nc	−	−	−	nc	−	−	−	nc	(59)

2　麦類（続き）

(1)　麦類の収穫量（続き）
オ　はだか麦

全国農業地域・都道府県	平成 28 年産				29				
	作付面積	10 a 当たり収量	収穫量	（参考）10 a 当たり平均収量対比	作付面積	10 a 当たり収量	収穫量	（参考）10 a 当たり平均収量対比	作付面積
	(1)	(2)	(3)	(4)	(5)	(6)	(7)	(8)	(9)
	ha	kg	t	%	ha	kg	t	%	ha
全国 (1)	**4,990**	**200**	**10,000**	**78**	**4,970**	**256**	**12,700**	**102**	**5,420**
（全国農業地域）									
北海道 (2)	19	349	66	105	35	371	130	110	64
都府県 (3)	4,970	200	9,940	79	4,940	253	12,500	101	5,350
東北 (4)	x	x	x	nc	1	23	0	nc	10
北陸 (5)	−	−	−	nc	x	x	x	nc	x
関東・東山 (6)	55	284	156	100	96	345	331	136	x
東海 (7)	2	150	3	75	14	271	38	181	44
近畿 (8)	x	299	x	128	x	206	x	120	x
中国 (9)	464	124	577	73	502	157	788	98	x
四国 (10)	2,640	216	5,690	78	2,620	277	7,260	103	2,640
九州 (11)	1,670	184	3,080	77	1,630	243	3,960	105	1,750
沖縄 (12)	−	−	−	nc	−	−	−	nc	−
（都道府県）									
北海道 (13)	19	349	66	105	35	371	130	110	64
青森 (14)	−	−	−	nc	−	−	−	nc	−
岩手 (15)	−	−	−	nc	−	−	−	nc	−
宮城 (16)	−	−	−	nc	−	−	−	nc	x
秋田 (17)	−	−	−	nc	−	−	−	nc	−
山形 (18)	x	x	x	nc	x	x	x	x	x
福島 (19)	−	−	−	nc	x	x	x	x	x
茨城 (20)	10	410	41	209	40	440	176	203	125
栃木 (21)	x	x	x	x	10	240	24	117	21
群馬 (22)	−	−	−	nc	−	−	−	nc	3
埼玉 (23)	39	259	101	81	44	291	128	98	51
千葉 (24)	x	x	x	x	x	x	x	x	16
東京 (25)	x	x	x	x	x	x	x	x	x
神奈川 (26)	x	x	x	nc	−	−	−	−	x
新潟 (27)	−	−	−	nc	−	−	−	nc	−
富山 (28)	−	−	−	nc	x	x	x	x	x
石川 (29)	−	−	−	nc	−	−	−	nc	−
福井 (30)	−	−	−	nc	−	−	−	nc	−
山梨 (31)	−	−	−	nc	−	−	−	nc	−
長野 (32)	−	−	−	nc	−	−	−	nc	−
岐阜 (33)	−	−	−	nc	−	−	−	nc	−
静岡 (34)	−	−	−	nc	−	−	−	nc	−
愛知 (35)	x	x	x	x	5	260	13	138	13
三重 (36)	x	x	x	x	9	278	25	201	31
滋賀 (37)	98	378	370	134	19	277	53	91	47
京都 (38)	−	−	−	−	−	−	−	−	−
大阪 (39)	−	−	−	−	−	−	−	−	−
兵庫 (40)	47	134	63	104	58	183	106	143	63
奈良 (41)	x	138	x	89	x	153	x	97	x
和歌山 (42)	−	−	−	nc	−	−	−	nc	0
鳥取 (43)	−	−	−	nc	x	x	x	x	x
島根 (44)	23	204	47	89	x	x	x	x	44
岡山 (45)	28	196	55	78	46	243	112	102	89
広島 (46)	7	114	8	68	25	112	28	76	45
山口 (47)	406	115	467	72	409	149	609	99	404
徳島 (48)	58	69	40	38	51	206	105	125	60
香川 (49)	831	245	2,040	87	770	317	2,440	112	774
愛媛 (50)	1,750	206	3,610	74	1,790	263	4,710	99	1,810
高知 (51)	0	140	0	90	1	132	1	86	2
福岡 (52)	375	249	934	86	447	239	1,070	85	504
佐賀 (53)	184	226	416	81	219	281	615	104	225
長崎 (54)	106	80	85	45	102	136	139	84	77
熊本 (55)	86	158	136	91	134	207	277	117	157
大分 (56)	899	166	1,490	74	705	258	1,820	121	748
宮崎 (57)	7	47	3	26	9	94	8	63	14
鹿児島 (58)	11	151	17	113	16	176	28	127	21
沖縄 (59)	−	−	−	nc	−	−	−	nc	−

30			令和元				2				
10a当たり収量	収穫量	（参考）10a当たり平均収量対比	作付面積	10a当たり収量	収穫量	（参考）10a当たり平均収量対比	作付面積	10a当たり収量	収穫量	（参考）10a当たり平均収量対比	
(10)	(11)	(12)	(13)	(14)	(15)	(16)	(17)	(18)	(19)	(20)	
kg	t	%	ha	kg	t	%	ha	kg	t	%	
258	**14,000**	**102**	**5,780**	**351**	**20,300**	**140**	**6,330**	**322**	**20,400**	**124**	(1)
172	110	50	149	213	317	63	195	286	557	92	(2)
260	13,900	103	5,630	355	20,000	141	6,140	324	19,900	125	(3)
120	12	nc	7	329	23	nc	x	100	x	nc	(4)
225	x	nc	x	x	x	nc	2	150	3	nc	(5)
266	x	nc	x	319	x	nc	x	291	x	nc	(6)
320	141	190	x	330	x	169	x	252	x	nc	(7)
230	x	106	x	341	x	152	x	294	x	nc	(8)
170	x	105	707	293	2,070	nc	927	257	2,380	140	(9)
274	7,230	101	2,630	395	10,400	148	2,710	369	10,000	133	(10)
271	4,740	115	1,740	327	5,690	135	1,760	305	5,370	119	(11)
–	–	nc	–	–	–	nc	–	–	–	nc	(12)
172	110	50	149	213	317	63	195	286	557	92	(13)
–	–	nc	–	–	–	nc	–	–	–	nc	(14)
–	–	nc	–	–	–	nc	–	–	–	nc	(15)
x	x	x	x	x	x	nc	–	–	–	nc	(16)
–	–	nc	–	–	–	nc	–	–	–	nc	(17)
x	x	x	x	x	x	x	x	x	x	x	(18)
x	x	nc	x	x	x	nc	x	x	x	x	(19)
252	315	97	229	339	776	126	291	273	794	90	(20)
267	56	126	44	239	105	113	41	307	126	148	(21)
200	6	nc	5	257	13	nc	3	184	6	nc	(22)
300	153	98	62	308	191	99	102	349	356	113	(23)
281	45	141	8	288	23	122	9	222	20	89	(24)
x	x	x	x	x	x	x	x	x	x	x	(25)
x	x	x	x	x	x	x	x	x	x	x	(26)
–	–	nc	–	–	–	nc	–	–	–	nc	(27)
x	x	nc	x	x	x	nc	x	x	x	x	(28)
–	–	nc	–	–	–	nc	–	–	–	nc	(29)
–	–	nc	–	–	–	nc	x	x	x	x	(30)
–	–	nc	–	–	–	nc	–	–	–	nc	(31)
–	–	nc	–	–	–	nc	–	–	–	nc	(32)
–	–	nc	–	–	–	nc	–	–	–	nc	(33)
–	–	nc	x	x	x	x	x	x	x	nc	(34)
208	27	102	15	260	39	120	19	237	45	98	(35)
368	114	241	25	372	93	206	37	259	96	114	(36)
355	167	115	66	503	332	155	75	469	352	139	(37)
–	–	nc	–	–	–	nc	–	–	–	nc	(38)
–	–	–	–	–	–	–	–	–	–	nc	(39)
137	86	93	90	221	199	146	157	210	330	130	(40)
153	x	95	x	174	x	107	x	x	x	x	(41)
145	0	nc	0	134	0	nc	0	101	0	nc	(42)
x	x	nc	7	200	14	nc	9	200	18	88	(43)
182	80	86	26	346	90	163	41	243	100	114	(44)
242	215	103	175	412	721	174	290	355	1,030	145	(45)
109	49	80	62	231	143	179	123	234	288	168	(46)
159	642	110	437	252	1,100	171	464	203	942	130	(47)
137	82	72	66	188	124	104	50	251	126	138	(48)
288	2,230	100	773	429	3,320	151	802	358	2,870	118	(49)
271	4,910	102	1,790	388	6,950	149	1,860	377	7,010	141	(50)
167	3	111	2	425	9	283	3	247	7	161	(51)
314	1,580	116	488	394	1,920	143	481	340	1,640	121	(52)
324	729	119	250	396	990	141	252	362	912	122	(53)
173	133	114	69	183	126	110	69	162	112	99	(54)
229	360	122	161	222	357	110	146	197	288	95	(55)
253	1,890	113	730	305	2,230	133	774	302	2,340	121	(56)
66	9	49	19	170	32	130	15	177	27	148	(57)
164	34	110	24	157	38	103	22	223	49	145	(58)
–	–	nc	–	–	–	nc	–	–	–	nc	(59)

2 麦類（続き）

(2) 麦類の10ａ当たり平均収量

ア 小麦 / イ 二条大麦

単位：kg

全国農業地域・都道府県	ア 小麦 平成28年産 (1)	29 (2)	30 (3)	令和元 (4)	2 (5)	イ 二条大麦 平成28年産 (1)	29 (2)	30 (3)	令和元 (4)	2 (5)
全国	**371**	**384**	**399**	**399**	**411**	**305**	**295**	**301**	**301**	**306**
（全国農業地域）										
北海道	428	444	460	460	474	318	331	340	349	361
都府県	295	296	309	315	322	304	294	299	299	304
東北	200	203	213	218	230	75	75	…	257	257
北陸	183	186	203	209	212	143	144	171	150	150
関東・東山	338	345	363	368	372	336	339	…	351	361
東海	293	303	319	328	344	133	119	119	122	117
近畿	244	238	246	253	257	220	230	238	245	…
中国	256	246	261	263	281	330	318	320	312	317
四国	293	298	316	314	333	323	317	315	288	…
九州	305	294	304	318	327	281	268	269	270	278
沖縄	183	182	175	163	158	…	…	…	…	…
（都道府県）										
北海道	428	444	460	460	474	318	331	340	349	361
青森	175	182	199	199	218	…	…	…	−	−
岩手	176	176	183	182	193	316	282	292	292	333
宮城	324	335	355	368	382	…	…	…	266	281
秋田	169	164	167	173	178	148	143	167	150	191
山形	180	195	208	215	233	−	−	−	−	−
福島	165	170	181	192	202	229	210	173	160	154
茨城	274	289	308	315	324	242	236	248	252	260
栃木	341	343	357	361	373	344	349	362	363	375
群馬	412	415	425	425	420	351	345	349	341	348
埼玉	333	348	374	384	394	363	378	390	396	396
千葉	255	268	289	304	318	175	153	175	187	246
東京	291	287	279	268	257	224	231	229	199	199
神奈川	271	268	272	275	279	346	313	298	252	200
新潟	179	189	201	208	205	129	79	66	84	84
富山	226	222	227	227	213	147	138	131	131	143
石川	140	144	161	168	183	136	156	176	176	184
福井	188	191	215	225	232	−	−	−	−	−
山梨	304	299	294	287	287	221	221	221	221	221
長野	334	322	332	332	325	−	…	…	314	313
岐阜	290	285	297	301	303	−	−	−	−	−
静岡	169	177	194	205	220	119	119	119	122	117
愛知	358	388	406	415	434	245	240	240	240	223
三重	252	253	266	280	300	…	…	−	−	−
滋賀	259	255	260	269	274	308	321	349	377	387
京都	116	115	120	127	131	168	175	176	169	189
大阪	140	130	117	122	131	…	…	…	−	…
兵庫	200	191	200	200	206	−	−	−	−	−
奈良	191	204	215	217	225	−	−	−	−	…
和歌山	135	124	123	122	125	−	−	−	−	−
鳥取	196	209	229	244	257	258	255	273	274	274
島根	139	134	140	144	153	266	258	268	267	272
岡山	320	302	321	320	337	355	341	342	333	339
広島	184	181	190	190	198	…	96	117	100	100
山口	244	234	248	251	267	215	215	212	208	224
徳島	273	277	289	278	280	321	317	314	286	291
香川	293	301	319	316	335	−	−	−	…	…
愛媛	292	284	295	305	315	…	…	…	−	−
高知	191	177	178	168	163	330	323	328	304	304
福岡	325	313	320	337	346	283	270	269	276	285
佐賀	312	296	313	329	336	296	282	282	282	287
長崎	253	248	258	254	260	264	256	251	251	270
熊本	283	284	290	294	305	252	245	260	260	268
大分	237	224	230	243	258	218	202	209	211	225
宮崎	217	183	195	184	202	226	217	231	245	265
鹿児島	182	168	161	151	153	205	194	194	194	200
沖縄	183	182	175	163	158	…	…	…	…	…

ウ　六条大麦

エ　はだか麦

単位：kg

全国農業地域・都道府県	ウ 六条大麦 平成28年産	29	30	令和元	2	エ はだか麦 平成28年産	29	30	令和元	2
	(1)	(2)	(3)	(4)	(5)	(1)	(2)	(3)	(4)	(5)
全国	**281**	**278**	**285**	**285**	**290**	**255**	**251**	**252**	**250**	**260**
(全国農業地域)										
北海道	–	–	…	…	337	332	336	344	336	311
都府県	281	278	285	285	290	254	251	252	251	260
東北	236	244	…	…	…	…	…	…	…	…
北陸	291	292	294	295	293	–	…	…	…	…
関東・東山	276	277	287	292	308	285	253	…	…	…
東海	245	239	251	255	262	200	150	168	195	…
近畿	260	251	264	…	279	233	171	216	224	…
中国	174	170	183	183	191	169	161	162	…	184
四国	–	…	…	…	216	278	269	272	266	277
九州	341	333	300	323	347	239	232	235	243	256
沖縄	–	–	–	–	–	–	–	–	–	–
(都道府県)										
北海道	–	–	…	…	337	332	336	344	336	311
青森	…	–	–	…	…	–	–	–	–	–
岩手	237	234	236	236	241	–	–	–	–	–
宮城	238	248	265	283	303	–	–	–	…	…
秋田	200	191	201	201	214	–	–	–	–	–
山形	127	119	118	118	113	…	43	32	43	39
福島	280	286	297	297	297	–	–	…	…	110
茨城	209	221	233	241	253	196	217	259	269	303
栃木	300	293	296	298	318	227	205	212	212	207
群馬	353	339	339	327	337	–	–	–	…	…
埼玉	404	403	403	411	406	320	298	305	310	310
千葉	219	223	241	270	287	162	193	199	237	250
東京	…	…	…	…	–	244	210	188	188	200
神奈川	217	239	274	286	290	…	192	192	173	145
新潟	181	182	206	217	221	–	–	–	–	–
富山	307	305	309	309	302	–	–	…	…	140
石川	274	283	297	297	299	–	–	–	–	–
福井	293	289	288	288	288	–	–	–	–	–
山梨	297	269	246	223	214	–	–	–	–	–
長野	371	364	366	371	371	–	–	–	–	–
岐阜	163	167	166	170	170	…	…	…	…	…
静岡	140	134	143	154	154	–	–	–	–	…
愛知	330	348	384	384	405	211	189	204	217	241
三重	291	275	282	278	290	142	138	153	181	227
滋賀	290	286	290	290	299	283	305	308	324	338
京都	106	103	103	103	102	119	92	…	…	–
大阪	–	…	…	…	85	199	199	199	199	…
兵庫	234	215	231	214	229	129	128	147	151	161
奈良	120	93	96	96	95	155	157	161	162	159
和歌山	…	139	132	121	127	–	–	–	…	…
鳥取	161	153	153	149	157	–	–	…	…	228
島根	124	119	122	121	128	230	223	212	212	214
岡山	178	180	180	174	162	250	238	236	237	244
広島	182	176	190	192	201	168	148	137	129	139
山口	–	–	–	–	–	160	150	144	147	156
徳島	–	–	…	…	216	181	165	190	180	182
香川	–	–	–	–	–	283	283	289	284	304
愛媛	–	–	–	–	–	278	267	266	261	267
高知	–	–	–	–	–	156	153	150	150	153
福岡	–	–	–	–	–	291	280	270	276	281
佐賀	–	–	–	–	–	278	271	273	281	297
長崎	–	–	–	–	–	177	162	152	166	164
熊本	311	314	323	323	330	174	177	188	201	207
大分	349	345	359	364	360	225	213	223	230	249
宮崎	–	–	–	–	–	181	150	134	131	120
鹿児島	256	256	242	265	327	134	139	149	152	154
沖縄	–	–	–	–	–	–	–	–	–	–

2　麦類（続き）

(3)　小麦の秋まき、春まき別収穫量（北海道）

区　分	平成28年産			29			30		
	作付面積	10 a 当たり収量	収穫量	作付面積	10 a 当たり収量	収穫量	作付面積	10 a 当たり収量	収穫量
	(1)	(2)	(3)	(4)	(5)	(6)	(7)	(8)	(9)
	ha	kg	t	ha	kg	t	ha	kg	t
北海道	122,900	427	524,300	121,600	500	607,600	121,400	388	471,100
秋まき	107,100	443	474,900	104,200	531	553,300	103,500	421	435,700
春まき	15,800	313	49,400	17,400	312	54,300	17,900	198	35,400

区　分	令和元			2		
	作付面積	10 a 当たり収量	収穫量	作付面積	10 a 当たり収量	収穫量
	(10)	(11)	(12)	(13)	(14)	(15)
	ha	kg	t	ha	kg	t
北海道	121,400	558	677,700	122,200	515	629,900
秋まき	104,900	588	616,400	105,400	540	569,200
春まき	16,500	372	61,300	16,800	361	60,700

3 豆類

(1) 大豆

全国農業地域・都道府県	平成28年産 作付面積	平成28年産 10a当たり収量	平成28年産 収穫量	平成28年産 (参考)10a当たり平均収量対比	29 作付面積	29 10a当たり収量	29 収穫量	29 (参考)10a当たり平均収量対比	30 作付面積	30 10a当たり収量
	(1)	(2)	(3)	(4)	(5)	(6)	(7)	(8)	(9)	(10)
	ha	kg	t	%	ha	kg	t	%	ha	kg
全国 (1)	**150,000**	**159**	**238,000**	**92**	**150,200**	**168**	**253,000**	**101**	**146,600**	**144**
(全国農業地域)										
北海道 (2)	40,200	210	84,400	88	41,000	245	100,500	103	40,100	205
都府県 (3)	109,900	140	153,600	94	109,200	140	152,500	96	106,600	121
東北 (4)	35,900	151	54,200	107	36,300	129	47,000	91	35,400	132
北陸 (5)	13,400	167	22,400	106	13,500	169	22,800	106	13,000	144
関東・東山 (6)	10,700	136	14,600	93	10,500	143	15,000	101	10,000	137
東海 (7)	12,200	112	13,700	96	12,100	117	14,200	98	12,000	51
近畿 (8)	9,840	135	13,300	99	9,880	128	12,600	94	9,700	66
中国 (9)	4,890	101	4,960	82	4,740	120	5,680	102	4,530	96
四国 (10)	588	99	583	78	557	101	561	85	531	101
九州 (11)	22,200	135	30,000	73	21,700	160	34,700	91	21,400	152
沖縄 (12)	1	34	0	106	0	53	0	166	0	42
(都道府県)										
北海道 (13)	40,200	210	84,400	88	41,000	245	100,500	103	40,100	205
青森 (14)	4,810	153	7,360	113	4,940	127	6,270	89	5,010	107
岩手 (15)	4,550	147	6,680	121	4,640	116	5,380	92	4,590	136
宮城 (16)	11,300	151	17,100	90	11,200	139	15,600	84	10,700	150
秋田 (17)	8,480	150	12,700	121	8,720	120	10,500	94	8,470	122
山形 (18)	5,150	159	8,190	120	5,130	145	7,440	106	5,090	128
福島 (19)	1,660	129	2,140	98	1,590	113	1,800	88	1,570	133
茨城 (20)	3,730	108	4,030	81	3,640	130	4,730	104	3,470	110
栃木 (21)	2,680	166	4,450	98	2,560	161	4,120	97	2,370	168
群馬 (22)	301	125	376	89	316	112	354	85	303	127
埼玉 (23)	705	99	698	93	679	137	930	134	667	96
千葉 (24)	876	103	902	84	900	112	1,010	96	885	106
東京 (25)	4	124	5	102	8	118	9	97	10	107
神奈川 (26)	39	162	63	95	42	143	60	85	41	132
新潟 (27)	5,150	194	9,990	121	5,160	179	9,240	107	4,750	168
富山 (28)	4,810	128	6,160	79	4,780	170	8,130	109	4,710	135
石川 (29)	1,680	147	2,470	104	1,730	150	2,600	105	1,660	130
福井 (30)	1,800	208	3,740	137	1,820	153	2,780	92	1,850	120
山梨 (31)	220	149	328	131	218	124	270	109	220	119
長野 (32)	2,170	172	3,730	107	2,140	163	3,490	99	2,070	172
岐阜 (33)	2,950	104	3,070	84	2,910	117	3,400	94	2,870	50
静岡 (34)	284	107	304	107	255	115	293	114	260	69
愛知 (35)	4,510	134	6,040	99	4,530	142	6,430	101	4,440	62
三重 (36)	4,470	95	4,250	99	4,420	93	4,110	98	4,390	39
滋賀 (37)	6,680	150	10,000	99	6,700	139	9,310	93	6,690	66
京都 (38)	324	117	379	106	304	118	359	105	311	83
大阪 (39)	16	112	18	88	16	119	19	96	15	73
兵庫 (40)	2,630	101	2,660	97	2,680	101	2,710	101	2,500	64
奈良 (41)	158	120	190	85	150	119	179	86	148	70
和歌山 (42)	29	96	28	86	29	97	28	90	29	72
鳥取 (43)	715	132	944	90	713	127	906	89	701	103
島根 (44)	873	121	1,060	98	823	136	1,120	109	805	110
岡山 (45)	1,820	79	1,440	65	1,730	115	1,990	103	1,630	85
広島 (46)	605	101	611	89	566	104	589	97	499	90
山口 (47)	882	103	908	91	906	118	1,070	110	896	98
徳島 (48)	52	51	27	62	42	45	19	61	39	43
香川 (49)	83	84	70	81	72	97	70	100	61	59
愛媛 (50)	364	119	433	80	354	119	421	86	346	128
高知 (51)	89	60	53	67	89	57	51	74	85	48
福岡 (52)	8,430	138	11,600	74	8,410	161	13,500	91	8,280	156
佐賀 (53)	8,370	146	12,200	69	8,150	185	15,100	95	8,000	170
長崎 (54)	438	93	407	74	449	117	525	103	468	90
熊本 (55)	2,680	143	3,830	81	2,440	141	3,440	83	2,430	149
大分 (56)	1,720	88	1,510	81	1,700	93	1,580	87	1,630	87
宮崎 (57)	261	71	185	53	233	112	261	96	250	109
鹿児島 (58)	355	84	298	65	328	99	325	83	364	107
沖縄 (59)	1	34	0	106	0	53	0	166	0	42

		令和元				2				
収穫量	(参考)10a当たり平均収量対比	作付面積	10a当たり収量	収穫量	(参考)10a当たり平均収量対比	作付面積	10a当たり収量	収穫量	(参考)10a当たり平均収量対比	
(11)	(12)	(13)	(14)	(15)	(16)	(17)	(18)	(19)	(20)	
t	%	ha	kg	t	%	ha	kg	t	%	
211,300	**86**	**143,500**	**152**	**217,800**	**92**	**141,700**	**154**	**218,900**	**96**	(1)
82,300	85	39,100	226	88,400	95	38,900	239	93,000	103	(2)
129,000	84	104,400	124	129,400	84	102,700	123	125,900	90	(3)
46,600	92	35,100	148	52,100	104	34,900	133	46,400	94	(4)
18,700	87	12,400	148	18,400	89	11,900	127	15,100	79	(5)
13,700	95	9,890	115	11,400	80	9,570	126	12,100	91	(6)
6,080	45	11,900	101	12,000	90	11,800	94	11,100	87	(7)
6,410	49	9,410	107	10,100	79	9,100	114	10,400	88	(8)
4,330	80	4,330	100	4,350	85	4,250	93	3,960	84	(9)
537	91	489	137	668	125	493	132	650	120	(10)
32,600	92	21,000	97	20,400	61	20,800	126	26,200	84	(11)
0	124	0	18	0	46	x	x	x	x	(12)
82,300	85	39,100	226	88,400	95	38,900	239	93,000	103	(13)
5,360	77	4,760	161	7,660	122	4,840	125	6,050	92	(14)
6,240	106	4,290	147	6,310	112	4,320	131	5,660	96	(15)
16,100	91	11,000	137	15,100	85	10,800	174	18,800	116	(16)
10,300	94	8,560	162	13,900	125	8,650	100	8,650	73	(17)
6,520	90	4,950	155	7,670	106	4,830	115	5,550	79	(18)
2,090	103	1,500	99	1,490	77	1,390	121	1,680	96	(19)
3,820	85	3,450	96	3,310	76	3,350	115	3,850	96	(20)
3,980	100	2,340	152	3,560	89	2,250	155	3,490	93	(21)
385	98	291	133	387	102	275	141	388	111	(22)
640	88	636	86	547	79	657	88	578	84	(23)
938	89	871	43	375	38	822	88	723	81	(24)
11	88	6	133	8	109	4	175	7	142	(25)
54	80	40	138	55	86	37	157	58	101	(26)
7,980	97	4,410	174	7,670	97	4,180	141	5,890	80	(27)
6,360	83	4,480	145	6,500	90	4,270	128	5,470	84	(28)
2,160	87	1,660	124	2,060	84	1,630	118	1,920	84	(29)
2,220	71	1,810	121	2,190	71	1,800	101	1,820	63	(30)
262	101	223	120	268	101	216	107	231	88	(31)
3,560	104	2,030	140	2,840	84	1,960	143	2,800	86	(32)
1,440	43	2,850	113	3,220	104	2,860	99	2,830	92	(33)
179	66	251	76	191	78	223	76	169	83	(34)
2,750	45	4,490	112	5,030	81	4,370	110	4,810	85	(35)
1,710	43	4,290	82	3,520	93	4,350	75	3,260	87	(36)
4,420	45	6,690	117	7,830	80	6,510	124	8,070	89	(37)
258	71	307	113	347	97	302	117	353	104	(38)
11	59	15	113	17	94	15	87	13	75	(39)
1,600	63	2,220	81	1,800	80	2,110	86	1,810	91	(40)
104	52	143	71	102	54	137	96	132	83	(41)
21	69	28	93	26	90	28	89	25	91	(42)
722	73	641	117	750	82	624	91	568	68	(43)
886	87	756	131	990	102	780	123	959	97	(44)
1,390	73	1,580	80	1,260	72	1,540	91	1,400	90	(45)
449	84	477	92	439	91	430	72	310	73	(46)
881	89	871	105	915	95	870	83	722	79	(47)
17	64	17	39	7	66	10	80	8	151	(48)
36	63	60	77	46	83	60	97	58	109	(49)
443	99	338	173	585	136	348	155	539	122	(50)
41	71	74	41	30	68	75	60	45	111	(51)
12,900	92	8,250	107	8,830	67	8,220	125	10,300	82	(52)
13,600	91	7,820	80	6,260	45	7,750	130	10,100	77	(53)
421	81	399	52	207	49	409	37	151	38	(54)
3,620	93	2,450	126	3,090	81	2,420	155	3,750	107	(55)
1,420	86	1,540	82	1,260	85	1,410	94	1,330	102	(56)
273	103	219	157	344	143	223	125	279	105	(57)
389	98	325	125	406	119	346	75	260	71	(58)
0	124	0	18	0	46	x	x	x	x	(59)

3 豆類（続き）

(2) 小豆

全国農業地域・都道府県	平成28年産				29				30	
	作付面積	10a当たり収量	収穫量	（参考）10a当たり平均収量対比	作付面積	10a当たり収量	収穫量	（参考）10a当たり平均収量対比	作付面積	10a当たり収量
	(1)	(2)	(3)	(4)	(5)	(6)	(7)	(8)	(9)	(10)
	ha	kg	t	%	ha	kg	t	%	ha	kg
全国 (1)	**21,300**	**138**	**29,500**	**nc**	**22,700**	**235**	**53,400**	**113**	**23,700**	**178**
（全国農業地域）										
北海道 (2)	16,200	167	27,100	69	17,900	278	49,800	115	19,100	205
都府県 (3)	5,060	…	…	nc	…	…	…	nc	4,620	63
東北 (4)	1,070	…	…	nc	…	…	…	nc	898	73
北陸 (5)	340	…	…	nc	…	…	…	nc	328	47
関東・東山 (6)	x	…	…	nc	…	…	…	nc	906	89
東海 (7)	124	…	…	nc	…	…	…	nc	115	65
近畿 (8)	1,270	…	…	nc	…	…	…	nc	1,240	51
中国 (9)	785	…	…	nc	…	…	…	nc	732	48
四国 (10)	98	…	…	nc	…	…	…	nc	85	71
九州 (11)	379	…	…	nc	…	…	…	nc	314	61
沖縄 (12)	–	…	…	nc	…	…	…	nc	–	–
（都道府県）										
北海道 (13)	16,200	167	27,100	69	17,900	278	49,800	115	19,100	205
青森 (14)	175	…	…	nc	…	…	…	nc	150	85
岩手 (15)	339	…	…	nc	…	…	…	nc	271	77
宮城 (16)	111	…	…	nc	…	…	…	nc	104	40
秋田 (17)	149	…	…	nc	…	…	…	nc	119	83
山形 (18)	86	…	…	nc	…	…	…	nc	75	65
福島 (19)	206	…	…	nc	…	…	…	nc	179	70
茨城 (20)	132	…	…	nc	…	…	…	nc	123	103
栃木 (21)	173	…	…	nc	…	…	…	nc	149	130
群馬 (22)	174	…	…	nc	…	…	…	nc	171	106
埼玉 (23)	144	…	…	nc	…	…	…	nc	127	63
千葉 (24)	106	…	…	nc	…	…	…	nc	95	63
東京 (25)	x	…	…	nc	…	…	…	nc	–	–
神奈川 (26)	18	…	…	nc	…	…	…	nc	12	75
新潟 (27)	148	…	…	nc	…	…	…	nc	137	61
富山 (28)	20	…	…	nc	…	…	…	nc	17	60
石川 (29)	138	…	…	nc	…	…	…	nc	140	27
福井 (30)	34	…	…	nc	…	…	…	nc	34	62
山梨 (31)	46	…	…	nc	…	…	…	nc	42	69
長野 (32)	201	…	…	nc	…	…	…	nc	187	67
岐阜 (33)	46	…	…	nc	…	…	…	nc	44	73
静岡 (34)	14	…	…	nc	…	…	…	nc	13	69
愛知 (35)	32	…	…	nc	…	…	…	nc	28	75
三重 (36)	32	…	…	nc	…	…	…	nc	30	43
滋賀 (37)	51	69	35	90	52	60	31	78	53	55
京都 (38)	493	52	256	91	461	52	240	91	453	41
大阪 (39)	0	…	…	nc	…	…	…	nc	0	54
兵庫 (40)	699	…	…	nc	690	70	483	89	707	56
奈良 (41)	29	…	…	nc	…	…	…	nc	27	74
和歌山 (42)	2	…	…	nc	…	…	…	nc	2	76
鳥取 (43)	116	…	…	nc	…	…	…	nc	116	55
島根 (44)	147	…	…	nc	…	…	…	nc	144	43
岡山 (45)	352	…	…	nc	…	…	…	nc	326	43
広島 (46)	125	…	…	nc	…	…	…	nc	110	59
山口 (47)	45	…	…	nc	…	…	…	nc	36	50
徳島 (48)	17	…	…	nc	…	…	…	nc	16	53
香川 (49)	25	…	…	nc	…	…	…	nc	21	34
愛媛 (50)	42	…	…	nc	…	…	…	nc	39	103
高知 (51)	14	…	…	nc	…	…	…	nc	9	54
福岡 (52)	47	…	…	nc	…	…	…	nc	40	73
佐賀 (53)	46	…	…	nc	…	…	…	nc	40	68
長崎 (54)	43	…	…	nc	…	…	…	nc	36	56
熊本 (55)	132	…	…	nc	…	…	…	nc	110	56
大分 (56)	67	…	…	nc	…	…	…	nc	60	58
宮崎 (57)	31	…	…	nc	…	…	…	nc	24	67
鹿児島 (58)	13	…	…	nc	…	…	…	nc	4	90
沖縄 (59)	–	…	…	nc	…	…	…	nc	–	–

注：1　主産県調査を実施した年産の全国値については、主産県の調査結果から推計したものである。
　　2　平成30年産以降、作付面積は３年、収穫量は６年ごとに全国調査を実施し、全国調査以外の年にあっては主産県調査を実施することとしている。

		令和元				2				
収穫量	（参考）10a当たり平均収量対比	作付面積	10a当たり収量	収穫量	（参考）10a当たり平均収量対比	作付面積	10a当たり収量	収穫量	（参考）10a当たり平均収量対比	
(11)	(12)	(13)	(14)	(15)	(16)	(17)	(18)	(19)	(20)	
t	%	ha	kg	t	%	ha	kg	t	%	
42,100	**81**	**25,500**	**232**	**59,100**	**107**	**26,600**	**195**	**51,900**	**89**	(1)
39,200	80	20,900	265	55,400	106	22,100	220	48,600	87	(2)
2,920	nc	…	…	…	nc	…	…	…	nc	(3)
652	nc	…	…	…	nc	…	…	…	nc	(4)
153	nc	…	…	…	nc	…	…	…	nc	(5)
805	nc	…	…	…	nc	…	…	…	nc	(6)
75	nc	…	…	…	nc	…	…	…	nc	(7)
633	nc	…	…	…	nc	…	…	…	nc	(8)
349	nc	…	…	…	nc	…	…	…	nc	(9)
60	nc	…	…	…	nc	…	…	…	nc	(10)
193	nc	…	…	…	nc	…	…	…	nc	(11)
-	nc	…	…	…	nc	…	…	…	nc	(12)
39,200	80	20,900	265	55,400	106	22,100	220	48,600	87	(13)
128	nc	…	…	…	nc	…	…	…	nc	(14)
209	nc	…	…	…	nc	…	…	…	nc	(15)
42	nc	…	…	…	nc	…	…	…	nc	(16)
99	nc	…	…	…	nc	…	…	…	nc	(17)
49	nc	…	…	…	nc	…	…	…	nc	(18)
125	89	…	…	…	nc	…	…	…	nc	(19)
127	nc	…	…	…	nc	…	…	…	nc	(20)
194	nc	…	…	…	nc	…	…	…	nc	(21)
181	nc	…	…	…	nc	…	…	…	nc	(22)
80	nc	…	…	…	nc	…	…	…	nc	(23)
60	nc	…	…	…	nc	…	…	…	nc	(24)
-	nc	…	…	…	nc	…	…	…	nc	(25)
9	nc	…	…	…	nc	…	…	…	nc	(26)
84	nc	…	…	…	nc	…	…	…	nc	(27)
10	nc	…	…	…	nc	…	…	…	nc	(28)
38	nc	…	…	…	nc	…	…	…	nc	(29)
21	nc	…	…	…	nc	…	…	…	nc	(30)
29	nc	…	…	…	nc	…	…	…	nc	(31)
125	nc	…	…	…	nc	…	…	…	nc	(32)
32	nc	…	…	…	nc	…	…	…	nc	(33)
9	nc	…	…	…	nc	…	…	…	nc	(34)
21	nc	…	…	…	nc	…	…	…	nc	(35)
13	nc	…	…	…	nc	…	…	…	nc	(36)
29	73	109	77	84	107	191	102	195	144	(37)
186	71	447	54	241	96	451	58	262	114	(38)
0	nc	…	…	…	nc	…	…	…	nc	(39)
396	74	786	61	479	86	807	80	646	123	(40)
20	nc	…	…	…	nc	…	…	…	nc	(41)
2	nc	…	…	…	nc	…	…	…	nc	(42)
64	nc	…	…	…	nc	…	…	…	nc	(43)
62	nc	…	…	…	nc	…	…	…	nc	(44)
140	nc	…	…	…	nc	…	…	…	nc	(45)
65	nc	…	…	…	nc	…	…	…	nc	(46)
18	nc	…	…	…	nc	…	…	…	nc	(47)
8	nc	…	…	…	nc	…	…	…	nc	(48)
7	nc	…	…	…	nc	…	…	…	nc	(49)
40	nc	…	…	…	nc	…	…	…	nc	(50)
5	nc	…	…	…	nc	…	…	…	nc	(51)
29	nc	…	…	…	nc	…	…	…	nc	(52)
27	nc	…	…	…	nc	…	…	…	nc	(53)
20	nc	…	…	…	nc	…	…	…	nc	(54)
62	nc	…	…	…	nc	…	…	…	nc	(55)
35	nc	…	…	…	nc	…	…	…	nc	(56)
16	nc	…	…	…	nc	…	…	…	nc	(57)
4	nc	…	…	…	nc	…	…	…	nc	(58)
-	nc	…	…	…	nc	…	…	…	nc	(59)

3　豆類（続き）

(3)　いんげん

全国農業地域・都道府県	平成28年産 作付面積	平成28年産 10a当たり収量	平成28年産 収穫量	平成28年産 （参考）10a当たり平均収量対比	29 作付面積	29 10a当たり収量	29 収穫量	29 （参考）10a当たり平均収量対比	30 作付面積	30 10a当たり収量
	(1)	(2)	(3)	(4)	(5)	(6)	(7)	(8)	(9)	(10)
	ha	kg	t	%	ha	kg	t	%	ha	kg
全国 (1)	**8,560**	**66**	**5,650**	**nc**	**7,150**	**236**	**16,900**	**136**	**7,350**	**133**
（全国農業地域）										
北海道 (2)	7,940	69	5,480	37	6,630	248	16,400	139	6,790	136
都府県 (3)	624	…	…	nc	…	…	…	nc	556	96
東北 (4)	82	…	…	nc	…	…	…	nc	68	103
北陸 (5)	84	…	…	nc	…	…	…	nc	80	76
関東・東山 (6)	440	…	…	nc	…	…	…	nc	391	99
東海 (7)	2	…	…	nc	…	…	…	nc	2	50
近畿 (8)	4	…	…	nc	…	…	…	nc	4	75
中国 (9)	8	…	…	nc	…	…	…	nc	8	75
四国 (10)	4	…	…	nc	…	…	…	nc	3	100
九州 (11)	0	…	…	nc	…	…	…	nc	–	–
沖縄 (12)	–	…	…	nc	…	…	…	nc	–	–
（都道府県）										
北海道 (13)	7,940	69	5,480	37	6,630	248	16,400	139	6,790	136
青森 (14)	4	…	…	nc	…	…	…	nc	4	99
岩手 (15)	20	…	…	nc	…	…	…	nc	18	87
宮城 (16)	1	…	…	nc	…	…	…	nc	1	76
秋田 (17)	21	…	…	nc	…	…	…	nc	18	81
山形 (18)	14	…	…	nc	…	…	…	nc	9	78
福島 (19)	22	…	…	nc	…	…	…	nc	18	148
茨城 (20)	42	…	…	nc	…	…	…	nc	39	103
栃木 (21)	5	…	…	nc	…	…	…	nc	5	80
群馬 (22)	122	…	…	nc	…	…	…	nc	104	119
埼玉 (23)	–	…	…	nc	…	…	…	nc	–	–
千葉 (24)	–	…	…	nc	…	…	…	nc	–	–
東京 (25)	–	…	…	nc	…	…	…	nc	–	–
神奈川 (26)	1	…	…	nc	…	…	…	nc	1	96
新潟 (27)	39	…	…	nc	…	…	…	nc	38	71
富山 (28)	8	…	…	nc	…	…	…	nc	7	75
石川 (29)	28	…	…	nc	…	…	…	nc	26	92
福井 (30)	9	…	…	nc	…	…	…	nc	9	56
山梨 (31)	57	…	…	nc	…	…	…	nc	47	91
長野 (32)	213	…	…	nc	…	…	…	nc	195	91
岐阜 (33)	0	…	…	nc	…	…	…	nc	0	79
静岡 (34)	–	…	…	nc	…	…	…	nc	–	–
愛知 (35)	2	…	…	nc	…	…	…	nc	2	68
三重 (36)	–	…	…	nc	…	…	…	nc	–	–
滋賀 (37)	0	…	…	nc	…	…	…	nc	0	80
京都 (38)	3	…	…	nc	…	…	…	nc	3	68
大阪 (39)	–	…	…	nc	…	…	…	nc	–	–
兵庫 (40)	1	…	…	nc	…	…	…	nc	1	58
奈良 (41)	0	…	…	nc	…	…	…	nc	–	–
和歌山 (42)	–	…	…	nc	…	…	…	nc	–	–
鳥取 (43)	3	…	…	nc	…	…	…	nc	3	70
島根 (44)	1	…	…	nc	…	…	…	nc	2	93
岡山 (45)	0	…	…	nc	…	…	…	nc	0	58
広島 (46)	4	…	…	nc	…	…	…	nc	3	65
山口 (47)	–	…	…	nc	…	…	…	nc	–	–
徳島 (48)	1	…	…	nc	…	…	…	nc	1	88
香川 (49)	0	…	…	nc	…	…	…	nc	0	90
愛媛 (50)	2	…	…	nc	…	…	…	nc	1	108
高知 (51)	1	…	…	nc	…	…	…	nc	1	80
福岡 (52)	–	…	…	nc	…	…	…	nc	–	–
佐賀 (53)	–	…	…	nc	…	…	…	nc	–	–
長崎 (54)	–	…	…	nc	…	…	…	nc	–	–
熊本 (55)	–	…	…	nc	…	…	…	nc	–	–
大分 (56)	0	…	…	nc	…	…	…	nc	–	–
宮崎 (57)	–	…	…	nc	…	…	…	nc	–	–
鹿児島 (58)	–	…	…	nc	…	…	…	nc	–	–
沖縄 (59)	–	…	…	nc	…	…	…	nc	–	–

注：1　主産県調査を実施した年産の全国値については、主産県の調査結果から推計したものである。
　　2　平成30年産以降、作付面積は３年、収穫量は６年ごとに全国調査を実施し、全国調査以外の年にあっては主産県調査を実施することとしている。

		令和元				2				
収穫量	(参考) 10a当たり 平均収量 対比	作付面積	10a当たり 収量	収穫量	(参考) 10a当たり 平均収量 対比	作付面積	10a当たり 収量	収穫量	(参考) 10a当たり 平均収量 対比	
(11)	(12)	(13)	(14)	(15)	(16)	(17)	(18)	(19)	(20)	
t	%	ha	kg	t	%	ha	kg	t	%	
9,760	**73**	**6,860**	**195**	**13,400**	**103**	**7,370**	**67**	**4,920**	**35**	(1)
9,230	72	6,340	200	12,700	102	6,880	68	4,680	34	(2)
533	nc	…	…	…	nc	…	…	…	nc	(3)
70	nc	…	…	…	nc	…	…	…	nc	(4)
61	nc	…	…	…	nc	…	…	…	nc	(5)
389	nc	…	…	…	nc	…	…	…	nc	(6)
1	nc	…	…	…	nc	…	…	…	nc	(7)
3	nc	…	…	…	nc	…	…	…	nc	(8)
6	nc	…	…	…	nc	…	…	…	nc	(9)
3	nc	…	…	…	nc	…	…	…	nc	(10)
−	nc	…	…	…	nc	…	…	…	nc	(11)
−	nc	…	…	…	nc	…	…	…	nc	(12)
9,230	72	6,340	200	12,700	102	6,880	68	4,680	34	(13)
4	nc	…	…	…	nc	…	…	…	nc	(14)
16	nc	…	…	…	nc	…	…	…	nc	(15)
1	nc	…	…	…	nc	…	…	…	nc	(16)
15	nc	…	…	…	nc	…	…	…	nc	(17)
7	nc	…	…	…	nc	…	…	…	nc	(18)
27	nc	…	…	…	nc	…	…	…	nc	(19)
40	nc	…	…	…	nc	…	…	…	nc	(20)
4	nc	…	…	…	nc	…	…	…	nc	(21)
124	nc	…	…	…	nc	…	…	…	nc	(22)
−	nc	…	…	…	nc	…	…	…	nc	(23)
−	nc	…	…	…	nc	…	…	…	nc	(24)
−	nc	…	…	…	nc	…	…	…	nc	(25)
1	nc	…	…	…	nc	…	…	…	nc	(26)
27	nc	…	…	…	nc	…	…	…	nc	(27)
5	nc	…	…	…	nc	…	…	…	nc	(28)
24	nc	…	…	…	nc	…	…	…	nc	(29)
5	nc	…	…	…	nc	…	…	…	nc	(30)
43	nc	…	…	…	nc	…	…	…	nc	(31)
177	nc	…	…	…	nc	…	…	…	nc	(32)
0	nc	…	…	…	nc	…	…	…	nc	(33)
−	nc	…	…	…	nc	…	…	…	nc	(34)
1	nc	…	…	…	nc	…	…	…	nc	(35)
−	nc	…	…	…	nc	…	…	…	nc	(36)
0	nc	…	…	…	nc	…	…	…	nc	(37)
2	nc	…	…	…	nc	…	…	…	nc	(38)
−	nc	…	…	…	nc	…	…	…	nc	(39)
1	nc	…	…	…	nc	…	…	…	nc	(40)
−	nc	…	…	…	nc	…	…	…	nc	(41)
−	nc	…	…	…	nc	…	…	…	nc	(42)
2	nc	…	…	…	nc	…	…	…	nc	(43)
2	nc	…	…	…	nc	…	…	…	nc	(44)
0	nc	…	…	…	nc	…	…	…	nc	(45)
2	nc	…	…	…	nc	…	…	…	nc	(46)
−	nc	…	…	…	nc	…	…	…	nc	(47)
1	nc	…	…	…	nc	…	…	…	nc	(48)
0	nc	…	…	…	nc	…	…	…	nc	(49)
1	nc	…	…	…	nc	…	…	…	nc	(50)
1	nc	…	…	…	nc	…	…	…	nc	(51)
−	nc	…	…	…	nc	…	…	…	nc	(52)
−	nc	…	…	…	nc	…	…	…	nc	(53)
−	nc	…	…	…	nc	…	…	…	nc	(54)
−	nc	…	…	…	nc	…	…	…	nc	(55)
−	nc	…	…	…	nc	…	…	…	nc	(56)
−	nc	…	…	…	nc	…	…	…	nc	(57)
−	nc	…	…	…	nc	…	…	…	nc	(58)
−	nc	…	…	…	nc	…	…	…	nc	(59)

3　豆類（続き）

(4)　らっかせい

全国農業地域・都道府県		平成28年産 作付面積 (1)	平成28年産 10a当たり収量 (2)	平成28年産 収穫量 (3)	平成28年産 （参考）10a当たり平均収量対比 (4)	29 作付面積 (5)	29 10a当たり収量 (6)	29 収穫量 (7)	29 （参考）10a当たり平均収量対比 (8)	30 作付面積 (9)	30 10a当たり収量 (10)
		ha	kg	t	%	ha	kg	t	%	ha	kg
全国	(1)	**6,550**	**237**	**15,500**	**nc**	**6,420**	**240**	**15,400**	**104**	**6,370**	**245**
（全国農業地域）											
北海道	(2)	－	…	…	nc	…	…	…	nc	3	233
都府県	(3)	6,550	…	…	nc	…	…	…	nc	6,370	245
東北	(4)	10	…	…	nc	…	…	…	nc	11	219
北陸	(5)	28	…	…	nc	…	…	…	nc	31	94
関東・東山	(6)	6,140	…	…	nc	…	…	…	nc	5,980	253
東海	(7)	87	…	…	nc	…	…	…	nc	84	115
近畿	(8)	6	…	…	nc	…	…	…	nc	7	100
中国	(9)	12	…	…	nc	…	…	…	nc	13	100
四国	(10)	16	…	…	nc	…	…	…	nc	14	100
九州	(11)	242	…	…	nc	…	…	…	nc	227	132
沖縄	(12)	7	…	…	nc	…	…	…	nc	8	141
（都道府県）											
北海道	(13)	－	…	…	nc	…	…	…	nc	3	233
青森	(14)	x	…	…	nc	…	…	…	nc	0	110
岩手	(15)	1	…	…	nc	…	…	…	nc	0	190
宮城	(16)	0	…	…	nc	…	…	…	nc	0	141
秋田	(17)	0	…	…	nc	…	…	…	nc	0	137
山形	(18)	0	…	…	nc	…	…	…	nc	1	154
福島	(19)	x	…	…	nc	…	…	…	nc	10	220
茨城	(20)	587	297	1,740	103	561	298	1,670	106	544	281
栃木	(21)	88	…	…	nc	…	…	…	nc	78	149
群馬	(22)	34	…	…	nc	…	…	…	nc	30	118
埼玉	(23)	41	…	…	nc	…	…	…	nc	34	129
千葉	(24)	5,170	238	12,300	98	5,080	241	12,200	102	5,080	256
東京	(25)	3	…	…	nc	…	…	…	nc	3	124
神奈川	(26)	161	…	…	nc	…	…	…	nc	159	177
新潟	(27)	25	…	…	nc	…	…	…	nc	25	101
富山	(28)	0	…	…	nc	…	…	…	nc	3	80
石川	(29)	1	…	…	nc	…	…	…	nc	1	110
福井	(30)	2	…	…	nc	…	…	…	nc	2	74
山梨	(31)	41	…	…	nc	…	…	…	nc	39	110
長野	(32)	16	…	…	nc	…	…	…	nc	13	69
岐阜	(33)	25	…	…	nc	…	…	…	nc	25	89
静岡	(34)	19	…	…	nc	…	…	…	nc	18	61
愛知	(35)	16	…	…	nc	…	…	…	nc	16	131
三重	(36)	27	…	…	nc	…	…	…	nc	25	172
滋賀	(37)	3	…	…	nc	…	…	…	nc	3	120
京都	(38)	2	…	…	nc	…	…	…	nc	2	25
大阪	(39)	－	…	…	nc	…	…	…	nc	－	－
兵庫	(40)	1	…	…	nc	…	…	…	nc	1	75
奈良	(41)	0	…	…	nc	…	…	…	nc	1	100
和歌山	(42)	0	…	…	nc	…	…	…	nc	0	102
鳥取	(43)	4	…	…	nc	…	…	…	nc	4	118
島根	(44)	0	…	…	nc	…	…	…	nc	0	105
岡山	(45)	4	…	…	nc	…	…	…	nc	4	85
広島	(46)	4	…	…	nc	…	…	…	nc	4	90
山口	(47)	0	…	…	nc	…	…	…	nc	1	61
徳島	(48)	0	…	…	nc	…	…	…	nc	0	100
香川	(49)	6	…	…	nc	…	…	…	nc	6	105
愛媛	(50)	3	…	…	nc	…	…	…	nc	3	110
高知	(51)	7	…	…	nc	…	…	…	nc	5	106
福岡	(52)	6	…	…	nc	…	…	…	nc	5	97
佐賀	(53)	6	…	…	nc	…	…	…	nc	4	64
長崎	(54)	34	…	…	nc	…	…	…	nc	33	103
熊本	(55)	21	…	…	nc	…	…	…	nc	19	113
大分	(56)	27	…	…	nc	…	…	…	nc	25	88
宮崎	(57)	46	…	…	nc	…	…	…	nc	37	168
鹿児島	(58)	102	…	…	nc	…	…	…	nc	104	147
沖縄	(59)	7	…	…	nc	…	…	…	nc	8	141

注：1　主産県調査を実施した年産の全国値については、主産県の調査結果から推計したものである。
　　2　平成30年産以降、作付面積は３年、収穫量は６年ごとに全国調査を実施し、全国調査以外の年にあっては主産県調査を実施することとしている。

		令和元				2				
収穫量	(参考)10a当たり平均収量対比	作付面積	10a当たり収量	収穫量	(参考)10a当たり平均収量対比	作付面積	10a当たり収量	収穫量	(参考)10a当たり平均収量対比	
(11)	(12)	(13)	(14)	(15)	(16)	(17)	(18)	(19)	(20)	
t	%	ha	kg	t	%	ha	kg	t	%	
15,600	**103**	**6,330**	**196**	**12,400**	**83**	**6,220**	**212**	**13,200**	**93**	(1)
7	nc	…	…	…	nc	…	…	…	nc	(2)
15,600	nc	…	…	…	nc	…	…	…	nc	(3)
25	nc	…	…	…	nc	…	…	…	nc	(4)
29	nc	…	…	…	nc	…	…	…	nc	(5)
15,100	nc	…	…	…	nc	…	…	…	nc	(6)
97	nc	…	…	…	nc	…	…	…	nc	(7)
7	nc	…	…	…	nc	…	…	…	nc	(8)
13	nc	…	…	…	nc	…	…	…	nc	(9)
14	nc	…	…	…	nc	…	…	…	nc	(10)
300	nc	…	…	…	nc	…	…	…	nc	(11)
11	nc	…	…	…	nc	…	…	…	nc	(12)
7	nc	…	…	…	nc	…	…	…	nc	(13)
0	nc	…	…	…	nc	…	…	…	nc	(14)
1	nc	…	…	…	nc	…	…	…	nc	(15)
0	nc	…	…	…	nc	…	…	…	nc	(16)
0	nc	…	…	…	nc	…	…	…	nc	(17)
2	nc	…	…	…	nc	…	…	…	nc	(18)
22	nc	…	…	…	nc	…	…	…	nc	(19)
1,530	97	528	263	1,390	92	515	247	1,270	87	(20)
116	nc	…	…	…	nc	…	…	…	nc	(21)
35	nc	…	…	…	nc	…	…	…	nc	(22)
44	nc	…	…	…	nc	…	…	…	nc	(23)
13,000	106	5,060	199	10,100	83	4,980	220	11,000	95	(24)
4	nc	…	…	…	nc	…	…	…	nc	(25)
281	nc	…	…	…	nc	…	…	…	nc	(26)
25	nc	…	…	…	nc	…	…	…	nc	(27)
2	nc	…	…	…	nc	…	…	…	nc	(28)
1	nc	…	…	…	nc	…	…	…	nc	(29)
1	nc	…	…	…	nc	…	…	…	nc	(30)
43	nc	…	…	…	nc	…	…	…	nc	(31)
9	nc	…	…	…	nc	…	…	…	nc	(32)
22	nc	…	…	…	nc	…	…	…	nc	(33)
11	nc	…	…	…	nc	…	…	…	nc	(34)
21	nc	…	…	…	nc	…	…	…	nc	(35)
43	nc	…	…	…	nc	…	…	…	nc	(36)
4	nc	…	…	…	nc	…	…	…	nc	(37)
1	nc	…	…	…	nc	…	…	…	nc	(38)
-	nc	…	…	…	nc	…	…	…	nc	(39)
1	nc	…	…	…	nc	…	…	…	nc	(40)
1	nc	…	…	…	nc	…	…	…	nc	(41)
0	nc	…	…	…	nc	…	…	…	nc	(42)
5	nc	…	…	…	nc	…	…	…	nc	(43)
0	nc	…	…	…	nc	…	…	…	nc	(44)
3	nc	…	…	…	nc	…	…	…	nc	(45)
4	nc	…	…	…	nc	…	…	…	nc	(46)
1	nc	…	…	…	nc	…	…	…	nc	(47)
0	nc	…	…	…	nc	…	…	…	nc	(48)
6	nc	…	…	…	nc	…	…	…	nc	(49)
3	nc	…	…	…	nc	…	…	…	nc	(50)
5	nc	…	…	…	nc	…	…	…	nc	(51)
5	nc	…	…	…	nc	…	…	…	nc	(52)
3	nc	…	…	…	nc	…	…	…	nc	(53)
34	nc	…	…	…	nc	…	…	…	nc	(54)
21	nc	…	…	…	nc	…	…	…	nc	(55)
22	nc	…	…	…	nc	…	…	…	nc	(56)
62	nc	…	…	…	nc	…	…	…	nc	(57)
153	nc	…	…	…	nc	…	…	…	nc	(58)
11	nc	…	…	…	nc	…	…	…	nc	(59)

4 そば

全国農業地域・都道府県	平成28年産 作付面積	10a当たり収量	収穫量	(参考) 10a当たり平均収量対比	29 作付面積	10a当たり収量	収穫量	(参考) 10a当たり平均収量対比	30 作付面積	10a当たり収量
	(1)	(2)	(3)	(4)	(5)	(6)	(7)	(8)	(9)	(10)
	ha	kg	t	%	ha	kg	t	%	ha	kg
全国 (1)	**60,600**	**48**	**28,800**	**84**	**62,900**	**55**	**34,400**	**96**	**63,900**	**45**
(全国農業地域)										
北海道 (2)	21,500	56	12,100	84	22,900	80	18,300	119	24,400	47
都府県 (3)	39,000	43	16,700	83	39,900	40	16,100	78	39,500	45
東北 (4)	16,400	37	6,080	86	16,800	34	5,740	79	16,500	40
北陸 (5)	6,160	36	2,240	82	6,010	25	1,530	58	5,520	35
関東・東山 (6)	10,500	60	6,310	83	11,200	60	6,680	83	11,600	62
東海 (7)	547	35	192	103	553	36	200	106	619	26
近畿 (8)	927	45	415	105	921	38	346	88	903	23
中国 (9)	1,680	23	390	61	1,690	30	510	86	1,620	32
四国 (10)	145	37	53	74	142	31	44	67	136	28
九州 (11)	2,590	38	980	57	2,610	38	1,000	61	2,560	38
沖縄 (12)	61	41	25	89	56	56	31	124	53	62
(都道府県)										
北海道 (13)	21,500	56	12,100	84	22,900	80	18,300	119	24,400	47
青森 (14)	1,610	19	306	61	1,610	30	483	97	1,640	37
岩手 (15)	1,620	58	940	104	1,760	44	774	79	1,780	60
宮城 (16)	706	16	113	50	716	12	86	40	671	22
秋田 (17)	3,550	42	1,490	111	3,730	29	1,080	73	3,610	35
山形 (18)	5,100	36	1,840	88	5,100	31	1,580	74	5,040	32
福島 (19)	3,860	36	1,390	72	3,860	45	1,740	90	3,720	50
茨城 (20)	2,980	70	2,090	95	3,270	54	1,770	73	3,370	60
栃木 (21)	2,250	66	1,490	84	2,490	77	1,920	97	2,700	74
群馬 (22)	485	85	412	96	518	88	456	100	558	89
埼玉 (23)	344	60	206	77	347	64	222	85	342	51
千葉 (24)	118	41	48	67	183	33	60	56	197	48
東京 (25)	10	43	4	69	8	54	4	92	7	43
神奈川 (26)	12	16	2	23	16	34	5	53	21	48
新潟 (27)	1,480	36	533	80	1,420	34	483	77	1,330	36
富山 (28)	613	25	153	60	561	27	151	69	519	37
石川 (29)	311	18	56	78	323	26	84	118	326	12
福井 (30)	3,760	40	1,500	89	3,700	22	814	49	3,350	36
山梨 (31)	183	44	81	79	184	55	101	102	188	47
長野 (32)	4,130	48	1,980	73	4,190	51	2,140	77	4,250	54
岐阜 (33)	325	36	117	106	317	30	95	88	368	29
静岡 (34)	80	35	28	103	81	35	28	103	69	22
愛知 (35)	35	28	10	127	36	33	12	143	39	8
三重 (36)	107	35	37	95	119	55	65	153	143	23
滋賀 (37)	457	65	297	123	487	46	224	84	497	25
京都 (38)	122	33	40	85	123	25	31	66	122	20
大阪 (39)	1	29	0	71	1	36	0	92	1	25
兵庫 (40)	318	22	70	76	283	29	82	116	258	21
奈良 (41)	27	31	8	72	25	34	8	83	22	30
和歌山 (42)	2	11	0	31	2	51	1	159	3	7
鳥取 (43)	326	23	75	79	334	26	87	93	319	32
島根 (44)	680	21	143	54	698	35	244	100	679	31
岡山 (45)	229	29	66	67	219	29	64	73	204	36
広島 (46)	377	25	94	60	366	25	92	64	343	32
山口 (47)	63	19	12	51	68	34	23	100	71	34
徳島 (48)	69	44	30	76	65	41	27	73	64	35
香川 (49)	26	27	7	79	33	23	8	72	33	22
愛媛 (50)	41	35	14	71	36	20	7	43	32	24
高知 (51)	9	20	2	59	8	19	2	61	7	20
福岡 (52)	57	14	8	44	71	36	26	116	77	51
佐賀 (53)	29	30	9	57	27	54	15	113	26	45
長崎 (54)	168	29	49	63	164	46	75	105	162	52
熊本 (55)	577	46	265	74	619	55	343	90	586	58
大分 (56)	262	27	71	73	269	30	81	86	228	41
宮崎 (57)	351	38	133	54	309	30	93	45	287	28
鹿児島 (58)	1,140	39	445	49	1,150	32	368	44	1,190	28
沖縄 (59)	61	41	25	89	56	56	31	124	53	62

		令和元				2				
収穫量	（参考）10 a 当たり平均収量対比	作付面積	10 a 当たり収量	収穫量	（参考）10 a 当たり平均収量対比	作付面積	10 a 当たり収量	収穫量	（参考）10 a 当たり平均収量対比	
(11)	(12)	(13)	(14)	(15)	(16)	(17)	(18)	(19)	(20)	
t	%	ha	kg	t	%	ha	kg	t	%	
29,000	**80**	**65,400**	**65**	**42,600**	**120**	**66,600**	**67**	**44,800**	**124**	(1)
11,400	68	25,200	78	19,700	115	25,700	75	19,300	110	(2)
17,600	94	40,100	57	22,900	124	40,900	62	25,500	135	(3)
6,560	98	16,900	54	9,210	135	17,000	47	7,910	118	(4)
1,920	92	5,350	38	2,020	106	5,570	57	3,180	173	(5)
7,190	87	12,200	71	8,610	106	12,500	85	10,600	129	(6)
158	76	569	43	245	126	569	59	335	169	(7)
209	58	919	46	425	112	927	85	784	213	(8)
519	107	1,580	31	488	100	1,530	57	877	204	(9)
38	67	119	45	53	118	106	58	62	161	(10)
983	70	2,460	75	1,850	150	2,600	64	1,670	121	(11)
33	138	51	65	33	135	69	67	46	131	(12)
11,400	68	25,200	78	19,700	115	25,700	75	19,300	110	(13)
607	119	1,680	60	1,010	182	1,670	40	668	121	(14)
1,070	113	1,760	83	1,460	148	1,680	69	1,160	123	(15)
148	88	650	28	182	122	606	39	236	177	(16)
1,260	88	3,770	55	2,070	141	3,980	39	1,550	100	(17)
1,610	82	5,260	49	2,580	136	5,320	41	2,180	114	(18)
1,860	104	3,740	51	1,910	111	3,790	56	2,120	122	(19)
2,020	81	3,460	58	2,010	84	3,510	79	2,770	120	(20)
2,000	94	2,960	79	2,340	104	3,030	94	2,850	124	(21)
497	102	587	93	546	104	587	83	487	93	(22)
174	75	346	40	138	65	342	69	236	117	(23)
95	84	246	44	108	90	219	67	147	143	(24)
3	80	4	26	1	53	3	67	2	146	(25)
10	84	21	43	9	83	25	52	13	111	(26)
479	88	1,240	39	484	103	1,270	45	572	118	(27)
192	103	511	44	225	122	517	87	450	249	(28)
39	55	308	21	65	111	377	40	151	222	(29)
1,210	92	3,300	38	1,250	106	3,400	59	2,010	179	(30)
88	92	190	57	108	110	193	70	135	135	(31)
2,300	87	4,410	76	3,350	129	4,600	86	3,960	146	(32)
107	83	346	48	166	137	341	63	215	180	(33)
15	69	81	23	19	72	71	55	39	183	(34)
3	33	34	27	9	113	33	24	8	100	(35)
33	64	108	47	51	131	124	59	73	148	(36)
124	49	529	56	296	110	565	98	554	200	(37)
24	61	121	31	38	100	121	64	77	221	(38)
0	64	1	42	1	124	1	51	0	159	(39)
54	100	241	34	82	148	211	66	139	287	(40)
7	77	24	35	8	92	26	53	14	151	(41)
0	22	3	10	0	32	3	9	0	36	(42)
102	123	312	36	112	129	330	50	165	179	(43)
210	97	684	23	157	72	638	52	332	193	(44)
73	106	198	50	99	143	192	61	117	174	(45)
110	107	313	33	103	118	302	69	208	246	(46)
24	113	73	23	17	79	71	77	55	285	(47)
22	69	45	38	17	79	40	50	20	114	(48)
7	81	34	44	15	163	31	74	23	274	(49)
8	60	34	56	19	156	31	55	17	153	(50)
1	74	6	32	2	128	4	46	2	170	(51)
39	159	84	56	47	175	89	37	33	106	(52)
12	96	32	69	22	157	34	62	21	141	(53)
84	121	157	39	61	91	162	42	68	95	(54)
342	97	591	82	485	141	670	80	536	138	(55)
93	124	228	45	103	141	228	47	107	147	(56)
80	51	262	70	183	135	242	72	174	131	(57)
333	48	1,100	86	946	169	1,180	62	732	111	(58)
33	138	51	65	33	135	69	67	46	131	(59)

5 かんしょ

全国農業地域・都道府県	平成28年産				29				30	
	作付面積	10a当たり収量	収穫量	(参考)10a当たり平均収量対比	作付面積	10a当たり収量	収穫量	(参考)10a当たり平均収量対比	作付面積	10a当たり収量
	(1)	(2)	(3)	(4)	(5)	(6)	(7)	(8)	(9)	(10)
	ha	kg	t	%	ha	kg	t	%	ha	kg
全国 (1)	**36,000**	**2,390**	**860,700**	**103**	**35,600**	**2,270**	**807,100**	**99**	**35,700**	**2,230**
(全国農業地域)										
北海道 (2)	19	…	…	nc	23	1,790	412	nc	…	…
都府県 (3)	36,000	…	…	nc	35,600	2,270	806,700	nc	…	…
東北 (4)	207	…	…	nc	195	1,290	2,510	nc	…	…
北陸 (5)	685	…	…	nc	672	1,650	11,100	nc	…	…
関東・東山 (6)	12,200	…	…	nc	12,100	2,440	295,400	nc	…	…
東海 (7)	1,470	…	…	nc	1,370	1,360	18,600	nc	…	…
近畿 (8)	735	…	…	nc	707	1,470	10,400	nc	…	…
中国 (9)	827	…	…	nc	788	1,330	10,500	nc	…	…
四国 (10)	1,970	…	…	nc	1,910	2,310	44,200	nc	…	…
九州 (11)	17,600	…	…	nc	17,500	2,340	410,100	nc	…	…
沖縄 (12)	294	…	…	nc	281	1,360	3,820	nc	…	…
(都道府県)										
北海道 (13)	19	…	…	nc	23	1,790	412	nc	…	…
青森 (14)	2	…	…	nc	2	1,020	20	nc	…	…
岩手 (15)	39	…	…	nc	40	1,110	444	nc	…	…
宮城 (16)	38	…	…	nc	37	1,350	500	nc	…	…
秋田 (17)	38	…	…	nc	33	1,060	350	nc	…	…
山形 (18)	34	…	…	nc	29	1,250	363	nc	…	…
福島 (19)	56	…	…	nc	54	1,550	837	nc	…	…
茨城 (20)	6,720	2,560	172,000	98	6,700	2,610	174,900	102	6,780	2,560
栃木 (21)	144	…	…	nc	143	1,370	1,960	nc	…	…
群馬 (22)	231	…	…	nc	217	1,420	3,080	nc	…	…
埼玉 (23)	375	…	…	nc	368	1,540	5,670	nc	…	…
千葉 (24)	4,190	2,470	103,500	98	4,130	2,450	101,200	98	4,090	2,440
東京 (25)	106	…	…	nc	102	1,490	1,520	nc	…	…
神奈川 (26)	355	…	…	nc	349	1,500	5,240	nc	…	…
新潟 (27)	248	…	…	nc	242	1,480	3,580	nc	…	…
富山 (28)	100	…	…	nc	100	1,340	1,340	nc	…	…
石川 (29)	214	…	…	nc	213	2,050	4,370	nc	…	…
福井 (30)	123	…	…	nc	117	1,510	1,770	nc	…	…
山梨 (31)	37	…	…	nc	36	1,240	446	nc	…	…
長野 (32)	83	…	…	nc	79	1,770	1,400	nc	…	…
岐阜 (33)	147	…	…	nc	141	1,040	1,470	nc	…	…
静岡 (34)	625	1,760	11,000	108	582	1,810	10,500	110	540	1,830
愛知 (35)	384	…	…	nc	347	1,230	4,270	85	…	…
三重 (36)	317	…	…	nc	299	781	2,340	nc	…	…
滋賀 (37)	90	…	…	nc	86	1,530	1,320	nc	…	…
京都 (38)	143	…	…	nc	139	1,560	2,170	nc	…	…
大阪 (39)	120	…	…	nc	111	1,480	1,640	nc	…	…
兵庫 (40)	231	…	…	nc	228	1,330	3,030	nc	…	…
奈良 (41)	86	…	…	nc	80	1,630	1,300	nc	…	…
和歌山 (42)	65	…	…	nc	63	1,540	972	nc	…	…
鳥取 (43)	169	…	…	nc	167	1,460	2,440	nc	…	…
島根 (44)	104	…	…	nc	102	1,400	1,430	nc	…	…
岡山 (45)	148	…	…	nc	144	1,570	2,260	nc	…	…
広島 (46)	208	…	…	nc	180	1,070	1,930	nc	…	…
山口 (47)	198	…	…	nc	195	1,270	2,480	nc	…	…
徳島 (48)	1,120	2,550	28,600	108	1,100	2,750	30,300	116	1,090	2,570
香川 (49)	221	…	…	nc	219	1,510	3,310	nc	…	…
愛媛 (50)	223	…	…	nc	219	1,490	3,260	nc	…	…
高知 (51)	402	…	…	nc	374	1,970	7,370	nc	…	…
福岡 (52)	145	…	…	nc	140	1,450	2,030	nc	…	…
佐賀 (53)	89	…	…	nc	85	1,900	1,620	nc	…	…
長崎 (54)	339	…	…	nc	325	1,430	4,650	99	…	…
熊本 (55)	1,020	2,230	22,700	99	1,000	2,230	22,300	100	971	2,270
大分 (56)	366	…	…	nc	369	2,020	7,450	nc	…	…
宮崎 (57)	3,590	2,570	92,300	100	3,690	2,440	90,000	96	3,610	2,500
鹿児島 (58)	12,000	2,690	322,800	107	11,900	2,370	282,000	95	12,100	2,300
沖縄 (59)	294	…	…	nc	281	1,360	3,820	nc	…	…

注：1　主産県調査を実施した年産の全国値については、主産県の調査結果から推計したものである。
　　2　平成29年産以降、作付面積は３年、収穫量は６年ごとに全国調査を実施し、全国調査以外の年にあっては主産県調査を実施することとしている。

		令和元				2				
収穫量	(参考) 10a当たり平均収量対比	作付面積	10a当たり収量	収穫量	(参考) 10a当たり平均収量対比	作付面積	10a当たり収量	収穫量	(参考) 10a当たり平均収量対比	
(11)	(12)	(13)	(14)	(15)	(16)	(17)	(18)	(19)	(20)	
t	%	ha	kg	t	%	ha	kg	t	%	
796,500	**97**	**34,300**	**2,180**	**748,700**	**95**	**33,100**	**2,080**	**687,600**	**91**	(1)
…	nc	…	…	…	nc	25	…	…	nc	(2)
…	nc	…	…	…	nc	33,100	…	…	nc	(3)
…	nc	…	…	…	nc	213	…	…	nc	(4)
…	nc	…	…	…	nc	646	…	…	nc	(5)
…	nc	…	…	…	nc	12,200	…	…	nc	(6)
…	nc	…	…	…	nc	1,200	…	…	nc	(7)
…	nc	…	…	…	nc	546	…	…	nc	(8)
…	nc	…	…	…	nc	629	…	…	nc	(9)
…	nc	…	…	…	nc	1,780	…	…	nc	(10)
…	nc	…	…	…	nc	15,600	…	…	nc	(11)
…	nc	…	…	…	nc	273	…	…	nc	(12)
…	nc	…	…	…	nc	25	…	…	nc	(13)
…	nc	…	…	…	nc	1	…	…	nc	(14)
…	nc	…	…	…	nc	37	…	…	nc	(15)
…	nc	…	…	…	nc	26	…	…	nc	(16)
…	nc	…	…	…	nc	28	…	…	nc	(17)
…	nc	…	…	…	nc	26	…	…	nc	(18)
…	nc	…	…	…	nc	95	…	…	nc	(19)
173,600	98	6,860	2,450	168,100	94	7,000	2,600	182,000	102	(20)
…	nc	…	…	…	nc	164	…	…	nc	(21)
…	nc	…	…	…	nc	184	…	…	nc	(22)
…	nc	…	…	…	nc	365	…	…	nc	(23)
99,800	98	4,040	2,320	93,700	94	3,940	2,290	90,200	93	(24)
…	nc	…	…	…	nc	89	…	…	nc	(25)
…	nc	…	…	…	nc	329	…	…	nc	(26)
…	nc	…	…	…	nc	235	…	…	nc	(27)
…	nc	…	…	…	nc	93	…	…	nc	(28)
…	nc	…	…	…	nc	204	…	…	nc	(29)
…	nc	…	…	…	nc	114	…	…	nc	(30)
…	nc	…	…	…	nc	36	…	…	nc	(31)
…	nc	…	…	…	nc	69	…	…	nc	(32)
…	nc	…	…	…	nc	132	…	…	nc	(33)
9,880	109	…	…	…	nc	516	…	…	nc	(34)
…	nc	…	…	…	nc	280	…	…	nc	(35)
…	nc	…	…	…	nc	267	…	…	nc	(36)
…	nc	…	…	…	nc	47	…	…	nc	(37)
…	nc	…	…	…	nc	117	…	…	nc	(38)
…	nc	…	…	…	nc	88	…	…	nc	(39)
…	nc	…	…	…	nc	163	…	…	nc	(40)
…	nc	…	…	…	nc	76	…	…	nc	(41)
…	nc	…	…	…	nc	55	…	…	nc	(42)
…	nc	…	…	…	nc	122	…	…	nc	(43)
…	nc	…	…	…	nc	104	…	…	nc	(44)
…	nc	…	…	…	nc	131	…	…	nc	(45)
…	nc	…	…	…	nc	167	…	…	nc	(46)
…	nc	…	…	…	nc	105	…	…	nc	(47)
28,000	106	1,090	2,500	27,300	101	1,090	2,490	27,100	100	(48)
…	nc	…	…	…	nc	212	…	…	nc	(49)
…	nc	…	…	…	nc	186	…	…	nc	(50)
…	nc	…	…	…	nc	288	…	…	nc	(51)
…	nc	…	…	…	nc	110	…	…	nc	(52)
…	nc	…	…	…	nc	75	…	…	nc	(53)
…	nc	…	…	…	nc	306	…	…	nc	(54)
22,000	101	897	2,150	19,300	96	824	2,100	17,300	94	(55)
…	nc	…	…	…	nc	378	…	…	nc	(56)
90,300	100	3,360	2,400	80,600	95	2,990	2,310	69,100	92	(57)
278,300	92	11,200	2,330	261,000	95	10,900	1,970	214,700	80	(58)
…	nc	…	…	…	nc	273	…	…	nc	(59)

6 飼料作物

(1) 牧草

全国農業地域・都道府県	平成28年産 作付(栽培)面積	10a当たり収量	収穫量	(参考)10a当たり平均収量対比	29 作付(栽培)面積	10a当たり収量	収穫量	(参考)10a当たり平均収量対比	30 作付(栽培)面積	10a当たり収量
	(1)	(2)	(3)	(4)	(5)	(6)	(7)	(8)	(9)	(10)
	ha	kg	t	%	ha	kg	t	%	ha	kg
全国 (1)	**735,200**	**3,360**	**24,689,000**	**nc**	**728,300**	**3,500**	**25,497,000**	**100**	**726,000**	**3,390**
(全国農業地域)										
北海道 (2)	538,500	3,120	16,801,000	95	535,000	3,340	17,869,000	102	533,600	3,240
都府県 (3)	196,700	…	…	nc	193,300	3,950	7,628,000	nc	…	…
東北 (4)	86,900	…	…	nc	85,300	2,620	2,238,000	98	…	…
北陸 (5)	3,260	…	…	nc	3,160	2,680	84,600	91	…	…
関東・東山 (6)	19,500	…	…	nc	19,000	4,320	820,100	nc	…	…
東海 (7)	5,160	…	…	nc	4,990	3,440	171,900	95	…	…
近畿 (8)	1,440	…	…	nc	1,440	3,570	51,400	nc	…	…
中国 (9)	9,900	…	…	nc	9,830	3,350	329,000	97	…	…
四国 (10)	1,450	…	…	nc	1,420	4,310	61,200	97	…	…
九州 (11)	63,200	…	…	nc	62,400	5,240	3,268,000	95	…	…
沖縄 (12)	5,730	10,400	595,900	97	5,750	10,500	603,800	101	5,840	10,600
(都道府県)										
北海道 (13)	538,500	3,120	16,801,000	95	535,000	3,340	17,869,000	102	533,600	3,240
青森 (14)	19,400	2,790	541,300	98	18,900	2,760	521,600	99	18,500	2,770
岩手 (15)	36,600	2,880	1,054,000	103	36,100	2,750	992,800	103	35,900	2,810
宮城 (16)	12,600	…	…	nc	12,300	2,100	258,300	87	…	…
秋田 (17)	6,730	…	…	nc	6,680	2,910	194,400	98	…	…
山形 (18)	4,840	…	…	nc	4,630	2,230	103,200	77	…	…
福島 (19)	6,790	…	…	nc	6,660	2,510	167,200	110	…	…
茨城 (20)	1,630	4,630	75,500	99	1,600	4,690	75,000	101	1,550	4,270
栃木 (21)	7,180	4,440	318,800	106	7,080	4,290	303,700	104	7,090	3,820
群馬 (22)	3,110	5,250	163,300	102	2,940	5,160	151,700	101	2,930	4,860
埼玉 (23)	621	…	…	nc	617	2,560	15,800	53	…	…
千葉 (24)	1,120	4,470	50,100	101	1,050	4,080	42,800	93	1,020	4,080
東京 (25)	81	…	…	nc	79	2,780	2,200	nc	…	…
神奈川 (26)	116	…	…	nc	116	4,160	4,830	100	…	…
新潟 (27)	1,460	…	…	nc	1,430	2,110	30,200	80	…	…
富山 (28)	600	…	…	nc	592	3,350	19,800	109	…	…
石川 (29)	750	…	…	nc	719	3,460	24,900	93	…	…
福井 (30)	447	…	…	nc	415	2,340	9,710	97	…	…
山梨 (31)	871	…	…	nc	871	4,030	35,100	96	…	…
長野 (32)	4,820	…	…	nc	4,690	4,030	189,000	94	…	…
岐阜 (33)	2,670	3,480	92,900	99	2,650	3,440	91,200	100	…	…
静岡 (34)	1,440	…	…	nc	1,400	3,520	49,300	101	…	…
愛知 (35)	850	4,530	38,500	102	766	3,510	26,900	79	733	3,320
三重 (36)	206	…	…	nc	180	2,520	4,540	85	…	…
滋賀 (37)	163	…	…	nc	149	4,610	6,870	100	…	…
京都 (38)	160	…	…	nc	163	2,450	3,990	75	…	…
大阪 (39)	2	…	…	nc	x	x	x	nc	…	…
兵庫 (40)	1,010	3,160	31,900	68	1,020	3,600	36,700	83	970	3,420
奈良 (41)	57	…	…	nc	x	3,060	x	nc	…	…
和歌山 (42)	49	…	…	nc	46	4,390	2,020	nc	…	…
鳥取 (43)	2,290	3,730	85,400	119	2,290	3,500	80,200	112	2,310	3,100
島根 (44)	1,420	3,320	47,100	104	1,390	3,060	42,500	98	1,400	2,870
岡山 (45)	2,870	…	…	nc	2,830	4,000	113,200	94	…	…
広島 (46)	2,070	…	…	nc	2,050	2,730	56,000	89	…	…
山口 (47)	1,250	2,490	31,100	75	1,270	2,920	37,100	91	1,250	2,470
徳島 (48)	302	…	…	nc	300	4,500	13,500	101	…	…
香川 (49)	97	…	…	nc	97	4,650	4,510	99	…	…
愛媛 (50)	629	…	…	nc	607	4,370	26,500	100	…	…
高知 (51)	424	…	…	nc	416	4,010	16,700	91	…	…
福岡 (52)	1,490	…	…	nc	1,450	4,510	65,400	83	…	…
佐賀 (53)	1,010	3,540	35,800	79	939	3,390	31,800	82	910	3,630
長崎 (54)	5,620	4,670	262,500	93	5,540	4,710	260,900	96	5,560	4,870
熊本 (55)	14,800	4,040	597,900	103	14,500	4,110	596,000	103	14,400	4,120
大分 (56)	5,310	4,240	225,100	97	5,110	4,340	221,800	103	5,070	4,300
宮崎 (57)	16,300	6,080	991,000	100	16,100	6,040	972,400	100	16,000	6,090
鹿児島 (58)	18,700	6,190	1,158,000	89	18,800	5,960	1,120,000	87	18,900	4,880
沖縄 (59)	5,730	10,400	595,900	97	5,750	10,500	603,800	101	5,840	10,600

注：1 主産県調査を実施した年産の全国値については、主産県の調査結果から推計したものである。
2 平成29年産以降、作付面積は3年、収穫量は6年ごとに全国調査を実施し、全国調査以外の年にあっては主産県調査を実施することとしている。

		令和元				2				
収穫量	（参考）10 a 当たり平均収量対比	作付（栽培）面積	10 a 当たり収量	収穫量	（参考）10 a 当たり平均収量対比	作付（栽培）面積	10 a 当たり収量	収穫量	（参考）10 a 当たり平均収量対比	
(11)	(12)	(13)	(14)	(15)	(16)	(17)	(18)	(19)	(20)	
t	%	ha	kg	t	%	ha	kg	t	%	
24,621,000	**97**	**724,400**	**3,430**	**24,850,000**	**100**	**719,200**	**3,370**	**24,244,000**	**98**	(1)
17,289,000	99	532,800	3,270	17,423,000	101	530,400	3,200	16,973,000	98	(2)
…	nc	…	…	…	nc	188,700	…	…	nc	(3)
…	nc	…	…	…	nc	82,700	…	…	nc	(4)
…	nc	…	…	…	nc	2,810	…	…	nc	(5)
…	nc	…	…	…	nc	18,300	…	…	nc	(6)
…	nc	…	…	…	nc	4,850	…	…	nc	(7)
…	nc	…	…	…	nc	1,250	…	…	nc	(8)
…	nc	…	…	…	nc	9,390	…	…	nc	(9)
…	nc	…	…	…	nc	1,290	…	…	nc	(10)
…	nc	…	…	…	nc	62,300	…	…	nc	(11)
619,000	102	5,710	10,600	605,300	101	5,830	10,600	618,000	101	(12)
17,289,000	99	532,800	3,270	17,423,000	101	530,400	3,200	16,973,000	98	(13)
512,500	100	18,200	2,590	471,400	93	18,100	2,620	474,200	95	(14)
1,009,000	111	35,600	2,780	989,700	110	35,500	2,650	940,800	98	(15)
…	nc	…	…	…	nc	12,000	…	…	nc	(16)
…	nc	…	…	…	nc	6,010	…	…	nc	(17)
…	nc	…	…	…	nc	4,660	…	…	nc	(18)
…	nc	…	…	…	nc	6,430	…	…	nc	(19)
66,200	92	1,540	4,180	64,400	90	1,450	4,750	68,900	104	(20)
270,800	94	7,470	4,540	339,100	110	7,440	4,030	299,800	95	(21)
142,400	96	2,750	3,880	106,700	77	2,680	4,350	116,600	88	(22)
…	nc	…	…	…	nc	595	…	…	nc	(23)
41,600	95	969	3,350	32,500	77	954	3,050	29,100	72	(24)
…	nc	…	…	…	nc	75	…	…	nc	(25)
…	nc	…	…	…	nc	112	…	…	nc	(26)
…	nc	…	…	…	nc	1,120	…	…	nc	(27)
…	nc	…	…	…	nc	572	…	…	nc	(28)
…	nc	…	…	…	nc	715	…	…	nc	(29)
…	nc	…	…	…	nc	403	…	…	nc	(30)
…	nc	871	3,620	31,500	nc	870	3,680	32,000	92	(31)
…	nc	…	…	…	nc	4,120	…	…	nc	(32)
…	nc	…	…	…	nc	2,600	…	…	nc	(33)
…	nc	…	…	…	nc	1,350	…	…	nc	(34)
24,300	74	717	3,700	26,500	85	693	3,390	23,500	81	(35)
…	nc	…	…	…	nc	205	…	…	nc	(36)
…	nc	…	…	…	nc	100	…	…	nc	(37)
…	nc	…	…	…	nc	153	…	…	nc	(38)
…	nc	…	…	…	nc	x	…	…	nc	(39)
33,200	84	916	3,580	32,800	94	890	3,420	30,400	93	(40)
…	nc	…	…	…	nc	58	…	…	nc	(41)
…	nc	…	…	…	nc	46	…	…	nc	(42)
71,600	96	2,260	3,060	69,200	93	2,200	3,370	74,100	102	(43)
40,200	93	1,420	3,040	43,200	100	1,380	3,010	41,500	100	(44)
…	nc	…	…	…	nc	2,780	…	…	nc	(45)
…	nc	…	…	…	nc	1,820	…	…	nc	(46)
30,900	79	1,250	2,200	27,500	75	1,210	2,360	28,600	86	(47)
…	nc	…	…	…	nc	278	…	…	nc	(48)
…	nc	…	…	…	nc	80	…	…	nc	(49)
…	nc	…	…	…	nc	589	…	…	nc	(50)
…	nc	…	…	…	nc	347	…	…	nc	(51)
…	nc	…	…	…	nc	1,500	…	…	nc	(52)
33,000	94	903	3,820	34,500	104	885	3,880	34,300	106	(53)
270,800	101	5,610	5,020	281,600	105	5,650	5,100	288,200	106	(54)
593,300	102	14,400	4,240	610,600	104	14,400	4,160	599,000	101	(55)
218,000	102	5,080	4,350	221,000	103	5,060	4,300	217,600	101	(56)
974,400	101	15,800	6,200	979,600	102	15,800	5,760	910,100	95	(57)
922,300	73	19,000	5,380	1,022,000	83	19,000	5,790	1,100,000	93	(58)
619,000	102	5,710	10,600	605,300	101	5,830	10,600	618,000	101	(59)

6 飼料作物（続き）

(2) 青刈りとうもろこし

全国農業地域・都道府県	平成28年産 作付面積	10a当たり収量	収穫量	（参考）10a当たり平均収量対比	29 作付面積	10a当たり収量	収穫量	（参考）10a当たり平均収量対比	30 作付面積	10a当たり収量
	(1)	(2)	(3)	(4)	(5)	(6)	(7)	(8)	(9)	(10)
	ha	kg	t	%	ha	kg	t	%	ha	kg
全国 (1)	**93,400**	**4,560**	**4,255,000**	**nc**	**94,800**	**5,040**	**4,782,000**	**98**	**94,600**	**4,740**
（全国農業地域）										
北海道 (2)	53,000	4,720	2,502,000	87	55,100	5,450	3,003,000	100	55,500	4,860
都府県 (3)	40,400	…	…	nc	39,700	4,480	1,779,000	nc	…	…
東北 (4)	10,900	…	…	nc	10,800	3,920	423,100	90	…	…
北陸 (5)	267	…	…	nc	246	3,260	8,010	81	…	…
関東・東山 (6)	13,700	…	…	nc	13,600	4,840	658,600	nc	…	…
東海 (7)	834	…	…	nc	829	4,510	37,400	112	…	…
近畿 (8)	x	…	…	nc	176	3,240	5,700	nc	…	…
中国 (9)	1,750	…	…	nc	1,720	3,880	66,700	95	…	…
四国 (10)	401	…	…	nc	396	5,000	19,800	102	…	…
九州 (11)	12,300	…	…	nc	12,000	4,660	559,300	99	…	…
沖縄 (12)	1	6,600	66	117	1	7,710	77	125	1	3,590
（都道府県）										
北海道 (13)	53,000	4,720	2,502,000	87	55,100	5,450	3,003,000	100	55,500	4,860
青森 (14)	1,910	3,590	68,600	80	1,800	3,790	68,200	88	1,680	4,050
岩手 (15)	5,210	4,130	215,200	94	5,170	3,720	192,300	86	5,130	4,010
宮城 (16)	1,180	…	…	nc	1,180	3,890	45,900	91	…	…
秋田 (17)	397	…	…	nc	389	4,100	15,900	96	…	…
山形 (18)	598	…	…	nc	674	4,220	28,400	95	…	…
福島 (19)	1,600	…	…	nc	1,560	4,640	72,400	101	…	…
茨城 (20)	2,470	4,520	111,600	83	2,410	4,820	116,200	92	2,460	5,000
栃木 (21)	4,650	4,830	224,600	94	4,680	4,160	194,700	83	4,740	5,010
群馬 (22)	2,870	5,630	161,600	97	2,830	5,400	152,800	94	2,770	5,250
埼玉 (23)	268	…	…	nc	257	4,930	12,700	101	…	…
千葉 (24)	998	5,190	51,800	91	982	5,630	55,300	99	962	5,380
東京 (25)	37	…	…	nc	40	4,620	1,850	nc	…	…
神奈川 (26)	237	…	…	nc	237	5,440	12,900	120	…	…
新潟 (27)	181	…	…	nc	174	2,210	3,850	55	…	…
富山 (28)	9	…	…	nc	8	4,800	384	120	…	…
石川 (29)	51	…	…	nc	46	7,010	3,220	161	…	…
福井 (30)	26	…	…	nc	18	3,100	558	105	…	…
山梨 (31)	162	…	…	nc	158	4,460	7,050	90	…	…
長野 (32)	2,070	…	…	nc	1,980	5,310	105,100	100	…	…
岐阜 (33)	222	4,130	9,170	98	214	4,100	8,770	99	…	…
静岡 (34)	353	…	…	nc	356	4,580	16,300	111	…	…
愛知 (35)	189	4,400	8,320	100	181	5,280	9,560	123	178	4,060
三重 (36)	70	…	…	nc	78	3,600	2,810	134	…	…
滋賀 (37)	32	…	…	nc	11	3,540	389	90	…	…
京都 (38)	15	…	…	nc	15	2,650	398	95	…	…
大阪 (39)	x	…	…	nc	x	x	x	nc	…	…
兵庫 (40)	151	3,120	4,710	73	146	3,240	4,730	82	149	2,940
奈良 (41)	2	…	…	nc	x	4,690	x	nc	…	…
和歌山 (42)	−	…	…	nc	−	−	−	nc	…	…
鳥取 (43)	898	3,690	33,100	90	905	3,400	30,800	84	869	2,900
島根 (44)	68	2,700	1,840	72	67	3,440	2,300	94	66	3,250
岡山 (45)	567	…	…	nc	567	5,030	28,500	110	…	…
広島 (46)	205	…	…	nc	170	2,820	4,790	100	…	…
山口 (47)	10	3,070	307	84	8	3,750	300	109	7	3,090
徳島 (48)	78	…	…	nc	77	5,000	3,850	100	…	…
香川 (49)	25	…	…	nc	22	3,640	801	100	…	…
愛媛 (50)	289	…	…	nc	289	5,150	14,900	102	…	…
高知 (51)	9	…	…	nc	8	3,370	270	95	…	…
福岡 (52)	66	…	…	nc	69	4,550	3,140	97	…	…
佐賀 (53)	12	3,310	397	84	9	3,400	306	90	9	3,270
長崎 (54)	606	4,070	24,700	86	554	4,440	24,600	96	524	4,520
熊本 (55)	3,690	4,360	160,900	97	3,600	4,450	160,200	100	3,410	4,490
大分 (56)	791	4,100	32,400	90	746	4,400	32,800	100	729	4,310
宮崎 (57)	4,910	4,280	210,100	87	4,910	5,050	248,000	106	4,810	4,810
鹿児島 (58)	2,270	4,060	92,200	75	2,110	4,280	90,300	83	2,030	4,050
沖縄 (59)	1	6,600	66	117	1	7,710	77	125	1	3,590

注：1　主産県調査を実施した年産の全国値については、主産県の調査結果から推計したものである。
　　2　平成29年産以降、作付面積は３年、収穫量は６年ごとに全国調査を実施し、全国調査以外の年にあっては主産県調査を実施することとしている。

		令和元				2				
収穫量	（参考）10 a 当たり平均収量対比	作付面積	10 a 当たり収量	収穫量	（参考）10 a 当たり平均収量対比	作付面積	10 a 当たり収量	収穫量	（参考）10 a 当たり平均収量対比	
(11)	(12)	(13)	(14)	(15)	(16)	(17)	(18)	(19)	(20)	
t	%	ha	kg	t	%	ha	kg	t	%	
4,488,000	**92**	**94,700**	**5,110**	**4,841,000**	**100**	**95,200**	**4,960**	**4,718,000**	**98**	(1)
2,697,000	88	56,300	5,530	3,113,000	103	57,400	5,400	3,100,000	100	(2)
…	nc	…	…	…	nc	37,800	…	…	nc	(3)
…	nc	…	…	…	nc	10,400	…	…	nc	(4)
…	nc	…	…	…	nc	184	…	…	nc	(5)
…	nc	…	…	…	nc	13,400	…	…	nc	(6)
…	nc	…	…	…	nc	734	…	…	nc	(7)
…	nc	…	…	…	nc	x	…	…	nc	(8)
…	nc	…	…	…	nc	1,620	…	…	nc	(9)
…	nc	…	…	…	nc	402	…	…	nc	(10)
…	nc	…	…	…	nc	10,800	…	…	nc	(11)
36	56	1	6,600	66	103	0	6,330	19	98	(12)
2,697,000	88	56,300	5,530	3,113,000	103	57,400	5,400	3,100,000	100	(13)
68,000	97	1,550	4,340	67,300	103	1,430	3,760	53,800	90	(14)
205,700	93	5,100	4,040	206,000	96	5,090	3,640	185,300	88	(15)
…	nc	…	…	…	nc	1,150	…	…	nc	(16)
…	nc	…	…	…	nc	345	…	…	nc	(17)
…	nc	…	…	…	nc	831	…	…	nc	(18)
…	nc	…	…	…	nc	1,570	…	…	nc	(19)
123,000	94	2,490	4,920	122,500	93	2,440	5,260	128,300	102	(20)
237,500	102	4,850	3,810	184,800	77	5,060	3,530	178,600	75	(21)
145,400	93	2,650	5,090	134,900	91	2,580	4,960	128,000	91	(22)
…	nc	…	…	…	nc	242	…	…	nc	(23)
51,800	95	950	4,770	45,300	86	926	5,100	47,200	93	(24)
…	nc	…	…	…	nc	32	…	…	nc	(25)
…	nc	…	…	…	nc	210	…	…	nc	(26)
…	nc	…	…	…	nc	159	…	…	nc	(27)
…	nc	…	…	…	nc	10	…	…	nc	(28)
…	nc	…	…	…	nc	9	…	…	nc	(29)
…	nc	…	…	…	nc	6	…	…	nc	(30)
…	nc	153	4,690	7,180	nc	150	4,790	7,190	99	(31)
…	nc	…	…	…	nc	1,760	…	…	nc	(32)
…	nc	…	…	…	nc	192	…	…	nc	(33)
…	nc	…	…	…	nc	350	…	…	nc	(34)
7,230	95	175	4,590	8,030	109	175	3,830	6,700	89	(35)
…	nc	…	…	…	nc	17	…	…	nc	(36)
…	nc	…	…	…	nc	65	…	…	nc	(37)
…	nc	…	…	…	nc	15	…	…	nc	(38)
…	nc	…	…	…	nc	x	…	…	nc	(39)
4,380	80	147	3,110	4,570	91	138	2,920	4,030	91	(40)
…	nc	…	…	…	nc	2	…	…	nc	(41)
…	nc	…	…	…	nc	-	…	…	nc	(42)
25,200	73	838	4,120	34,500	104	798	3,570	28,500	92	(43)
2,150	91	65	3,130	2,030	90	50	2,710	1,360	81	(44)
…	nc	…	…	…	nc	620	…	…	nc	(45)
…	nc	…	…	…	nc	143	…	…	nc	(46)
216	91	6	3,100	186	94	10	3,200	320	103	(47)
…	nc	…	…	…	nc	70	…	…	nc	(48)
…	nc	…	…	…	nc	38	…	…	nc	(49)
…	nc	…	…	…	nc	288	…	…	nc	(50)
…	nc	…	…	…	nc	6	…	…	nc	(51)
…	nc	…	…	…	nc	62	…	…	nc	(52)
294	89	9	3,400	306	96	7	3,110	218	91	(53)
23,700	99	465	4,410	20,500	97	446	4,120	18,400	93	(54)
153,100	101	3,400	4,460	151,600	102	3,210	4,300	138,000	98	(55)
31,400	99	700	4,190	29,300	98	671	4,240	28,500	101	(56)
231,400	101	4,700	4,750	223,300	100	4,710	4,520	212,900	95	(57)
82,200	81	1,690	5,500	93,000	116	1,700	4,750	80,800	99	(58)
36	56	1	6,600	66	103	0	6,330	19	98	(59)

6　飼料作物（続き）

(3)　ソルゴー

全国農業地域・都道府県	平成28年産				29				30	
	作付面積	10a当たり収量	収穫量	（参考）10a当たり平均収量対比	作付面積	10a当たり収量	収穫量	（参考）10a当たり平均収量対比	作付面積	10a当たり収量
	(1)	(2)	(3)	(4)	(5)	(6)	(7)	(8)	(9)	(10)
	ha	kg	t	%	ha	kg	t	%	ha	kg
全国 (1)	**14,800**	**4,430**	**655,300**	**nc**	**14,400**	**4,620**	**665,000**	**90**	**14,000**	**4,410**
（全国農業地域）										
北海道 (2)	−	−	−	nc	−	−	−	nc	x	x
都府県 (3)	14,800	…	…	nc	14,400	4,620	665,000	nc	…	…
東北 (4)	123	…	…	nc	127	3,580	4,550	92	…	…
北陸 (5)	122	…	…	nc	115	4,750	5,460	87	…	…
関東・東山 (6)	1,620	…	…	nc	1,560	4,590	71,600	nc	…	…
東海 (7)	649	…	…	nc	615	3,300	20,300	83	…	…
近畿 (8)	939	…	…	nc	908	2,570	23,300	nc	…	…
中国 (9)	1,450	…	…	nc	1,400	3,100	43,400	89	…	…
四国 (10)	499	…	…	nc	521	4,720	24,600	100	…	…
九州 (11)	9,330	…	…	nc	9,130	5,150	470,500	93	…	…
沖縄 (12)	30	4,940	1,480	94	37	3,320	1,230	65	44	3,000
（都道府県）										
北海道 (13)	−	−	−	nc	−	−	−	nc	x	x
青森 (14)	−	−	−	nc	−	−	−	nc	−	−
岩手 (15)	11	2,970	327	88	6	1,550	93	46	3	3,120
宮城 (16)	39	…	…	nc	39	2,240	874	81	…	…
秋田 (17)	0	…	…	nc	−	−	−	nc	…	…
山形 (18)	29	…	…	nc	27	3,960	1,070	87	…	…
福島 (19)	44	…	…	nc	55	4,570	2,510	104	…	…
茨城 (20)	410	4,190	17,200	83	401	4,600	18,400	96	315	4,530
栃木 (21)	307	3,730	11,500	86	299	3,400	10,200	81	291	3,460
群馬 (22)	91	4,350	3,960	86	87	4,910	4,270	100	88	4,400
埼玉 (23)	147	…	…	nc	145	3,080	4,470	64	…	…
千葉 (24)	469	6,100	28,600	94	453	5,800	26,300	91	446	5,910
東京 (25)	13	…	…	nc	1	5,400	54	nc	…	…
神奈川 (26)	39	…	…	nc	39	3,470	1,350	71	…	…
新潟 (27)	10	…	…	nc	8	3,020	242	80	…	…
富山 (28)	59	…	…	nc	26	4,000	1,040	90	…	…
石川 (29)	41	…	…	nc	66	5,640	3,720	84	…	…
福井 (30)	12	…	…	nc	15	3,060	459	106	…	…
山梨 (31)	3	…	…	nc	2	5,100	102	90	…	…
長野 (32)	140	…	…	nc	133	4,860	6,460	98	…	…
岐阜 (33)	43	3,750	1,610	99	45	3,690	1,660	99	…	…
静岡 (34)	164	…	…	nc	162	3,300	5,350	83	…	…
愛知 (35)	417	3,770	15,700	90	389	3,290	12,800	81	390	3,030
三重 (36)	25	…	…	nc	19	2,820	536	90	…	…
滋賀 (37)	48	…	…	nc	27	4,130	1,120	90	…	…
京都 (38)	91	…	…	nc	91	2,670	2,430	80	…	…
大阪 (39)	−	…	…	nc	−	−	−	nc	…	…
兵庫 (40)	789	2,980	23,500	62	778	2,470	19,200	57	710	2,250
奈良 (41)	8	…	…	nc	8	4,950	396	nc	…	…
和歌山 (42)	3	…	…	nc	4	3,100	124	nc	…	…
鳥取 (43)	324	2,880	9,330	90	316	2,500	7,900	81	321	2,100
島根 (44)	189	3,000	5,670	85	179	3,070	5,500	92	184	2,940
岡山 (45)	315	…	…	nc	265	4,430	11,700	89	…	…
広島 (46)	202	…	…	nc	209	2,840	5,940	100	…	…
山口 (47)	415	2,590	10,700	79	435	2,860	12,400	91	435	2,290
徳島 (48)	98	…	…	nc	98	4,900	4,800	102	…	…
香川 (49)	110	…	…	nc	100	4,290	4,290	96	…	…
愛媛 (50)	208	…	…	nc	242	4,810	11,600	98	…	…
高知 (51)	83	…	…	nc	81	4,860	3,940	105	…	…
福岡 (52)	167	…	…	nc	150	5,470	8,210	87	…	…
佐賀 (53)	352	3,190	11,200	75	340	3,260	11,100	83	329	3,070
長崎 (54)	2,160	4,610	99,600	87	2,170	4,520	98,100	88	2,140	4,760
熊本 (55)	895	5,330	47,700	95	805	5,410	43,600	99	768	5,390
大分 (56)	899	4,900	44,100	92	855	5,280	45,100	102	823	5,180
宮崎 (57)	3,080	5,190	159,900	91	3,070	5,550	170,400	99	2,850	5,420
鹿児島 (58)	1,780	4,780	85,100	71	1,750	5,370	94,000	82	1,840	4,830
沖縄 (59)	30	4,940	1,480	94	37	3,320	1,230	65	44	3,000

注：1　主産県調査を実施した年産の全国値については、主産県の調査結果から推計したものである。
　　2　平成29年産以降、作付面積は３年、収穫量は６年ごとに全国調査を実施し、全国調査以外の年にあっては主産県調査を実施することとしている。

		令和元				2				
収穫量	（参考）10 a 当たり平均収量対比	作付面積	10 a 当たり収量	収穫量	（参考）10 a 当たり平均収量対比	作付面積	10 a 当たり収量	収穫量	（参考）10 a 当たり平均収量対比	
(11)	(12)	(13)	(14)	(15)	(16)	(17)	(18)	(19)	(20)	
t	%	ha	kg	t	%	ha	kg	t	%	
618,000	**88**	**13,300**	**4,350**	**578,100**	**90**	**13,000**	**4,140**	**537,600**	**89**	(1)
x	x	15	3,640	546	nc	x	x	x	nc	(2)
…	nc	…	…	…	nc	13,000	…	…	nc	(3)
…	nc	…	…	…	nc	82	…	…	nc	(4)
…	nc	…	…	…	nc	263	…	…	nc	(5)
…	nc	…	…	…	nc	1,420	…	…	nc	(6)
…	nc	…	…	…	nc	592	…	…	nc	(7)
…	nc	…	…	…	nc	861	…	…	nc	(8)
…	nc	…	…	…	nc	1,260	…	…	nc	(9)
…	nc	…	…	…	nc	424	…	…	nc	(10)
…	nc	…	…	…	nc	8,070	…	…	nc	(11)
1,320	61	14	5,890	825	127	7	2,940	206	61	(12)
x	x	15	3,640	546	nc	x	x	x	nc	(13)
-	nc	-	-	-	nc	-	-	-	nc	(14)
94	93	2	3,230	65	96	2	2,960	59	89	(15)
…	nc	…	…	…	nc	19	…	…	nc	(16)
…	nc	…	…	…	nc	-	…	…	nc	(17)
…	nc	…	…	…	nc	6	…	…	nc	(18)
…	nc	…	…	…	nc	55	…	…	nc	(19)
14,300	93	272	4,510	12,300	93	322	4,720	15,200	100	(20)
10,100	85	296	2,080	6,160	52	304	2,500	7,600	66	(21)
3,870	92	76	3,750	2,850	82	72	3,320	2,390	75	(22)
…	nc	…	…	…	nc	136	…	…	nc	(23)
26,400	95	439	4,220	18,500	69	431	4,180	18,000	69	(24)
…	nc	…	…	…	nc	1	…	…	nc	(25)
…	nc	…	…	…	nc	35	…	…	nc	(26)
…	nc	…	…	…	nc	15	…	…	nc	(27)
…	nc	…	…	…	nc	25	…	…	nc	(28)
…	nc	…	…	…	nc	194	…	…	nc	(29)
…	nc	…	…	…	nc	29	…	…	nc	(30)
…	nc	2	5,360	107	nc	1	5,300	53	97	(31)
…	nc	…	…	…	nc	113	…	…	nc	(32)
…	nc	…	…	…	nc	43	…	…	nc	(33)
…	nc	…	…	…	nc	184	…	…	nc	(34)
11,800	77	383	3,880	14,900	100	345	2,680	9,250	70	(35)
…	nc	…	…	…	nc	20	…	…	nc	(36)
…	nc	…	…	…	nc	54	…	…	nc	(37)
…	nc	…	…	…	nc	87	…	…	nc	(38)
…	nc	…	…	…	nc	-	…	…	nc	(39)
16,000	58	718	2,400	17,200	70	709	2,280	16,200	75	(40)
…	nc	…	…	…	nc	8	…	…	nc	(41)
…	nc	…	…	…	nc	3	…	…	nc	(42)
6,740	70	333	2,860	9,520	99	302	2,550	7,700	91	(43)
5,410	92	177	2,950	5,220	96	166	3,010	5,000	100	(44)
…	nc	…	…	…	nc	256	…	…	nc	(45)
…	nc	…	…	…	nc	155	…	…	nc	(46)
9,960	76	408	2,400	9,790	85	382	2,510	9,590	95	(47)
…	nc	…	…	…	nc	85	…	…	nc	(48)
…	nc	…	…	…	nc	74	…	…	nc	(49)
…	nc	…	…	…	nc	194	…	…	nc	(50)
…	nc	…	…	…	nc	71	…	…	nc	(51)
…	nc	…	…	…	nc	151	…	…	nc	(52)
10,100	83	333	3,260	10,900	94	322	3,050	9,820	92	(53)
101,900	96	2,100	4,060	85,300	83	2,100	4,060	85,300	85	(54)
41,400	100	744	5,290	39,400	100	756	5,120	38,700	97	(55)
42,600	101	780	5,000	39,000	97	766	5,040	38,600	99	(56)
154,500	99	2,780	5,440	151,200	99	2,540	5,250	133,400	96	(57)
88,900	78	1,560	5,190	81,000	90	1,430	4,630	66,200	84	(58)
1,320	61	14	5,890	825	127	7	2,940	206	61	(59)

7　工芸農作物

(1)　茶

ア　茶栽培面積

単位：ha

全国農業地域・都道府県	平成28年	29	30	令和元	2
	(1)	(2)	(3)	(4)	(5)
全国	**43,100**	**42,400**	**41,500**	**40,600**	**39,100**
（全国農業地域）					
北海道	–	…	…	…	–
都府県	43,100	…	…	…	39,100
東北	x	…	…	…	x
北陸	31	…	…	…	x
関東・東山	2,110	…	…	…	1,890
東海	21,700	…	…	…	19,000
近畿	3,050	…	…	…	2,860
中国	458	…	…	…	403
四国	831	…	…	…	634
九州	14,900	…	…	…	14,300
沖縄	30	…	…	…	24
（都道府県）					
北海道	–	…	…	…	–
青森	x	…	…	…	x
岩手	2	…	…	…	3
宮城	14	…	…	…	14
秋田	x	…	…	…	x
山形	x	…	…	…	x
福島	1	…	…	…	1
茨城	353	…	…	…	347
栃木	66	…	…	…	20
群馬	36	…	…	…	8
埼玉	884	871	855	843	825
千葉	194	…	…	…	185
東京	144	…	…	…	120
神奈川	257	…	…	…	229
新潟	22	…	…	…	22
富山	2	…	…	…	x
石川	5	…	…	…	4
福井	2	…	…	…	2
山梨	111	…	…	…	102
長野	69	…	…	…	52
岐阜	734	…	…	…	592
静岡	17,400	17,100	16,500	15,900	15,200
愛知	542	538	521	517	500
三重	3,000	2,950	2,880	2,780	2,710
滋賀	614	…	…	…	545
京都	1,580	1,570	1,570	1,560	1,560
大阪	–	…	…	…	–
兵庫	119	…	…	…	83
奈良	706	701	…	…	654
和歌山	31	…	…	…	26
鳥取	10	…	…	…	10
島根	193	…	…	…	182
岡山	125	…	…	…	120
広島	50	…	…	…	21
山口	80	…	…	…	70
徳島	249	…	…	…	217
香川	59	…	…	…	27
愛媛	131	…	…	…	121
高知	392	…	…	…	269
福岡	1,550	1,550	1,540	1,540	1,540
佐賀	866	841	795	749	705
長崎	750	747	742	737	725
熊本	1,350	1,300	1,260	1,220	1,170
大分	446	…	…	…	471
宮崎	1,420	1,410	1,390	1,380	1,330
鹿児島	8,520	8,430	8,410	8,400	8,360
沖縄	30	…	…	…	24

注：1　栽培面積は、7月15日現在において調査したものである。
　　2　主産県調査を実施した年の栽培面積の全国値については、主産県の調査結果から推計したものである。
　　3　茶の栽培面積については、平成29年から、調査の範囲を全国から主産県に変更し、6年ごとに全国調査を実施することとした。

イ　生葉収穫量　　　　　　　　　　　ウ　荒茶生産量

単位：t　　　　　　　　　　　　　　　　単位：t

全国農業地域・都道府県	イ 生葉収穫量 平成28年産	29	30	令和元	2	ウ 荒茶生産量 平成28年産	29	30	令和元	2
	(1)	(2)	(3)	(4)	(5)	(1)	(2)	(3)	(4)	(5)
全国	…	…	…	…	**328,800**	**80,200**	**82,000**	**86,300**	**81,700**	**69,800**
主産県計	**364,500**	**369,800**	**383,600**	**357,400**	…	**77,100**	**78,800**	**81,500**	**76,500**	…
（全国農業地域）										
北海道	…	…	…	…	–	…	…	…	…	–
都府県	…	…	…	…	328,800	…	…	…	…	69,800
東北	…	…	…	…	x	…	…	…	…	x
北陸	…	…	…	…	x	…	…	…	…	x
関東・東山	…	…	…	…	5,790	…	…	…	…	1,270
東海	…	…	…	…	142,400	…	…	…	…	31,500
近畿	…	…	…	…	20,400	…	…	…	…	4,450
中国	…	…	…	…	1,230	…	…	…	…	268
四国	…	…	…	…	1,680	…	…	…	…	x
九州	…	…	…	…	157,200	…	…	…	…	31,900
沖縄	…	…	…	…	111	…	…	…	…	24
（都道府県）										
北海道	…	…	…	…	–	…	…	…	…	–
青森	…	…	…	…	x	…	…	…	…	x
岩手	…	…	…	…	x	…	…	…	…	x
宮城	…	…	…	…	6	…	…	…	…	1
秋田	…	…	…	…	x	…	…	…	…	x
山形	…	…	…	…	x	…	…	…	…	x
福島	…	…	…	…	x	…	…	…	…	x
茨城	…	…	…	…	1,120	…	…	…	…	260
栃木	…	…	…	…	20	…	…	…	…	5
群馬	…	…	…	…	x	…	…	…	…	x
埼玉	3,060	3,280	4,040	4,020	3,480	652	698	898	881	754
千葉	…	…	…	…	77	…	…	…	…	18
東京	…	…	…	…	201	…	…	…	…	41
神奈川	…	…	…	…	666	…	…	…	…	146
新潟	…	…	…	…	30	…	…	…	…	8
富山	…	…	…	…	x	…	…	…	…	x
石川	…	…	…	…	4	…	…	…	…	1
福井	…	…	…	…	2	…	…	…	…	0
山梨	…	…	…	…	155	…	…	…	…	31
長野	…	…	…	…	61	…	…	…	…	13
岐阜	…	…	…	…	2,160	…	…	…	…	470
静岡	141,500	140,700	150,500	129,300	112,600	30,700	30,800	33,400	29,500	25,200
愛知	4,460	4,250	4,190	4,020	3,630	914	880	863	832	744
三重	30,500	29,000	30,200	28,600	24,000	6,370	6,130	6,240	5,910	5,080
滋賀	…	…	…	…	2,760	…	…	…	…	549
京都	14,400	14,200	13,800	13,100	11,200	3,190	3,160	3,070	2,900	2,360
大阪	…	…	…	…	–	…	…	…	…	–
兵庫	…	…	…	…	185	…	…	…	…	42
奈良	7,130	7,060	…	…	6,190	1,720	1,710	…	…	1,490
和歌山	…	…	…	…	43	…	…	…	…	8
鳥取	…	…	…	…	86	…	…	…	…	20
島根	…	…	…	…	513	…	…	…	…	115
岡山	…	…	…	…	228	…	…	…	…	51
広島	…	…	…	…	48	…	…	…	…	10
山口	…	…	…	…	352	…	…	…	…	72
徳島	…	…	…	…	580	…	…	…	…	118
香川	…	…	…	…	x	…	…	…	…	x
愛媛	…	…	…	…	201	…	…	…	…	44
高知	…	…	…	…	753	…	…	…	…	168
福岡	9,220	9,730	9,600	9,310	8,300	1,870	1,920	1,890	1,780	1,600
佐賀	5,490	5,210	5,660	5,530	5,140	1,240	1,170	1,270	1,240	1,140
長崎	3,880	3,580	3,640	3,440	2,790	775	718	733	693	578
熊本	6,250	6,270	6,120	6,150	5,400	1,280	1,290	1,260	1,270	1,120
大分	…	…	…	…	2,590	…	…	…	…	549
宮崎	17,900	18,000	18,100	16,600	14,600	3,760	3,770	3,800	3,510	3,060
鹿児島	120,700	128,500	137,700	137,300	118,400	24,600	26,600	28,100	28,000	23,900
沖縄	…	…	…	…	111	…	…	…	…	24

注：1　主産県調査を実施した年産の荒茶生産量の全国値については、主産県の調査結果から推計したものである。
　　2　平成26年産以降、生葉収穫量及び荒茶生産量は６年ごとに全国調査を実施し、全国調査以外の年にあっては主産県調査を実施することとしている。

7　工芸農作物（続き）

(2)　なたね

全国農業地域・都道府県	平成28年産 作付面積	平成28年産 10a当たり収量	平成28年産 収穫量	平成28年産 （参考）10a当たり平均収量対比	29 作付面積	29 10a当たり収量	29 収穫量	29 （参考）10a当たり平均収量対比	30 作付面積	30 10a当たり収量
	(1)	(2)	(3)	(4)	(5)	(6)	(7)	(8)	(9)	(10)
	ha	kg	t	%	ha	kg	t	%	ha	kg
全国 (1)	**1,980**	**184**	**3,650**	**133**	**1,980**	**185**	**3,670**	**143**	**1,920**	**163**
（全国農業地域）										
北海道 (2)	884	282	2,490	142	939	285	2,680	133	971	246
都府県 (3)	1,090	106	1,160	119	1,050	94	992	106	953	76
東北 (4)	595	133	791	132	550	114	629	102	509	99
北陸 (5)	x	57	x	133	42	60	25	133	30	27
関東・東山 (6)	66	102	67	116	60	72	43	78	x	70
東海 (7)	83	82	68	139	103	69	71	108	102	29
近畿 (8)	x	89	x	114	x	91	x	111	x	54
中国 (9)	x	28	x	85	27	41	11	124	x	65
四国 (10)	3	33	1	100	x	50	x	100	x	x
九州 (11)	207	71	146	81	204	78	160	95	198	58
沖縄 (12)	–	–	–	nc	–	–	–	nc	–	–
（都道府県）										
北海道 (13)	884	282	2,490	142	939	285	2,680	133	971	246
青森 (14)	271	236	640	139	270	198	535	108	270	159
岩手 (15)	31	90	28	106	33	73	24	85	30	53
宮城 (16)	47	26	12	100	44	9	4	35	34	6
秋田 (17)	109	47	51	100	82	33	27	70	47	49
山形 (18)	23	57	13	130	15	47	7	104	12	34
福島 (19)	114	41	47	114	106	30	32	81	116	27
茨城 (20)	12	82	10	121	12	43	5	61	11	41
栃木 (21)	12	55	7	77	10	30	3	44	8	48
群馬 (22)	11	91	10	89	11	92	10	93	9	93
埼玉 (23)	4	151	6	172	5	143	7	142	4	88
千葉 (24)	7	48	3	69	x	x	x	x	x	x
東京 (25)	x	x	x	x	x	x	x	x	x	x
神奈川 (26)	1	50	0	50	1	105	1	115	1	66
新潟 (27)	14	43	6	159	13	35	5	117	8	38
富山 (28)	27	62	17	135	25	64	16	131	17	22
石川 (29)	x	x	x	x	x	x	x	x	x	x
福井 (30)	x	x	x	x	x	x	x	x	x	x
山梨 (31)	x	x	x	x	x	x	x	x	x	x
長野 (32)	18	167	30	158	17	88	15	77	10	120
岐阜 (33)	–	–	–	–	–	–	–	–	–	–
静岡 (34)	3	15	0	60	2	41	1	178	4	14
愛知 (35)	31	97	30	137	38	84	32	111	42	45
三重 (36)	49	78	38	147	63	61	38	105	56	18
滋賀 (37)	28	124	35	125	35	118	41	116	32	63
京都 (38)	x	x	x	x	x	x	x	x	x	x
大阪 (39)	x	x	x	x	x	x	x	x	x	x
兵庫 (40)	24	50	12	94	20	45	9	87	16	38
奈良 (41)	3	56	2	100	2	74	2	132	2	60
和歌山 (42)	–	–	–	nc	–	–	–	nc	–	–
鳥取 (43)	9	27	2	113	4	20	1	80	4	50
島根 (44)	15	40	6	111	12	67	8	181	9	89
岡山 (45)	10	18	2	51	10	15	2	47	4	32
広島 (46)	x	x	x	x	–	–	–	–	–	–
山口 (47)	1	47	0	59	1	2	0	3	x	x
徳島 (48)	x	x	x	x	x	x	x	x	x	x
香川 (49)	x	x	x	x	x	x	x	x	–	–
愛媛 (50)	x	x	x	x	x	x	x	x	x	x
高知 (51)	x	x	x	x	–	–	–	–	–	–
福岡 (52)	43	107	46	76	34	133	45	99	35	80
佐賀 (53)	18	80	14	170	15	100	15	189	20	89
長崎 (54)	13	54	7	79	12	50	6	77	10	36
熊本 (55)	59	59	35	82	54	52	28	74	58	52
大分 (56)	32	40	13	80	45	71	32	148	36	29
宮崎 (57)	10	68	7	71	9	92	8	102	7	74
鹿児島 (58)	32	75	24	65	35	74	26	69	32	60
沖縄 (59)	–	–	–	nc	–	–	–	nc	–	–

		令和元				2				
収穫量	（参考）10 a 当たり平均収量対比	作付面積	10 a 当たり収量	収穫量	（参考）10 a 当たり平均収量対比	作付面積	10 a 当たり収量	収穫量	（参考）10 a 当たり平均収量対比	
(11)	(12)	(13)	(14)	(15)	(16)	(17)	(18)	(19)	(20)	
t	%	ha	kg	t	%	ha	kg	t	%	
3,120	**113**	**1,900**	**217**	**4,130**	**141**	**1,830**	**196**	**3,580**	**116**	(1)
2,390	105	1,030	320	3,300	130	1,040	272	2,830	102	(2)
728	84	870	96	831	105	793	95	752	101	(3)
505	82	433	112	484	106	x	130	x	102	(4)
8	57	x	38	x	84	29	62	18	129	(5)
x	80	60	87	52	99	77	57	44	66	(6)
30	45	93	49	46	78	76	51	39	76	(7)
x	61	x	104	x	116	x	73	x	76	(8)
x	186	x	70	x	233	x	54	x	164	(9)
x	nc	x	x	x	x	x	x	x	x	(10)
114	72	182	93	170	122	178	76	136	96	(11)
-	nc	-	-	-	nc	-	-	-	nc	(12)
2,390	105	1,030	320	3,300	130	1,040	272	2,830	102	(13)
429	83	193	197	380	105	202	197	398	102	(14)
16	65	26	69	18	90	22	86	19	118	(15)
2	27	32	3	1	16	x	x	x	x	(16)
23	111	76	41	31	91	25	28	7	65	(17)
4	72	12	45	5	96	7	93	7	198	(18)
31	75	94	52	49	144	100	37	37	95	(19)
5	67	9	40	4	73	8	31	2	55	(20)
4	79	13	63	8	109	25	19	5	32	(21)
8	98	10	100	10	105	11	99	11	102	(22)
4	78	12	68	8	61	18	54	10	49	(23)
x	x	x	x	x	x	2	56	1	122	(24)
x	x	x	x	x	x	x	x	x	x	(25)
0	77	1	187	1	240	x	x	x	x	(26)
3	115	9	67	6	197	x	x	x	x	(27)
4	43	15	36	5	71	19	51	10	96	(28)
x	x	x	x	x	x	x	x	x	x	(29)
x	x	x	x	x	x	x	x	x	x	(30)
x	x	x	x	x	x	x	x	x	x	(31)
12	110	12	157	19	134	12	115	14	97	(32)
-	-	-	-	-	nc	-	-	-	nc	(33)
1	54	3	30	1	120	2	3	0	11	(34)
19	56	40	60	24	77	40	53	21	69	(35)
10	33	50	42	21	78	34	53	18	96	(36)
20	58	36	122	44	113	31	88	27	77	(37)
x	x	x	x	x	x	-	-	-	-	(38)
x	x	x	x	x	x	x	x	x	x	(39)
6	76	14	57	8	124	13	42	5	84	(40)
1	97	1	80	1	131	1	67	1	110	(41)
-	nc	-	-	-	nc	-	-	-	nc	(42)
2	227	3	33	1	127	5	40	2	174	(43)
8	207	7	108	8	245	8	67	5	129	(44)
1	128	10	54	5	225	8	75	6	268	(45)
-	-	-	-	-	-	x	x	x	x	(46)
x	x	x	x	x	x	x	x	x	x	(47)
x	x	-	-	-	-	-	-	-	-	(48)
-	-	x	x	x	x	x	x	x	x	(49)
x	x	x	x	x	x	x	x	x	x	(50)
-	-	-	-	-	-	-	-	-	-	(51)
28	62	33	133	44	110	32	148	47	118	(52)
18	144	27	104	28	149	40	82	33	96	(53)
4	60	12	42	5	74	12	35	4	66	(54)
30	80	42	95	40	158	42	60	25	100	(55)
10	55	35	61	21	120	31	43	13	77	(56)
5	85	6	98	6	120	4	69	3	78	(57)
19	59	27	95	26	108	17	66	11	79	(58)
-	nc	-	-	-	nc	-	-	-	nc	(59)

7 工芸農作物（続き）

(3) てんさい（北海道）

区分	平成28年産		29		30		令和元		2	
	作付面積	収穫量	作付面積	収穫量	作付面積	収穫量	作付面積	収穫量	作付面積	収穫量
	(1)	(2)	(3)	(4)	(5)	(6)	(7)	(8)	(9)	(10)
	ha	t	ha	t	ha	t	ha	t	ha	t
北海道	59,700	3,189,000	58,200	3,901,000	57,300	3,611,000	56,700	3,986,000	56,800	3,912,000

(4) さとうきび

区分	平成28年産			29			30		
	栽培面積	収穫面積	収穫量	栽培面積	収穫面積	収穫量	栽培面積	収穫面積	収穫量
	(1)	(2)	(3)	(4)	(5)	(6)	(7)	(8)	(9)
	ha	ha	t	ha	ha	t	ha	ha	t
全国	**28,800**	**22,900**	**1,574,000**	**28,500**	**23,700**	**1,297,000**	**27,700**	**22,600**	**1,196,000**
鹿児島	11,400	10,000	636,500	11,100	9,880	528,500	10,900	9,450	452,900
沖縄	17,400	12,900	937,800	17,400	13,800	768,900	16,800	13,100	742,800

区分	令和元			2		
	栽培面積	収穫面積	収穫量	栽培面積	収穫面積	収穫量
	(10)	(11)	(12)	(13)	(14)	(15)
	ha	ha	t	ha	ha	t
全国	**27,200**	**22,100**	**1,174,000**	**27,900**	**22,500**	**1,336,000**
鹿児島	10,600	9,170	497,800	11,000	9,600	522,500
沖縄	16,600	12,900	676,000	16,900	12,900	813,900

(5) い（主産県別）

主産県	平成28年産		29		30		令和元		2	
	作付面積	収穫量	作付面積	収穫量	作付面積	収穫量	作付面積	収穫量	作付面積	収穫量
	(1)	(2)	(3)	(4)	(5)	(6)	(7)	(8)	(9)	(10)
	ha	t	ha	t	ha	t	ha	t	ha	t
主産県計	**643**	**8,340**	**578**	**8,530**	**541**	**7,500**	**476**	**7,130**	**424**	**6,300**
福岡	12	142	10	123	7	83	5	62	4	44
熊本	631	8,200	568	8,410	534	7,420	471	7,070	420	6,260

7　工芸農作物（続き）

(6)　こんにゃくいも

全国農業地域・都道府県	平成28年産					29						
	栽培面積	収穫面積	10a当たり収量	収穫量	（参考）10a当たり平均収量対比	栽培面積	収穫面積	10a当たり収量	収穫量	（参考）10a当たり平均収量対比	栽培面積	収穫面積
	(1)	(2)	(3)	(4)	(5)	(6)	(7)	(8)	(9)	(10)	(11)	(12)
	ha	ha	kg	t	%	ha	ha	kg	t	%	ha	ha
全国 (1)	**…**	**…**	**…**	**…**	**nc**	**3,860**	**2,330**	**2,780**	**64,700**	**nc**	**3,700**	**2,160**
主産県計 (2)	**3,470**	**2,060**	**3,460**	**71,300**	**116**	**3,440**	**2,080**	**2,960**	**61,500**	**98**	**3,370**	**1,990**
（全国農業地域）												
北海道 (3)	…	…	…	…	nc	…	…	…	…	nc	x	x
都府県 (4)	…	…	…	…	nc	…	…	…	…	nc	3,690	2,160
東北 (5)	…	…	…	…	nc	…	…	…	…	nc	x	x
北陸 (6)	…	…	…	…	nc	…	…	…	…	nc	5	4
関東・東山 (7)	…	…	…	…	nc	…	…	…	…	nc	3,460	2,050
東海 (8)	…	…	…	…	nc	…	…	…	…	nc	22	12
近畿 (9)	…	…	…	…	nc	…	…	…	…	nc	x	x
中国 (10)	…	…	…	…	nc	…	…	…	…	nc	59	30
四国 (11)	…	…	…	…	nc	…	…	…	…	nc	35	15
九州 (12)	…	…	…	…	nc	…	…	…	…	nc	52	16
沖縄 (13)	…	…	…	…	nc	…	…	…	…	nc	－	－
（都道府県）												
北海道 (14)	…	…	…	…	nc	…	…	…	…	nc	x	x
青森 (15)	…	…	…	…	nc	…	…	…	…	nc	x	x
岩手 (16)	…	…	…	…	nc	…	…	…	…	nc	1	0
宮城 (17)	…	…	…	…	nc	…	…	…	…	nc	4	2
秋田 (18)	…	…	…	…	nc	…	…	…	…	nc	－	－
山形 (19)	…	…	…	…	nc	…	…	…	…	nc	4	3
福島 (20)	…	…	…	…	nc	…	…	…	…	nc	22	11
茨城 (21)	…	…	…	…	nc	…	…	…	…	nc	40	30
栃木 (22)	99	69	2,610	1,800	102	95	67	2,710	1,820	106	89	62
群馬 (23)	3,370	1,990	3,490	69,500	117	3,350	2,010	2,970	59,700	97	3,280	1,930
埼玉 (24)	…	…	…	…	nc	…	…	…	…	nc	12	8
千葉 (25)	…	…	…	…	nc	…	…	…	…	nc	10	6
東京 (26)	…	…	…	…	nc	…	…	…	…	nc	1	0
神奈川 (27)	…	…	…	…	nc	…	…	…	…	nc	5	2
新潟 (28)	…	…	…	…	nc	…	…	…	…	nc	5	4
富山 (29)	…	…	…	…	nc	…	…	…	…	nc	0	0
石川 (30)	…	…	…	…	nc	…	…	…	…	nc	0	0
福井 (31)	…	…	…	…	nc	…	…	…	…	nc	0	0
山梨 (32)	…	…	…	…	nc	…	…	…	…	nc	10	5
長野 (33)	…	…	…	…	nc	…	…	…	…	nc	18	10
岐阜 (34)	…	…	…	…	nc	…	…	…	…	nc	7	5
静岡 (35)	…	…	…	…	nc	…	…	…	…	nc	5	3
愛知 (36)	…	…	…	…	nc	…	…	…	…	nc	2	1
三重 (37)	…	…	…	…	nc	…	…	…	…	nc	8	3
滋賀 (38)	…	…	…	…	nc	…	…	…	…	nc	6	2
京都 (39)	…	…	…	…	nc	…	…	…	…	nc	3	2
大阪 (40)	…	…	…	…	nc	…	…	…	…	nc	x	x
兵庫 (41)	…	…	…	…	nc	…	…	…	…	nc	3	1
奈良 (42)	…	…	…	…	nc	…	…	…	…	nc	8	4
和歌山 (43)	…	…	…	…	nc	…	…	…	…	nc	5	2
鳥取 (44)	…	…	…	…	nc	…	…	…	…	nc	3	3
島根 (45)	…	…	…	…	nc	…	…	…	…	nc	22	8
岡山 (46)	…	…	…	…	nc	…	…	…	…	nc	2	1
広島 (47)	…	…	…	…	nc	…	…	…	…	nc	32	18
山口 (48)	…	…	…	…	nc	…	…	…	…	nc	0	0
徳島 (49)	…	…	…	…	nc	…	…	…	…	nc	15	8
香川 (50)	…	…	…	…	nc	…	…	…	…	nc	0	0
愛媛 (51)	…	…	…	…	nc	…	…	…	…	nc	5	3
高知 (52)	…	…	…	…	nc	…	…	…	…	nc	15	4
福岡 (53)	…	…	…	…	nc	…	…	…	…	nc	16	5
佐賀 (54)	…	…	…	…	nc	…	…	…	…	nc	1	1
長崎 (55)	…	…	…	…	nc	…	…	…	…	nc	1	0
熊本 (56)	…	…	…	…	nc	…	…	…	…	nc	13	5
大分 (57)	…	…	…	…	nc	…	…	…	…	nc	18	4
宮崎 (58)	…	…	…	…	nc	…	…	…	…	nc	2	1
鹿児島 (59)	…	…	…	…	nc	…	…	…	…	nc	1	0
沖縄 (60)	…	…	…	…	nc	…	…	…	…	nc	－	－

注：1　主産県調査を実施した年産の全国値については、主産県の調査結果から推計したものである。
　　2　平成30年産以降、作付面積は３年、収穫量は６年ごとに全国調査を実施し、全国調査以外の年にあっては、主産県調査を実施することとしている。

30			令和元					2					
10 a当たり収量	収穫量	(参考)10 a当たり平均収量対比	栽培面積	収穫面積	10 a当たり収量	収穫量	(参考)10 a当たり平均収量対比	栽培面積	収穫面積	10 a当たり収量	収穫量	(参考)10 a当たり平均収量対比	
(13)	(14)	(15)	(16)	(17)	(18)	(19)	(20)	(21)	(22)	(23)	(24)	(25)	
kg	t	%	ha	ha	kg	t	%	ha	ha	kg	t	%	
2,590	**55,900**	**91**	**3,660**	**2,150**	**2,750**	**59,100**	**99**	**3,570**	**2,140**	**2,510**	**53,700**	**92**	(1)
2,690	**53,600**	**89**	**3,330**	**1,960**	**2,890**	**56,700**	**95**	**3,210**	**1,930**	**2,600**	**50,200**	**88**	(2)
x	x	nc	…	…	…	…	nc	…	…	…	…	nc	(3)
2,590	55,900	nc	…	…	…	…	nc	…	…	…	…	nc	(4)
1,740	x	nc	…	…	…	…	nc	…	…	…	…	nc	(5)
650	26	nc	…	…	…	…	nc	…	…	…	…	nc	(6)
2,680	54,900	nc	…	…	…	…	nc	…	…	…	…	nc	(7)
517	62	nc	…	…	…	…	nc	…	…	…	…	nc	(8)
382	x	nc	…	…	…	…	nc	…	…	…	…	nc	(9)
1,450	435	nc	…	…	…	…	nc	…	…	…	…	nc	(10)
667	100	nc	…	…	…	…	nc	…	…	…	…	nc	(11)
338	54	nc	…	…	…	…	nc	…	…	…	…	nc	(12)
–	–	nc	…	…	…	…	nc	…	…	…	…	nc	(13)
x	x	nc	…	…	…	…	nc	…	…	…	…	nc	(14)
x	x	nc	…	…	…	…	nc	…	…	…	…	nc	(15)
875	4	nc	…	…	…	…	nc	…	…	…	…	nc	(16)
1,140	23	nc	…	…	…	…	nc	…	…	…	…	nc	(17)
–	–	nc	…	…	…	…	nc	…	…	…	…	nc	(18)
836	23	nc	…	…	…	…	nc	…	…	…	…	nc	(19)
2,070	228	nc	…	…	…	…	nc	…	…	…	…	nc	(20)
2,550	765	nc	…	…	…	…	nc	…	…	…	…	nc	(21)
2,400	1,490	93	84	57	2,380	1,360	92	…	…	…	…	nc	(22)
2,700	52,100	89	3,250	1,900	2,910	55,300	96	3,210	1,930	2,600	50,200	88	(23)
2,060	165	nc	…	…	…	…	nc	…	…	…	…	nc	(24)
2,700	162	nc	…	…	…	…	nc	…	…	…	…	nc	(25)
785	3	nc	…	…	…	…	nc	…	…	…	…	nc	(26)
490	8	nc	…	…	…	…	nc	…	…	…	…	nc	(27)
600	24	nc	…	…	…	…	nc	…	…	…	…	nc	(28)
906	0	nc	…	…	…	…	nc	…	…	…	…	nc	(29)
842	1	nc	…	…	…	…	nc	…	…	…	…	nc	(30)
217	1	nc	…	…	…	…	nc	…	…	…	…	nc	(31)
1,060	53	nc	…	…	…	…	nc	…	…	…	…	nc	(32)
1,300	130	nc	…	…	…	…	nc	…	…	…	…	nc	(33)
811	41	nc	…	…	…	…	nc	…	…	…	…	nc	(34)
255	8	nc	…	…	…	…	nc	…	…	…	…	nc	(35)
698	7	nc	…	…	…	…	nc	…	…	…	…	nc	(36)
212	6	nc	…	…	…	…	nc	…	…	…	…	nc	(37)
250	5	nc	…	…	…	…	nc	…	…	…	…	nc	(38)
143	3	nc	…	…	…	…	nc	…	…	…	…	nc	(39)
x	x	nc	…	…	…	…	nc	…	…	…	…	nc	(40)
214	3	nc	…	…	…	…	nc	…	…	…	…	nc	(41)
614	25	nc	…	…	…	…	nc	…	…	…	…	nc	(42)
300	5	nc	…	…	…	…	nc	…	…	…	…	nc	(43)
767	23	nc	…	…	…	…	nc	…	…	…	…	nc	(44)
390	31	nc	…	…	…	…	nc	…	…	…	…	nc	(45)
720	7	nc	…	…	…	…	nc	…	…	…	…	nc	(46)
2,080	374	nc	…	…	…	…	nc	…	…	…	…	nc	(47)
376	0	nc	…	…	…	…	nc	…	…	…	…	nc	(48)
1,010	81	nc	…	…	…	…	nc	…	…	…	…	nc	(49)
370	0	nc	…	…	…	…	nc	…	…	…	…	nc	(50)
394	12	nc	…	…	…	…	nc	…	…	…	…	nc	(51)
185	7	nc	…	…	…	…	nc	…	…	…	…	nc	(52)
480	24	nc	…	…	…	…	nc	…	…	…	…	nc	(53)
112	1	nc	…	…	…	…	nc	…	…	…	…	nc	(54)
236	1	nc	…	…	…	…	nc	…	…	…	…	nc	(55)
230	12	nc	…	…	…	…	nc	…	…	…	…	nc	(56)
240	10	nc	…	…	…	…	nc	…	…	…	…	nc	(57)
450	5	nc	…	…	…	…	nc	…	…	…	…	nc	(58)
350	1	nc	…	…	…	…	nc	…	…	…	…	nc	(59)
–	–	nc	…	…	…	…	nc	…	…	…	…	nc	(60)

V　関連統計表

1 食料需給表

(1) 令和2年度食料需給表（概算値）

類別・品目別	国内生産量	外国貿易		在庫の増減量	国内消費仕向量	国内消費仕向量						
		輸入量	輸出量			飼料用	種子用	加工用	純旅客用	減耗量	粗食	
											総数	一人1年当たり
	(1) 千t	(2) 千t	(3) 千t	(4) 千t	(5) 千t	(6) 千t	(7) 千t	(8) 千t	(9) 千t	(10) 千t	(11) 千t	(12) kg
穀類 (1)	9,360	23,898	110	350	32,054	14,901	64	4,272	0	312	12,505	99.1
					744	744						
米 (2)	8,145	814	110	248	7,857	384	30	231	0	144	7,068	56.0
	(a) (381)				744	744						
	(b) (33)											
小麦 (3)	949	5,521	0	58	6,412	835	20	262	0	159	5,136	40.7
大麦 (4)	201	1,649	0	40	1,810	958	4	798	0	2	48	0.4
はだか麦 (5)	20	25	0	9	36	0	1	5	0	1	29	0.2
とうもろこし (6)	0	15,366	0	△ 44	15,410	12,317	2	2,976	0	3	112	0.9
こうりゃん (7)	0	379	0	33	346	346	0	0	0	0	0	0.0
その他の雑穀 (8)	45	144	0	6	183	61	7	0	0	3	112	0.9
いも類 (9)	2,893	1,099	26	0	3,966	5	136	1,025	0	88	2,712	21.5
かんしょ (10)	688	47	17	0	718	2	11	218	0	5	482	3.8
ばれいしょ (11)	2,205	1,052	9	0	3,248	3	125	807	0	83	2,230	17.7
でんぷん (12)	2,177	142	0	△ 4	2,323	0	0	445	0	0	1,878	14.9
豆類 (13)	290	3,411	0	△ 142	3,843	84	10	2,512	0	72	1,165	9.2
大豆 (14)	219	3,139	0	△ 140	3,498	84	8	2,455	0	63	888	7.0
その他の豆類 (15)	71	272	0	△ 2	345	0	2	57	0	9	277	2.2
野菜 (16)	11,474	2,946	59	0	14,361	0	0	0	0	1,506	12,855	101.8
緑黄色野菜 (17)	2,485	1,610	4	0	4,091	0	0	0	0	411	3,680	29.2
その他の野菜 (18)	8,989	1,336	55	0	10,270	0	0	0	0	1,095	9,175	72.7
果実 (19)	2,685	4,490	60	5	7,110	0	0	21	0	1,189	5,900	46.7
みかん (20)	766	0	1	3	762	0	0	0	0	114	648	5.1
りんご (21)	763	531	38	2	1,254	0	0	0	0	125	1,129	8.9
その他の果実 (22)	1,156	3,959	21	0	5,094	0	0	21	0	950	4,123	32.7
肉類 (23)	3,452	3,043	22	△ 67	6,540	0	0	0	0	131	6,409	50.8
牛肉 (24)	479	845	8	△ 13	1,329	0	0	0	0	27	1,302	10.3
豚肉 (25)	1,310	1,298	4	△ 40	2,644	0	0	0	0	53	2,591	20.5
鶏肉 (26)	1,656	859	10	△ 11	2,516	0	0	0	0	50	2,466	19.5
その他の肉 (27)	5	41	0	△ 3	49	0	0	0	0	1	48	0.4
鯨 (28)	2	0	0	0	2	0	0	0	0	0	2	0.0
鶏卵 (29)	2,596	102	20	0	2,678	0	84	0	0	52	2,542	20.1
牛乳及び乳製品 (30)	7,434	4,987	47	159	12,215	31	0	0	0	284	11,900	94.3
		396			396	396						
農家自家用 (31)	45	0	0	0	45	31	0	0	0	0	14	0.1
飲用向け (32)	4,034	0	8	0	4,026	0	0	0	0	40	3,986	31.6
乳製品向け (33)	3,355	4,987	39	159	8,144	0	0	0	0	244	7,900	62.6
		396			396	396						
魚介類 (34)	3,714	3,885	721	84	6,794	1,530	0	0	0	0	5,264	41.7
生鮮・冷凍 (35)	1,296	897	627	△ 14	1,580	0	0	0	0	0	1,580	12.5
塩干、くん製、その他 (36)	1,547	1,838	47	△ 21	3,359	0	0	0	0	0	3,359	26.6
かん詰 (37)	171	155	6	△ 5	325	0	0	0	0	0	325	2.6
飼肥料 (38)	700	995	41	124	1,530	1,530	0	0	0	0	0	0.0
海藻類 (39)	92	42	2	0	132	0	0	18	0	0	114	0.9
砂糖類 (40)											2,095	16.6
油脂類 (41)	1,965	1,113	41	△ 61	3,098	100	0	466	0	15	2,517	19.9
植物油脂 (42)	1,629	1,075	17	△ 80	2,767	0	0	338	0	15	2,414	19.1
動物油脂 (43)	336	38	24	19	331	100	0	128	0	0	103	0.8
みそ (44)	472	0	16	△ 3	459	0	0	0	0	1	458	3.6
しょうゆ (45)	697	3	40	△ 2	662	0	0	0	0	2	660	5.2
その他食料計 (46)	2,215	2,070	1	5	4,279	3,104	0	504	0	26	645	5.1
合計 (47)	…	…	…	…	…	…	…	…	…	…	…	…

資料：農林水産省大臣官房政策課食料安全保障室『食料需給表』

注：1 「国内生産量」は、輸入した原材料により国内で生産された製品を含んでいる。

2 「外国貿易」は、財務省「貿易統計」により計上した。ただし、いわゆる加工食品は生鮮換算又は原魚換算して計上している。また、全く国内に流通しないもの、全く食料になり得ないものは計上していない。

3 「在庫の増減量」は当年度末繰越量と当年度始め持越量との差である。

4 「加工用」は食用以外に利用される場合、あるいは栄養分の相当量のロスを生じて他の食品（本表の品目）を生産する場合に計上されている。

5 「純旅客用」は、一時的な訪日外国人による消費分から一時的な出国日本人による消費分を控除した数量で、平成30年度より計上している。

6 「歩留り」は粗食料を純食料（可食の形態）に換算する際の割合であり、当該品目の全体から通常の食習慣において廃棄される部分を除いた可食部の当該品目の全体に対する重量の割合として求めている。

の内訳			一人当たり供給					純食料100ｇ中の栄養成分量			
料 一人１日当たり	歩留り	純食料	１年当たり数量	１日当たり 数量	熱量	たんぱく質	脂質	熱量	たんぱく質	脂質	
(13)	(14)	(15)	(16)	(17)	(18)	(19)	(20)	(21)	(22)	(23)	
g	%	千ｔ	kg	g	kcal	g	g	kcal	g	g	
271.4	84.7	10,587	83.9	229.8	788.4	18.0	2.9	343.1	7.8	1.3	(1)
153.4	90.6	6,404	50.7	139.0	475.4	8.5	1.3	342.0	6.1	0.9	(2)
		(6,198)	(49.1)	(134.5)	(460.1)	(8.2)	(1.2)				
111.5	78.0	4,006	31.7	86.9	300.0	9.1	1.6	345.0	10.5	1.8	(3)
1.0	46.0	22	0.2	0.5	1.6	0.0	0.0	329.0	6.7	1.5	(4)
0.6	57.0	17	0.1	0.4	1.2	0.0	0.0	329.0	6.7	1.5	(5)
2.4	56.9	64	0.5	1.4	4.8	0.1	0.0	348.7	8.2	2.2	(6)
0.0	75.0	0	0.0	0.0	0.0	0.0	0.0	348.0	9.5	2.6	(7)
2.4	66.1	74	0.6	1.6	5.4	0.2	0.0	337.4	11.6	2.9	(8)
58.9	90.2	2,446	19.4	53.1	37.7	0.9	0.1	71.0	1.7	0.1	(9)
10.5	91.0	439	3.5	9.5	12.0	0.1	0.0	126.0	1.2	0.2	(10)
48.4	90.0	2,007	15.9	43.6	25.7	0.8	0.0	59.0	1.8	0.1	(11)
40.8	100.0	1,878	14.9	40.8	146.7	0.0	0.2	360.0	0.1	0.6	(12)
25.3	96.7	1,126	8.9	24.4	97.3	7.6	5.1	398.1	31.0	20.9	(13)
19.3	100.0	888	7.0	19.3	76.5	6.4	4.1	397.0	33.2	21.4	(14)
6.0	85.9	238	1.9	5.2	20.8	1.2	1.0	402.4	22.8	19.1	(15)
279.0	86.9	11,176	88.5	242.6	66.7	3.0	0.5	27.5	1.2	0.2	(16)
79.9	91.5	3,367	26.7	73.1	20.5	0.9	0.1	28.0	1.2	0.2	(17)
199.1	85.1	7,809	61.9	169.5	46.3	2.1	0.4	27.3	1.2	0.2	(18)
128.1	73.0	4,307	34.1	93.5	64.9	0.9	1.4	69.4	0.9	1.5	(19)
14.1	75.0	486	3.9	10.5	5.1	0.1	0.0	48.0	0.6	0.1	(20)
24.5	85.0	960	7.6	20.8	11.0	0.0	0.0	53.0	0.1	0.2	(21)
89.5	69.4	2,861	22.7	62.1	48.8	0.8	1.3	78.6	1.3	2.1	(22)
139.1	66.0	4,231	33.5	91.8	178.3	17.1	12.9	194.2	18.6	14.0	(23)
28.3	63.0	820	6.5	17.8	45.6	3.0	4.0	256.2	16.8	22.2	(24)
56.2	63.0	1,632	12.9	35.4	76.1	6.4	5.8	214.7	18.1	16.3	(25)
53.5	71.0	1,751	13.9	38.0	55.6	7.6	3.1	146.3	19.9	8.1	(26)
1.0	54.2	26	0.2	0.6	1.0	0.1	0.1	182.0	18.7	12.6	(27)
0.0	100.0	2	0.0	0.0	0.0	0.0	0.0	100.0	24.1	0.4	(28)
55.2	85.0	2,161	17.1	46.9	66.6	5.7	4.8	142.0	12.2	10.2	(29)
258.3	100.0	11,900	94.3	258.3	162.7	8.3	9.6	63.0	3.2	3.7	(30)
0.3	100.0	14	0.1	0.3	0.2	0.0	0.0	63.0	3.2	3.7	(31)
86.5	100.0	3,986	31.6	86.5	54.5	2.8	3.2	63.0	3.2	3.7	(32)
171.5	100.0	7,900	62.6	171.5	108.0	5.5	6.3	63.0	3.2	3.7	(33)
114.3	56.2	2,959	23.4	64.2	82.9	12.6	3.9	129.2	19.6	6.1	(34)
34.3	56.2	888	7.0	19.3	24.9	3.8	1.2	129.2	19.6	6.1	(35)
72.9	56.2	1,888	15.0	41.0	52.9	8.0	2.5	129.2	19.6	6.1	(36)
7.1	56.2	183	1.4	4.0	5.1	0.8	0.2	129.2	19.6	6.1	(37)
0.0	0.0	0	0.0	0.0	0.0	0.0	0.0	129.2	19.6	6.1	(38)
2.5	100.0	114	0.9	2.5	5.5	0.7	0.1	224.2	26.4	2.7	(39)
45.5	100.0	2,095	16.6	45.5	177.5	0.0	0.0	390.3	0.0	0.0	(40)
54.6	72.1	1,814	14.4	39.4	349.0	0.0	39.4	886.5	0.0	100.0	(41)
52.4	72.3	1,744	13.8	37.9	335.7	0.0	37.9	886.8	0.0	100.0	(42)
2.2	67.8	70	0.6	1.5	13.4	0.0	1.5	880.4	0.0	100.0	(43)
9.9	100.0	458	3.6	9.9	18.1	1.2	0.6	182.0	12.5	6.0	(44)
14.3	100.0	660	5.2	14.3	11.0	1.1	0.0	77.0	7.7	0.0	(45)
14.0	89.3	576	4.6	12.5	15.1	0.9	0.6	120.9	7.0	4.6	(46)
…	…	…	…	…	2,268.7	77.9	81.9	…	…	…	(47)

7　「一人当たり供給数量」は、純食料を我が国の令和２年10月１日現在の総人口（126,227千人）で除して得た国民一人当たり平均供給数量である。

8　穀類及び米について、「国内消費仕向量」及び「飼料用」欄の下段の数値は、年度更新等に伴う飼料用の政府売却数量であり、それぞれ外数である。

9　米の純食料以下の（　）内の数値は、菓子及び穀粉を含まない主食用の数値である。
　米について、「国内生産量」の（　）内の数値は、新規需要米の数量「(a) 飼料用米 (b) 米粉用米」であり、内数である。

10　牛乳及び乳製品の「輸入量」、「国内消費仕向量」及び「飼料用」欄の下段の数値は輸入飼料用乳製品（脱脂粉乳及びホエイパウダー）で外数である。

11　この需給表は、「国内生産量」から「純食料」欄まで「事実のないもの」及び「事実不詳」は全て「０」と表示している。

12　しょうゆの計測単位は「kl」、「l」及び「cc」である。

13　数値には、一部暫定値がある。したがって、これらを含む合計値も暫定値である。

1　食料需給表（続き）

(2)　主要農作物の累年食料需給表

品目・年次別		国内生産量	外国貿易		在庫の増減量	国内消費仕向量	国内消費仕向量						
			輸入量	輸出量			飼料用	種子用	加工用	純旅客用	減耗量	粗食	
												総数	一人1年当たり
		(1)	(2)	(3)	(4)	(5)	(6)	(7)	(8)	(9)	(10)	(11)	(12)
米		千t	千t	千t	千t	千t	千t	千t	千t	千t	千t	千t	kg
平成 23年度	(1)	8,566	997	171	△ 217	9,018	216	44	373		228	8,157	63.8
	(2)					591	591						
24	(3)	8,692	848	132	358	8,667	170	44	374		162	7,917	62.0
	(4)	(a) (167)				383	383						
	(5)	(b) (33)											
25	(6)	8,718	833	100	266	8,697	111	45	383		163	7,995	62.7
	(7)	(a) (109)				488	488						
	(8)	(b) (20)											
26	(9)	8,628	856	96	△ 78	8,839	504	41	343		159	7,792	61.2
	(10)	(a) (187)				627	627						
	(11)	(b) (18)											
27	(12)	8,429	834	116	△ 411	8,600	472	48	266		156	7,658	60.3
	(13)	(a) (440)				958	958						
	(14)	(b) (23)											
28	(15)	8,550	911	94	△ 186	8,644	507	43	321		155	7,618	60.0
	(16)	(a) (506)				909	909						
	(17)	(b) (19)											
29	(18)	8,324	888	95	△ 162	8,616	501	42	345		155	7,573	59.8
	(19)	(a) (499)				663	663						
	(20)	(b) (28)											
30	(21)	8,208	787	115	△ 41	8,443	431	39	309	39	153	7,472	59.1
	(22)	(a) (427)				478	478						
	(23)	(b) (28)											
令和 元	(24)	8,154	870	121	△ 9	8,300	393	38	279	25	152	7,413	58.8
	(25)	(a) (389)				612	612						
	(26)	(b) (28)											
2 (概)	(27)	8,145	814	110	248	7,857	384	30	231	0	144	7,068	56.0
	(28)	(a) (381)				744	744						
	(29)	(b) (33)											
小　麦													
平成 23年度	(30)	746	6,480	0	525	6,701	819	20	322		169	5,371	42.0
24	(31)	858	6,578	0	269	7,167	1,272	20	322		167	5,386	42.2
25	(32)	812	5,737	0	△ 443	6,992	1,156	20	312		165	5,339	41.9
26	(33)	852	6,016	0	289	6,579	727	20	311		166	5,355	42.1
27	(34)	1,004	5,660	0	81	6,583	780	20	278		165	5,340	42.0
28	(35)	791	5,624	0	△ 206	6,621	801	20	272		166	5,362	42.2
29	(36)	907	6,064	0	269	6,702	860	20	280		166	5,376	42.4
30	(37)	765	5,653	0	△ 107	6,525	818	20	269	28	163	5,227	41.3
令和 元	(38)	1,037	5,462	0	26	6,473	780	19	269	18	162	5,225	41.4
2 (概)	(39)	949	5,521	0	58	6,412	835	20	262	0	159	5,136	40.7
大・はだか麦													
平成 23年度	(40)	172	1,971	0	△ 11	2,154	1,155	4	916		2	77	0.6
24	(41)	172	1,896	0	1	2,067	1,068	4	930		2	63	0.5
25	(42)	183	1,884	0	△ 13	2,080	1,074	4	932		2	68	0.5
26	(43)	170	1,816	0	33	1,953	957	4	919		2	71	0.6
27	(44)	177	1,748	0	△ 19	1,944	919	4	952		2	67	0.5
28	(45)	170	1,824	0	5	1,989	971	5	918		3	92	0.7
29	(46)	185	1,803	0	3	1,985	971	5	919		3	87	0.7
30	(47)	175	1,823	0	19	1,979	954	6	931	0	3	85	0.7
令和 元	(48)	222	1,728	0	46	1,904	914	6	890	0	3	91	0.7
2 (概)	(49)	221	1,674	0	49	1,846	958	5	803	0	3	77	0.6
かんしょ													
平成 23年度	(50)	886	71	1	0	956	3	15	342		7	589	4.6
24	(51)	876	72	2	0	946	3	12	344		6	581	4.6
25	(52)	942	78	3	0	1,017	3	12	410		7	585	4.6
26	(53)	887	62	4	0	945	3	9	386		7	540	4.2
27	(54)	814	58	6	0	866	3	11	323		6	523	4.1
28	(55)	861	63	7	0	917	2	11	348		5	551	4.3
29	(56)	807	63	9	0	861	2	10	320		4	525	4.1
30	(57)	797	55	11	0	841	2	10	312	3	4	510	4.0
令和 元	(58)	749	56	13	0	792	2	9	289	2	4	486	3.9
2 (概)	(59)	688	47	17	0	718	2	11	218	0	5	482	3.8
大　豆													
平成 23年度	(60)	219	2,831	0	△ 137	3,187	106	7	2,228		57	789	6.2
24	(61)	236	2,727	0	△ 74	3,037	108	7	2,092		55	775	6.1
25	(62)	200	2,762	0	△ 50	3,012	104	6	2,067		55	780	6.1
26	(63)	232	2,828	0	△ 35	3,095	98	6	2,158		57	776	6.1
27	(64)	243	3,243	0	106	3,380	102	6	2,413		65	794	6.2
28	(65)	238	3,131	0	△ 55	3,424	106	7	2,439		63	809	6.4
29	(66)	253	3,218	0	△ 102	3,573	81	8	2,599		64	821	6.5
30	(67)	211	3,236	0	△ 120	3,567	83	8	2,562	5	65	844	6.7
令和 元	(68)	218	3,359	0	△ 106	3,683	84	8	2,663	3	67	858	6.8
2 (概)	(69)	219	3,139	0	△ 140	3,498	84	8	2,455	0	63	888	7.0

資料：農林水産省大臣官房政策課食料安全保障室『食料需給表』
注：1　年度別食料需給表を品目別に累年表として整理したものである。
　　2　最新年の数値には、一部暫定値がある。したがって、これらを含む合計値も暫定値である。
　　3　米について、「国内消費仕向量」及び「飼料用」欄の下段の数値は、年産更新等に伴う飼料用の政府売却数量であり、それぞれ外数である。
　　　また、国内生産量の（　）内の数値は、新規需要米の数量「(a) 飼料用米 (b) 米粉用米」であり、内数である。

の内訳			一人当たり供給					純食料100ｇ中の栄養成分量			
料	歩留り	純食料	1年当たり数量	1日当たり				熱量	たんぱく質	脂質	
一人1日当たり				数量	熱量	たんぱく質	脂質				
(13)	(14)	(15)	(16)	(17)	(18)	(19)	(20)	(21)	(22)	(23)	
g	%	千t	kg	g	kcal	g	g	kcal	g	g	
174.3	90.6	7,390	57.8	157.9	562.3	9.6	1.4	356.0	6.1	0.9	(1)
		(7,154)	(56.0)	(152.9)	(544.3)	(9.3)	(1.4)				(2)
170.0	90.6	7,173	56.2	154.0	548.3	9.4	1.4	356.0	6.1	0.9	(3)
		(6,949)	(54.5)	(149.2)	(531.2)	(9.1)	(1.3)				(4)
											(5)
171.9	90.6	7,243	56.8	155.7	554.4	9.5	1.4	356.0	6.1	0.9	(6)
		(7,012)	(55.0)	(150.8)	(536.8)	(9.2)	(1.4)				(7)
											(8)
167.8	90.6	7,060	55.5	152.0	544.2	9.3	1.4	358.0	6.1	0.9	(9)
		(6,863)	(53.9)	(147.8)	(529.0)	(9.0)	(1.3)				(10)
											(11)
164.6	90.6	6,938	54.6	149.2	534.0	9.1	1.3	358.0	6.1	0.9	(12)
		(6,752)	(53.1)	(145.2)	(519.6)	(8.9)	(1.3)				(13)
											(14)
164.4	90.6	6,902	54.4	149.0	533.3	9.1	1.3	358.0	6.1	0.9	(15)
		(6,687)	(52.7)	(144.3)	(516.7)	(8.8)	(1.3)				(16)
											(17)
163.7	90.6	6,861	54.1	148.4	531.1	9.0	1.3	358.0	6.1	0.9	(18)
		(6,633)	(52.3)	(143.4)	(513.5)	(8.7)	(1.3)				(19)
											(20)
161.9	90.6	6,770	53.5	146.7	525.2	8.9	1.3	358.0	6.1	0.9	(21)
		(6,549)	(51.8)	(141.9)	(508.0)	(8.7)	(1.3)				(22)
											(23)
160.5	90.6	6,716	53.2	145.4	497.4	8.9	1.3	342.0	6.1	0.9	(24)
		(6,510)	(51.6)	(141.0)	(482.1)	(8.6)	(1.3)				(25)
											(26)
153.4	90.6	6,404	50.7	139.0	475.4	8.5	1.3	342.0	6.1	0.9	(27)
		(6,198)	(49.1)	(134.5)	(460.1)	(8.2)	(1.2)				(28)
											(29)
114.8	78.0	4,189	32.8	89.5	329.5	9.8	1.9	368.0	11.0	2.1	(30)
115.7	78.0	4,201	32.9	90.2	332.0	9.9	1.9	368.0	11.0	2.1	(31)
114.8	78.0	4,164	32.7	89.5	329.5	9.8	1.9	368.0	11.0	2.1	(32)
115.3	78.0	4,177	32.8	89.9	330.1	9.4	1.6	367.0	10.5	1.8	(33)
114.8	78.0	4,165	32.8	89.5	328.6	9.4	1.6	367.0	10.5	1.8	(34)
115.7	78.0	4,182	32.9	90.3	331.3	9.5	1.6	367.0	10.5	1.8	(35)
116.2	78.0	4,193	33.1	90.7	332.7	9.5	1.6	367.0	10.5	1.8	(36)
113.3	78.0	4,077	32.2	88.3	324.2	9.3	1.6	367.0	10.5	1.8	(37)
113.2	78.0	4,076	32.3	88.3	304.5	9.3	1.6	345.0	10.5	1.8	(38)
111.5	78.0	4,006	31.7	86.9	300.0	9.1	1.6	345.0	10.5	1.8	(39)
1.6	46.8	36	0.3	0.8	2.6	0.0	0.0	340.0	6.2	1.3	(40)
1.4	46.0	29	0.2	0.6	2.1	0.0	0.0	340.0	6.2	1.3	(41)
1.5	48.5	33	0.3	0.7	2.4	0.0	0.0	340.0	6.2	1.3	(42)
1.5	47.9	34	0.3	0.7	2.5	0.0	0.0	340.0	6.2	1.3	(43)
1.4	47.8	32	0.3	0.7	2.3	0.0	0.0	340.0	6.2	1.3	(44)
2.0	48.9	45	0.4	0.9	3.3	0.0	0.0	340.0	6.2	1.3	(45)
1.8	49.4	43	0.3	0.9	3.1	0.0	0.0	340.0	6.2	1.3	(46)
1.9	50.6	43	0.4	0.9	3.2	0.0	0.0	340.0	6.2	1.3	(47)
2.0	50.5	46	0.4	1.0	3.3	0.0	0.0	329.0	6.7	1.5	(48)
1.6	50.6	39	0.3	0.9	2.8	0.0	0.0	329.0	6.7	1.5	(49)
12.6	90.0	530	4.1	11.3	15.0	0.1	0.0	132.0	1.2	0.2	(50)
12.5	90.0	523	4.1	11.2	14.8	0.1	0.0	132.0	1.2	0.2	(51)
12.6	90.0	527	4.1	11.3	15.0	0.1	0.0	132.0	1.2	0.2	(52)
11.6	91.0	491	3.9	10.6	14.2	0.1	0.0	134.0	1.2	0.2	(53)
11.2	91.0	476	3.7	10.2	13.7	0.1	0.0	134.0	1.2	0.2	(54)
11.9	91.0	501	3.9	10.8	14.5	0.1	0.0	134.0	1.2	0.2	(55)
11.4	91.0	478	3.8	10.3	13.8	0.1	0.0	134.0	1.2	0.2	(56)
11.1	91.0	464	3.7	10.1	13.5	0.1	0.0	134.0	1.2	0.2	(57)
10.5	91.0	442	3.5	9.6	12.1	0.1	0.0	126.0	1.2	0.2	(58)
10.5	91.0	439	3.5	9.5	12.0	0.1	0.0	126.0	1.2	0.2	(59)
16.9	100.0	789	6.2	16.9	72.0	5.7	3.5	426.7	33.6	20.6	(60)
16.6	100.0	775	6.1	16.6	71.0	5.6	3.4	426.7	33.6	20.6	(61)
16.8	100.0	780	6.1	16.8	71.6	5.6	3.5	426.7	33.6	20.6	(62)
16.7	100.0	776	6.1	16.7	71.3	5.6	3.4	426.7	33.6	20.6	(63)
17.1	100.0	794	6.2	17.1	72.8	5.7	3.5	426.7	33.6	20.6	(64)
17.5	100.0	809	6.4	17.5	74.5	5.9	3.6	426.7	33.6	20.6	(65)
17.8	100.0	821	6.5	17.8	75.7	6.0	3.7	426.7	33.6	20.6	(66)
18.3	100.0	844	6.7	18.3	78.0	6.1	3.8	426.7	33.6	20.6	(67)
18.6	100.0	858	6.8	18.6	73.8	6.2	4.0	397.2	33.3	21.4	(68)
19.3	100.0	888	7.0	19.3	76.5	6.4	4.1	397.0	33.2	21.4	(69)

2　食料自給率の推移

単位：%

区分		昭和40年度	50	60	平成7年度	17	23	24	25	26	27	28	29	30	令和元	2（概算）
		(1)	(2)	(3)	(4)	(5)	(7)	(8)	(9)	(10)	(11)	(12)	(13)	(14)	(15)	(16)
品目別自給率	米	95	110	107	104	95	96	96	96	97	98	97	96	97	97	97
	小麦	28	4	14	7	14	11	12	12	13	15	12	14	12	16	15
	大麦・はだか麦	73	10	15	8	8	8	8	9	9	9	9	9	9	12	12
	いも類	100	99	96	87	81	75	75	76	78	76	74	74	73	73	73
	かんしょ	100	100	100	100	93	93	93	93	94	94	94	94	95	95	96
	ばれいしょ	100	99	95	83	77	70	71	71	73	71	69	69	67	68	68
	豆類	25	9	8	5	7	9	10	9	10	9	8	9	7	7	8
	大豆	11	4	5	2	5	7	8	7	7	7	7	7	6	6	6
	野菜	100	99	95	85	79	79	78	79	79	80	80	79	78	79	80
	果実	90	84	77	49	41	38	38	40	42	41	41	40	38	38	38
	うんしゅうみかん	109	102	106	102	103	105	103	103	104	100	100	100	100	103	101
	りんご	102	100	97	62	52	52	55	55	56	59	60	57	60	56	61
	肉類（鯨肉を除く）	90	77	81	57	54	54	55	55	55	54	53	52	51	52	53
		(42)	(16)	(13)	(8)	(8)	(8)	(8)	(8)	(9)	(9)	(8)	(8)	(7)	(7)	(7)
	牛肉	95	81	72	39	43	40	42	41	42	40	38	36	36	35	36
		(84)	(43)	(28)	(11)	(12)	(10)	(11)	(11)	(12)	(12)	(11)	(10)	(10)	(9)	(9)
	豚肉	100	86	86	62	50	52	53	54	51	51	50	49	48	49	50
		(31)	(12)	(9)	(7)	(6)	(6)	(6)	(6)	(7)	(7)	(7)	(6)	(6)	(6)	(6)
	鶏肉	97	97	92	69	67	66	66	66	67	66	65	64	64	64	66
		(30)	(13)	(10)	(7)	(8)	(8)	(8)	(8)	(9)	(9)	(9)	(8)	(8)	(8)	(8)
	鶏卵	100	97	98	96	94	95	95	95	95	96	97	96	96	96	97
		(31)	(13)	(10)	(10)	(11)	(11)	(11)	(11)	(13)	(13)	(13)	(12)	(12)	(12)	(12)
	牛乳・乳製品	86	81	85	72	68	65	65	64	63	62	62	60	59	59	61
		(63)	(44)	(43)	(32)	(29)	(28)	(27)	(27)	(27)	(27)	(27)	(26)	(25)	(25)	(26)
	魚介類	100	99	93	57	51	52	52	55	55	55	53	52	55	53	55
	うち食用	110	100	86	59	57	58	57	60	60	59	56	56	59	55	57
	海藻類	88	86	74	68	65	62	68	69	67	70	69	69	68	65	70
	砂糖類	31	15	33	31	34	26	28	29	31	33	28	32	34	34	36
	油脂類	31	23	32	15	13	13	13	13	13	12	12	13	13	13	13
	きのこ類	115	110	102	78	79	87	86	87	88	88	88	88	88	88	89
飼料用を含む穀物全体の自給率		62	40	31	30	28	28	27	28	29	29	28	28	28	28	28
主食用穀物自給率		80	69	69	65	61	59	59	59	60	61	59	59	59	61	60
供給熱量ベースの総合食料自給率		73	54	53	43	40	39	39	39	39	39	38	38	37	38	37
生産額ベースの総合食料自給率		86	83	82	74	70	67	68	66	64	66	68	66	66	66	67
飼料自給率		55	34	27	26	25	26	26	26	27	28	27	26	25	25	25
供給熱量ベースの食料国産率		76	61	61	52	48	47	47	47	48	48	46	47	46	46	46
生産額ベースの食料国産率		90	87	85	76	73	71	72	71	69	70	71	70	69	70	71

資料：農林水産省大臣官房政策課食料安全保障室『食料需給表』

注：1　米については、国内生産と国産米在庫の取崩しで国内需要に対応している実態を踏まえ、平成10年度から国内生産量に国産米在庫取崩し量を加えた数量を用いて、次式により品目別自給率、穀物自給率及び主食用穀物自給率を算出している。

自給率＝国産供給量（国内生産量＋国産米在庫取崩し量）／国内消費仕向量×100（重量ベース）

なお、国産米在庫取崩し量は、平成22年度が150千トン、23年度が224千トン、24年度が△371千トン、25年度が△244千トン、26年度が126千トン、27年度が261千トン、28年度が86千トン、29年度が98千トン、30年度が102千トン、令和元年度が29千トン及び２年度が△300千トンである。

また、飼料用の政府売却がある場合は、国産供給量及び国内消費仕向量から飼料用政府売却数量を除いて算出している。

2　品目別自給率、穀物自給率及び主食用穀物自給率の算出は次式による。

自給率＝国内生産量／国内消費仕向量×100（重量ベース）

3　供給熱量ベースの総合食料自給率の算出は次式による。ただし、自給率では、畜産物に飼料自給率を、加工品に原料自給率を乗じる。

一方、国産率では、加工品には原料自給率を乗じるが、畜産物には飼料自給率を乗じない。

自給率＝国産供給熱量／供給熱量×100（供給熱量ベース）

4　生産額ベースの総合食料自給率の算出は次式による。ただし、畜産物は輸入飼料額を、加工品は原料輸入額を控除する。

一方、国産率では、加工品は原料輸入額を控除するが、畜産物は輸入飼料額を控除しない。

自給率＝食料の国内生産額／食料の国内消費仕向額×100（生産額ベース）

5　飼料自給率については、ＴＤＮ（可消化養分総量）に換算した数量を用いて算出している。

6　肉類（鯨肉を除く）、牛肉、豚肉、鶏肉、鶏卵、牛乳・乳製品の（　）については、飼料自給率を考慮した値である。

7　平成28年度以前の食料国産率の推移は、令和２年８月に、遡及して算定を行った。

3　米穀の落札銘柄平均価格の推移

(1)　平成９年産から17年産まで

単位：60kg当たり円

年	産	第１回	2	3	4	5	6	7	8	9	10	11	12	13	14	15	通　年
平成９年産	基準価格	20,090	19,583	19,453	19,452	19,505	19,292	19,453	19,453	-	-	-	-	-	-	-	19,464
	平均価格	(91.2)	(90.6)	(90.1)	(89.3)	(88.7)	(89.2)	(91.4)	(94.3)	-	-	-	-	-	-	-	(90.6)
		18,322	17,747	17,522	17,376	17,307	17,199	17,774	18,350	-	-	-	-	-	-	-	17,625
10	平均価格	18,613	19,748	19,375	18,671	18,082	18,372	18,668	18,858	18,326	17,850	17,770	17,645	15,716	-	-	18,508
11	平均価格	17,285	17,828	17,131	17,048	16,901	16,915	16,756	16,779	16,780	16,798	16,813	16,818	17,103	-	-	16,904
12	平均価格	15,984	16,350	16,070	15,858	15,726	15,831	15,847	15,958	16,018	16,206	16,557	17,223	17,288	-	-	16,084
13	平均価格	16,474	15,734	16,648	16,877	16,149	16,525	16,537	16,135	16,016	15,996	16,183	16,351	16,171	16,098	15,689	16,274
14	平均価格	15,964	15,523	16,338	16,176	15,624	15,969	15,949	15,923	15,769	15,780	16,186	16,648	16,562	17,006	12,905	16,157
15	平均価格	19,229	19,853	23,662	22,810	19,657	20,959	23,537	23,768	22,148	19,939	19,188	18,738	18,723	17,872	-	21,078
16	平均価格	15,221	15,897	16,285	16,000	15,845	15,885	15,584	15,443	15,243	15,368	16,141	-	-	-	-	15,711
17	平均価格	14,718	15,245	15,642	14,944	15,387	15,212	15,145	15,102	15,068	14,783	14,715	14,892	15,014	15,614	14,448	15,128

資料：（財）全国米穀取引・価格形成センター及び農林水産省政策統括官資料による。
注：1　平成９年産の（　）書きは、基準価格に対する平均価格の割合（%）である。
　　2　平成10年産から、入札が値幅制限方式から新たな方式に移行したことに伴い、基準価格が廃止された。
　　3　価格は、平成17年産までが銘柄毎の落札数量で加重平均した価格で平成18年産は、落札銘柄ごとの前年産検査数量実績により加重平均した価格である。
　　4　下線のある価格は、落札が１銘柄のみの価格である。
　　5　平成９年産から平成17年産までは、（財）全国米穀取引・価格形成センターの価格（包装代、消費税等を含まない。）である。

(2)　平成18年産から令和２年産まで

単位：60kg当たり円

年	産	８月	９月	10月	11月	12月	１月	２月	３月	４月	５月	６月	７月	８月	通　年
平成18年産	平均価格	13,926	14,687	14,763	14,908	14,832	15,095	14,791	14,739	14,232	14,256	14,926	13,731	13,561	14,826
															(15,203)
19	平均価格	-	13,602	13,776	13,819	15,069	15,654	13,781	13,777	14,511	14,266	14,177	-	-	14,185
															(14,164)
20	平均価格	-	-	-	-	-	15,159	-	-	-	-	-	-	-	15,159
		-	(15,163)	(15,174)	(15,163)	(15,162)	(15,253)	(15,227)	(15,201)	(15,269)	(15,149)	(15,085)	(15,081)	(15,000)	(15,146)
21	平均価格	-	-	-	14,553	14,348	14,723	-	-	-	-	-	-	-	14,693
		-	(15,169)	(14,988)	(14,876)	(14,754)	(14,684)	(14,602)	(14,508)	(14,383)	(14,314)	(14,120)	(14,214)	(14,106)	(14,470)
22	平均価格	-	13,040	12,781	12,630	12,711	12,710	12,687	12,750	12,760	12,807	12,857	12,896	13,283	12,711
23	平均価格	-	15,196	15,154	15,178	15,233	15,273	15,327	15,303	15,374	15,412	15,567	15,643	15,541	15,215
24	平均価格	-	16,650	16,579	16,518	16,540	16,587	16,534	16,534	16,508	16,442	16,293	16,148	16,127	16,501
25	平均価格	-	14,871	14,752	14,637	14,582	14,534	14,501	14,449	14,663	14,467	14,328	14,040	13,684	14,341
26	平均価格	-	12,481	12,215	12,162	12,142	12,078	12,044	11,943	11,921	11,891	12,068	11,949	11,928	11,967
27	平均価格	-	13,178	13,116	13,223	13,245	13,238	13,265	13,252	13,208	13,329	13,265	13,209	13,263	13,175
28	平均価格	-	14,342	14,307	14,350	14,315	14,366	14,319	14,307	14,379	14,455	14,442	14,469	14,458	14,307
29	平均価格	-	15,526	15,501	15,534	15,624	15,596	15,729	15,673	15,779	15,735	15,692	15,666	15,683	15,595
30	平均価格	-	15,763	15,707	15,711	15,696	15,709	15,703	15,722	15,777	15,732	15,702	15,716	15,706	15,688
令和元	平均価格	-	15,819	15,733	15,690	15,745	15,824	15,773	15,749	15,775	15,777	15,642	15,556	15,531	15,716
2 **（速報値）**	**平均価格**	**-**	**15,143**	**15,065**	**15,010**	**14,896**	**14,903**	**14,844**	**14,740**	**14,732**	**14,611**	**14,225**	**14,057**	**13,830**	**14,616**

資料：（財）全国米穀取引・価格形成センター及び農林水産省農産局資料による。
注：1　価格は、落札銘柄ごとの前年産検査数量実績により加重平均した価格である。
　　2　下線のある価格は、落札が１銘柄のみの価格である。
　　3　平成21年産までは、（財）全国米穀取引・価格形成センターの価格（包装代、消費税等を含まない。）である。
　　4　平成18年産から平成21年産までの（　）書きの数値は、相対取引価格（運賃、包装代及び消費税相当額を含む。）であり、産地銘柄ごとの前年産検査数量ウェイトで加重平均した価格である。
　　5　平成22年産以降は、相対取引価格（運賃、包装代及び消費税相当額を含む。）であり、産地銘柄ごとの前年産検査数量ウェイトで加重平均した価格である。
　　　なお、相対取引価格の消費税相当額は、平成26年３月分までは５%、平成26年４月分以降は８%、令和元年10月以降は軽減税率の対象である米穀の品代等は8%、運賃等は10%で算定している。

4　令和２年産うるち米（醸造用米、もち米を除く）の道府県別作付上位品種

（単位：%）

道府県	全国のうるち米作付面積に占める割合	作付順位（道府県のうるち米（醸造用米、もち米を除く）作付面積に占める割合）						
		１位		２位		３位		３品種合計
		品種	割合	品種	割合	品種	割合	
北海道	6.8	ななつぼし	50.2	ゆめぴりか	22.9	きらら３９７	10.0	83.2
青森	3.2	まっしぐら	77.9	つがるロマン	17.9	青天の霹靂	3.6	99.4
岩手	3.8	ひとめぼれ	67.6	あきたこまち	14.3	いわてっこ	5.0	86.8
宮城	4.7	ひとめぼれ	76.1	つや姫	7.6	ササニシキ	6.0	89.7
秋田	5.9	あきたこまち	78.0	ひとめぼれ	8.0	めんこいな	6.9	92.9
山形	4.5	はえぬき	61.7	つや姫	15.5	ひとめぼれ	7.3	84.5
福島	4.5	コシヒカリ	55.9	ひとめぼれ	20.2	天のつぶ	17.6	93.7
茨城	4.7	コシヒカリ	74.7	あきたこまち	12.5	あさひの夢	3.3	90.6
栃木	4.2	コシヒカリ	68.0	あさひの夢	17.0	とちぎの星	10.0	95.0
群馬	1.1	あさひの夢	42.6	コシヒカリ	24.0	ひとめぼれ	12.3	79.0
埼玉	2.3	コシヒカリ	32.4	彩のかがやき	30.9	彩のきずな	19.8	83.1
千葉	3.8	コシヒカリ	58.4	ふさこがね	23.6	ふさおとめ	12.9	94.9
神奈川	0.2	はるみ	56.8	キヌヒカリ	25.6	さとじまん	11.2	93.7
新潟	8.0	コシヒカリ	68.1	こしいぶき	17.8	ゆきん子舞	4.6	90.5
富山	2.5	コシヒカリ	74.5	てんたかく	11.1	てんこもり	7.7	93.3
石川	1.7	コシヒカリ	64.8	ゆめみづほ	22.1	ひゃくまん穀	6.0	92.9
福井	1.7	コシヒカリ	50.5	ハナエチゼン	26.8	あきさかり	10.4	87.7
山梨	0.3	コシヒカリ	67.7	ヒノヒカリ	7.1	あさひの夢	4.9	79.7
長野	2.2	コシヒカリ	80.0	あきたこまち	10.5	風さやか	5.2	95.8
岐阜	1.5	ハツシモ	39.1	コシヒカリ	34.3	あさひの夢	8.6	82.0
静岡	1.1	コシヒカリ	45.3	きぬむすめ	17.2	あいちのかおり	12.8	75.3
愛知	1.9	あいちのかおり	38.4	コシヒカリ	22.2	ミネアサヒ	5.1	65.7
三重	1.9	コシヒカリ	76.7	キヌヒカリ	9.3	あきたこまち	3.0	89.0
滋賀	2.1	コシヒカリ	35.2	キヌヒカリ	20.6	みずかがみ	11.0	66.7
京都	1.0	コシヒカリ	56.8	キヌヒカリ	20.5	ヒノヒカリ	17.8	95.1
大阪	0.3	ヒノヒカリ	69.0	キヌヒカリ	14.2	きぬむすめ	10.8	94.0
兵庫	2.2	コシヒカリ	44.1	ヒノヒカリ	22.9	キヌヒカリ	16.8	83.7
奈良	0.6	ヒノヒカリ	73.6	ひとめぼれ	9.8	コシヒカリ	8.2	91.6
和歌山	0.4	キヌヒカリ	45.7	きぬむすめ	18.2	コシヒカリ	9.8	73.8
鳥取	0.9	コシヒカリ	36.4	きぬむすめ	28.1	ひとめぼれ	20.4	84.9
島根	1.2	コシヒカリ	55.2	きぬむすめ	32.6	つや姫	8.1	95.8
岡山	2.0	アケボノ	19.2	コシヒカリ	16.7	あきたこまち	16.0	52.0
広島	1.5	コシヒカリ	45.2	あきさかり	16.6	ヒノヒカリ	12.3	74.0
山口	1.3	コシヒカリ	29.3	ひとめぼれ	22.8	ヒノヒカリ	21.8	73.9
徳島	0.8	コシヒカリ	53.0	あきさかり	23.9	キヌヒカリ	10.2	87.1
香川	0.8	コシヒカリ	39.9	ヒノヒカリ	31.9	おいでまい	12.9	84.7
愛媛	0.9	コシヒカリ	30.8	ヒノヒカリ	30.0	あきたこまち	17.7	78.4
高知	0.8	コシヒカリ	52.8	ヒノヒカリ	29.8	にこまる	5.8	88.4
福岡	2.4	夢つくし	40.4	ヒノヒカリ	31.3	元気つくし	19.6	91.4
佐賀	1.4	夢しずく	33.4	さがびより	27.9	ヒノヒカリ	24.5	85.8
長崎	0.8	ヒノヒカリ	53.7	にこまる	19.7	なつほのか	11.8	85.2
熊本	2.2	ヒノヒカリ	55.3	森のくまさん	14.3	コシヒカリ	11.0	80.7
大分	1.4	ヒノヒカリ	76.2	ひとめぼれ	10.8	つや姫	3.6	90.6
宮崎	1.1	ヒノヒカリ	57.9	コシヒカリ	36.4	おてんとそだち	1.7	96.0
鹿児島	1.4	ヒノヒカリ	63.8	コシヒカリ	13.5	あきほなみ	11.6	88.9
沖縄	0.0	ひとめぼれ	80.3	ちゅらひかり	13.0	ミルキーサマー	2.7	96.0
合計	100.0							

資料：　公益社団法人米穀安定供給確保支援機構『令和２年産 水稲の品種別作付動向について』

5　令和２年産新規需要米の都道府県別の取組計画認定状況　（確定値）

産地	飼料用米		米粉用米		稲発酵粗飼料用稲(WCS用等)	新市場開拓用米		青刈り稲・わら専用稲(飼料作物として用いられるもの)	合計	
	数量 (t)	面積 (ha)	数量 (t)	面積 (ha)	面積 (ha)	数量 (t)	面積 (ha)	面積 (ha)	数量 (t)	面積 (ha)
全　国	374,906	70,883	33,361	6,346	42,791	33,343	6,089	96	441,610	126,205
北海道	10,387	1,865	278	51	574	3,539	635		14,204	3,124
青　森	25,888	4,403	29	5	666	1,485	255		27,402	5,329
岩　手	19,035	3,589	402	71	1,758	1,328	244	1	20,765	5,663
宮　城	26,201	4,913	766	145	2,070	3,500	636	1	30,466	7,764
秋　田	8,736	1,574	2,545	454	1,107	1,666	289	2	12,948	3,426
山　形	19,134	3,192	770	128	930	1,521	250	3	21,425	4,503
福　島	25,449	4,933	25	5	952	242	41	1	25,716	5,932
茨　城	41,381	7,886	195	37	535	3,303	622	3	44,880	9,082
栃　木	44,500	8,341	4,061	811	1,614	598	106	4	49,159	10,877
群　馬	4,752	959	1,610	325	514	67	14	0	6,429	1,811
埼　玉	5,888	1,246	4,489	923	118	163	32		10,540	2,320
千　葉	21,166	3,822	397	72	933	67	12		21,630	4,839
東　京										
神奈川	48	10							48	10
新　潟	10,220	1,876	9,396	1,695	370	6,199	1,134	0	25,815	5,076
富　山	7,072	1,297	657	120	449	1,458	263		9,187	2,130
石　川	2,768	548	699	125	92	1,586	297		5,053	1,063
福　井	5,545	1,073	872	169	107	1,466	279		7,882	1,628
山　梨	98	19	44	8	14				142	41
長　野	1,431	228	140	22	204	721	114		2,292	568
岐　阜	10,718	2,271	149	30	205	340	73		11,207	2,579
静　岡	5,294	1,033	6	1	240	6	1		5,306	1,275
愛　知	6,505	1,298	425	87	169	130	26		7,061	1,579
三　重	7,905	1,586	477	96	253	412	82		8,795	2,016
滋　賀	5,631	1,096	142	28	251	1,019	195		6,792	1,569
京　都	479	95	37	7	117	103	21		618	240
大　阪	32	7	25	5					57	12
兵　庫	1,528	299	216	43	797	344	68	7	2,088	1,215
奈　良	140	27	154	29	36	2	0		296	93
和歌山	12	2	4	1	2				15	5
鳥　取	2,683	517	3	1	323	24	5	0	2,710	846
島　根	3,544	682	44	9	571	12	2	1	3,600	1,265
岡　山	5,679	1,074	451	88	334	593	109		6,724	1,605
広　島	1,568	293	661	124	549	320	60	0	2,549	1,027
山　口	4,513	900	114	22	345	623	122	1	5,250	1,390
徳　島	2,606	558	54	12	209	216	46		2,877	824
香　川	644	129	33	7	131	31	6		708	273
愛　媛	1,122	230	8	2	150				1,130	382
高　知	3,805	859	71	15	239				3,876	1,113
福　岡	9,253	1,886	1,392	281	1,517	47	9		10,692	3,693
佐　賀	3,092	603	125	23	1,523	33	6	0	3,249	2,156
長　崎	542	111	33	6	1,244	10	2		586	1,363
熊　本	5,915	1,135	1,167	222	7,852	87	17	40	7,169	9,265
大　分	6,910	1,355	60	12	2,526				6,970	3,893
宮　崎	2,003	412	83	17	6,656	78	16	29	2,163	7,130
鹿児島	3,083	653	48	10	3,542	5	1	2	3,136	4,208
沖　縄			2	1	3				2	4

資料：農林水産省農産局資料による。
注：ラウンドの関係で合計と内訳が一致しない場合がある。

6　世界各国における農産物の生産量（2019年）

国名		米（もみ） Rice, paddy		小麦 Wheat		大麦 Barley		かんしょ Sweet potatoes	
		収穫面積	収穫量	収穫面積	収穫量	収穫面積	収穫量	収穫面積	収穫量
		(1)	(2)	(3)	(4)	(5)	(6)	(7)	(8)
		千ha	千t	千ha	千t	千ha	千t	千ha	千t
世界計	(1)	162,056	755,474	215,902	765,770	51,150	158,980	7,769	91,821
アフリカ計	(2)	17,111	38,771	9,765	26,921	4,116	6,885	4,426	27,875
エジプト・アラブ共和国	(3)	799	6,690	1,411	9,000	30	100	14	454
エチオピア連邦民主共和国	(4)	58	171	1,789	5,315	951	2,378	52	1,756
ケニア共和国	(5)	23	161	135	366	22	86	66	894
ナイジェリア連邦共和国	(6)	5,281	8,435	56	60	…	…	1,718	4,145
南アフリカ共和国	(7)	1	3	540	1,535	132	345	32	89
スーダン共和国	(8)	12	32	304	726	…	…	25	254
ウガンダ共和国	(9)	77	220	15	24	…	…	464	1,949
ジンバブエ共和国	(10)	26	2	50	80	10	57	13	35
北米計	(11)	1,000	8,377	24,695	84,606	3,611	14,074	59	1,450
カナダ	(12)	…	…	9,656	32,348	2,728	10,383	…	…
アメリカ合衆国	(13)	1,000	8,377	15,039	52,258	883	3,692	59	1,450
中南米計	(14)	4,704	26,949	9,971	32,235	2,126	7,625	201	2,427
アルゼンチン共和国	(15)	183	1,190	6,051	19,460	1,256	5,117	23	337
ブラジル連邦共和国	(16)	1,710	10,369	2,098	5,604	114	409	57	805
コロンビア共和国	(17)	531	3,012	3	6	3	9	…	…
メキシコ合衆国	(18)	39	245	587	3,244	358	964	3	59
キューバ共和国	(19)	108	378	…	…	…	…	54	555
アジア計	(20)	138,605	677,277	98,638	337,890	12,583	25,559	2,923	59,107
バングラデシュ人民共和国	(21)	11,517	54,586	330	1,017	0	0	23	236
中華人民共和国	(22)	29,960	211,405	23,733	133,601	260	900	2,374	51,992
インド	(23)	43,780	177,645	29,319	103,596	576	1,633	110	1,156
インドネシア共和国	(24)	10,678	54,604	…	…	…	…	86	1,806
イラン・イスラム共和国	(25)	437	1,993	8,036	16,800	2,161	3,600	…	…
日本国	**(26)**	**1,542**	**10,527**	**212**	**1,037**	**62**	**223**	**34**	**749**
カザフスタン共和国	(27)	102	561	11,414	11,297	2,977	3,830	…	…
大韓民国	(28)	730	5,016	4	15	44	137	22	309
ミャンマー連邦共和国	(29)	6,921	26,270	59	111	…	…	7	63
ネパール連邦民主共和国	(30)	1,492	5,610	704	2,006	24	31	…	…
パキスタン・イスラム共和国	(31)	3,034	11,115	8,678	24,349	56	55	2	16
フィリピン共和国	(32)	4,651	18,815	…	…	…	…	83	526
スリランカ民主社会主義共和国	(33)	958	4,592	…	…	…	…	3	36
タイ王国	(34)	9,715	28,357	1	1	60	139	…	…
トルコ共和国	(35)	126	1,000	6,832	19,000	2,861	7,600	…	…
ベトナム社会主義共和国	(36)	7,470	43,449	…	…	…	…	117	1,402
ヨーロッパ計	(37)	623	4,024	62,385	266,123	24,222	95,634	…	…
オーストリア共和国	(38)	…	…	278	1,597	137	828	…	…
チェコ共和国	(39)	0	0	839	4,812	320	1,718	…	…
デンマーク王国	(40)	0	0	573	4,642	583	3,625	…	…
フィンランド共和国	(41)	0	0	198	914	398	1,702	…	…
フランス共和国	(42)	15	83	5,244	40,605	1,944	13,565	…	…
ドイツ連邦共和国	(43)	0	0	3,118	23,063	1,709	11,592	…	…
ハンガリー	(44)	3	11	1,016	5,378	247	1,383	…	…
イタリア共和国	(45)	220	1,493	1,755	6,739	261	1,105	…	…
オランダ王国	(46)	0	0	121	1,131	33	242	…	…
ポーランド共和国	(47)	0	0	2,511	10,807	975	3,312	…	…
ルーマニア	(48)	7	40	2,168	10,297	449	1,880	…	…
ロシア連邦	(49)	191	1,099	27,559	74,453	8,537	20,489	…	…
スペイン王国	(50)	103	779	1,920	6,041	2,694	7,744	…	…
スウェーデン王国	(51)	0	0	469	3,477	292	1,547	…	…
英国	(52)	…	…	1,816	16,225	1,162	8,048	…	…
ウクライナ	(53)	11	55	6,825	28,370	2,609	8,917	…	…
オセアニア計	(54)	12	76	10,447	17,996	4,492	9,203	159	962
オーストラリア連邦	(55)	8	67	10,402	17,598	4,437	8,819	2	79
ニュージーランド	(56)	…	…	45	398	55	384	1	12

資料：FAO『FAOSTAT』 2019年（2021年9月1日現在）
注：FAO（国際連合食糧農業機関）統計は、各国から収集した調査結果やFAOが独自に収集・推計した情報により作成したものである。

大豆 Soybeans		らっかせい Groundnuts, with shell		てんさい Sugar beet		さとうきび Sugar cane		
収穫面積	収穫量	収穫面積	収穫量	収穫面積	収穫量	収穫面積	収穫量	
(9)	(10)	(11)	(12)	(13)	(14)	(15)	(16)	
千ha	千t	千ha	千t	千ha	千t	千ha	千t	
120,502	333,672	29,597	48,757	4,609	278,498	26,777	1,949,310	(1)
2,471	3,097	17,146	16,637	267	14,304	1,581	97,330	(2)
14	44	66	231	208	10,525	141	16,316	(3)
55	126	88	157	…	…	32	1,499	(4)
2	2	16	15	…	…	72	4,606	(5)
656	630	3,875	4,450	…	…	87	1,456	(6)
731	1,170	20	19	…	…	299	19,482	(7)
…	…	3,130	2,828	…	…	71	5,449	(8)
48	28	320	160	…	…	71	4,892	(9)
30	40	192	90	…	…	46	3,562	(10)
32,623	102,838	563	2,493	409	26,849	370	28,973	(11)
2,271	6,045	…	…	12	904	…	…	(12)
30,352	96,793	563	2,493	396	25,945	370	28,973	(13)
58,626	184,329	763	2,357	16	1,377	13,390	978,208	(14)
16,576	55,264	387	1,337	…	…	476	17,653	(15)
35,881	114,269	172	581	…	…	10,081	752,895	(16)
41	114	3	5	1	33	458	32,663	(17)
146	233	48	81	0	1	796	59,334	(18)
…	…	5	5	…	…	209	8,725	(19)
21,199	31,725	11,114	27,250	751	41,507	10,962	810,690	(20)
62	111	35	63	…	…	81	3,142	(21)
8,426	15,729	4,508	17,573	223	12,273	1,423	109,963	(22)
11,131	13,268	4,731	6,727	…	…	5,061	405,416	(23)
620	940	267	276	…	…	444	29,100	(24)
67	160	3	16	79	5,297	113	9,285	(25)
144	**218**	**6**	**12**	**57**	**3,986**	**21**	**1,165**	**(26)**
139	282	0	0	15	485	…	…	(27)
59	105	4	11	…	…	…	…	(28)
137	142	1,109	1,616	…	…	182	11,846	(29)
25	32	…	…	…	…	72	3,558	(30)
0	0	103	95	1	39	1,040	66,880	(31)
0	1	24	29	…	…	379	20,719	(32)
1	2	15	27	…	…	13	653	(33)
23	39	30	31	…	…	1,835	131,002	(34)
35	150	42	169	310	18,086	…	…	(35)
50	76	177	439	…	…	233	15,270	(36)
5,570	11,667	…	…	3,167	194,460	…	…	(37)
69	218	…	…	28	1,965	…	…	(38)
12	28	…	…	59	3,661	…	…	(39)
0	0	…	…	29	2,340	…	…	(40)
…	…	…	…	11	501	…	…	(41)
164	429	…	…	447	38,024	…	…	(42)
29	84	…	…	409	29,728	…	…	(43)
58	170	…	…	14	824	…	…	(44)
273	1,043	…	…	30	1,779	…	…	(45)
0	…	…	…	79	6,645	…	…	(46)
8	16	…	…	241	13,837	…	…	(47)
158	440	…	…	23	917	…	…	(48)
2,772	4,360	…	…	1,133	54,350	…	…	(49)
2	5	…	…	30	2,753	…	…	(50)
…	…	…	…	27	2,029	…	…	(51)
…	…	…	…	108	7,450	…	…	(52)
1,613	3,699	…	…	221	10,205	…	…	(53)
13	15	10	20	…	…	475	34,109	(54)
13	15	4	14	…	…	433	32,415	(55)
…	…	…	…	…	…	…	…	(56)

[付] 調　査　票

秘	統計法に基づく基幹統計
農林水産省	作　物　統　計

令和　　年 面積調査　実測調査票

（職員記入欄）

調査年	都道府県	管理番号	市町村	単位区番号	階層番号	標本継続年数	母集団 筆面積(a)	
							田	畑

緯度	経度

（調査員記入欄）

調　査　日
月　日
調　査　員　名

（職員記入欄）

調査結果のデータ入力日
月　日
調査結果のデータ入力者名

政府統計

統計法に基づく国の統計調査です。調査票情報の秘密の保護に万全を期します。

（地域メッシュの空中写真等を表示）

0　　　m　　　m

(0)　　　(10 cm)　　　(20 cm)

画像著作権　：

連　絡　先　：

（電話番号）

⇦ ⇦ ⇦ 入 力 方 向

4	1	5	1

秘	統計法に基づく基幹統計
農林水産省	作 物 統 計

政府統計

統計法に基づく国の統計調査です。調査票情報の秘密の保護に万全を期します。

年 産	都道府県	管理番号	市区町村	客体番号
2 0				

令 和　　年 産

作付面積調査調査票（団体用）

大豆（乾燥子実）用

○ この調査票は、秘密扱いとし、統計以外の目的に使うことは絶対ありませんので、ありのままを記入してください。
○ 黒色の鉛筆又はシャープペンシルで記入し、間違えた場合は、消しゴムできれいに消してください。
○ 調査及び調査票の記入に当たって、不明な点等がありましたら、下記の「問い合わせ先」にお問い合わせください。

★ 数字は、1マスに1つずつ、枠からはみ出さないように右づめで記入してください。

記入例	8	8	8	9	8	7	6	5	4	0

つなげる　すきまをあける

★ マスが足りない場合は、一番左のマスにまとめて記入してください。

記入例	112	3

記入していただいた調査票は　　月　　日までに提出してください。
調査票の記入及び提出は、インターネットでも可能です。
詳しくは同封の「オンライン調査システム操作ガイド」を御覧ください。

【問い合わせ先】

【１】貴団体で集荷している大豆の作付面積について

記入上の注意
○ 作付面積は単位を「ha」とし、小数点第一位（10a単位）まで記入してください。0.05ha未満の場合は「0.0」と記入してください。
○ 枝豆として未成熟で収穫するもの及び飼料用として青刈りするものは除きます。

単位：ha

作物名		作付面積（田畑計）	田	畑
大豆	前年産			
	本年産	88888.8	88888.8	88888.8

裏面に進んでください。

【２】作付面積の増減要因等について

作付面積の主な増減要因（転換作物等）について記入してください。

主な増減地域と増減面積について記入してください。

貴団体において、貴団体に出荷されない管内の作付団地等の状況（作付面積、作付地域等）を把握していれば記入してください。

⇦ ⇦ ⇦ 入力方向

4	1	4	1

秘
農林水産省

統計法に基づく基幹統計
作物統計

年産				都道府県		管理番号		市区町村			客体番号			
2	0													

政府統計

統計法に基づく国の統計調査です。調査票情報の秘密の保護に万全を期します。

令和　　年産

作付面積調査調査票（団体用）

果樹及び茶用

○ この調査票は、秘密扱いとし、統計以外の目的に使うことは絶対ありませんので、ありのままを記入してください。

○ 黒色の鉛筆又はシャープペンシルで記入し、間違えた場合は、消しゴムできれいに消してください。

○ 調査及び調査票の記入に当たって、不明な点等がありましたら、下記の「問い合わせ先」にお問い合わせください。

★ 数字は、1マスに1つずつ、枠からはみ出さないように右づめで記入してください。

記入例	8	8	8	9	8	7	6	5	4	0

つなげる　すきまをあける

★ マスが足りない場合は、一番左のマスにまとめて記入してください。

記入例	11	2	3

記入していただいた調査票は、　　月　　日までに提出してください。
調査票の記入及び提出は、インターネットでも可能です。
詳しくは同封の「オンライン調査システム操作ガイド」を御覧ください。

【問い合わせ先】

【１】貴団体管内の果樹の栽培面積について

単位：ha

作物名		栽培面積	作物名		栽培面積
み　か　ん	前年産		お　う　と　う	前年産	
5000	本年産		5007	本年産	
その他かんきつ類	前年産		う　め	前年産	
5001	本年産		5011	本年産	
り　ん　ご	前年産		び　わ	前年産	
5002	本年産		5008	本年産	
ぶ　ど　う	前年産		か　き	前年産	
5003	本年産		5009	本年産	
日　本　な　し	前年産		く　り	前年産	
5004	本年産		5010	本年産	
西　洋　な　し	前年産		キウイフルーツ	前年産	
5005	本年産		5013	本年産	
も　も	前年産		パインアップル	前年産	
5006	本年産		5014	本年産	
す　も　も	前年産				
5012	本年産				

【２】貴団体管内の茶の栽培面積について

単位：ha

作物名		栽培面積
茶	前年産	
6000	本年産	

記入上の注意

○　栽培面積は単位を「ha」とし、小数点第一位（10a単位）まで記入してください。
0.05ha未満の結果は「0.0」と記入してください。

○　貴団体の管内において、集荷･取扱いを行う栽培団地等の栽培面積を記入してください。

○　その他かんきつ類には、みかん以外の全てのかんきつ類の合計面積を記入してください。

【３】栽培面積の増減要因等について

果樹（茶）ごとの主な増減要因（新植、廃園等）について記入してください。

果樹（茶）ごとの主な増減地域と増減面積について記入してください。

貴団体において、貴団体に出荷されない管内の作付団地等の状況（作付面積、作付地域等）を把握していれば記入してください。

統計法に基づく基幹統計
作物統計

政府統計

作柄概況・(予想)収穫量調査

水稲作況標本(基準)筆調査票

別記様式第13号

秘
農林水産省

記入見本	0	1	2	3	4	5	6	7	8	9

調査者氏名	

年産 西暦	都道府県	管理番号	作柄表示地帯	作況階層	標本単位区	筆番通し号
2 0						

市町村(筆所在地)	農林業センサスにおける基本指標番号				緯度		経度		標高
	旧市町村	農業集落	調査区	経営体	度	分	度	分	m

筆種類		地方設定コード								継続年数
標本筆	基準筆	A	B	C	D	E	F	G	H	
①	②									

筆の所在地	市町村	大字	小字	地番	氏名
					電話(　　　　)
耕作者住所	市町村				農家の刈取り予定日　月　日

1 観察・聞き取り事項

品種			作期				普通作区分			栽植様式						は種期		田植期		出穂期	
(品種名) (コード)	うるち	もち	早期	普通	一期作	二期作	早生	中生	晩生	稚苗	中苗	成苗	手植え	ばら植え	直まき	月	日	月	日	月	日
	①	②	①	②	③	④	①	②	③	①	②	③	④	⑤	⑥						

農家の刈取り期		刈取り時の倒伏程度					農家の刈取り方法				自脱型	コンバイン刈取り条数	筆の作付面積	刈遅し筆	肥培管理の良否			遅使てふ日	別用いる にしるい幅	玄米選別形態				
月	日	I(全)	II	III(半)	IV	V(無)	普通型	自脱型	バインダー	手刈			a		良	普通	不良			農家個別選別	複数農家共同選別	共同施設選別	その他(不明)	無選別
		①	②	③	④	⑤	①	②	③	④					①	②	③			①	②	③	④	⑤

(作況基準筆調査のみ)

水管理の実施期日							
間断かん水		中干し		深水管理(　)回		高温時のかけ流し(　)回	
開始期日 月 日	終了期日 月 日	開始期日 月 日	終了期日 月 日	開始期日 月 日	終了期日 月 日	開始期日 月 日	終了期日 月 日

落水期	施肥期日				10a当たり窒素投入量		
	基肥	追肥			基肥	追肥	
		中間追肥	穂肥	実肥		中間追肥	穂肥
月 日	月 日	月 日	月 日	月 日	(銘柄) kg	(銘柄) kg	(銘柄) kg

窒素投入量つづき 追肥 つづき	10a当たり有機質肥料投入量				除草剤 散布回数	病害虫防除回数	土性		
実肥	たいきゅう肥	緑肥	生わら	その他			砂壌土(砂質系)	壌土(中間)	埴壌土(粘質系)
(銘柄) kg	(種類) kg	(種類) kg	kg	(種類) kg	回	回			
							①	②	③

4211

2 栽植密度

		畝幅（11けい間の長さ）	株間（11株間の長さ）	1㎡当たり株数（けい長）	刈取り株数
畝幅・株間測定	Ⅰ	cm	cm	株(cm) .	株
	Ⅱ			.	
	Ⅲ			.	
	合計	(1)	(2)	.	: : :
	平均	(3) .	(4) .		
(5)	1㎡当たり株数 $\frac{10,000}{(3)\times(4)}$	: : : . : 株	1㎡当たりけい長 $\frac{10,000}{(3)}$	cm	1㎡当たり換算率 $\frac{1㎡当たりけい長}{60cm}$

3 刈取り調査

刈取り日	月 日	露	有 無

刈取り方法	3㎡当たり整数株刈り / 3㎡刈り	① ②	調製方法	総合選別機 / 段ぶるい	① ②

刈取り試料	全量	縮分重量
未調製生もみ重	: : : : g	
未調製乾燥もみ重	: : : :	g
粗玄米重	: : : :	
玄米重	: : : :	10a当たり換算率 $\frac{(5)\times1,000}{刈取り株数計}$
くず米重	: : : :	
玄米水分	: : . : %	.

千粒重測定		1回	2回	合計
粗玄米	重量	g .	g .	g .
	粒数	粒	粒	粒
玄米	重量	g .	g .	: : . : g
	粒数	粒	粒	: : : : 粒
くず米	重量	g .	g .	: : . : g
	粒数	粒	粒	: : : : 粒

再選別歩合
: : : . : %

等級	3等以上	①
	規格外	②

段別重量測定	総量	2.20以上	2.10	2.00	1.95	1.90
1回	. g	. g	. g	. g	. g	. g
2回	.	.	.	.	.	.
合計	: : : . :	: : : . :	: : : . :	: : : . :	: : : . :	: : : . :

	1.85	1.80	1.75	1.70	1.60	底
1回	. g	. g	. g	. g	. g	. g
2回	.	.	.	.	.	.
合計	: : : . :	: : : . :	: : : . :	: : : . :	: : : . :	: : : . :

再選別後

段別重量測定	総量	2.20以上	2.10	2.00	1.95	1.90
1回	. g	. g	. g	. g	. g	. g
2回	.	.	.	.	.	.
合計	: : : . :	: : : . :	: : : . :	: : : . :	: : : . :	: : : . :

	1.85	1.80	1.75	1.70	1.60	底
1回	. g	. g	. g	. g	. g	. g
2回	.	.	.	.	.	.
合計	: : : . :	: : : . :	: : : . :	: : : . :	: : : . :	: : : . :

4 草丈・茎数・穂数・もみ数調査

調査箇所	調査株番号	月 日調査		月 日調査					月 日調査					月 日調査	
		草丈	茎数	全穂(茎)数	無効穂数	有効穂数	全もみ数 最高穂	全もみ数 下・2	全穂(茎)数	無効穂数	有効穂数	全もみ数 最高穂	全もみ数 下・2		
Ⅰ	1	cm	本	本	本	本	粒	粒	本	本	本	粒	粒		
	2														
	3														
	4														
	5														
	6														
	7														
	8														
	9														
	10														
	小計														
Ⅱ	1														
	2														
	3														
	4														
	5														
	6														
	7														
	8														
	9														
	10														
	小計														
Ⅲ	1														
	2														
	3														
	4														
	5														
	6														
	7														
	8														
	9														
	10														
	小計														
合計		(6)	(7)	(8)	(9)	(10)	(11)	(12)	(8)	(9)	(10)	(11)	(12)		
平均(M)		(13)	(14)	(15)	(16)	(17)	(18) $\frac{(11)+(12)}{20}$		(15)	(16)	(17)	(18) $\frac{(11)+(12)}{20}$			
1㎡当たり(M)×(5) ただし(22)=(18)×(21)			(19)	(20)		(21)	(22)	100粒	(20)		(21)	(22)	100粒		

5 稔実歩合調査（作況基準筆調査のみ）

出穂期後　　日調査		（　月　日　調査）
(23)____株の有効穂数の合計　本	(24)____株の生穂重　g .	(25)____株の生もみ重　g .

うち上記の100g（又は50gずつ2回）について調査	回数	比重選により浮いたもみのうち		比重選により沈んだもみのうち		全もみ数
		不稔実もみ数	稔実もみ数	不稔実もみ数	稔実もみ数	
	1回	粒	粒	粒	粒	粒
	2回					
	合計		(イ)	(ロ)	(ハ)	(A)
	(B) 沈下もみ数 (ロ)＋(ハ)		粒	(C) 稔実もみ数 (イ)＋(ハ)		粒

(26) 100g調査より____株当たりへの換算率(25)/100	（単位 0.01）		1穂当たり	(31)生穂重 (24)/(23)	g .
(27) 株当たりより1㎡当たりへの換算率(21)/(23)		有効4けた	1穂当たり	(32)全もみ数(28)/(23)	粒 .
株当たり	(28) 全もみ数 (A)×(26)	粒	1穂当たり	(33)沈下もみ数 (29)/(23)	粒 .
株当たり	(29) 沈下もみ数 (B)×(26)	粒	1穂当たり	(34)稔実もみ数 (30)/(23)	粒 .
株当たり	(30) 稔実もみ数 (C)×(26)	粒			

1㎡当たり		
(35)生穂重	(24)*(27)	g
(36)生もみ重	(25)*(27)	g
(37)全もみ数	(28)*(27) (100粒)	: : :
(38)沈下もみ数	(29)*(27) (100粒)	: : :
(39)稔実もみ数	(30)*(27) (100粒)	: : :

(40)沈下もみ数歩合　(38)／(37)	. %	(41)稔実歩合　(39)／(37)	. %

6 被害調査

被害状況	被害の種類	発生時期	損傷項目	損傷程度	見積り被害歩合	平年比較	
						総合	多　並　少
						気象被害	多　並　少
						病害	多　並　少
						虫害	多　並　少

10a当たり基準収量	見積り被害歩合										
	被害総合										
kg											
: : :	: :										

調査箇所の略図 全けい数　n=　　けい 間隔 $\frac{1}{3}$n=　　けい ランダムスタート　a =第　　けい	標本単位区内水稲作付筆数 筆	生育、登熟の特徴

⇦⇦⇦ 入力方向

入力方向

秘
農林水産省

統計法に基づく基幹統計
作物統計

統計法に基づく国の統計調査です。調査票情報の秘密の保護に万全を期します。

政府統計

年産	都道府県	管理番号	市区町村	客体番号

令和　　年産

畑作物作付面積調査・収穫量調査調査票（団体用）

陸稲用

○ この調査票は、秘密扱いとし、統計以外の目的に使うことは絶対ありませんので、ありのままを記入してください。
○ 黒色の鉛筆又はシャープペンシルで記入し、間違えた場合は、消しゴムできれいに消してください。
○ 調査及び調査票の記入に当たって、不明な点等がありましたら、下記の「問い合わせ先」にお問い合わせください。

★ 右づめで記入し、マスが足りない場合は一番左のマスにまとめて記入してください。
★ 該当する場合は、記入例のように点線をなぞってください。

記入例	11	9	8	6	5	3
記入例						

つなげる
すきまをあける

記入していただいた調査票は　　月　　日までに提出してください。
調査票の記入及び提出は、インターネットでも可能です。
詳しくは同封の「オンライン調査システム操作ガイド」を御覧ください。

【問い合わせ先】

【１】貴団体で集荷している作付面積及び集荷量について

記入上の注意
○ 作付面積は単位を「ha」とし、小数点第一位（10a単位）まで記入してください。0.05ha未満の場合は「0.0」と記入してください。
○ 集荷量は単位を「t」とし、整数で記入してください。
○ 陸稲品種を田に作付けしたものは除きます。水稲品種を畑に作付けしたものは陸稲に含めますが、計画的にかんがいを行い栽培するものは除きます。

作物名		作付面積	集荷量	うち検査基準以上
陸稲	前年産	ha	t	t
	本年産	.		

裏面に進んでください。

【 2 】作付面積の増減要因等について

主な増減要因（転換作物等）について記入してください。

主な増減地域と増減面積について記入してください。

貴団体において、貴団体に出荷されない管内の作付団地等の状況（作付面積、作付地域等）を把握していれば記入してください。

【 3 】収穫量の増減要因等について

前年産と比べた本年産の作柄の良否、被害の多少、主な被害の要因について該当する項目の点線をなぞってください。

作物名	作柄の良否			被害の多少		
	良	並	悪	少	並	多
陸稲						

主な被害の要因（複数回答可）									
高温	低温	日照不足	多雨	少雨	台風	病害	虫害	鳥獣害	その他

被害以外の増減要因（品種、栽培方法などの変化）があれば、記入してください。

⇦ ⇦ ⇦ 入力方向

秘
農林水産省

統計法に基づく基幹統計
作物統計

年産	都道府県	管理番号	市区町村	客体番号

政府統計
統計法に基づく国の統計調査です。調査票情報の秘密の保護に万全を期します。

令和　　年産

畑作物作付面積調査・収穫量調査調査票（団体用）

麦類（子実用）用

○ この調査票は、秘密扱いとし、統計以外の目的に使うことは絶対ありませんので、ありのままを記入してください。
○ 黒色の鉛筆又はシャープペンシルで記入し、間違えた場合は、消しゴムできれいに消してください。
○ 調査及び調査票の記入に当たって、不明な点等がありましたら、下記の「問い合わせ先」にお問い合わせください。

★ 右づめで記入し、マスが足りない場合は一番左のマスにまとめて記入してください。
★ 該当する場合は、記入例のように点線をなぞってください。

記入例	11	9	8	6	5	3
記入例	⁄ (点線)	➡	／			

つなげる
すきまをあける

記入していただいた調査票は、　　月　　日までに提出してください。
調査票の記入及び提出は、インターネットでも可能です。
詳しくは同封の「オンライン調査システム操作ガイド」を御覧ください。

【問い合わせ先】

【１】貴団体で集荷している作付面積及び集荷量について

記入上の注意
○ 作付面積は単位を「ha」とし、小数点第一位（10a単位）まで記入してください。0.05ha未満の場合は「0.0」と記入してください。
○ 集荷量は単位を「t」とし、整数で記入してください。0.5t未満の結果は「0」と記入してください。
○ 主に食用（子実用）とするものについて記入してください。緑肥用や飼料用は含めないでください。
○ 「うち検査基準以上」欄には、1等、2等に加え規格外のうち規格外Aとされたものの合計を記入してください。
○ 検査を受けない場合や、提出日までに検査を受けていない場合などは、集荷された農作物の状態から検査基準以上となる量を見積もって記入してください。

作物名		作付面積（田畑計）	田	畑	集荷量	うち検査基準以上
小麦	前年産	ha	ha	ha	t	t
	本年産	.	.	.		
秋まき（北海道のみ）	前年産	ha			t	t
	本年産	.				
春まき（北海道のみ）	前年産	ha			t	t
	本年産	.				
二条大麦	前年産	ha	ha	ha	t	t
	本年産	.	.	.		
六条大麦	前年産	ha	ha	ha	t	t
	本年産	.	.	.		
はだか麦	前年産	ha	ha	ha	t	t
	本年産	.	.	.		

裏面に進んでください。

【２】作付面積の増減要因等について

作物ごとの主な増減要因（転換作物等）について記入してください。

作物ごとに主な増減地域と増減面積について記入してください。

貴団体において、貴団体に出荷されない管内の作付団地等の状況（作付面積、作付地域等）を把握していれば記入してください。

【３】収穫量の増減要因等について

前年産と比べた本年産の作柄の良否、被害の多少、主な被害の要因について該当する項目の点線をなぞってください。

作物名	作柄の良否			被害の多少		
	良	並	悪	少	並	多
小麦						
二条大麦						
六条大麦						
はだか麦						

主な被害の要因（複数回答可）									
高温	低温	日照不足	多雨	少雨	台風	病害	虫害	鳥獣害	その他

作物ごとに被害以外の増減要因（品種、栽培方法などの変化）があれば、記入してください。

⇦ ⇦ ⇦ 入 力 方 向

秘	統計法に基づく基幹統計
農林水産省	作 物 統 計

政府統計

統計法に基づく国の統計調査です。調査票情報の秘密の保護に万全を期します。

年 産	都道府県	管理番号	市区町村	客体番号

令和　　年産

畑作物収穫量調査調査票（団体用）

大豆（乾燥子実）用

○ この調査票は、秘密扱いとし、統計以外の目的に使うことは絶対ありませんので、ありのままを記入してください。

○ 黒色の鉛筆又はシャープペンシルで記入し、間違えた場合は、消しゴムできれいに消してください。

○ 調査及び調査票の記入に当たって、不明な点等がありましたら、下記の「問い合わせ先」にお問い合わせください。

★ 右づめで記入し、マスが足りない場合は一番左のマスにまとめて記入してください。

記入例	11	9	8	6	5	3

つなげる　すきまをあける

★ 該当する場合は、記入例のように点線をなぞってください。

記入例	／	➡	／

記入していただいた調査票は、　　月　　日までに提出してください。
調査票の記入及び提出は、インターネットでも可能です。
詳しくは同封の「オンライン調査システム操作ガイド」を御覧ください。

【問い合わせ先】

【１】貴団体で集荷している作付面積及び集荷量について

記入上の注意
○　作付面積は単位を「ha」とし、小数点第一位（10a単位）まで記入してください。0.05ha未満の場合は「0.0」と記入してください。
○　集荷量は単位を「t」とし、整数で記入してください。
○　「うち検査基準以上」欄には、1等、2等、3等に加え特定加工用以上とされたものの合計を記入してください。
○　検査を受けない場合や、提出日までに検査を受けていない場合などは、集荷された農作物の状態から検査基準以上となる量を見積もって記入してください。

作物名		作付面積	集荷量	うち検査基準以上
	前年産	ha	t	t
	本年産	.		
	前年産	ha	t	t
	本年産	.		
	前年産	ha	t	t
	本年産	.		

【２】収穫量の増減要因等について

前年産と比べた本年産の作柄の良否、被害の多少、主な被害の要因について該当する項目の点線をなぞってください。

作物名	作柄の良否			被害の多少		
	良	並	悪	少	並	多

主な被害の要因（複数回答可）									
高温	低温	日照不足	多雨	少雨	台風	病害	虫害	鳥獣害	その他

作物ごとに被害以外の増減要因（品種、栽培方法などの変化）があれば、記入してください。

⇦ ⇦ ⇦ 入 力 方 向

秘
農林水産省

統計法に基づく基幹統計
作 物 統 計

政府統計

統計法に基づく国の統計調査です。調査票情報の秘密の保護に万全を期します。

年 産	都道府県	管理番号	市区町村	客体番号

令和　　年産

畑作物作付面積調査・収穫量調査調査票（団体用）

飼料作物、えん麦（緑肥用）、かんしょ、そば、なたね（子実用）用

○ この調査票は、秘密扱いとし、統計以外の目的に使うことは絶対ありませんので、ありのままを記入してください。
○ 黒色の鉛筆又はシャープペンシルで記入し、間違えた場合は、消しゴムできれいに消してください。
○ 調査及び調査票の記入に当たって、不明な点等がありましたら、下記の「問い合わせ先」にお問い合わせください。

★ 右づめで記入し、マスが足りない場合は一番左のマスにまとめて記入してください。
★ 該当する場合は、記入例のように点線をなぞってください。

記入例	11	9	8	6	5	3
記入例	⁄ (点線)	→	／			

つなげる
すきまをあける

記入していただいた調査票は、　　月　　日までに提出してください。
調査票の記入及び提出は、インターネットでも可能です。
詳しくは同封の「オンライン調査システム操作ガイド」を御覧ください。

【問い合わせ先】

【１】貴団体管内の作付（栽培）面積及び集荷量について

記入上の注意
○ 作付（栽培）面積は単位を「ha」とし、小数点第一位（10a単位）まで記入してください。0.05ha未満の場合は「0.0」と記入してください。
○ 集荷量は単位を「t」とし、整数で記入してください。0.5t未満の結果は「0」と記入してください。
○ ＜作物ごとの注意事項＞

作物名		作付（栽培）面積（田畑計）	田	畑	集荷量	うち検査基準以上
	前年産	ha	ha	ha	t	t
	本年産	.	.	.		
	前年産	ha	ha	ha	t	t
	本年産	.	.	.		
	前年産	ha	ha	ha	t	t
	本年産	.	.	.		
	前年産	ha	ha	ha		
	本年産	.	.	.		
	前年産	ha	ha	ha		
	本年産	.	.	.		

裏面に進んでください。

【２】作付（栽培）面積の増減要因等について

作物ごとの主な増減要因（転換作物等）について記入してください。

作物ごとに主な増減地域と増減面積について記入してください。

貴団体において、貴団体に出荷されない管内の作付団地等の状況（作付面積、作付地域等）を把握していれば記入してください（飼料作物及びえん麦（緑肥用）については【１】に貴団体で把握している面積を記入していただいているため記入不要です。）。

【３】収穫量の増減要因等について

前年産と比べた本年産の作柄の良否、被害の多少、主な被害の要因について該当する項目の点線をなぞってください。

作物名	作柄の良否			被害の多少		
	良	並	悪	少	並	多

主な被害の要因（複数回答可）									
高温	低温	日照不足	多雨	少雨	台風	病害	虫害	鳥獣害	その他

作物ごとに被害以外の増減要因（品種、栽培方法などの変化）があれば、記入してください。

入力方向

年　産	都道府県	管理番号	市区町村	客体番号

秘	統計法に基づく基幹統計
農林水産省	作物統計

政府統計

統計法に基づく国の統計調査です。調査票情報の秘密の保護に万全を期します。

令和　　年産

茶収穫量調査調査票（団体用）

○ この調査票は、秘密扱いとし、統計以外の目的に使うことは絶対ありませんので、ありのままを記入してください。

○ 黒色の鉛筆又はシャープペンシルで記入し、間違えた場合は、消しゴムできれいに消してください。

○ 調査及び調査票の記入に当たって、不明な点等がありましたら、下記の「問い合わせ先」にお問い合わせください。

★ 右づめで記入し、マスが足りない場合は一番左のマスにまとめて記入してください。

★ 該当する場合は、記入例のように点線をなぞってください。

記入例	11	9	8	6	5	8
記入例	⁄	⁄	⁄			

つなげる　すきまをあける

記入していただいた調査票は、　月　日までに提出してください。

調査票の記入及び提出は、インターネットでも可能です。

詳しくは同封の「オンライン調査システム操作ガイド」を御覧ください。

【問い合わせ先】

【１】本年の生産の状況

本年の集荷（処理）状況について教えてください。
必ず、該当する項目の点線を1つなぞってください。

本年、集荷（処理）を行った	⁄
本年、集荷（処理）を行わなかった	⁄

【２】来年以降の作付予定

来年以降の集荷（処理）予定について教えてください。
必ず、該当する項目の点線を1つなぞってください。

来年以降、集荷（処理）を行う予定である	⁄
来年以降、集荷（処理）を行う予定はない	⁄
今のところ未定	⁄

・本年集荷（処理）を行った方は、【３】（裏面）に進んでください。

・本年集荷（処理）を行わなかった方はここで終了となりますので、
調査票を提出していただくようお願いします。
御協力ありがとうございました。

【３】貴工場で集荷している茶の生産量と摘採面積について

調査対象 （農林水産省職員があらかじめ記入しております。）

1 年間計	
2 一番茶	

1 年間計にマークのある方は、「年間計」及び「うち一番茶」両方に記入してください。
2 一番茶にマークのある方は、「うち一番茶」のみ記入してください。
3 一番茶の調査をお願いした方は、再度年間計の調査をお願いすることがあります。
その際は両方にマークがつきます。

※「年間計」とは、冬春番茶、秋冬番茶及び一番茶から四番茶までの合計です。

記入上の注意
○ 本年産の貴工場における生葉の処理量及びそれに対応する摘採面積を茶期ごとの合計及びうち一番茶について記入してください。
○ 整枝・せん定をかねて刈り取った茶葉についても、荒茶に加工（刈り番茶）される場合は、集荷量、荒茶生産量及び摘採延べ面積に含めてください。
○ 摘採延べ面積は、摘採した面積の合計を記入してください。

項目		年間計	うち一番茶
生葉集荷（処理）量	前年産	t	t
	本年産		
荒茶生産量	前年産	kg	kg
	本年産		
摘採実面積	前年産	ha（町）（反）（畝）a	ha（町）（反）（畝）a
	本年産		
摘採延べ面積	前年産	ha（町）（反）（畝）a	
	本年産		

【４】作柄及び被害の状況について

前年産と比べた本年産の作柄の良否、被害の多少、主な被害の要因について該当する項目の点線をなぞってください。

茶期別	作柄の良否			被害の多少		
	良	並	悪	少	並	多
年間計						
一番茶						

主な被害の要因（複数回答可）									
凍霜害	高温	低温	日照不足	多雨	少雨	台風	病害	虫害	その他

調査はここで終了です。御協力ありがとうございました。

⇦ ⇦ ⇦ 入 力 方 向

秘	統計法に基づく基幹統計
農林水産省	作 物 統 計

年 産	都道府県	管理番号	市区町村	客体番号

政府統計

統計法に基づく国の統計調査です。調査票情報の秘密の保護に万全を期します。

令和　　年産

畑作物作付面積調査・収穫量調査調査票（団体用）

てんさい用

○ この調査票は、秘密扱いとし、統計以外の目的に使うことは絶対ありませんので、ありのままを記入してください。
○ 黒色の鉛筆又はシャープペンシルで記入し、間違えた場合は、消しゴムできれいに消してください。
○ 調査及び調査票の記入に当たって、不明な点等がありましたら、下記の「問い合わせ先」にお問い合わせください。

★ 右づめで記入し、マスが足りない場合は一番左のマスにまとめて記入してください。
★ 該当する場合は、記入例のように点線をなぞってください。

記入例	11	9	8	6	5	8
記入例	／	／	／			

つなげる
すきまをあける

記入していただいた調査票は、　　月　　日までに提出してください。
調査票の記入及び提出は、インターネットでも可能です。
詳しくは同封の「オンライン調査システム操作ガイド」を御覧ください。

【問い合わせ先】

【１】貴事業場で集荷しているてんさいの作付面積及び集荷量について

記入上の注意
○ 作付面積は単位を「ha」とし、小数点第一位（10a単位）まで記入してください。0.05ha未満の場合は「0.0」と記入してください。
○ 集荷量は単位を「t」とし、整数で記入してください。0.5t未満の結果は「0」と記入してください。

作物名		作付面積	集荷量
てんさい	前年産	ha	t
	本年産	.	

裏面に進んでください。

【２】 作柄及び被害の状況について

1　前年産と比べた本年産の作柄の良否、被害の多少、主な被害の要因について該当する項目の点線をなぞってください。

作物名	作柄の良否			被害の多少		
	良	並	悪	少	並	多
てんさい						

作物名	主な被害の要因（複数回答可）										
	融雪遅れ	高温	低温	日照不足	多雨	少雨	台風	鳥獣害	病害	虫害	その他
てんさい											

2　病害、虫害及びその他については、被害の内容を具体的に記入してください。

〔　　　　　　　　　　　　　　　　　　　〕

3　作付面積の増減理由や被害以外の収量に影響を及ぼした要因（作付品種の変化など）があれば、記入してください。

⇦ ⇦ ⇦ 入力方向

秘	統計法に基づく基幹統計
農林水産省	作物統計

年産	都道府県	管理番号	市区町村	客体番号

政府統計

統計法に基づく国の統計調査です。調査票情報の秘密の保護に万全を期します。

令和　　年産

畑作物作付面積調査・収穫量調査調査票（団体用）

さとうきび用

○ この調査票は、秘密扱いとし、統計以外の目的に使うことは絶対ありませんので、ありのままを記入してください。
○ 黒色の鉛筆又はシャープペンシルで記入し、間違えた場合は、消しゴムできれいに消してください。
○ 調査及び調査票の記入に当たって、不明な点等がありましたら、下記の「問い合わせ先」にお問い合わせください。

★ 右づめで記入し、マスが足りない場合は一番左のマスにまとめて記入してください。
★ 該当する場合は、記入例のように点線をなぞってください。

記入例	11	9	8	6	5	8
記入例						

つなげる
すきまをあける

記入していただいた調査票は　　月　　日までに提出してください。
調査票の記入及び提出は、インターネットでも可能です。
詳しくは同封の「オンライン調査システム操作ガイド」を御覧ください。

【問い合わせ先】

【１】貴事業場で集荷しているさとうきびの栽培面積、収穫面積及び集荷量について

記入上の注意
○ 栽培面積及び収穫面積は単位を「ha」で記入してください。
○ 集荷量は単位を「t」とし、整数で記入してください。
○ 栽培面積は、収穫の有無にかかわらず、栽培した全ての面積を記入してください。
○ 収穫面積は、本年に収穫した面積を記入してください。

作型		栽培面積	収穫面積	集荷量
夏植え	前年産	ha	ha	t
	本年産	.	.	
春植え	前年産	ha	ha	t
	本年産	.	.	
株出し	前年産	ha	ha	t
	本年産	.	.	

裏面に進んでください。

【２】 作柄及び被害の状況について

１ 前年産と比べた本年産の作柄の良否、被害の多少、主な被害の要因について該当する項目の点線をなぞってください。

作型	作柄の良否			被害の多少		
	良	並	悪	少	並	多
夏植え						
春植え						
株出し						

作型	主な被害の要因（複数回答可）									
	高温	低温	日照不足	多雨	少雨	鳥獣害	台風	病害	虫害	その他
夏植え										
春植え										
株出し										

２ 台風、病害、虫害及びその他については、被害の内容を具体的に記入してください。

（　　　　　　　　　　　　　　　　　　　　　　　　　　　　）

３ 栽培（収穫）面積の増減理由や被害以外の収量に影響を及ぼした要因（作付品種の変化など）があれば、記入してください。

⇦ ⇦ ⇦ 入 力 方 向

秘	統計法に基づく基幹統計
農林水産省	作 物 統 計

都道府県	管理番号	市区町村	旧市区町村	農業集落	調査区	経営体

政府統計

統計法に基づく国の統計調査です。調査票情報の秘密の保護に万全を期します。

令和　　年産

畑作物収穫量調査調査票(経営体用)

○○○用

○ この調査票は、秘密扱いとし、統計以外の目的に使うことは絶対ありませんので、ありのままを記入してください。
○ 黒色の鉛筆又はシャープペンシルで記入し、間違えた場合は、消しゴムできれいに消してください。
○ 調査及び調査票の記入に当たって、不明な点等がありましたら、下記の「問い合わせ先」にお問い合わせください。

★ 右づめで記入し、マスが足りない場合は一番左のマスにまとめて記入してください。
★ 該当する場合は、記入例のように点線をなぞってください。

記入例	11	9	8	6	5	3
記入例						

つなげる　すきまをあける

記入していただいた調査票は　　月　　日までに提出してください。

【問い合わせ先】

【１】本年の生産の状況について

本年の作付状況について教えてください。
必ず、該当する項目の点線を1つなぞってください。

本年、作付けを行った	
本年、作付けを行わなかった	

→

【２】来年以降の作付予定について

来年以降の作付予定について教えてください。
必ず、該当する項目の点線を1つなぞってください。

来年以降、作付予定がある	
来年以降、作付予定はない	
今のところ未定	
農業をやめたため、農作物を作付け(栽培)する予定はない	

↓

・本年作付けを行った方は、【３】(裏面)に進んでください。

・本年作付けを行わなかった方はここで終了となりますので、調査票を提出していただくようお願いします。
御協力ありがとうございました。

本年、作付けを行った方のみ記入してください。

【３】作付面積、出荷量及び自家用等の量について

本年産の作付面積、出荷量及び自家用等の量について記入してください。

記入上の注意

○「作付面積」は、被害等で収穫できなかった面積（収穫量のなかった面積）も含めてください。
また、１年間のうち、同じほ場に複数回作付けした場合（収穫後、同じ作物を新たに植えた場合）は、その延べ面積としてください。

○「収穫量」は、「俵」、「袋」等で把握されている場合は、「kg」に換算して記入してください。
（例：30kg紙袋で150袋出荷した場合→4,500kgと記入）

○「出荷量」は、共同出荷、直売所への出荷、個人販売など、販売先を問わず、販売した全ての量を含めてください。また、販売する予定で保管されている量も「出荷量」に含めてください。

○ 1a、1kgに満たない場合は四捨五入して整数単位で記入してください。
（例：0.4a、0.4kg以下→「0」、0.5a、0.5kg以上→「1」と記入）

○「自家用、無償の贈与、種子用等の量」は、ご家庭で消費したもの、無償で他の方にあげたもの、翌年産の種子用にするものなどを指します。

○「出荷先の割合」は、記入した「出荷量」について該当する出荷先に出荷した割合を％で記入してください。
「直売所・消費者へ直接販売」は、農協の直売所、庭先販売、宅配便、インターネット販売などをいいます。
「その他」は、仲買業者、スーパー、外食産業などを含みます。

作物名	作付面積（借入地を含む。）（町）（反）（畝）ha a	収穫量	
		出荷量（販売した量及び販売目的で保管している量）t kg	自家用、無償の贈与、種子用等の量 t kg

○ 記入した出荷量について該当する出荷先に出荷した割合を記入してください。

【４】出荷先の割合について

作物名	加工業者	直売所・消費者へ直接販売	市場	農協以外の集出荷団体	農協	その他	合計
	%	%	%	%	%	%	100%
	%	%	%	%	%	%	100%
	%	%	%	%	%	%	100%

【５】作柄及び被害の状況について

前年産と比べた本年産の作柄の良否、被害の多少、主な被害の要因について該当する項目の点線をなぞってください。

作物名	作柄の良否			被害の多少		
	良	並	悪	少	並	多

主な被害の要因（複数回答可）									
高温	低温	日照不足	多雨	少雨	台風	病害	虫害	鳥獣害	その他

調査はここで終了です。御協力ありがとうございました。

⇦ ⇦ ⇦ 入 力 方 向

秘	統計法に基づく基幹統計
農林水産省	作 物 統 計

政府統計

統計法に基づく国の統計調査です。調査票情報の秘密の保護に万全を期します。

都道府県	管理番号	市区町村	旧市区町村	農業集落	調査区	経営体

令和　　年産

飼料作物収穫量調査調査票（経営体用）

○ この調査票は、秘密扱いとし、統計以外の目的に使うことは絶対ありませんので、ありのままを記入してください。
○ 黒色の鉛筆又はシャープペンシルで記入し、間違えた場合は、消しゴムできれいに消してください。
○ 調査及び調査票の記入に当たって、不明な点等がありましたら、下記の「問い合わせ先」にお問い合わせください。

★ 右づめで記入し、マスが足りない場合は一番左のマスにまとめて記入してください。
★ 該当する場合は、記入例のように点線をなぞってください。

記入例	11	9	8	6	5	3

記入例　（つなげる／すきまをあける）

記入していただいた調査票は、　月　日までに提出してください。

【問い合わせ先】

【１】本年の生産の状況について

本年の作付（栽培）状況について教えてください。
必ず、該当する項目の点線を1つなぞってください。

本年、作付け（栽培）を行った	
本年、作付け（栽培）を行わなかった	

【２】来年以降の作付（栽培）予定について

来年以降の作付（栽培）予定について教えてください。
必ず、該当する項目の点線を1つなぞってください。

来年以降、作付（栽培）予定がある	
来年以降、作付（栽培）予定はない	
今のところ未定	
農業をやめたため、農作物を作付け（栽培）する予定はない	

・本年作付け（栽培）を行った方は、【 ３ 】（次のページ）に進んでください。

・本年作付け（栽培）を行わなかった方はここで終了となりますので、調査票を提出していただくようお願いします。
　御協力ありがとうございました。

本年、作付け（栽培）を行った方のみ記入してください。

【３】牧草について

本年産の作付（栽培）面積について記入してください。

記入上の注意

○「作付（栽培）面積」には、牧草専用地、田や畑のほか農地以外での栽培など、牧草の栽培に利用した全ての面積を記入してください。

○ 同じ土地で複数回牧草を収穫した場合であっても、「作付（栽培）面積」は、収穫した延べ面積ではなく、実際の面積（実面積）を記入してください。

○ 牧草とは次のようなものをいいます。
（いね科牧草）
イタリアンライグラス、ハイブリッドライグラス、ペレニアルライグラス、トールフェスク、メドーフェスク、オーチャードグラス、チモシー、レッドトップ、バヒアグラス、ダリスグラス、ローズグラス、リードカナリグラス、スーダングラス、テオシント、その他いね科牧草（ブロームグラス類、ホイートグラス類、ブルーグラス類等）
（豆科牧草）
アルファルファ、クローバー類、セスバニア、その他豆科牧草（ベッチ類、ルーピン類、レスペデザ類等）

○ えん麦、らい麦、大豆等の青刈り作物は牧草には含まれませんのでご注意ください。

○ なお、青刈りとうもろこし、ソルゴーは、本調査票の【4】、【5】でそれぞれ記入をお願いします。

	（町）（反）ha	（畝）a
作付（栽培）面積		

どちらか分かる方で本年産の収穫量について記入してください。

1 収穫量が重量（生重量）で分かる場合

	t	kg
収穫量計		
1番刈り		
2番刈り		
3番刈り		
4番刈り		

記入上の注意

○ 刈取り時期ごとの収穫量を記入の上、「収穫量計」の欄に合計を記入してください。（刈取り時期ごとに分からない場合は、「収穫量計」のみに記入してください。）

2 生重量で分からない場合

<ラッピング又は梱包を行っている場合>

	個数（個）	1個当たりのおおよその重量 kg
ラッピング		
梱包		

<固定サイロを用いている場合>

サイロの容積	㎥
充足率	%

<簡易サイロを用いている場合>

サイロの容積	㎥

記入上の注意

○ ラッピングマシーンを用いている場合は、「ラッピング」欄にラッピング個数及び1個当たりの重量を記入してください。
また、【4】青刈りとうもろこし及び【5】ソルゴーも同様に記入してください。

○ 乾燥後、梱包を行っている場合は、「梱包」欄に梱包個数及び1個当たりの重量を記入してください。

○ 固定サイロとは、塔型サイロ（タワーサイロ）、バンカーサイロなど四方を構築物で固められたものをいいます。
なお、「充足率」は、固定サイロの容積に対する本年の利用割合を記入してください。

○ 簡易サイロを利用した場合は、使用した全てのサイロの容積の合計を記入してください。

【４】青刈りとうもろこしについて

本年産の作付面積について記入してください。

	（町）（反）（畝）ha a
作付面積	

どちらか分かる方で本年産の収穫量について記入してください。

１　収穫量が重量（生重量）で分かる場合

	t	kg
収穫量		

記入上の注意

○　固定サイロとは、塔型サイロ（タワーサイロ）、バンカーサイロなど四方を構築物で固められたものをいいます。
　なお、「充足率」は、固定サイロの容積に対する本年の利用割合を記入してください。

○　簡易サイロとは、スタックサイロ、バキュームサイロ、バッグサイロなど固定式以外のものをいいます。
　また、L字型バンカーサイロなど固定式でないものは簡易サイロに含めてください。
　なお、簡易サイロを利用した場合は、使用した全てのサイロの容積の合計を記入してください。

２　生重量で分からない場合

＜固定サイロを用いている場合＞

サイロの容積	㎥
充足率	%

＜簡易サイロを用いている場合＞

サイロの容積	㎥

＜ラッピングを行っている場合＞

	個数（個）	１個当たりのおおよその重量
ラッピング		kg

【５】ソルゴーについて

本年産の作付面積について記入してください。

	（町）（反）（畝）ha a
作付面積	

どちらか分かる方で本年産の収穫量について記入してください。

１　収穫量が重量（生重量）で分かる場合

	t	kg
収穫量		

記入上の注意

○　固定サイロとは、塔型サイロ（タワーサイロ）、バンカーサイロなど四方を構築物で固められたものをいいます。
　なお、「充足率」は、固定サイロの容積に対する本年の利用割合を記入してください。

○　簡易サイロとは、スタックサイロ、バキュームサイロ、バッグサイロなど固定式以外のものをいいます。
　また、L字型バンカーサイロなど固定式でないものは簡易サイロに含めてください。
　なお、簡易サイロを利用した場合は、使用した全てのサイロの容積の合計を記入してください。

２　生重量で分からない場合

＜固定サイロを用いている場合＞

サイロの容積	㎥
充足率	%

＜簡易サイロを用いている場合＞

サイロの容積	㎥

＜ラッピングを行っている場合＞

	個数（個）	１個当たりのおおよその重量
ラッピング		kg

次のページに進んでください。

【６】作柄及び被害の状況について

前年産と比べた本年産の作柄の良否、被害の多少、主な被害の要因について該当する項目の点線をなぞってください。

作物名	作柄の良否			被害の多少			主な被害の要因（複数回答可）									
	良	並	悪	少	並	多	高温	低温	日照不足	多雨	少雨	台風	病害	虫害	鳥獣害	その他
牧草																
青刈りとうもろこし																
ソルゴー																

調査はここで終了です。御協力ありがとうございました。

入 力 方 向

秘	統計法に基づく基幹統計
農林水産省	作物統計

都道府県	管理番号	市区町村	旧市区町村	農業集落	調査区	経営体

政府統計

統計法に基づく国の統計調査です。調査票情報の秘密の保護に万全を期します。

令和　年産

畑作物収穫量調査調査票（経営体用）

なたね（子実用）用

○ この調査票は、秘密扱いとし、統計以外の目的に使うことは絶対ありませんので、ありのままを記入してください。
○ 黒色の鉛筆又はシャープペンシルで記入し、間違えた場合は、消しゴムできれいに消してください。
○ 調査及び調査票の記入に当たって、不明な点等がありましたら、下記の「問い合わせ先」にお問い合わせください。

★ 右づめで記入し、マスが足りない場合は一番左のマスにまとめて記入してください。
★ 該当する場合は、記入例のように点線をなぞってください。

記入例	11	9	8	6	5	3
記入例						

つなげる
すきまをあける

記入していただいた調査票は、　月　日までに提出してください。

【問い合わせ先】

【１】本年の生産の状況について

本年の作付状況について教えてください。
必ず、該当する項目の点線を1つなぞってください。

本年、作付けを行った	
本年、作付けを行わなかった	

【２】来年以降の作付予定について

来年以降の作付予定について教えてください。
必ず、該当する項目の点線を1つなぞってください。

来年以降、作付予定がある	
来年以降、作付予定はない	
今のところ未定	
農業をやめたため、農作物を作付け（栽培）する予定はない	

・本年作付けを行った方は、【３】（裏面）に進んでください。

・本年作付けを行わなかった方はここで終了となりますので、調査票を提出していただくようお願いします。
御協力ありがとうございました。

本年、作付けを行った方のみ記入してください。

【３】作付面積、出荷量及び自家用等の量について

本年産の作付面積、出荷量及び自家用等の量について記入してください。

記入上の注意

○　子実用（食用として搾油するもの）のみの作付面積及び収穫量を記入してください。
　工業用に搾油するもの、菜花や花菜などの野菜として収穫するもの、青刈りするもの、緑肥としてすき込むものなどはいずれも含めないでください。

○「作付面積」は、被害等で収穫できなかった面積（収穫量のなかった面積）も含めてください。
　また、1年間のうち、同じほ場に複数回作付けした場合（収穫後、同じ作物を新たに植えた場合）は、その延べ面積としてください。

○「収穫量」は、「俵」、「袋」等で把握されている場合は、「kg」に換算して記入してください。
（例：30kg紙袋で150袋出荷した場合→4,500kgと記入）

○「出荷量」は、共同出荷、直売所への出荷、個人販売など、販売先を問わず、販売した全ての量を含めてください。また、販売する予定で保管されている量も「出荷量」に含めてください。

○　製油業者に委託し、なたね油を現物で受け取った場合は、なたねの子実に換算した重量を出荷量、自家用等の数量別に記入してください。

○「自家用、無償の贈答用、種子用等の量」は、ご家庭で消費したもの、無償で他の方にあげたもの、翌年産の種子用などを指します。

○　1a、1kgに満たない場合は四捨五入して整数単位で記入してください。
（例：0.4a、0.4kg以下→「0」、0.5a、0.5kg以上→「1」と記入）

○「出荷先の割合」は、記入した「出荷量」について該当する出荷先に出荷した割合を%で記入してください。
　「直売所・消費者へ直接販売」は、農協の直売所、庭先販売、宅配便、インターネット販売などをいいます。
　「その他」は、仲買業者、スーパー、外食産業などを含みます。

作物名	作付面積（借入地を含む。）	収穫量	
		出荷量（販売した量及び販売目的で保管している量）	自家用、無償の贈答用、種子用等の量
	（町）（反）（畝）ha　a	t　kg	t　kg
なたね			

○ 記入した出荷量について該当する出荷先に出荷した割合を記入してください。

【４】出荷先の割合について

作物名	製油業者	直売所・消費者へ直接販売	市場	農協以外の集出荷団体	農協	その他	合計
なたね	%	%	%	%	%	%	100%

【５】作柄及び被害の状況について

前年産と比べた本年産の作柄の良否、被害の多少、主な被害の要因について該当する項目の点線をなぞってください。

作物名	作柄の良否			被害の多少		
	良	並	悪	少	並	多
なたね						

主な被害の要因（複数回答可）									
高温	低温	日照不足	多雨	少雨	台風	病害	虫害	鳥獣害	その他

調査はここで終了です。御協力ありがとうございました。

秘
農林水産省

統計法に基づく基幹統計
作　物　統　計

政府統計

統計法に基づく国の統計調査です。調査票情報の秘密の保護に万全を期します。

令和　年

被　害　調　査　票

調査筆の種類	標　調　応

作物名	

筆の所在地	設計単位	作況階層	標本単位区	筆の通し番号	地域センター等名	
					調査者氏名	
	市町村	大字（町）	小字	地番		
					調査期日	月　日

調査箇所	被害種類									
	被害発生時の生育段階									
	損傷調査項目									
I	1									
	2									
	3									
	4									
	5									
II	6									
	7									
	8									
	9									
	10									
III	11									
	12									
	13									
	14									
	15									
合計										
平均										
損傷歩合										
見積り（実測）被害歩合	調査項目別									
	被害種類別									
	計									
筆平均見積り被害歩合	被害種類別									
	被害総合									
適用した尺度（番号）										

注：1　この調査票は、標本筆（単位区）の損傷見積り（実測）調査の調査票及び被害調査筆・被害応急調査の損傷調査票として使用する。
2　被害損傷実測調査の損傷調査項目は、被害の種類、被害発生時期などから地方農政局長、北海道農政事務所長、沖縄総合事務局長、地域センターの長等が定める。
3　損傷歩合欄は、損傷項目が損傷歩合を現さないような項目の場合（例えば被害穂数、被害粒数等）は、「平均」についての損傷歩合（例えば被害穂数歩合、被害粒数歩合）を記入する。
4　見積り（実測）被害歩合は、損傷見積り（実測）調査結果に減収推定尺度を適用して決める。
5　見積り（実測）被害歩合の計は、見積り（実測）を行った被害種類を合計した被害歩合とし、筆平均見積り被害歩合の被害総合は、全ての被害を総合して見積った被害歩合とする。
6　調査筆の種類欄の「標」は被害標本筆、「調」は被害調査筆、「応」は被害応急調査筆を示し、該当に○印を付す。
7　調査株数は、1箇所5株とする。

⇦ ⇦ ⇦ 入 力 方 向

4 1 7 1

秘
農林水産省

政府統計

統計法に基づく国の統計調査です。調査票情報の秘密の保護に万全を期します。

年 産				都道府県		管理番号		市区町村			客体番号			
2	0													

令和　　年産　　特定作物統計調査

豆類作付面積調査調査票（団体用）

○ この調査票は、秘密扱いとし、統計以外の目的に使うことは絶対ありませんので、ありのままを記入してください。

○ 黒色の鉛筆又はシャープペンシルで記入し、間違えた場合は、消しゴムできれいに消してください。

○ 調査及び調査票の記入に当たって、不明な点等がありましたら、下記の「問い合わせ先」にお問い合わせください。

★ 数字は、1マスに1つずつ、枠からはみ出さないように右づめで記入してください。

記入例	8	8	8	9	8	7	6	5	4	0

つなげる　　すきまをあける

★ マスが足りない場合は、一番左のマスにまとめて記入してください。

記入例	11	2	3

記入していただいた調査票は、　　月　　日までに提出してください。

調査票の記入及び提出は、インターネットでも可能です。

詳しくは同封の「オンライン調査システム操作ガイド」を御覧ください。

【問い合わせ先】

【１】貴団体で集荷している豆類（乾燥子実）の作付面積について

記入上の注意
○　作付面積は単位を「ha」とし、小数点第一位（10a単位）まで記入してください。0.05ha未満の場合は「0.0」と記入してください。
○　乾燥して食用（加工も含む。）にするものの面積を記入してください。
未成熟（完熟期以前）で収穫されるもの（さやいんげん等）については含めないでください。
○　いんげんの種類別の内訳については、北海道のみ記入してください。

単位：ha

作物名		作付面積（田畑計）	田	畑
小豆	前年産			
	本年産			
いんげん	前年産			
	本年産			
金時（北海道のみ）	前年産			
	本年産			
手亡（北海道のみ）	前年産			
	本年産			
らっかせい	前年産			
	本年産			

【２】作付面積の増減要因等について

作物ごとの主な増減要因（転換作物等）について記入してください。

作物ごとの主な増減地域と増減面積について記入してください。

貴団体において、貴団体に出荷されない管内の作付団地等の状況（作付面積、作付地域等）を把握していれば記入してください。

⇦ ⇦ ⇦ 入力方向

4	7	1	1

秘
農林水産省

年産	都道府県	管理番号	市区町村	客体番号
20				

政府統計

統計法に基づく国の統計調査です。調査票情報の秘密の保護に万全を期します。

令和　　年産　　特定作物統計調査

豆類収穫量調査調査票（団体用）

○ この調査票は、秘密扱いとし、統計以外の目的に使うことは絶対ありませんので、ありのままを記入してください。

○ 黒色の鉛筆又はシャープペンシルで記入し、間違えた場合は、消しゴムできれいに消してください。

○ 調査及び調査票の記入に当たって、不明な点等がありましたら、下記の「問い合わせ先」にお問い合わせください。

★ 数字は、1マスに1つずつ、枠からはみ出さないように右づめで記入してください。

記入例				9	8	7	6	5	4	0

つなげる　すきまをあける

★ 該当する場合は、記入例のように点線をなぞってください。

記入例	╱ → ╱

★ マスが足りない場合は、一番左のマスにまとめて記入してください。

記入例	11	2	3

記入していただいた調査票は、　　月　　日までに提出してください。

調査票の記入及び提出は、インターネットでも可能です。

詳しくは同封の「オンライン調査システム操作ガイド」を御覧ください。

【問い合わせ先】

【１】貴団体で集荷している豆類（乾燥子実）の作付面積及び集荷量について

記入上の注意

○　作付面積は単位を「ha」とし、小数点第一位（10a単位）まで記入してください。0.05ha未満の場合は「0.0」と記入してください。

○　乾燥して食用（加工も含む。）にするものを記入してください。
　未成熟（完熟期以前）で収穫されるもの（さやいんげん等）については含めないでください。

○　小豆及びいんげんの「うち検査基準以上」欄には、3等以上の量を記入してください。

○　検査を受けない場合、調査票の提出日までに検査を受けていない場合などは、集荷された農作物の状態から検査基準以上となる量を見積もって記入してください。

○　いんげんの種類別の内訳については、北海道のみ記入してください。

作物名		作付面積	集荷量	うち検査基準以上
小豆	前年産	ha	t	t
	本年産	.		
いんげん	前年産	ha	t	t
	本年産	.		
金時（北海道のみ）	前年産	ha	t	t
	本年産	.		
手亡（北海道のみ）	前年産	ha	t	t
	本年産	.		
らっかせい	前年産	ha	t	t
	本年産	.		

【２】収穫量の増減要因等について

前年産に比べて本年産の作柄の良否、被害の多少、主な被害の要因について記入してください。
（該当のある場合は、点線を鉛筆などでなぞってください。）

作物名	作柄の良否			被害の多少		
	良	並	悪	少	並	多
小豆						
いんげん						
らっかせい						

主な被害の要因（複数回答可）									
高温	低温	日照不足	多雨	少雨	台風	病害	虫害	鳥獣害	その他

作物ごとに被害以外の増減要因（品種、栽培方法などの変化）があれば、記入してください。

入力方向

4	7	4	1

秘
農林水産省

政府統計

統計法に基づく国の統計調査です。調査票情報の秘密の保護に万全を期します。

年産	都道府県	管理番号	市区町村	客体番号
20				

令和　年産　特定作物統計調査

こんにゃくいも作付面積調査・収穫量調査票（団体用）

○ この調査票は、秘密扱いとし、統計以外の目的に使うことは絶対ありませんので、ありのままを記入してください。

○ 黒色の鉛筆又はシャープペンシルで記入し、間違えた場合は、消しゴムできれいに消してください。

○ 調査及び調査票の記入に当たって、不明な点等がありましたら、下記の「問い合わせ先」にお問い合わせください。

★ 数字は、1マスに1つずつ、枠からはみ出さないように右づめで記入してください。

記入例	8	8	8	9	8	7	6	5	4	0

つなげる　すきまをあける

★ 該当する場合は、記入例のように点線をなぞってください。

記入例	／	→	／

★ マスが足りない場合は、一番左のマスにまとめて記入してください。

記入例	11	2	3

記入していただいた調査票は、　月　日までに提出してください。

調査票の記入及び提出は、インターネットでも可能です。

詳しくは同封の「オンライン調査システム操作ガイド」を御覧ください。

【問い合わせ先】

【１】貴団体で集荷しているこんにゃくいもの栽培面積、収穫面積及び集荷量について

記入上の注意
○ 栽培面積及び収穫面積は、小数点第一位（10a単位）まで記入してください。0.05ha未満の場合は「0.0」と記入してください。
○ 集荷量は単位を「t」とし、整数で記入してください。
○ **栽培面積**は、出荷の有無にかかわらず、**本年栽培した全ての面積**を記入してください。
○ **収穫面積**は、出荷・販売するために**収穫した面積**を記入してください。

作物名		栽培面積	うち収穫面積	集荷量
こんにゃくいも	前年産	ha	ha	t
	本年産	.	.	

【２】栽培面積及び収穫面積の増減要因等について

栽培面積及び収穫面積の主な増減要因（転換作物等）について記入してください。

主な増減地域と増減面積について記入してください。

貴団体において、貴団体に出荷されない管内の栽培団地等の状況（栽培面積、栽培地域等）を把握していれば記入してください。

【３】収穫量の増減要因等について

前年産に比べて本年産の作柄の良否、被害の多少、主な被害の要因について記入してください。
（該当のある場合は、点線を鉛筆などでなぞってください。）

作物名	作柄の良否			被害の多少			主な被害の要因（複数回答可）									
	良	並	悪	少	並	多	高温	低温	日照不足	多雨	少雨	台風	病害	虫害	鳥獣害	その他
こんにゃくいも																

被害以外の増減要因（品種、栽培方法などの変化）があれば、記入してください。

入力方向

4	7	6	1

秘
農林水産省

政府統計

統計法に基づく国の統計調査です。調査票情報の秘密の保護に万全を期します。

年産	都道府県	管理番号	市区町村	客体番号
20				

令和　　年産　　特定作物統計調査

い作付面積調査・収穫量調査票（団体用）

○ この調査票は、秘密扱いとし、統計以外の目的に使うことは絶対ありませんので、ありのままを記入してください。

○ 黒色の鉛筆又はシャープペンシルで記入し、間違えた場合は、消しゴムできれいに消してください。

○ 調査及び調査票の記入に当たって、不明な点等がありましたら、下記の「問い合わせ先」にお問い合わせください。

★ 数字は、1マスに1つずつ、枠からはみ出さないように右づめで記入してください。

記入例	8	8	8	9	8	7	6	5	4	0

つなげる　すきまをあける

★ 該当する場合は、記入例のように点線をなぞってください。

記入例 ／ → ／

★ マスが足りない場合は、一番左のマスにまとめて記入してください。

記入例	11	2	3

記入していただいた調査票は、　月　日までに提出してください。

調査票の記入及び提出は、インターネットでも可能です。

詳しくは同封の「オンライン調査システム操作ガイド」を御覧ください。

【問い合わせ先】

【１】「い」及び畳表の生産農家数について

作物名		い生産農家数	畳表生産農家数
い	前年産	戸	戸
	本年産		

【２】「い」の作付面積、収穫量及び畳表生産量について

記入上の注意
○ 作付面積は単位を「ha」とし、小数点第一位（10a単位）まで記入してください。0.05ha未満の場合は「0.0」と記入してください。

作物名		作付面積	収穫量	畳表生産量
い	前年産	ha	t	千枚
	本年産	.		

【３】作付面積の増減要因等について

作付面積の主な増減要因について記入してください。

主な増減地域と増減面積について記入してください。

貴団体において、貴団体に出荷されない管内の作付団地等の状況（作付面積、作付地域等）を把握していれば記入してください。

【４】収穫量の増減要因等について

前年産に比べて本年産の作柄の良否、被害の多少、主な被害の要因について記入してください。
（該当のある場合は、点線を鉛筆などでなぞってください。）

作物名	作柄の良否			被害の多少		
	良	並	悪	少	並	多
い	／	／	／	／	／	／

主な被害の要因（複数回答可）									
高温	低温	日照不足	多雨	少雨	台風	病害	虫害	鳥獣害	その他
／	／	／	／	／	／	／	／	／	／

被害以外の増減要因（品種、栽培方法などの変化）があれば、記入してください。

⇦ ⇦ ⇦ 入力方向

4731

都道府県	管理番号	市区町村	旧市区町村	農業集落	調査区	経営体

秘
農林水産省

政府統計

統計法に基づく国の統計調査です。調査票情報の秘密の保護に万全を期します。

令和　　年産 特定作物統計調査

豆類収穫量調査調査票（経営体用）

○ この調査票は、秘密扱いとし、統計以外の目的に使うことは絶対ありませんので、ありのままを記入してください。
○ 黒色の鉛筆又はシャープペンシルで記入し、間違えた場合は、消しゴムできれいに消してください。
○ 調査及び調査票の記入に当たって、不明な点等がありましたら、下記の「問い合わせ先」にお問い合わせください。

★ 右づめで記入し、マスが足りない場合は一番左のマスにまとめて記入してください。
★ 該当する場合は、記入例のように点線をなぞってください。

記入例	11	9	8	6	5	3
記入例	⁄	→	／			

つなげる
すきまをあける

記入していただいた調査票は　　月　　日までに提出してください。

【問い合わせ先】

【１】本年の生産の状況について

本年の作付状況について教えてください。該当するもの1つに必ず点線をなぞって選択してください。

本年、作付けを行った	⁄
本年、作付けを行わなかった	⁄

→

【２】来年以降の作付予定について

来年以降の作付予定について教えてください。該当するもの1つに必ず点線をなぞって選択してください。

来年以降、作付予定がある	⁄
来年以降、作付予定はない	⁄
今のところ未定	⁄
農業をやめたため、農作物を作付け（栽培）する予定はない	⁄

↓

・本年作付けを行った方は、【３】（裏面）に進んでください。

・本年作付けを行わなかった方はここで終了となりますので、調査票を提出していただくようお願いします。
御協力ありがとうございました。

本年、作付けを行った方のみ記入してください。

【３】作付面積、出荷量及び自家用等の量について

本年産の作付面積、出荷量及び自家用等の量について記入してください。

記入上の注意

○「作付面積」は、被害等で収穫できなかった面積（収穫量のなかった面積）も含めてください。
○「収穫量」は、「俵」、「袋」等で把握されている場合は、「kg」に換算して記入してください。
（例：30kg紙袋で150袋出荷した場合→4,500kgと記入）
○「出荷量」は、共同出荷、直売所への出荷、個人販売など、販売先を問わず、販売した全ての量を含めてください。また、販売する予定で保管されている量も「出荷量」に含めてください。
○「自家用、無償の贈答用、種子用等の量」は、ご家庭で消費したもの、無償で他の方にあげたもの、翌年産の種子用などを指します。
○ 乾燥して食用（加工も含む。）にするものを記入してください。
未成熟（完熟期以前）で収穫されるもの（さやいんげん等）については含めないでください。
○ 1a、1kgに満たない場合は四捨五入して整数単位で記入してください。
（例：0.4a、0.4kg以下→「0」、0.5a、0.5kg以上→「1」と記入）
○「出荷先の割合」は、記入した「出荷量」について該当する出荷先に出荷した割合を％で記入してください。
「直売所・消費者へ直接販売」は、農協の直売所、庭先販売、宅配便、インターネット販売などをいいます。
「その他」は、仲買業者、スーパー、外食産業などを含みます。

作物名	作付面積（借入地を含む。）（町）（反）（畝）ha a	収穫量	
		出荷量（販売した量及び販売目的で保管している量）t kg	自家用、無償の贈答用、種子用等の量 t kg
小豆			
いんげん			
らっかせい			

【４】出荷先の割合について

作物名	加工業者	直売所・消費者へ直接販売	市場	農協以外の集出荷団体	農協	その他	合計
小豆	%	%	%	%	%	%	100%
いんげん	%	%	%	%	%	%	100%
らっかせい	%	%	%	%	%	%	100%

【５】作柄及び被害の状況について

前年産に比べて本年産の作柄の良否、被害の多少、主な被害の要因について該当する項目の点線をなぞってください。

作物名	作柄の良否			被害の多少			主な被害の要因（複数回答可）									
	良	並	悪	少	並	多	高温	低温	日照不足	多雨	少雨	台風	病害	虫害	鳥獣害	その他
小豆																
いんげん																
らっかせい																

調査はここで終了です。御協力ありがとうございました。

⇦ ⇦ ⇦ 入 力 方 向

4	7	5	1

秘
農林水産省

都道府県	管理番号	市区町村	旧市区町村	農業集落	調査区	経営体

政府統計

統計法に基づく国の統計調査です。調査票情報の秘密の保護に万全を期します。

令 和　　年 産 特定作物統計調査

こんにゃくいも収穫量調査調査票（経営体用）

○ この調査票は、秘密扱いとし、統計以外の目的に使うことは絶対ありませんので、ありのままを記入してください。
○ 黒色の鉛筆又はシャープペンシルで記入し、間違えた場合は、消しゴムできれいに消してください。
○ 調査及び調査票の記入に当たって、不明な点等がありましたら、下記の「問い合わせ先」にお問い合わせください。

★ 右づめで記入し、マスが足りない場合は一番左のマスにまとめて記入してください。
★ 該当する場合は、記入例のように点線をなぞってください。

記入例	11	9	8	6	5	3
記入例						

つなげる
すきまをあける

記入していただいた調査票は　　月　　日までに提出してください。

【問い合わせ先】

【１】本年の生産の状況について

本年の作付状況について教えてください。該当するもの1つに必ず点線をなぞって選択してください。

本年、作付けを行った	
本年、作付けを行わなかった	

【２】来年以降の作付予定について

来年以降の作付予定について教えてください。該当するもの1つに必ず点線をなぞって選択してください。

来年以降、作付予定がある	
来年以降、作付予定はない	
今のところ未定	
農業をやめたため、農作物を作付け（栽培）する予定はない	

・本年作付けを行った方は、【３】（裏面）に進んでください。

・本年作付けを行わなかった方はここで終了となりますので、調査票を提出していただくようお願いします。
御協力ありがとうございました。

本年、作付けを行った方のみ記入してください。

【３】栽培面積、出荷量及び自家用等の量について

本年産の栽培面積、出荷量及び自家用等の量について記入してください。

記入上の注意

○「栽培面積」は、収穫の有無にかかわらず、栽培した全ての面積を記入してください。
○「収穫面積」は、本年に収穫した面積（自家用も含む。）を記入してください。
　なお、翌年の種芋とする目的で掘りとったものの面積は除いてください。
○「収穫量」は、「俵」、「袋」等で把握されている場合は、「kg」に換算して記入してください。
　（例：30kg紙袋で150袋出荷した場合→4,500kgと記入）
○「出荷量」は、共同出荷、直売所への出荷、個人販売など、販売先を問わず、販売した全ての量を含めてください。また、販売する予定で保管されている量も「出荷量」に含めてください。
○「自家用、無償の贈答の量」は、ご家庭で消費したもの、無償で他の方にあげたものなどを指します。
○ 1a、1kgに満たない場合は四捨五入して整数単位で記入してください。
　（例：0.4a、0.4kg以下→「0」、0.5a、0.5kg以上→「1」と記入）
○「出荷先の割合」は、記入した「出荷量」について該当する出荷先に出荷した割合を％で記入してください。
　「直売所・消費者へ直接販売」は、農協の直売所、庭先販売、宅配便、インターネット販売などをいいます。
　「その他」は、仲買業者、スーパー、外食産業などを含みます。

作物名	栽培面積（借入地を含む。） （町）（反）（畝） ha a	収穫量		
		収穫面積 （町）（反）（畝） ha a	出荷量 （販売した量及び販売目的で保管している量） t kg	自家用、無償の贈答の量 t kg
こんにゃくいも				

○ 記入した出荷量について該当する出荷先に出荷した割合を記入してください。

【４】出荷先の割合について

作物名	加工業者	直売所・消費者へ直接販売	市場	農協以外の集出荷団体	農協	その他	合計
こんにゃくいも	%	%	%	%	%	%	100%

【５】作柄及び被害の状況について

前年産に比べて本年産の作柄の良否、被害の多少、主な被害の要因について該当する項目の点線をなぞってください。

作物名	作柄の良否			被害の多少		
	良	並	悪	少	並	多
こんにゃくいも	/	/	/	/	/	/

主な被害の要因（複数回答可）									
高温	低温	日照不足	多雨	少雨	台風	病害	虫害	鳥獣害	その他
/	/	/	/	/	/	/	/	/	/

調査はここで終了です。御協力ありがとうございました。

令和２年産　作物統計（普通作物・飼料作物・工芸農作物）

令和４年２月　発行　　　　　　定価は表紙に表示してあります。

編集　〒100-8950　東京都千代田区霞が関１－２－１
農林水産省大臣官房統計部

発行　〒141-0031　東京都品川区西五反田7-22-17　TOCビル
一般財団法人　農林統計協会
振替　00190-5-70255　TEL 03(3492)2987

ISBN978-4-541-04363-4　C3061

令和２年産水稲10a当たり収

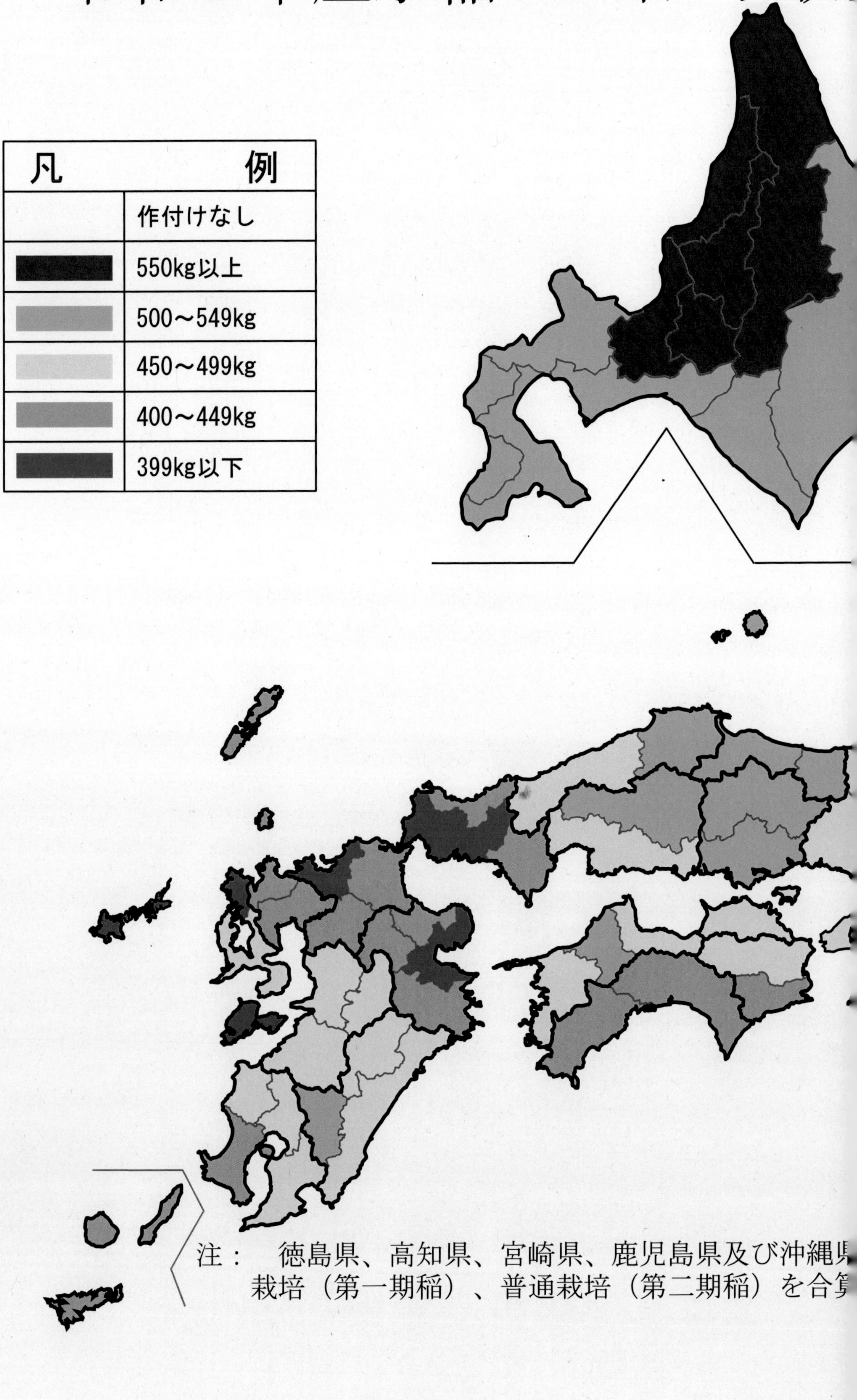

注：　徳島県、高知県、宮崎県、鹿児島県及び沖縄
栽培（第一期稲）、普通栽培（第二期稲）を合

分布図（作柄表示地帯別）

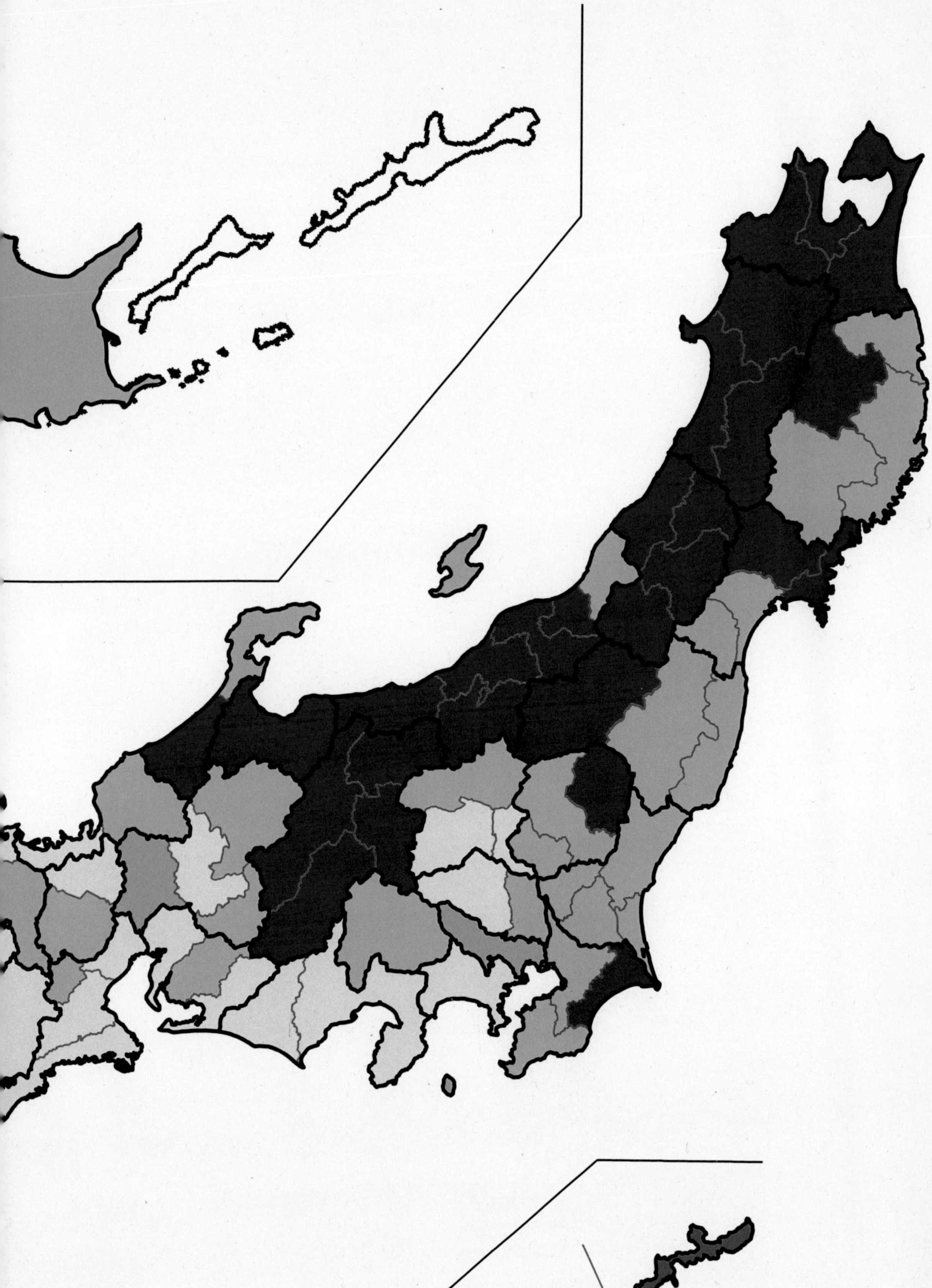

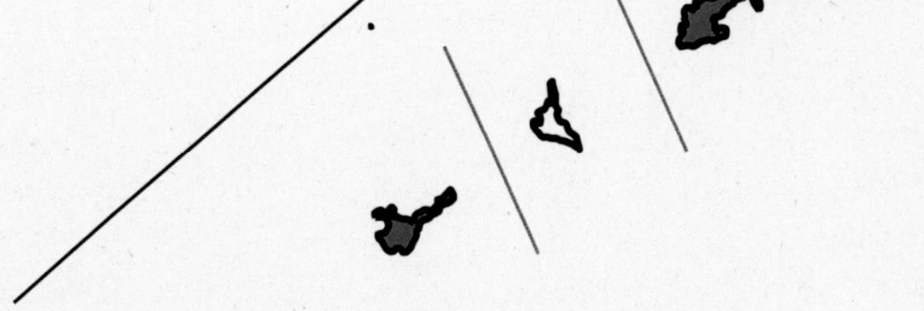

当たり収量は早期
のである。